JN205516

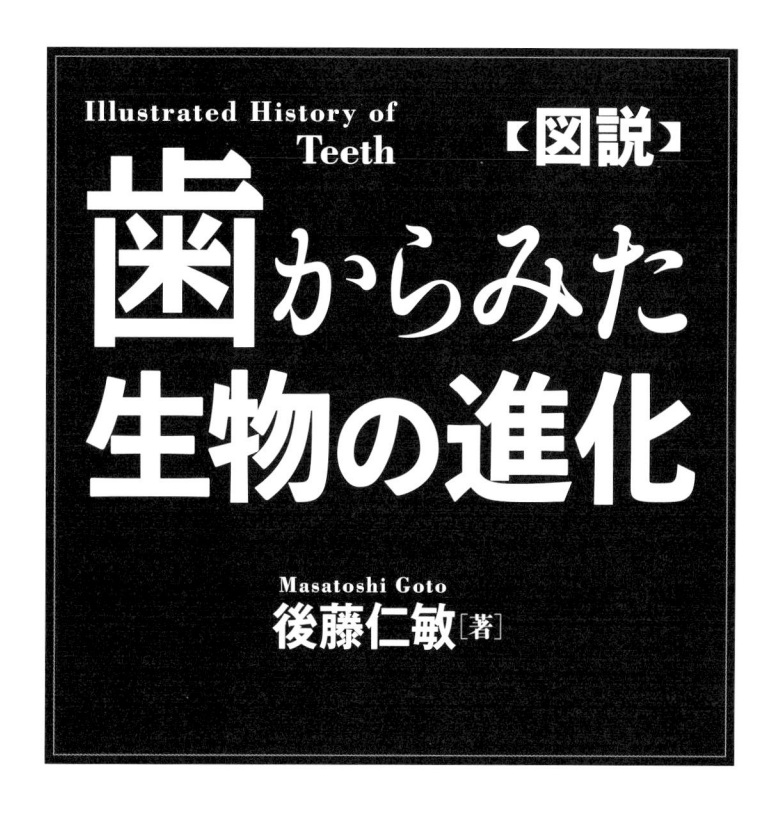

Illustrated History of Teeth

【図説】

歯からみた生物の進化

Masatoshi Goto
後藤仁敏［著］

朝倉書店

 # まえがき

　歯は，人体でもっとも硬い組織で，エナメル質で95％以上が，象牙質やセメント質でも65〜70％が鉱物質の燐灰石（アパタイト）で構成されている．いわば，石でつくられたものがからだに存在し，食べ物を咬む役割を果たしているのだ．したがって，ヒトや動物が死んでも長く保存され，化石としても発見されやすい．1985年8月の日本航空123便機墜落事故では，遺体は損傷しても歯は保存されており，歯科の診療記録をもとに，歯だけで身元確認した例も多かった．2011年3月の東日本大震災でも，遺体の身元確認において歯型による鑑定がDNA鑑定の約7倍であったと日本経済新聞社の警察庁への取材で分かっている．筆者はそのような事態も想定して，自分の歯型を保存している．歯の一部でも見つかれば，私だと分かるのだ．

　筆者は，サメの歯の化石の研究を56年以上続けており，サメ以外の動物やヒトの歯についても永く研究してきた．鏡の前で口を開けてみれば分かるように，ヒトをはじめ現生の動物の歯はただ白いだけであるのに対し，化石の歯は地層に埋もれて年月が経ったことで，時に青く，時に赤く色づき，エナメル質やエナメロイドの光沢とともに，不思議な美しさをもっている．現生でもネズミの歯のエナメル質には鉄分が沈着して褐色に光っている．まずは，本書に収められた動物の歯の写真をご覧ください．その硬さと色，質感に魅力を感じませんか．

　さらに，サメなどの歯は化石になっても保存がよく，組織構造や有機物も残存しており，化石となった古生物と現生の生物が同じ手法で研究できる．筆者は，化石と現生のサメの歯を対象に，その形態だけでなく，組織構造や残された鉱物質や有機物の研究もおこなってきた．

　そういった研究をもとに，筆者は1986年に研究仲間と『歯の比較解剖学』（医歯薬出版）を出版し，2001年にはその普及版の絵本『歯のはなし：なんの歯この歯』（同社）も上梓した．2014年にはその後の研究成果を含めた『歯の比較解剖学・第2版』（同社）も刊行することができた．

　本書は，その内容をもとに，高校生にも理解できるように，歯からみた生物の進化について文と図によって解説したものである．

　本書によって，歯の魅力に関心をもち，歯の研究に志す若者が出現することをこころより期待するものである．

2024年9月

後 藤 仁 敏

目　　次

1　歯の起源——歯はサメのウロコから由来した

1.1　歯とは何か？ ……………………………………………………………………… 1
　　1.1.1　歯の字の由来　*1*
　　1.1.2　歯に似た器官　*1*
　　1.1.3　歯の定義　*5*

1.2　歯の進化の研究方法 …………………………………………………………… 6

1.3　歯の起源 …………………………………………………………………………… 9
　　1.3.1　発生学的アプローチ　*9*
　　1.3.2　比較解剖学的・比較発生学的アプローチ　*11*
　　1.3.3　古生物学的アプローチ　*14*

1.4　歯の進化：サメの歯からヒトの歯まで ……………………………………… 16

コラム1　生命形態学を探求した三木成夫氏 …………………………………… 18
コラム2　脊椎動物の起源 ………………………………………………………… 20
コラム3　歯はなぜ硬いか？ ……………………………………………………… 21

2　サメ類の歯——"ジョーズ"の歯の原始性と特殊性

2.1　魚類の進化と分類 ……………………………………………………………… 23
　　2.1.1　魚類の初期進化と板皮類と棘魚類　*23*
　　2.1.2　軟骨魚類の進化と分類　*26*

2.2　サメ類の歯の形態・発生・構造 ……………………………………………… 27
　　2.2.1　板鰓類の歯の特徴　*27*

2.3　クラドドゥス段階の歯 …………………………………………………………… 31

2.4　ヒボドゥス段階の歯 ……………………………………………………………… 33

2.5　現代型段階の歯 …………………………………………………………………… 35

2.6　正軟骨頭類と全頭類の歯 ……………………………………………………… 38
　　2.6.1　正軟骨頭類の歯　*38*
　　2.6.2　全頭類の歯　*40*

コラム1　歯はなぜ生え変わるか？ ……………………………………………… 42
コラム2　歯の反逆児：サメの歯の中間歯とヒトの歯の上顎第一小臼歯 ……… 44

コラム3 オオハザメの顎と歯の復元 ……………………………………………… *44*
コラム4 「サメの歯化石研究会」と「サメは歯だ」の歌 …………………………… *46*

3　サカナ（硬骨魚類）の歯──歯の多様性の実験台

3.1　魚類の時代：デボン紀 ……………………………………………………………… *48*

3.2　軟骨魚類から硬骨魚類へ：線維結合から骨結合へ ……………………………… *49*

3.3　多様な硬骨魚類の歯 ………………………………………………………………… *51*

    3.3.1　硬骨魚類の歯の種類と形態　*51*

    3.3.2　硬骨魚類の歯の構造と交換様式　*54*

3.4　条鰭類の進化：顎の前突と骨化の進行 ………………………………………… *56*

    3.4.1　条鰭類と肉鰭類　*56*

    3.4.2　古生代の軟質類　*58*

    3.4.3　中生代の全骨類　*59*

    3.4.4　白亜紀以降の真骨類　*61*

3.5　肉鰭類の進化：エナメロイドからエナメル質へ ……………………………… *61*

    3.5.1　総鰭類と肺魚類　*61*

    3.5.2　総鰭類の扇鰭類：陸を目指したサカナ　*62*

    3.5.3　総鰭類の管椎類：海に返ったサカナ　*63*

    3.5.4　肺魚類：肺呼吸への適応　*64*

    3.5.5　エナメロイドとエナメル質の違い　*66*

コラム1 軟骨が先か，骨が先か？ ………………………………………………… *68*
コラム2 脊椎動物の分岐的進化：海から陸へ，陸から海へ …………………… *70*

4　両生類の歯から爬虫類の歯へ──歯の上陸史

4.1　両生類から爬虫類へ：水中卵から陸上卵へ …………………………………… *73*

    4.1.1　最古の両生類：迷歯類　*73*

    4.1.2　両生類の進化：迷歯類，空椎類，平滑両生類　*74*

    4.1.3　両生類から爬虫類への進化：卵の進化　*78*

    4.1.4　初期の爬虫類：杯竜類　*80*

4.2　両生類と爬虫類の歯 ……………………………………………………………… *81*

    4.2.1　両生類の歯　*81*

    4.2.2　爬虫類の歯　*84*

4.3　爬虫類の適応放散：虫食から肉食，草食へ …………………………………… *87*

    4.3.1　爬虫類の分類と進化　*87*

    4.3.2　無弓類：カメ類　*88*

    4.3.3　双弓類の鱗竜類：トカゲ類とヘビ類　*88*

　　　4.3.4　双弓類の主竜類：ワニ類，翼竜類，恐竜類　*90*

　　　4.3.5　広弓類：偽竜類，長頸竜類，板歯類，魚竜類　*92*

　　　4.3.6　単弓類：盤竜類と獣弓類　*94*

4.4　恐竜から鳥類へ：歯の喪失 ……………………………………………………… *96*

コラム 1　NHK 番組への取材協力 ………………………………………………… *97*

コラム 2　「もう一つのジュラシックパーク」と「トライアシックパーク」 ……… *100*

5　爬虫類の歯から哺乳類の歯へ──捕食から咀嚼へ

5.1　爬虫類から哺乳類へ：変温から恒温へ，卵生から胎生へ ………………… *103*

5.2　爬虫類の歯から哺乳類の歯へ：イッキ食いからモグモグ食いへ ………… *109*

5.3　哺乳類の進化と適応放散：虫食から肉食・草食へ ………………………… *113*

　　　5.3.1　原獣類：もっとも原始的な哺乳類　*115*

　　　5.3.2　汎獣類：後獣類（有袋類）と真獣類（有胎盤類）の先祖　*117*

　　　5.3.3　後獣類（有袋類）の歯　*118*

　　　5.3.4　真獣類（有胎盤類）のさまざまな歯　*120*

コラム 1　恩師・野村松光氏の思い出 ……………………………………………… *140*

コラム 2　歯の研究に大きな業績を残した井尻正二氏 …………………………… *141*

コラム 3　ゾウ類の臼歯の鑑別法 …………………………………………………… *142*

6　食虫類の歯から霊長類の歯へ──虫食から果実食へ

6.1　食虫類から霊長類へ：樹上生活への適応 ……………………………………… *144*

6.2　霊長類とは：手と眼と脳の発達 ………………………………………………… *145*

6.3　原猿類の歯：歯数の退化と鈍頭歯型の臼歯 ………………………………… *147*

6.4　真猿類の歯：広鼻猿類と狭鼻猿類 …………………………………………… *150*

　　　6.4.1　真猿類とは？　*150*

　　　6.4.2　広鼻猿類の歯　*151*

　　　6.4.3　狭鼻猿類・オナガザル類の歯　*152*

6.5　類人猿の歯：下顎大臼歯が二稜歯型から Y5 型へ ………………………… *156*

コラム 1　ヒトの歯の数は何本か？ ………………………………………………… *165*

7　人類の歯の進化と退化──猿人から新人まで

7.1　人類への進化と人類の特徴 …………………………………………………… *167*

7.2　人類の進化：猿人・原人・旧人・新人 ……………………………………… *169*

7.3　最古の人類：猿人はサルかヒトか？ ………………………………………… *170*

7.3.1 最古の猿人：サヘラントロプス　*170*

7.3.2 前期猿人：オロリンとアルディピテクス　*171*

7.3.3 中期猿人：アウストラロピテクスとケニアントロプス　*173*

7.3.4 頑丈型猿人：パラントロプス　*179*

7.3.5 後期猿人：ホモ属かアウストラロピテクス属か　*180*

7.4 原人：人間性の起源—直立，恋から愛へ，道具の発達 ················ *182*

7.4.1 原人とは？：多様なホモ属　*182*

7.4.2 前期原人：ホモ・エルガステルとホモ・ゲオルギクス　*182*

7.4.3 後期原人：ホモ・アンテセッソル　*183*

7.4.4 後期原人：ホモ・エレクトゥス　*184*

7.4.5 後期原人：ホモ・ハイデルベルゲンシスなど　*186*

7.4.6 人類はなぜ直立二足歩行するようになったのか？　*188*

7.5 旧人：脳の進化，傍系でも新人と混血 ································· *189*

7.6 新人：自己家畜化による顎と歯の退化 ······························ *191*

7.7 日本人の起源：旧石器時代人，縄文人，弥生人，現代人 ············ *195*

7.7.1 日本の旧石器時代人：浜北人と港川人　*195*

7.7.2 日本の新石器時代人：縄文人　*196*

7.7.3 日本の新石器時代人：弥生人　*198*

7.7.4 日本の歴史時代人：古墳時代以降の日本人　*199*

コラム1 石器の歴史 ··· *200*

コラム2 「ピルトダウン人」のなぞ ································· *202*

8 人類の歯の未来──現代人から未来人へ

8.1 脊椎動物の歯と顎の進化と退化 ···································· *204*

8.1.1 脊椎動物における歯の進化と退化　*204*

8.1.2 脊椎動物の頭骨の進化と退化　*204*

8.2 絶滅哺乳類にみられた歯の個体変異 ······························ *206*

8.3 現代人の歯の個体変異と退化傾向 ································· *207*

8.4 人類の歯の未来：現代人から未来人へ ···························· *210*

8.5 歯の健康を大切に：人類の課題 ··································· *213*

コラム1 ヒトの歯はなぜ虫歯や歯周病になるのか？ ················· *216*

コラム2 未完の進化論の体系 ······································· *217*

参 考 文 献 ·· *223*

索　　　引 ·· *229*

歯はサメのウロコから由来した

1.1　歯とは何か?

1.1.1　歯の字の由来

　歯は,「歯牙」ともいわれ, ギリシア語では「オドウス$o\delta o\upsilon\varsigma$」, ラテン語では「デンス dens」, 中国語では「牙」または「牙歯」という. 恐竜の「イグアノドン」は「イグアナ」の「歯(オドン)」という意味から名付けられた. ラテン語の「デンス」は「密な」という意味で, 歯が緻密な鉱物質でつくられていることを示している.

　日本語の常用漢字・通用字体の「歯」は旧字体の「齒」の俗字であった. 同じ字をもとに, 日本では4つあった「人」を「米」と略したが, 中国語では人を一つにして「齿」としている. 日本でも中国でも主食は米なのに略し方は違ってしまった. ちなみに, 台湾では「齒」の字が今も使われている. 日本の「歯」の字は, 口の中で「米」を咬んでいる様を表わすと解釈できるかもしれない.

　さて,「齒」の字は「し」の音を表わす「止」と口の中に歯が生えている形象の「凵」が組み合わさってつくられた字である. おそらく, 図1.1のように変化してきたのだろう.「歯」のつく文字には,「嚙む」,「齧む」,「齦」,「齢」,「齬」などがある.「齢」は歯の数で年齢を推定したり, ウマの切歯の咬耗を見てその年齢を数えた習慣に由来している〔図5.56 (p.134)〕.

| 甲骨 | 金文 | 小篆 | 楷書 |

図1.1　歯の字の由来 (唐, 2002)

　また,「は」は「歯」だけでなく,「刃」・「羽」・「端」・「葉」の意味をもち, それぞれ刃のように鋭く, 口の端に存在し, 葉や羽のように生え代わる性質をもつことを表わしている.

1.1.2　歯に似た器官

a. 軟体動物の鉸歯と歯舌

　「歯」と呼ばれる器官は脊椎動物だけでなく, 無脊椎動物にも存在する. 例えば, 軟体動物である二枚貝の左右の貝殻 (殻体) が蝶番になって咬み合う部分を鉸歯と呼ぶが, これは炭酸カルシウムのアラレ石 (アラゴナイト) や方解石 (カルサイト) からなる貝殻の一部である (図1.2).

　無脊椎動物の貝殻や甲羅, 脊椎動物の骨や歯など, 炭酸カルシウムやリン酸カルシウムからなる組織は, 石灰化 (カルシフィケーション) によって形成されることから, 石灰化組織と呼ばれる. また, 鉱物 (ミネラル) の結晶が沈着する鉱物化 (ミネラリゼーショ

図 1.2　アケガイの鉸歯

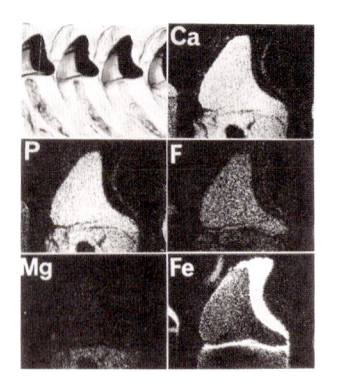

図 1.3　ヒザラガイの歯舌（須賀，1988）
カルシウム（Ca），リン（P），鉄（Fe）が多く，
燐灰石と磁鉄鉱からなる．

ン）によりつくられるので，鉱物化組織ともいわれる．

　軟体動物にはもっと歯に似た器官もあり，ヒザラガイ（多板類），巻貝（腹足類），イカやタコ（頭足類）などには歯舌という歯と同じように摂餌の機能をもつものもある．しかも燐灰石（アパタイト）や磁鉄鉱（マグネタイト），針鉄鉱（ゲーサイト）などで構成されているので，脊椎動物の歯に近いように思われる（図 1.3）．しかし，歯舌を形成する細胞は，貝殻を形成する細胞と同じく外套膜を構成する上皮性の細胞によって形成される．あとで述べるように，脊椎動物の歯は上皮性の細胞だけでなく，間葉性の細胞が関与して形成されるのが特徴である．

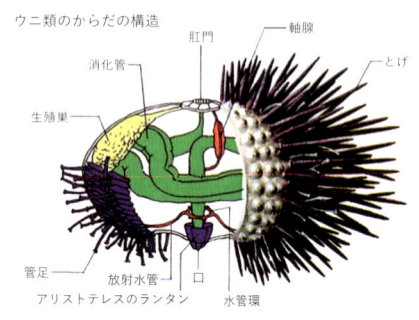

ウニ類のからだの構造

肛門
消化管
生殖巣
軸腺
とげ
管足
放射水管
アリストテレスのランタン
口
水管環

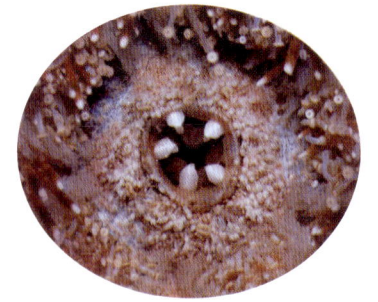

図 1.4　ウニのからだの構造（上）と，
口と歯（下）（川村，1992）

　節足動物にも摂食の機能をもつ口器があり，大顎，小顎，下唇と呼ばれる器官がある．カンブリア紀の大型の捕食者であった節足動物のアノマロカリスの口器には，32 枚もの歯があり，そのうち前方と後方に 3 枚ずつの大きな歯があり，開閉して獲物を捕食していたと考えられている．これらの歯は，多糖類のキチン質や炭酸カルシウムからなり，脊椎動物の歯とは異なるものである．

b.　棘皮動物の歯

　棘皮動物のウニになると，殻の腹面に口があり，口を取り巻く歯のようなものが 5 本存在している（図 1.4）．ウニ類の口器については，アリストテレス[*1)]が『動物誌』で紹介しており，古代ギリシア時代の提灯（ランタン）に似ていることから「アリストテレスの提灯」と呼ばれる（アリストテレス，1968）．ウニの殻は炭酸カルシウムの方解石で構成されるが，形成する細胞は上皮性細胞でなく間葉性の造骨細胞である．ウニの歯は，その点でも脊椎動物の歯に近い．

c.　コノドント

　さらに歯に似たものに，5.4 億年前の古生代カンブリア

＊1)　アリストテレス：古代ギリシアの哲学者で自然科学者．前 384～前 322 年．著作集は日本語版で 20 巻に及ぶが，内訳はカテゴリー論，形而上学，倫理学，論理学といった哲学関係のほか，政治学，宇宙論，自然学（物理学），気象学，動物学，詩学なども含まれており多岐にわたる．

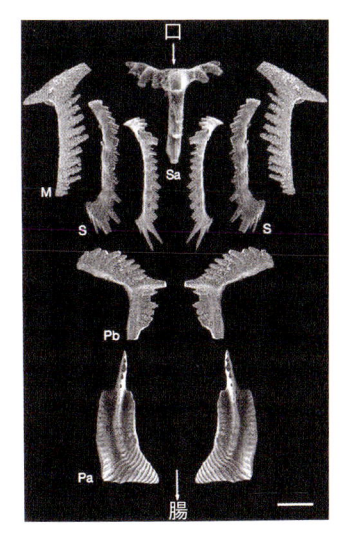

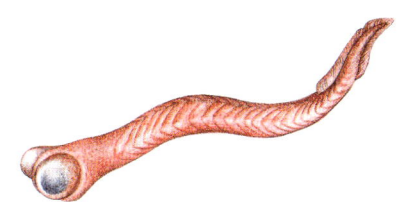

図 1.5　謎の歯，コノドントの自然集合体（左，上が口，下が腸，他の記号はコノドントの構成要素，スケールは 500μm, Turner *et al.*, 2010）と復元図（右，Maisey, 1996）

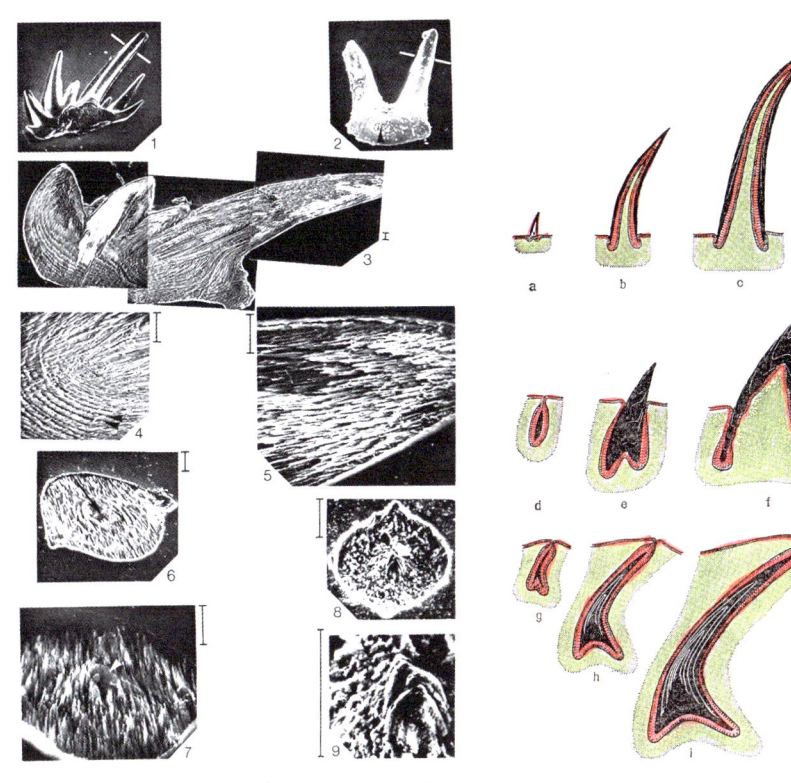

図 1.6　コノドントの構造（Barnes *et al.*, 1973）

図 1.7　コノドントの形成（Bengtson, 1976 より改変）
コノドントは上皮細胞によってからだの外側に形成される．a-c：原コノドント，d-f：準コノドント，g-i：正コノドント．

紀前期から中生代三畳紀までの地層から産出するコノドント（錐歯類）と呼ばれる微化石がある．大きさは 0.2〜1 mm 程度で，円錐形から櫛形までさまざまな形態が知られており，左右対称性の自然集合体として見つかることもある（図 1.5）．

　　コノドントが無脊椎動物の殻や鉸歯と異なるのは，炭酸カルシウムではなくリン酸カルシウムの燐灰石（アパタイト）で構成されていることである（図 1.6）．エナメル質やエナメロイド[*2]に似た燐灰石の微細な結晶の配列，成長線も観察される．このことから，コ

ノドント動物は従来は原索動物とされてきたが，最近では脊椎動物の無顎類〔むがくるい〕に分類されることが多くなった．

しかし，ベングトソン（Bengtson, 1976）はコノドントの硬組織は歯のエナメロイドやエナメル質，象牙質と違って上皮細胞によって外側に向かって形成されたと考えた（図 1.7）．マードックら（Murdock *et al.*, 2013）の研究でも同じことが確認されている．また，コノドントには象牙質はなく，コラーゲンも含まれない．これが事実なら，コノドントは歯に限りなく近い器官であるが，歯ではないことになる．コノドント動物が脊椎動物なのかそうでないのか，今後の研究が待たれる．

d. 甲皮類の皮甲の象牙質結節

次に，歯に似た器官は魚類のウロコである．最古の脊椎動物である古生代前期の無顎類は，甲冑魚〔かっちゅうぎょ〕とか甲皮類〔こうひるい〕と呼ばれ，皮甲〔ひこう〕という骨の板に覆われていた．おもに骨に似た骨様組織であるアスピディンという組織で構成されているが，その表層には象牙質〔ぞうげしつ〕[*3]の粒，象牙質結節が存在していた（図 1.8）．

無顎類の皮甲の象牙質（図 1.9）は，ヒトの象牙質と基本的に同じ象牙芽細胞の突起を含み，象牙質に見られるのと同じような成長線も観察できる．古生代初期の無顎類の皮膚で，表皮細胞に由来する上皮性のエナメル芽細胞と，真皮乳頭層を構成する間葉性の象牙芽細胞によってこの象牙質結節は形成された．象牙芽細胞はその突起を伸ばしつつ後退してこの象牙質を形成し，形成するのを時々休んで黒く見える成長線を残したのである．象

図 1.8　無顎類の甲皮類とその皮甲（後藤・後藤，2001）

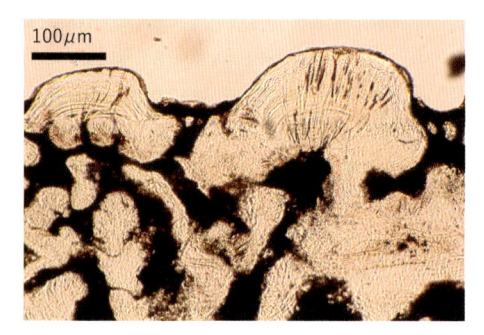

図 1.9　無顎類の皮甲の象牙質結節（後藤，1993a）オルドビス紀の異甲類アストラスピスの皮甲の象牙質結節．

---

*2) エナメロイド：魚類から両生類の幼生までの歯の歯冠表層をつくるエナメル質と同じほど高度に石灰化した燐灰石の微結晶からなる硬い組織で，エナメル質が上皮性のエナメル芽細胞によって形成されるのに対し，間葉性の象牙芽細胞と上皮性のエナメル芽細胞がともに関与して形成される．形成される領域が間葉であるので，間葉性エナメル質とも呼ばれる．「オイド」とは「〜のようなもの」の意味で，「エナメル質のようなもの」「偽エナメル質」「類エナメル質」「エナメル質もどき」という意味である〔詳細は表3.1（p.66）〕．

*3) 象牙質：歯を構成する基本的な組織．70％が燐灰石で構成され，コラーゲンなどの有機物が18％，水が12％からなる．骨に似ているが，骨が基質中に細胞の本体を含むのに対し，象牙質は細胞の突起だけを含む．

牙質の中央深部に存在する黒い部分には歯髄が存在しており，その最表層には象牙質結節中にその細胞突起を伸ばす象牙芽細胞が並んでいた．

じつは，象牙質は原始の皮膚で，からだを守ると同時に外部環境の海水の状況を感じ取る感覚器として機能していたらしい．象牙質は，燐灰石からなる基質中に象牙芽細胞の突起を伸ばしつつ形成され，形成後も象牙芽細胞はその表面の歯髄最表層に存在し続ける．象牙芽細胞は象牙質と形成するとともに，その突起は感覚を受容し，その刺激を象牙芽細胞からそれを取り巻く感覚神経に伝える．

感覚器としての歯の機能は私たちにも受け継がれ，歯は咀嚼器であると同時に，食べ物の性質を感じ取る役割を果たしている．象牙質は中に含む歯髄と一体の組織として象牙質・歯髄複合体ともいわれ，歯髄は一般に「神経」とも呼ばれるほど敏感な感覚をもち，時に知覚過敏を引き起こして強い痛みを感じるのである．象牙質はあまりに敏感な感覚器としての機能をもつために，その表面をエナメロイドやエナメル質という硬い組織で覆う必要があるともいえるのである．95％以上が燐灰石からなるエナメロイドやエナメル質には感覚はなく，感覚器としての象牙質・歯髄複合体を知覚過敏から守っている．

なお，象牙質に近い骨を構成する骨細胞も，ランニングやジャンプなどにより骨に加わる衝撃を感じ取り，骨の形成を促す物質を出す役割があることが明らかにされている．

後述するように，甲皮類の皮甲の象牙質結節は，サメ類の皮小歯（楯鱗），硬骨魚類の硬鱗や骨鱗に受け継がれるほか，顎上の歯にも進化したのであった．

▎1.1.3 歯の定義

他の動物の歯に似た器官との比較でも明らかなように，歯は次のように定義される．「歯は，脊椎動物の顎上にあり，食物摂取の役割をもつ，おもに象牙質からなる器官である」．

まず，歯は無脊椎動物にはなく，脊椎動物にのみ存在する器官である．無脊椎動物にも

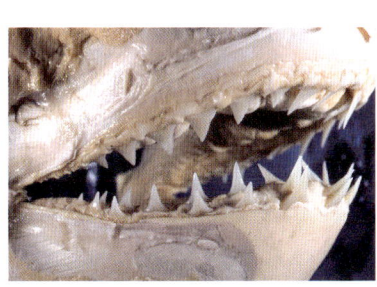

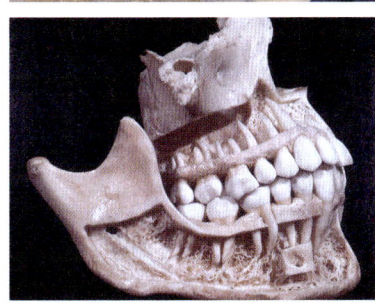

図1.10 ホホジロザメ（上）とヒト（下）の顎と歯（筆者原図；Berkovitz *et al.*, 1978）

「歯」と呼ばれる器官はあるが，多くは炭酸カルシウムのアラレ石や方解石からなり，リン酸カルシウムの燐灰石からなる象牙質やエナメロイドという硬組織ではなく，真の歯ではない．

次に，顎上に存在するということであるが，実は魚類などでは歯は顎上だけでなく，口蓋や舌，さらにはのど，すなわち咽頭（鰓腸）まで広い領域にも存在する．これらは，口蓋歯，舌歯，咽頭歯などと呼ばれており，広い意味では歯といえる（真骨類のイボダイなどには食道歯が知られているが，これは本当は食道ではなく，咽頭の後端が膨らんだ食道嚢に存在するもので，厳密には咽頭歯の一部である）．

しかし，サメやヒトをはじめ多くの動物では顎上にしか歯がなく，顎上に存在するのが歯（図1.10）で，他の位置にあるものは口蓋歯，舌歯，咽頭歯などと呼んだ方がよいと思われる．

歯の機能では，サメでは交尾の際にオスがメスの

鰭を歯で咬むことが知られていたり，哺乳類でも歯が他の動物と闘う武器として使用されたり，サルでは長い犬歯がオスのシンボルとなったりと，さまざまな役割をもつこともある．しかし，歯の機能の基本が食物摂取であることはすべての動物に共通している．

さらに，歯を構成する組織は象牙質が基本で，エナメロイドやエナメル質やセメント質をもたない動物はあっても，象牙質をもたない歯は知られていない．じつに，象牙質こそ歯の基本組織である．

1.2　歯の進化の研究方法

歯に限らず，ヒトや他の動物のからだを構成する各器官の本質について理解するには，その由来，すなわち起源と進化を解明することが必要である．その方法は，大きく分けて4つある．まずは，人体を解剖し，その器官の位置，形態と構造，周囲の器官との関係を解明することである．その研究レベルは，器官から組織，細胞から細胞内小器官，タンパク質や核酸などの分子まで及んでいる．

つぎに，同じ手法で，他の動物を解剖し，進化の順を追って人体まで比較することである．これを比較解剖学という．さらに，それぞれの成体だけでなく，受精から胚子，胎児，成体までの個体発生の過程を比較することである．これを比較発生学という．

最後に，時間軸を個体発生から系統発生に変換し，地層の中の化石を古い時代から新しい時代に，進化の順を追って，比較することである．古生物学の世界である．

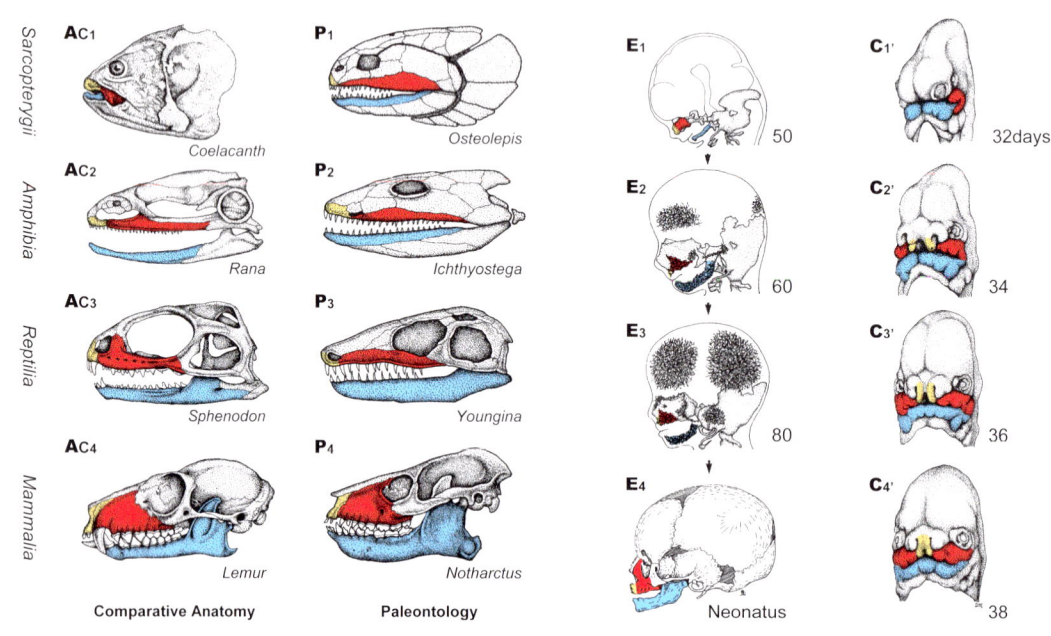

図 1.11　脊椎動物の頭骨の比較解剖学（Comparative Anatomy，左列）と古生物学（Paleontology，右列）（三木，1992b より改変）
肉鰭類（Sarcopterigii），両生類（Amphibia），爬虫類（Reptilia），哺乳類（Mammalia）の代表として，比較解剖学ではシーラカンス，アカガエル，ムカシトカゲ，キツネザルが，古生物学ではオステオレピス，イクチオステガ，ヨウンギナ，ノタルクトゥスが示されている．

図 1.12　ヒトの頭骨の発生（左）と顔面の初期発生（右）（三木，1992b より改変）
左列には，受胎 50 日，60 日，80 日の胎児と新生児の頭骨が，右列には，受胎 32 日，34 日，36 日，38 日の胚子の顔面が描かれている．

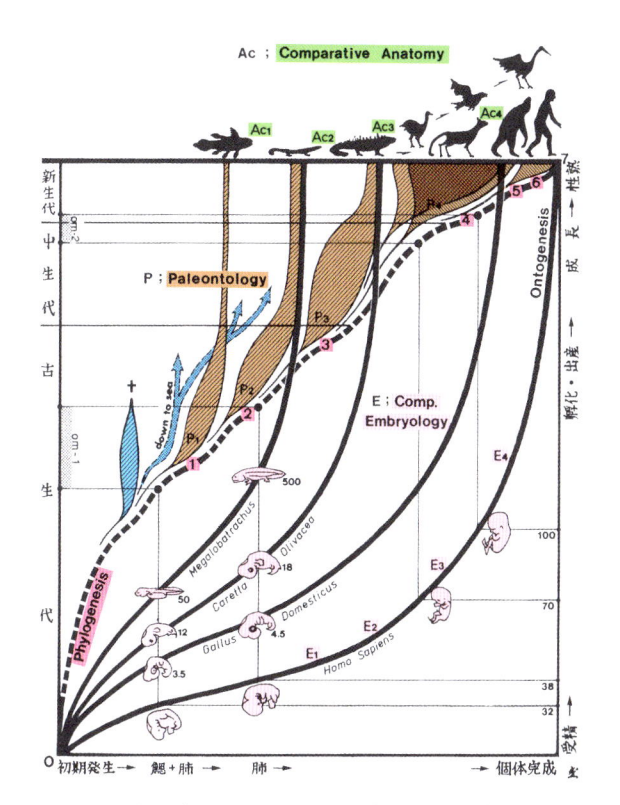

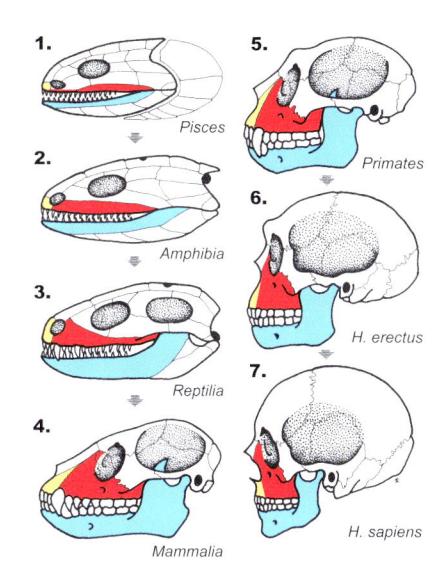

図 1.13 比較解剖学（Comparative Anatomy），古生物学（Paleontology），比較発生学（Comparetibe Embryology）と系統発生（Phylogenesis）の関係（三木，1992b より改変）

比較解剖学では肉鰭類，両生類，爬虫類，哺乳類，霊長類，人類が並び，爬虫類から鳥類が飛び立つ．図の左には地質時代のスケールがあり，棘魚類（†），魚類，両生類，爬虫類，哺乳類と鳥類，人類の栄枯盛衰が描かれる．図の右側には個体発生（Ontogenesis）のスケールがあり，オオサンショウウオ，アカウミガメ，ニワトリ，ヒトの発生が示される．系統発生（Phylogenesis）は太い点線で示され，1〜7 の頭骨は図 1.14 に描かれる．

図 1.14 人類の頭骨の系統発生（三木，1992b より改変）

1. 魚類，2. 両生類，3. 爬虫類，4. 原始哺乳類，5. 原始霊長類，6. 原人，7. 新人（ヒト）の頭骨左側面．

　　三木成夫（コラム 1 参照）はゲーテ[*4]やヘッケル[*5]の研究をもとに，独自の生命形態学を探求した．その研究成果を図 1.11 から図 1.14 に示す．

　　図 1.11 では，脊椎動物の頭骨が，上から下に，硬骨魚類の肉鰭類，両生類，爬虫類，哺乳類について，比較解剖学が左列に，古生物学が右列にそれぞれの代表的な動物の頭骨の左側面図で示される．この中には「生きている化石（遺存種[*6]）」と呼ばれる動物が多い．古生物学の右列には，デボン紀後期の肉鰭類オステオレピス，デボン紀後期の原始両生類

---

*4）　ゲーテ：ヨハン・ヴォルフガング・フォン・ゲーテ．1749〜1832 年．ドイツの詩人，劇作家，小説家，政治家であるとともに，自然科学者としても多くの業績を残した．鉱物学では彼の名によるゲーサイト（針鉄鉱）が，解剖学では彼の発見した顎間骨（前顎骨または切歯骨）と上顎骨の間の切歯縫合を「ゲーテ縫合」と呼ぶ．「形態学」は彼の提唱による．個々の形から原形を求め，メタモルフォーゼによって個々の形が形成された過程を研究した．「植物のメタモルフォーゼ」，「頭蓋椎骨説（椎骨頭蓋化説）」の提唱などの業績がある．

*5）　ヘッケル：エルンスト・ヘッケル．1834〜1919 年．ドイツの動物学者で，イエーナ大学教授．放散虫，海綿動物，刺胞動物を記載したほか，ダーウィン進化論を普及し，生態学を提唱し，人類の進化を研究し，著書『一般形態学』で反復説（生物発生原則）を提唱した．

*6）　遺存種：過去において栄えたがその後衰えている生物．生きている化石，レリックともいう．

イクチオステガ，ペルム紀後期の爬虫類ヨウンギナ，古第三紀始新世の原始霊長類ノタルクトゥスの頭骨化石が示されている．左列に比べ，右列の方がよりその原形（図 1.14）に近いことが分かる．

図 1.12 には，ヒトの頭骨と顔面の発生学＝個体発生が示される．左列には，受胎 50 日〜80 日の胎児と新生児の頭骨の左側面が描かれている．新生児の頭骨は，脳頭蓋が顔面頭蓋よりも大きく，原始人ではなく未来人のように見える．これを三木は「栴檀は双葉より芳し」（大成する人は幼少の時から優れている）と言っていた．右列には，受胎 32 日〜38 日の胚子の顔面を正面よりやや右側から見た図が描かれている．

そして図 1.13 には，系統発生（Phylogenesis）に対する人体解剖学，比較解剖学（Ac：Comparative Anatomy），古生物学（P：Paleontology），比較発生学（E：Comparative Embryology）の関係が示されている．比較解剖学の右端の 7 は人体解剖学の位置を示す．

上の比較解剖学の列は現在の動物が，肉鰭類・両生類・爬虫類・哺乳類の順に並ぶ．図の左側には古生代から新生代までの地質時代が示される．なお，この図では，古生代より前に，原生代，太古代，冥王代という地質時代があるのが無視されている〔表 1.2（p. 14）〕．生命は冥王代中期頃に出現したと考えられている．

斜線で表された古生物学では，棘魚類・魚類・両生類・爬虫類・哺乳類と鳥類の栄枯盛衰が示される．比較解剖学の Ac_1〜Ac_4 と，古生物学の P_1〜P_4 の動物の頭骨は図 1.11 の左列と右列に示されている．

系統発生は原始生命である 0 からヒトを示す 7 までの太い点線で示される．系統発生は個体発生と違って実際に見ることはできず，比較解剖学，比較発生学，古生物学のデータを総合することによって推察するよりないからだ．

一方，図の右側には，受精から孵化・出産，成長，性成熟までの個体発生の時間が示される．そして，両生類のオオサンショウウオ，爬虫類のアカウミガメ，鳥類のニワトリ，哺乳類のヒトの発生過程が，0 から放射状に上昇する一連の曲線で表わされる．これらは三木（1989）が脾臓と血管系の発生を研究した動物である．なお，このうち，E_1〜E_4 のヒトの頭骨の発生は図 1.12 の左列に示されている．

これを系統発生の点線と比べると，0〜Ac_2 の曲線で示された両生類のような原始的な動物では，比較的，系統発生の曲線に近い位置を上昇するが，最終段階は Ac_2 で終わってしまう．逆に，0〜7 の曲線で示したヒトの個体発生では，同じ 0 から上昇してもすぐに右に向かって進み，系統発生とはかなり離れた位置を上昇するが，最終的には同じ 7 にたどり着く．このうち，古生代の 1 億年を費やした脊椎動物の上陸史は，それぞれの動物の個体発生において，オオサンショウウオでは 50 日〜500 日の 450 日間で，アカウミガメでは 12 日〜18 日の 6 日間で，ニワトリでは 3.5 日〜4.5 日の 1 日間で，ヒトでは 32 日〜38 日の 6 日間で再現されることが示されている．進化した系統ほど発生の初期により速やかに繰り返されるのだ．「個体発生は系統発生をくりかえす」というヘッケルの反復説をみごとに的確に表現した図といえよう．

最後の図 1.14 には，これまで見てきた比較解剖学，古生物学，比較発生学のデータを総合して，魚類から人類までの脊椎動物の頭骨の系統発生が 7 つの図で描かれている．三木はこれらの図を描くために，集められただけのすべての脊椎動物の頭骨の写真を同じ方向と大きさに焼き，その上で描いている．まさに科学と芸術の結晶ともいえる作品となっ

ている.

　しかし，ただひとつ残念なのは，4〜7の原図では，上顎の犬歯が下顎の犬歯の前方（近心）に位置していることである．上顎の切歯は下顎の切歯よりも大きく幅も広い．したがって，上顎の犬歯は下顎の犬歯の後方（遠心）に位置するのが基本である．三木ほどの学者がこのような間違いをするとは，まさに「弘法も筆の誤り」というよりない.

1.3 歯の起源

　三木の方法，すなわち，発生学，比較解剖学（比較発生学を含む），古生物学のデータをもとに歯の起源を探ってみよう.

1.3.1 発生学的アプローチ

　ヒトでは発生第6週（体長10〜13 mm）になると，将来歯ができる上下の顎の口腔粘膜上皮が肥厚して歯堤が形成される（図1.15，図1.16）．歯をつくる細胞は次の2種類である．ひとつは，胚子の背中の真ん中が溝となってくぼみ，離れて神経管（脳や脊髄のもと）をつくる際に，溝の縁である神経堤に由来する外胚葉性間葉細胞が顎まで降りてきた細胞である．もうひとつは，一般には口窩という外胚葉の陥凹の表層をつくる外胚葉由来の口腔上皮の細胞であるとされているが，歯の形成される位置は外胚葉由来の上皮と前腸内胚葉由来の上皮の境界であるともいわれ，内胚葉性上皮との接触による誘導が必要と考えられている．神経堤由来の間葉細胞は口腔上皮の下に集まり，上皮を誘導して肥厚させ，歯堤をつくり，第8週にはそこに乳歯の数のふくらみ，すなわち歯胚を形成する.

　歯胚は，はじめは蕾状であるが，底部がくぼんで帽子状の帽状期（図1.17左）になり，口腔上皮由来の部分をエナメル器，帽子状のエナメル器内部の間葉細胞の部分を歯乳頭，エナメル器と歯乳頭を取り囲む膜を歯小嚢という．エナメル器は歯乳頭に面する内エナメル上皮，内部のエナメル髄，外側の外エナメル上皮に分かれる．歯乳頭や歯小嚢は神経堤由来の間葉細胞で構成されている.

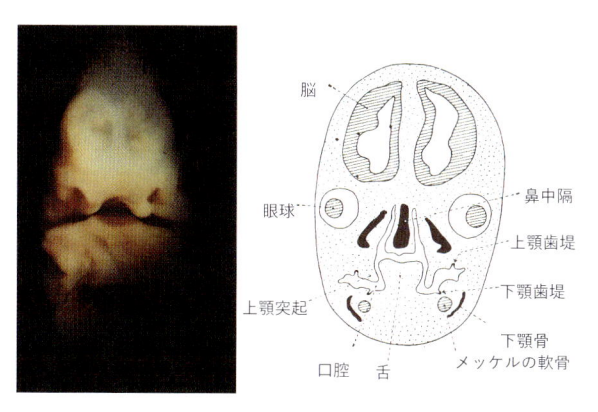

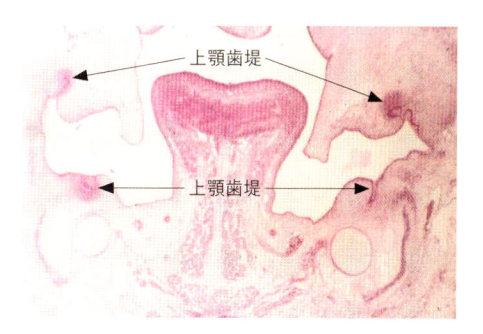

図1.15 左はヒトの受胎35日の胚子の顔．眼はまだ側面にあり，鼻と口とつながって口唇裂の状態にある（三木，1989）．右はほぼ同じ時期の体長2.5 cmの7〜8週の胚子の頭部の前頭断面．口腔と鼻腔は連続している．口腔の上下左右の4カ所に口腔上皮が陥入して上顎と下顎の歯堤が形成されている（藤田，1957）

図1.16 体長2.5 cmの7〜8週の胚子の頭部の前頭断面のヘマトキシリン・エオジン（HE）染色標本
間葉細胞が密集した部分の口腔上皮が陥入して歯堤をつくり，右上ではふくらんで歯胚が形成されている.

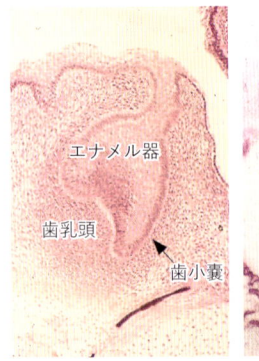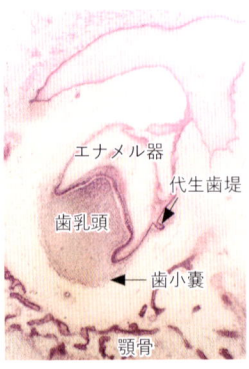

図 1.17　帽状期の歯胚（左）と鐘状期の歯胚（右）
歯胚は，口腔上皮由来のエナメル器，間葉細胞からなる歯乳頭，それらを包む歯小囊から構成されている．鐘状期歯胚ではエナメル器の右側に代生歯（永久歯）の原基となる代生歯堤が形成されている（HE 染色標本）．

歯胚はさらに成長して釣鐘状の鐘状期（図 1.17 右）になり，歯乳頭の内エナメル上皮に面する細胞が少し大きな象牙芽細胞に分化し，コラーゲンなどからなる基質がつくられ，そこに燐灰石の微結晶が沈着して象牙質が形成される．象牙質が形成されると，それに面する内エナメル上皮細胞が背の高いエナメル芽細胞に分化し，象牙質の上にエナメル質を形成し始める〔図 1.30（p.22）〕．

こうして，象牙芽細胞がその突起を伸ばしつつ，内側に向かって形成され，最後に残った歯乳頭は歯髄になる．象牙質と歯髄はともに歯乳頭から形成される組織で，象牙質・歯髄複合体とよばれる．一方，エナメル質は外側に向かって形成され，形成が終わるとエナメル芽細胞は外エナメル上皮細胞とくっついてエナメル質の表面に歯小皮を残して消失する．

新生児では歯はまだ生えていないが，顎の中には歯胚が形成されている（図 1.18）．顎の前方の乳切歯の歯胚ではエナメル質と象牙質の形成が進み，やがて歯根の象牙質とセメント質，顎骨が形成される．歯根の象牙質の形成にはエナメル器の下端の内外エナメル上皮が上皮鞘となって下方に伸びだし，歯冠の象牙質を形成してきた象牙芽細胞の下方に歯根の象牙質を形成する象牙芽細胞を誘導し，歯冠象牙質に続いて歯根象牙質を形成する．誘導した後の上皮鞘は退縮し，形成され始めた歯根の象牙質の外側に，退縮した上皮鞘に代って歯小囊の細胞が来る．歯小囊の細胞はセメント芽細胞に分化して，歯根象牙質の外側にセメント質を形成する．

こうして形成された歯根表層のセメント質は，顎骨の歯槽骨とコラーゲン線維の束（歯根膜主線維）とその延長で結合され，顎骨に歯が支えられるようになり，半年ほどで歯は

図 1.18　ヒトの新生児の顎の中の歯胚（後藤・後藤，2001）

乳切歯から順に顎から萌出して，口の中に生えてくる．歯槽骨や歯根膜などの歯周組織の形成には，神経堤だけでなく中胚葉も関与する．

　このように，歯は発生学的に口腔粘膜の上皮細胞と神経堤由来の間葉細胞の相互作用によって形成されるのが特徴である（後藤ほか，2014；Sperber, 1992）．

1.3.2　比較解剖学的・比較発生学的アプローチ

　脊椎動物（門）は無顎類，板皮類，軟骨魚類，棘魚類，硬骨魚類，両生類，爬虫類，鳥類，哺乳類の9綱に分類される（表1.1）．このうち，板皮類と棘魚類は絶滅したグループである．なお，生物の分類は門，綱，目，科，属，種などの分類階級で表現される．

　このうち，無顎類以外の板皮類から哺乳類までは顎と歯をもつことから顎口類と呼ばれる．また，無顎類，板皮類，軟骨魚類，棘魚類，硬骨魚類は，おもに水中に棲み，鰓呼吸を行なうので，魚類と総称される．一方，両生類，爬虫類，鳥類，哺乳類は胸鰭から進化した前足と腹鰭から進化した後足をもち，陸上を4本の足で歩くことから，四足動物ないし四肢類という．

a. 円口類の角質歯

　現生する動物を系統の古い順に見てゆくことにしよう．現生の無顎類のヌタウナギやヤツメウナギは，丸い口をもつので，円口類とも呼ばれる．ウナギという名がついているが，硬骨魚類のウナギとはかけはなれた仲間である．円口類には石灰化した歯はなく，口の上皮内で周期的に角化が起こることによって形成される角質歯というトゲ状の突起が存在する（図1.19）．角質歯は両生類の無尾類の幼生にも存在する．角質という点では，カメ類や鳥類のクチバシと同じである．角質は上皮細胞中にケラチンが沈着して，細胞が自殺することで形成される．角質組織には爬虫類の角鱗，鳥類の羽毛，哺乳類の毛，ウシ類の角，髭鯨類の鯨鬚などがある．

　ヌタウナギ類では，口蓋に1本の中央歯をもち，突出させることのできる舌の前端に，左右2列に櫛歯状に並ぶ角質歯が存在する．ヤツメウナギ類では口は小さな乳頭状の総状物で縁取られ，口の中には先のとがったトゲ状の角質歯が多数存在している．口の周縁には多数の小さな周辺歯，口の上部には上唇歯，上口歯板が，口の左右には内側唇歯が，口

表 1.1　脊椎動物の分類表

無顎綱	爬虫綱
甲皮亜綱	無弓亜綱
円口亜綱	双弓亜綱
板皮綱	広弓亜綱
軟骨魚綱	単弓亜綱
板鰓亜綱	鳥綱
正軟骨頭亜綱	古鳥亜綱
全頭亜綱	新鳥亜綱
棘魚綱	哺乳綱
硬骨魚綱	原獣亜綱
条鰭亜綱	獣亜綱
肉鰭亜綱	汎獣下綱
両生綱	後獣下綱
迷歯亜綱	真獣下綱
空椎亜綱	
平滑両生亜綱	

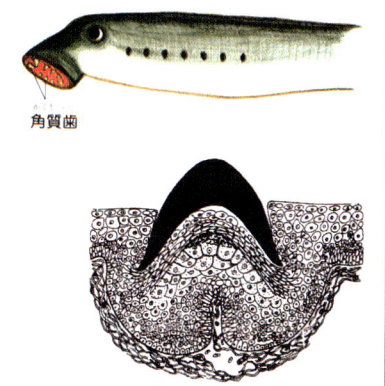
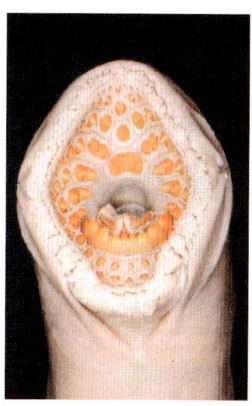

図 1.19　ヤツメウナギ類の角質歯（左上），口の中の角質歯（右），角質歯の断面（左下）（左上は後藤・後藤（2001），右は Berkovitz *et al.*（1978），左下は Peyer（1937））

図 1.20　サメ類の皮小歯の形態（後藤，1975）
右上は現生のドチザメの皮小歯の走査電顕像，その他は，アド山層（三畳紀）産の皮小歯の化石．

の下部には下唇歯，下口歯板，前下歯板が並んでいる．

　円口類の幼生の口には角質歯はなく，水とともに口に入った微生物やその死骸を鰓で沪しとって食べる．成体になると口に角質歯が生え，他の魚類を食べるものと，餌を食べずに川を上って繁殖活動に入るものがある．

　円口類の角質歯は，名前に歯が付いていても真の歯ではなく，前述のようにケラチンからなる爪や毛と同じ角質器である．由来の異なる器官がよく似た機能を果たしていることを相似というが，角質歯と歯は相似の関係といえる．

b. サメ類の皮小歯と歯

　サメとエイで代表される軟骨魚類の板鰓類では，顎上に歯がよく発達しているだけでなく，歯と同じエナメロイド・象牙質・骨様組織からなる皮小歯（楯鱗）が全身の皮膚に存在している（図1.20）．同じ構造物は，口腔から咽頭の粘膜上にも分布しており，皮膚にある皮小歯と区別して粘膜小歯と呼ばれる．

　その形成過程は，基本的に歯と同じである．表皮の下の真皮表層に神経堤由来の間葉細胞が集まり，表皮の基底細胞層を一部が内エナメル上皮に分化させて帽子状のエナメル器を形成し，その中に歯乳頭ができる．

　なお，歯乳頭にはメラニンを含む色素細胞が存在するが，これも神経堤由来の細胞である．サメ類の背中側の皮小歯の歯髄には多くの色素細胞が見られるので黒く見えるのに対し，腹側の皮小歯の歯髄には色素細胞がなく，白くなっている（図1.21）．

　歯乳頭の内エナメル上皮に面する細胞は大型の象牙芽細胞に分化し，後退しながらコラーゲンなどの基質からなるエナメロイドを形成する．次いで，内エナメル上皮細胞は背の高いエナメル芽細胞に分化し，エナメロイドの成熟，すなわち有機基質と水の脱却とリン酸カルシウムの分泌によりエナメロイドを95%以上が燐灰石で構成される高度に石灰化した組織にする．エナメロイドの形成後，続いてその内側に象牙質が形成され，象牙質の形成に連続して，皮小歯の基部を構成する骨様組織が真皮層中につくられると，皮小歯は完成する（図1.22）．

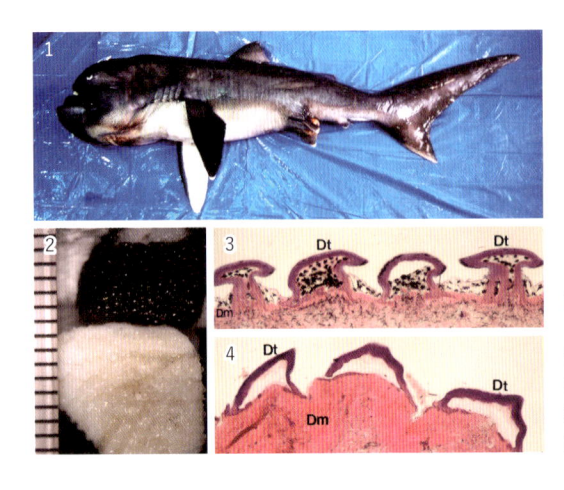

図 1.21　メガマウスザメの左側面（1）と皮膚（2）と皮小歯（3, 4, HE 染色）（後藤，1999）
背面の皮膚は黒いが，腹面は白い．背面の皮小歯（3）の歯髄には黒色の色素細胞が観察されるが，腹面の皮小歯（4）の歯髄には観察されない．Dt：皮小歯，Dm：真皮．

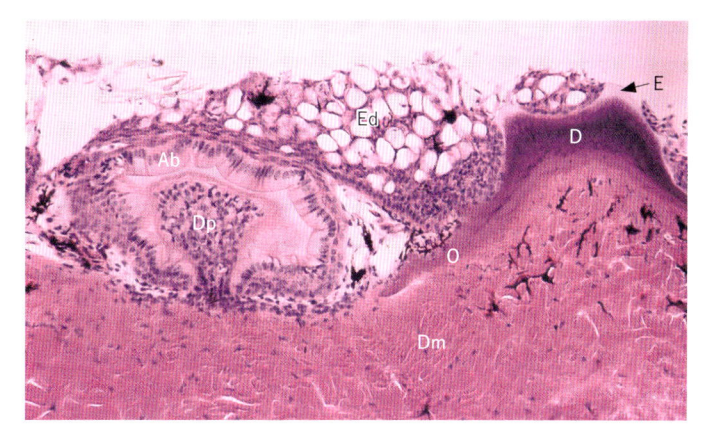

図 1.22 ラブカの皮小歯の発生と構造（HE 染色）（後藤・橋本, 1977）
Ab：エナメル芽細胞，D：象牙質，Dm：真皮，Dp：歯乳頭，E：エナメロイド，
Ed：表皮，O：基底部の骨様組織.

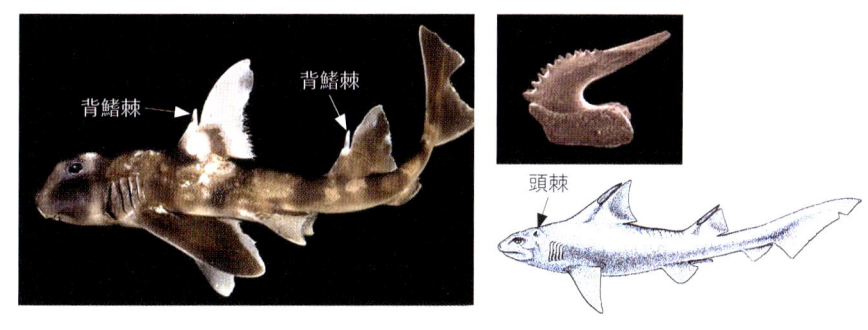

図 1.23 ネコザメの背鰭棘（左）とヒボドゥスの頭棘とその三畳紀の化石（右上は Yamagishi（2004），
右下は Maisey（1982））

サメ類の歯は，このような皮小歯ないし粘膜小歯が顎上で，餌を捕らえるという役割を担って大きく発達したものと考えられる．ヘルトビッヒ（Hertwig, 1874）は「歯はサメのウロコすなわち皮小歯から由来した」と述べたが，まさにそのとおりである．

皮小歯と粘膜小歯は，顎上で歯に進化した他に，背鰭にある背鰭棘（図 1.23 左），エイ類の尾にある尾棘，ウバザメの鰓耙などに分化している．シノノメサカタザメなどのエイ類ではからだの背側の正中などに皮小歯が大きく発達した棘をもつ．珍しいものでは中生代のサメ・ヒボドゥス類のオスの目の後ろにある頭棘もある（図 1.23 右上下）．

ヒトの歯の発生とサメ類の皮小歯の発生を比較すると，上皮細胞と神経堤由来の間葉細胞によって形成される点では同じであるが異なる点も多い．サメ類の皮小歯では基底部の骨様組織が，ヒトの歯では歯根の象牙質とセメント質，顎骨に分化しているのだ．こうして見ると，サメ類の皮小歯と粘膜小歯は，歯の各組織の由来を探る上でも興味深い研究対象となっている．

c. 硬骨魚類の歯

多くの硬骨魚類では上下の顎骨上だけでなく，口腔と咽頭領域の多くの骨，すなわち顎弓，舌弓，鰓弓を構成する骨の上に大小さまざまな歯が存在している（コイ類では顎骨上には歯がなく，もっとも後方の第 5 鰓弓を構成する下咽頭骨上にのみ，咽頭歯が存在して

いる）．

　なお，硬骨魚類だけでなく，両生類や爬虫類でも，上顎の前顎骨と上顎骨，下顎の歯骨以外の骨にも歯をもっている．哺乳類の歯は，このうち上下の顎骨上のものだけが残存したものとも考えられる．

1.3.3　古生物学的アプローチ

　歯の起源を求めて，地質時代（表 1.2）をさかのぼりつつ，地層のページをめくってゆくと，5.4億年前の古生代初期のコノドントに行き着く．コノドントは，炭酸カルシウムからなる無脊椎動物の硬組織と違って，リン酸カルシウムの燐灰石から構成され，歯に近い構造をもつ〔図 1.6（p.3）〕．そのことからこれを歯と考え，コノドントを脊椎動物の無顎類とする説が有力になっている．しかし，その形成過程は，上皮細胞が細胞の外側に形成すると考えられており，内側に向かって形成されるエナメロイドやエナメル質，象牙質とは異なるものであることは先に述べた〔図 1.7（p.3）〕．

　もう一度，図 1.7 を見ていただきたい．ベングトソンはコノドントの進化を以下の3段階に分けた．原コノドントでは上皮細胞によってからだの外側に形成されるトゲ状の構造物であった．準コノドントでは，最初はからだの内部で形成され，途中からからだの外に突出するようになる．最後の正コノドントになると，形成は最初から最後までからだの内部に上皮細胞が落ち込んで形成され，機能する時だけ口腔ないしからだの外に突出したと考えられている．

　これが事実なら，コノドントは基本的には上皮細胞によってからだの外側に形成される無脊椎動物の貝殻や歯舌，哺乳類の毛などと同じ上皮性の硬組織ではあるが，正コノドントの状態ではからだの内部に形成され，限りなく脊椎動物の歯のエナメロイドやエナメル質などに近い硬組織といえよう．この状態から上皮細胞がその下の間葉細胞と共同してからだの内側に形成するように転換したのがエナメロイドや象牙質であったと考えられるのである．

　5億年前のカンブリア紀後期になると，もっとも原始的な脊椎動物である無顎類の化石が産出するようになる．最古の脊椎動物である古生代初期の無顎類は，甲皮類と呼ばれ，皮甲という骨の板に覆われていた．皮甲の大部分は，層板状ないし海綿状の骨様組織であるアスピディンという組織で構成されているが，その表層には象牙質の粒，象牙質結節が存在していたことについてはすでに述べた〔図 1.8，図 1.9（p.4）〕．

　また，甲皮類のうち異甲類の仲間には，象牙質の表層に高度に石灰化した薄いエナメロイドが存在する仲間も知られている．また，腔鱗類は，アスピディンの層が発達せず，個々に分かれた小鱗をもっていた．小鱗は象牙質と基部の骨様組織からなり，真皮中に支え

表 1.2　地質年代表（相対年代と絶対年代）

相対年代			絶対年代 （百万年）
新生代	第四紀	完新世	0.01
		更新世	2.58
	新第三紀	鮮新世	5.33
		中新世	23.0
	古第三紀	漸新世	33.9
		始新世	56.0
		暁新世	66.0
中生代	白亜紀		146
	ジュラ紀		201
	三畳紀		252
古生代	ペルム紀		299
	石炭紀		359
	デボン紀		419
	シルル紀		444
	オルドビス紀		485
	カンブリア紀		539
原生代			2500
太古代			4031
冥王代			4567

られていた．サメ類の皮小歯はこのような小鱗を受け継いだものらしい〔図3.23（p.58）〕．

　甲皮類の皮甲は，その後の魚類の進化の中で，板皮類の皮甲，軟骨魚類の皮小歯，硬骨魚類の硬鱗や骨鱗に受け継がれている．象牙質結節は，歯と異なって，古い結節の上に新しい結節が形成されたことが知られている．これは，これらの組織は表皮によって覆われ，古い結節がすり減ると周囲から真皮乳頭層の間葉細胞とともに表皮がその上に来て，新しい結節が形成されたことを示している．歯の先祖は上から下に生え代わるのでなく，下から上に生え代わっていたのだ．

　象牙質は原始の皮膚に形成され，からだを守ると同時に外部環境の海水の状況を感じ取る感覚器として機能していたらしい．それは，なによりも私たちヒトの歯の象牙質が敏感な知覚をもっていることから納得できる．

　また，皮甲のアスピディンや象牙質結節がカルシウムを含む鉱物質で構成されるのは，海水中に豊富に存在するカルシウムが血液中に過剰になると，細胞に沈着して細胞死を起こすことから，過剰なカルシウムを骨やエナメロイドや象牙質に沈着させたと考えられる．それによって，血液中から除去するだけでなく，歯や鱗の場合はそれが脱落することで，体外に排出することもできたのである．エナメロイドやエナメル質には，カルシウムだけでなくフッ素や鉄なども沈着することがあり，それはフッ素のような有害な元素を体内から除去すると同時に，これらの組織を硬くするのにも役立っている．骨が血液との間でカルシウムなどのミネラルの恒常性を維持していることは広く知られているが，骨だけでなく歯や鱗の組織も，体液の化学的恒常性（ホメオスタシス）を維持するという役割をもつのである．歯は，感覚器であるとともに，恒常性の維持と過剰な元素の排泄物としての機能もあわせもっていたのだ（図1.24）．

　無顎類の甲皮類や円口類では，基本的に顎に歯がなく，水とともに口に入ってくる微生物を鰓で沪しとって食べている．当時の軟体動物や節足動物には歯舌やウニの歯のような捕食器が発達しており，大型の動物も捕食できたので，無顎類は脊椎動物とはいっても軟

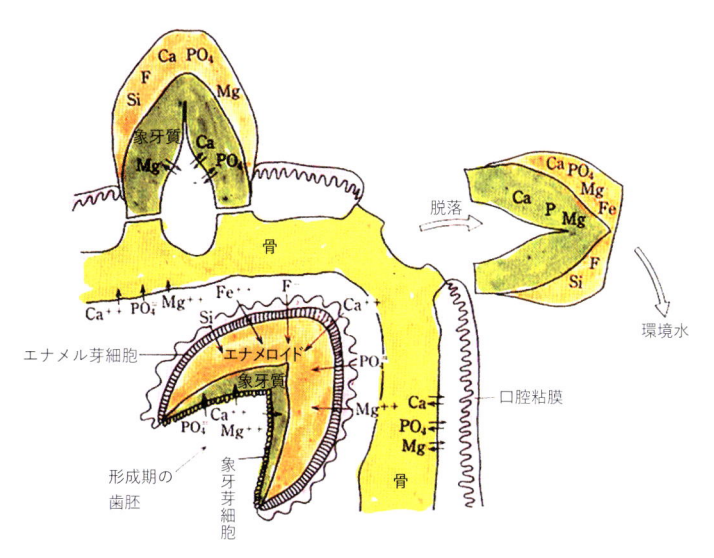

図1.24 体液中の過剰元素の歯の形成期へのエナメロイドへの濃縮と歯の脱落による環境水への排出を示す模式図（須賀，1988より改変）

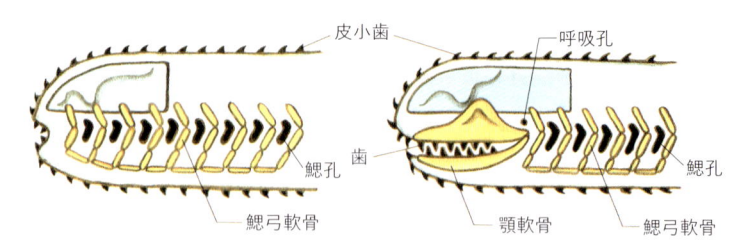

図1.25　無顎類から顎口類への顎と歯の獲得（後藤・後藤，2001）

体動物のチョッカクガイ（直角貝）や節足動物のウミサソリに捕食される地味な動物であっただろう．

　4.4億年前の古生代中期のシルル紀後期になると，顎と歯をもつ最初の顎口類である棘魚類や板皮類が出現する．また，続く4.2億年前のデボン紀になると，現在も生息する軟骨魚類や硬骨魚類も現れてくる．

　顎口類では，無顎類の鰓弓軟骨の前方の一部が発達して口のまわりに張り出し，捕食のために活発に動く開閉装置としての顎を形成した．この時，顎上に存在した皮小歯ないし粘膜小歯が，獲物を捕らえる機能をもつようになり，大きく発達して歯を形成したと考えられる（図1.25）．同時に，食道の下端がふくらんで胃を形成し，丸のみにした獲物を食いだめできるようになる〔図7.32（p.194）〕．

　こうして捕食器としての顎と歯を獲得した顎口類となった脊椎動物は，無顎類とは比べものにならないほど活発な動物に変身したのだった．水に混じって口に入ってくる微生物を鰓でろ過して食べるという受け身的な状態から，餌に向かって勢いよく泳いでいき，顎と歯で大きな獲物を丸のみにして食べることができるようになった．顎と歯の獲得は脊椎動物を積極的で活動的な動物に変身させ，その後の進化と繁栄の道を切り拓くいしずえを築いたといえよう．

1.4　歯の進化：サメの歯からヒトの歯まで

　その後の脊椎動物と歯の進化については，続く各章で詳しく解説したい．ここでは，その概略を紹介するにとどめる．

　脊椎動物の進化の概略を図1.26に示す．先に述べたように，脊椎動物は無顎類，板皮類，軟骨魚類，棘魚類，硬骨魚類，両生類，爬虫類，鳥類，哺乳類の9綱に分類されるが，化石でしか知られていない板皮類と棘魚類は図1.26では省略されている．

　進化の過程では，新しい形質の獲得により，大きな変化が5つ認められる（図1.27）．まず第1には，先の詳しく述べた無顎類から顎口類（サメ類）への進化で，顎と歯が獲得されたことである．甲皮類の皮甲表層にあった象牙質結節が，サメ類の皮小歯に受け継がれ，サメ類の皮小歯ないし粘膜小歯が顎上で歯に進化したのである．

　2番目の変化は，軟骨魚類から硬骨魚類への進化で，軟骨魚類では内部骨格が軟骨で構成されているのに対し，硬骨魚類では内部骨格が骨で構成されるようになった．軟骨は鼻先や耳介を触ってみれば分かるように，軟らかいコンドロイチン硫酸などの有機物からなり，通常石灰化しない．これに対し，骨はコラーゲンなどの有機物の上に燐灰石の微細な

結晶が沈着したもので，硬いのが特徴である．

　軟骨魚類では顎軟骨の周囲の線維層に歯が膠原繊維の束によって支えられていたが，硬骨魚類では顎骨が形成され，顎骨と歯が直接骨結合したり，線維で結ばれたりするようになる．

　3番目の変化は，魚類から両生類・爬虫類に進化する過程で，水中から陸上に移行する

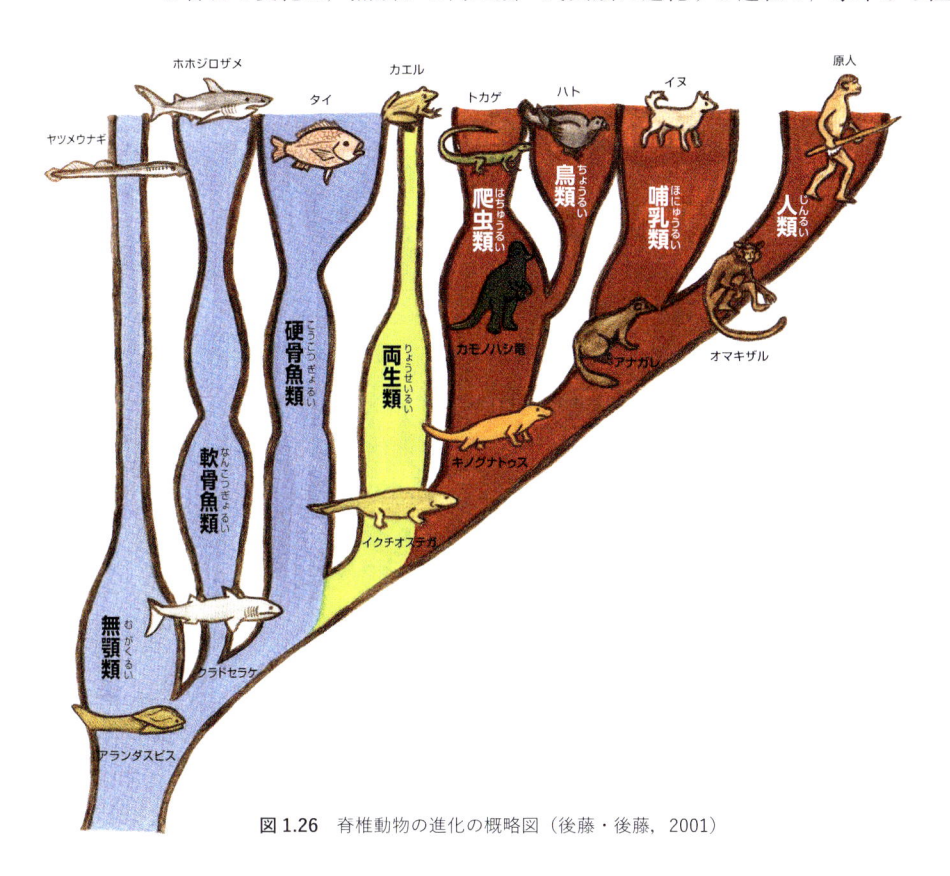

図 1.26　脊椎動物の進化の概略図（後藤・後藤，2001）

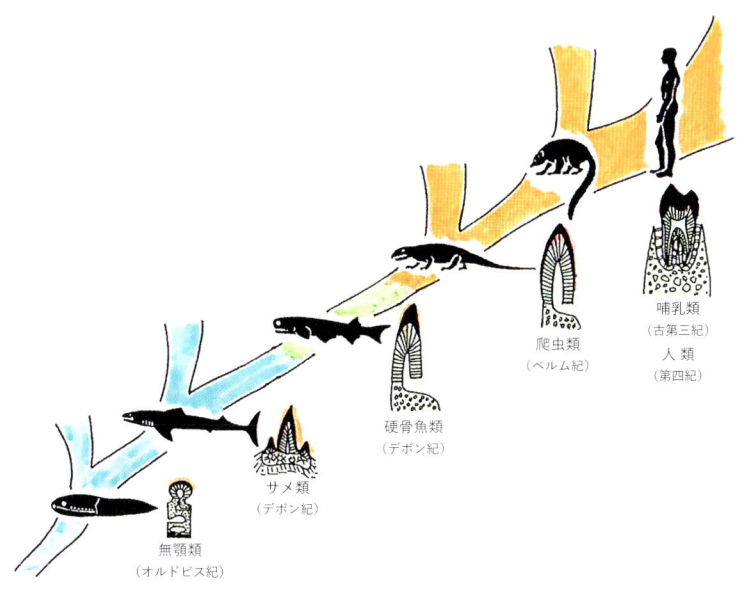

図 1.27　脊椎動物の進化における歯の
変化（後藤，2003 より改変）
左下から右上に，無顎類とその皮甲，
サメ類とその歯，硬骨魚類とその歯，
爬虫類とその歯，哺乳類・人類とその
歯を示す．

ために，歯冠の表層が間葉性のエナメロイドから上皮性のエナメル質になることだ．鰓呼吸から肺呼吸への転換，魚類の粘液と鱗で覆われた皮膚から，爬虫類の角化した表皮層をもつ皮膚への進化も起きている．

　4番目の変化は，爬虫類から哺乳類への進化で，変温動物から恒温動物へ，卵生から胎生へなったことだ．歯全体にも大きな変化が起こり，硬骨魚類から爬虫類までは顎骨と骨結合していたのが，顎骨の穴のなかに歯根が入り，セメント質と歯根膜と歯槽骨が歯根膜主線維で結ばれるようになる．エナメル質も爬虫類では薄い無小柱エナメル質であるが，哺乳類では厚いエナメル小柱の発達した小柱エナメル質となっている．

　また，爬虫類までは，すべて歯の形態が基本的に単咬頭の円錐歯（単錐歯）であったが，哺乳類では切歯・犬歯・小臼歯・大臼歯の区別が生じ，上下の臼歯が咬み合うようになる．さらに，生涯にわたって歯の交換が行なわれたが，哺乳類では幼体期の乳歯と成体期の永久歯の2セットしかない．これらの変化は，歯の機能がたんなる捕食から，上下の歯が咬み合って口腔中で食べ物を口腔消化，すなわち咀嚼するようになったことによる．

　5番目の変化は，人類において直立二足歩行により，自由になった手と発達した脳で口に入る前に食べ物を保存し，食べやすく料理するようになったことだ．自己家畜化および口腔前消化というべき行為によって，顎と歯はその役割を奪われて，退化しはじめている．

　次の章では，進化の順を追って，その詳細を見ることにしよう．

生命形態学を探求した三木成夫氏

コラム 1

　ここで筆者の恩師・三木成夫氏（図1.28）を紹介しよう．三木は，解剖学者として脊椎動物の脾臓と血管系の発生を研究し，ゲーテとヘッケルの形態学を受け継ぎ，独自の生命形態学を構築した．

　1925年に香川県丸亀市の産婦人科の四男として生まれ，丸亀中学校から岡山の第六高等学校に進学し，戦時下に九州帝国大学工学部航空機学科に進学するも，敗戦で廃科となり，1946年に東京帝国大学医学部に入学する．しかし，在学中に江藤俊哉に師事してバイオリンに熱中し，東京音楽学校（現在の東京藝術大学）への転学を希望したが，家族の猛反対にあってあきらめる．

　1951年に東京大学医学部を卒業し，小川鼎三教授の講義に心酔して，解剖学教室に大学院生として入局するが不眠症となり，東京女子医科大学精神科の千谷七郎教授の診察を受ける．千谷教授に冨永半次郎氏を紹介され，浦和の冨永塾に通うようになり，釈迦やゲーテの思想を学び，また，千谷教授らとルードウィッヒ・クラーゲスの生命哲学を学び，精神の健康を回復する．

　大学院を中退して，東大医学部解剖学教室助手，東京医科歯科大学医学部解剖学教室助教授となり，東北大学の浦良治教授の指導で脊椎動物の脾臓とその血管系の比較発生学的研究を行

三木成夫　略歴

大正 14 年 12 月 24 日　香川県丸亀市生まれ
昭和 18 年　第六高等学校理科甲類入学
　　 20 年　九州帝国大学工学部航空機学科入学
　　 21 年　東京帝国大学医学部医学科入学
　　　　　　在学中ヴァイオリンを江藤俊哉に師事
　　 27 年　東京大学大学院入学
　　 30 年　東京大学医学部助手
　　 32 年　東京医科歯科大学第一解剖学教室助教授
　　 44 年　東京藝術大学美術学部講師併任
　　 48 年　東京藝術大学助教授　保健管理センター
　　 54 年　東京藝術大学教授
　　　　　　「生物」（美術学部）
　　　　　　「保健」（音楽学部）
　　 62 年　8 月 13 日　逝去
平成 元 年　7 月　追悼シンポジウム「発生と進化」
　　　　　　　　追悼文集刊行
　　　　　 10 月　追悼展覧会（東京藝術大学学生会館）
　　　　　 12 月　追悼音楽会（旧東京音楽学校奏楽堂）

主な著作

『内臓のはたらきと子どものこころ』築地書館昭和 57 年
『胎児の世界』中央公論社昭和 58 年
「生命形態の自然誌」うぶすな書院（全三巻）
第一巻『解剖学論集』平成元年

図 1.28　三木成夫と略歴（後藤，1994c）

なう．この頃，動物学者の田隅本生氏や古生物学者の井尻正二氏の影響を受ける．

　そのまま解剖学者として大成するかと思われたが，突然に学生時代に憧れた東京藝術大学に転勤し，生命の形態学としての生物学と保健理論の講義を担当しつつ，保健管理センターの医師として学生と教職員の健康管理に従事する．その後，「生命の形態学」を『総合看護』に連載するが，残念なことに 6 回で中断している．また，保育園での講演をまとめた『内臓のはたらきと子どものこころ』（築地書館，現在は三木，2013a）と，『胎児の世界』（中公新書，三木，1983）を出版する．これらの著書は大きな反響を呼び，三木は執筆や講演におわれるようになる．そのさなか，61 歳の若さで突然に脳内出血により逝去する．

　筆者は，大学院生時代にまったくの偶然から三木の「骨学」の講義を受け，これこそ私がもっとも知りたかった古生物学だと感じた．東京医科歯科大学では，同じ解剖学教室でも三木は医学部，私は歯学部に属し，三木の講義や実習を横から眺めるだけであったが，三木が藝大に，筆者が鶴見大学に転勤するようになってからは，自由に三木の藝大の講義を聞き，保健管理センターを訪ねることができた．

　三木の突然の死は，私たちのこころに大きな空洞をつくり，1989 年には平光厲司，養老孟司，和氣健二郎氏の呼びかけで，三木成夫追悼シンポジウム「発生と進化」が開催され，その後，筆者も世話人に加わって 19 回にわたって記念シンポジウムを開催した．

　三木の著書は生前にはわずか 2 冊であったが，死後，多くの著書が出版されている．筆者は，三木の思想にもとづく後藤（2008）『唯臓論』（中公文庫）のほか，三木の遺稿をまとめた多くの本の出版に関わった．最近でも三木（2013a）『内臓とこころ』，三木（2013b）『生命とリズム』（ともに河出文庫），三木（2019）『三木成夫―いのちの波』（平凡社），三木（2021）『三木成夫とクラーゲス―植物・動物・波動』（うぶすな書院）が出版され，三木シ

ンポの内容を集大成した和氣ほか（2020）『発生と進化—三木成夫記念シンポジウム記録集成』（哲学堂出版）も上梓されている.

　三木の歩みは，進路に悩み迷う現代の若者にとっても，学ぶことが多いのではないだろうか.

脊椎動物の起源

コラム 2

　アメリカの古生物学者アルフレッド・ローマー（Romer, 1959）は，脊椎動物は原索動物のホヤの幼生から進化したという幼形成熟説を唱えた（図1.29）.

　これによると，泳ぎ回るのが得意な魚類や地上を走る哺乳類，空を飛ぶ鳥類などの脊椎動物の先祖は，初めから活発に動く動物ではなく，植物のように固着生活を送るコケムシ類のような動物であった. 初めは口から伸びる触手で餌を探し捕らえていたが，やがて鰓孔をもつようになり，多くの鰓孔をもつホヤ類に進化する. 触手の付け根でその動きを司っていた神経節が，ホヤ類では神経管に変化している.

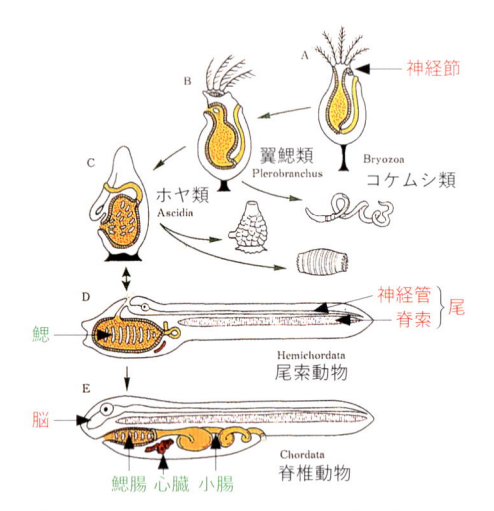

図1.29　Romer（1959）による脊椎動物の起源（三木，1983より改変）

　このホヤ類の卵から孵った幼生は，オタマジャクシのような姿で，遊泳生活をすることが知られている. 鰓の後ろに脊索と神経管からなる尾があり，尾で泳ぎ，口から水とともに吸い込んだ微生物を鰓で沪しとって食べている. これが成長すると，海底の岩などに張り付き，固着生活をするようになるのだ. 幼生期に尾に脊索をもつことから尾索動物と呼ばれる. また，脊索が頭部にまでの伸びるナメクジウオの頭索動物とともに，原索動物とも呼ばれる. 原索動物と脊椎動物を合わせて，脊索動物という.

　ローマーは，オタマジャクシ様のホヤの幼生が，幼生のまま性成熟して子孫を残すようになって進化し，頭部の鰓が尾方に伸びて前方が鰓腸，後方が小腸からなる腸管が形成されるとともに，尾方の尾をつくる脊索と神経管が頭方に伸びて，ナメクジウオのような動物に進化し，やがて脊椎動物が出現したと考えた. 幼生の状態のまま性成熟することを幼形成熟（ネオテニー）といい，それによって子孫を遺し，進化することを幼形進化という.

　ホヤの幼生の鰓腸の付け根に鰓に血液を送るための心臓ができ，頭部で神経管が鼻・眼・耳という感覚器官と発達に関連して前脳・中脳・後脳（菱脳）というふくらみができたのが脊椎動物である.

　原索動物の特徴は鰓と脊索と神経管からなる尾をもつことであるが，脊椎動物にはこれに心

臓と脳が付け加わっている．じつに，心臓と脳をもつことが脊椎動物の特徴なのだ．脊椎動物といえば，脊椎（椎骨）をもつことが特徴のように思うが，じつはもっとも原始的な無顎類では，心臓と脳をもつけれども，脊索はあっても脊椎（椎骨）がないのである．名前からすれば，無顎類を脊椎動物に含めるのは「おまけ」であるともいえよう．

　ところで，心臓と脳は脊椎動物のからだの二大中心であり，人でも心臓死と脳死が死の基準となっている．このうち，心臓については生死がはっきり確認できるが，問題は脳死である．脳は死んでも心臓が動き続けることがあり，心臓が止まった後も，人工的な心肺装置で人は「生き」続けることができるのだ．

　その意味でも，心臓と脳は人体の二大中心器官といえる．「思」うという字は，脳を表わす「田」と「心」を上下に組み合わせた字で，脳と心臓が相談している様を表現しているという．「悩」むでは，心臓と脳が左右で対立する様といわれ，「考」えるでは脳が心臓を押さえつけてからだが曲がり，「悲」しむの字は脳が心臓を押し殺している様だという（後藤，2008）．

歯はなぜ硬いか？

コラム 3

　まえがきでも述べたように，歯はエナメル質が 96～97%，象牙質が 70%，セメント質や骨は 65% が，リン酸カルシウムの燐灰石という鉱物質で構成されている．エナメル質は人体でもっとも硬い組織である．

　これは歯が食べ物を切断したり，咬み砕いたりする役割を果たすためといえる．しかし，そんな硬い組織を軟らかいからだのなかに形成することは容易ではないだろう．

　エナメル質が硬くなるのは，その形成過程に秘密がある．象牙質や骨ではまず有機基質であるコラーゲンなどが分泌され，有機基質がそのまま残された上に燐灰石の微結晶が沈着する．だから形成後も 30～35% の有機物と水が含まれる．

　これに対し，エナメル質の場合は，分泌されるアメロゲニンなどの有機物の量は象牙質と同じであるが，エナメル芽細胞はその後，有機物と水を吸収・脱却しつつ，燐灰石のもとになるリン酸カルシウムを分泌することで，有機物と水が合わせても 3% しか含まれず，97% が鉱物質からなるエナメル質が形成されるのである．微結晶の大きさも，骨や象牙質では小さいが，エナメル質では，最初は小さいが成熟とともに大きく成長し，隙間なく密な石垣状になる．エナメル質はゼリーのような状態から，チーズのようになり，最後には石のように硬くなるのである．

　歯胚を薄く切って，ヘマトキシリンとエオジンという色素で染色し，顕微鏡で観察すると，象牙芽細胞層と象牙質の間にある象牙前質はコラーゲンからなるのでエオジンのピンクに染まっているが，その上の象牙質では燐灰石の微結晶が沈着して薄い紫色に染まっている．象牙質の上のエナメル質もこの時期には有機物が多いのでヘマトキシリンの濃い紫色に染まっている（図 1.30）．その後，石灰化が進むと有機物がほとんどなくなるので，脱灰切片ではエナメル

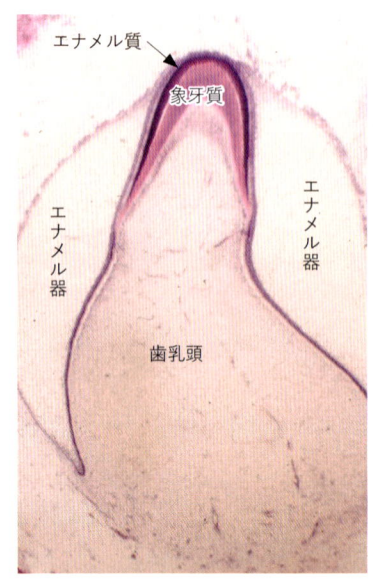

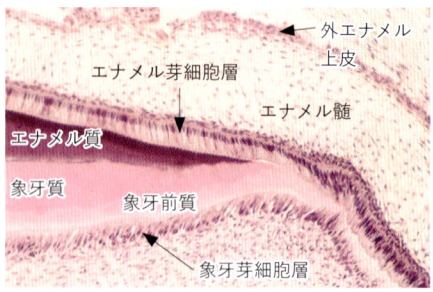

図 1.30　歯の硬組織形成期の歯胚とその一部の拡大
（HE 染色）
象牙芽細胞が下方に移動しながら象牙質を，エナメ
ル芽細胞層が上方に移動しながらエナメル質を形成
する．象牙質は有機基質からだけからなる象牙前質
に燐灰石の微結晶が沈着して，薄い紫色に染まる象
牙質になる．その上にあるこの時期のエナメル質は
有機物が多いので濃い紫色に染まっている．

質は溶けてしまって観察できなくなる．

　エナメロイドの場合も，象牙芽細胞によって分泌されたコラーゲンなどの有機基質が，その
後，エナメル芽細胞によって吸収・脱却されて象牙質の表層がエナメル質と同程度の硬い組織
に変化すると思われる．

　一方，小腸の上皮細胞は，腸腺というくぼんだ部分では消化酵素を含む腸液を分泌するが，
腸絨毛という飛び出した部分では消化酵素で分解された栄養分であるアミノ酸や糖や脂質を吸
収する．上皮細胞がその位置によって，分泌と吸収という役割を分担しているのである．

　それに対し，歯をつくる上皮細胞は，初めは有機物とリン酸カルシウムの分泌という役割を
果たすが，その後はリン酸カルシウムの分泌を続けながらも，有機物と水の吸収・脱却という
役割を担っているのだ．そんな細胞の巧みな働きによってエナメル質，エナメロイドという硬
い組織が形成されるということはあまり知られていない．

2

サメ類の歯

2.1 魚類の進化と分類

2.1.1 魚類の初期進化と板皮類と棘魚類

　先に脊椎動物は9綱に分類される〔表1.1 (p.11)〕としたが，そのうち，無顎綱，板皮綱，軟骨魚綱，棘魚綱，硬骨魚綱の5綱は魚類にまとめられる．じつに，脊椎動物の過半数の綱が魚類で，四足動物は4綱に過ぎないのだ．しかも魚類は，古生代初期のカンブリア紀に出現して以来，現在まで種類は変わっても，海洋と陸水（湖沼，河川など）で繁栄しているのだ．現生の魚類は3万種といわれ，脊椎動物全体の半数以上を占める．これは，地球が「水の惑星」といわれるように，水圏が地表の71%を占めるからである．

　ここでは，魚類の先祖である原索動物と，無顎類から板皮類，棘魚類までの魚類の初期進化と，板皮類と棘魚類の歯について解説したい．

　6億～5.5億年前の原生代末期のエディアカラ生物群[*1]にも，脊椎動物の先祖ではないかという化石が知られている．カンブリア紀のバージェス動物群[*2]では，ピカイアというナメクジウオ型の原索動物が有名である（図2.1）．

　中国のカンブリア紀前期（5.3億年前）の地層から発見されたハイコウイクティスやミロクンミンギアは最古の無顎類とされている．両者は同一種ともいわれ，体長2.5～2.8cmで，眼，口，鰓，腸，生殖巣，筋節，背鰭などがみられるという．カンブリア紀後期からオルドビス紀になると甲皮類の皮甲の化石が知られるようになり，シルル紀には棘魚類や板皮類が出現し，デボン紀には軟骨魚類や硬骨魚類も現れている（図2.2）．

　無顎類は顎も歯ももたないが，体表に皮甲をそなえ，その表層の象牙質結節は軟骨魚類の皮小歯や硬骨魚類の硬鱗に受け継がれる一方で，顎上の歯にも進化したことは前章で述べた．

　板皮類は，無顎類の甲皮類に似た皮甲をそなえ，その一部が顎の骨板ないし歯板を形成し，その縁が歯となっている．板皮類と甲皮類はともに皮甲で覆われることから甲冑魚（かっちゅうぎょ）と呼ばれる．デボン紀後期には全長6mにもなる巨大な捕食者になったものも出現するなど繁栄をきわめた（図2.3）．節頸類という仲間では，餌を食べるとき下顎を下げるだ

---

*1) エディアカラ生物群：オーストラリア南部のアデレードの北方にあるエディアカラの丘陵で発見された6億~5.5億年前の生物の化石群．肉眼的に確認できる生物化石が多量に出るものとしてはもっとも古い時代のものであり，カンブリア紀以前の生物相の代表である．

*2) バージェス動物群：カナダのロッキー山脈の5億800万年前のカンブリア紀のバージェス頁岩から発見された動物群．節足動物のアノマロカリス，オパビニア，葉足動物とされているハルキゲニア，軟体動物のウィワクシア，原索動物のピカイアなどからなる．ほぼ同時代の中国雲南省の澄江動物群やグリーンランドのシリウス・パセット動物群なども知られている．

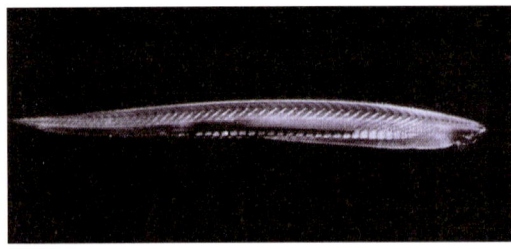

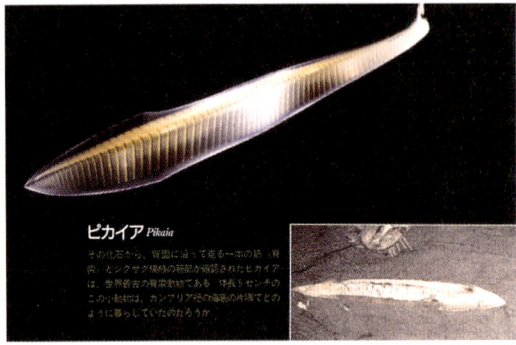

図2.1　原索動物，現生のナメクジウオ（上）とカンブリア紀
のピカイアの復元図と化石（下）（三木，1989；NHK
取材班，1994）

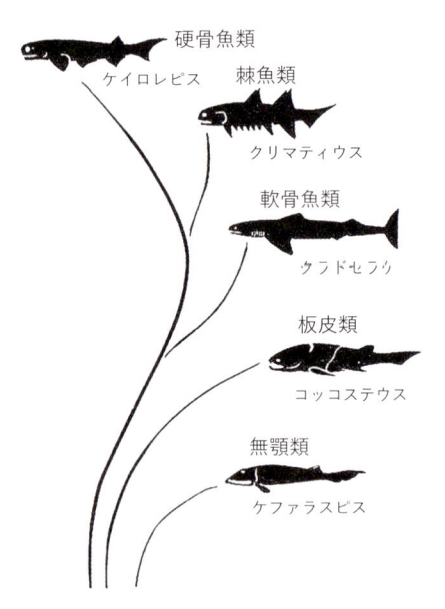

図2.2　魚類の初期進化（Colbert *et al.*, 2004）

図2.3　デボン紀後期の大型の肉食魚となった板皮類
（Spinar and Burian, 1981）

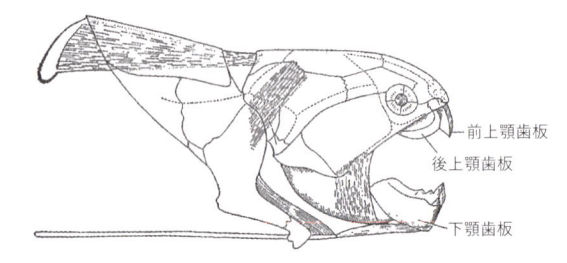

図2.4　デボン紀後期の節頸類ドゥンクレオステウスの頭部の
骨格（Heintz, 1931）

けでなく，頭部と胸部の骨板の間の関節で，頭部を上向きに動かして大きな口を開けるこ
とができた（図2.4）．しかし，デボン紀末にはほとんど絶滅している．

　板皮類の歯は，エナメロイドはなく，通常の象牙質からなるものもあるが，基質中に象
牙芽細胞とその突起である象牙細管が埋入した半象牙質という組織からなるものもいた
（図2.5）．半象牙質は象牙質の一種ではあるが，初めは象牙芽細胞が後退して象牙質を形
成するものの，途中で後退を止めて，象牙質の基質中に埋入して，象牙細胞になってしま
うのである．骨芽細胞は最初から骨組織の基質中に埋入して骨細胞になる．半象牙質はそ
の点で骨と象牙質の中間的な組織といえよう．

　棘魚類は，従来は軟骨魚類に近いと考えられてきたが，内骨格に骨をもち，鰓蓋をそな
えることから現在は硬骨魚類に近いとされている．その名は，背面や腹面に多数の棘状の
鰭をもつことに由来する（図2.6）．しかし，棘魚類は顎弓と舌弓の間に完全な鰓孔をも
っており，その点ではこの鰓孔が水を出すのではなく，入れるための呼吸孔になっている

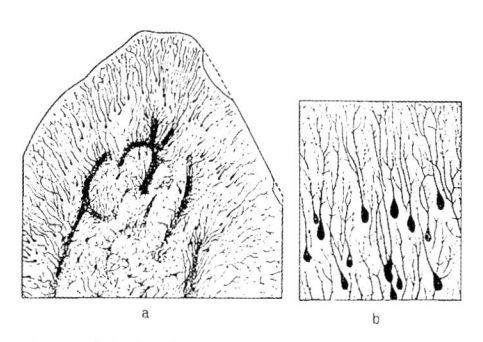

図 2.5 デボン紀の節頸類の歯の半象牙質（Ørvig, 1967）b は a の拡大図.

図 2.6 デボン紀の棘魚類（Spinar and Burian, 1981）

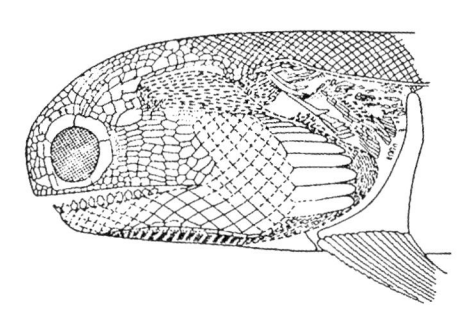

図 2.7 デボン紀前期の棘魚類クリマティウスの頭部（Watson, 1937）

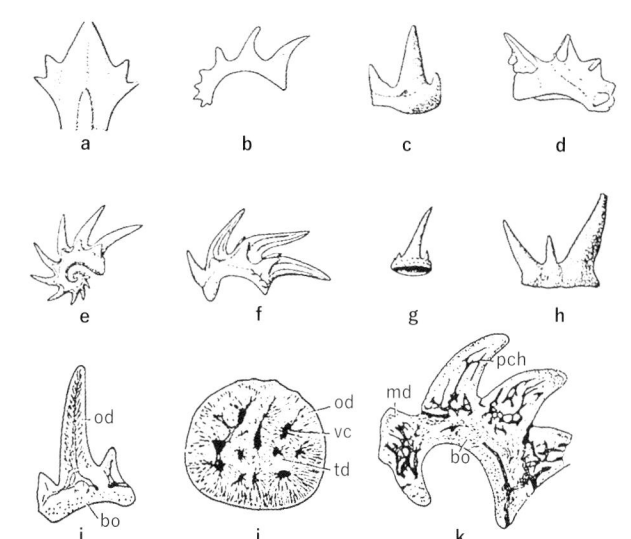

図 2.8 棘魚類の歯の形態と構造（Denison, 1978）上 2 段の a〜c：クリマティウス（b は断面），d：ノストレピス，e〜g：ゴムフォンクス，h：ドリオドゥス，最下段の i：ゴムフォンクスの歯の縦断面，j：同横断面，k：ノトレピスの歯の縦断面，bo：骨様組織，md：中象牙質，od：真正象牙質，pch：髄腔，td：骨様象牙質，vc：血管腔.

サメ類よりも原始的な魚類とも考えられる．胸鰭と腹鰭の間に数対の小さな対鰭をもっており，千手観音のようだ．棘魚類は，シルル紀に出現し，デボン紀から石炭紀に繁栄し，ペルム紀後期に絶滅した．

　クリマティウス（図 2.7）は下顎にのみ歯をもつが，上顎にも歯をもつものもいた．咬頭という突出部分が一つだけの単咬頭の歯，それが幾つもある多咬頭の歯，咬頭がらせん状に連なった歯，顎骨と骨結合した歯など，さまざまな歯が知られている．歯にはエナメロイドは知られておらず，象牙質も通常の真正象牙質のほか，骨様象牙質や一部の甲皮類

にもみられる細管が連結した中象牙質からなる仲間もいた（図2.8）．中象牙質は骨から象牙質とは別に進化した組織のようだ．棘魚類は同心円状に何層にも重なる象牙質層をもつ特異な鱗をもっていた〔図3.23（p.58）〕．

■ 2.1.2 軟骨魚類の進化と分類

　軟骨魚類は古生代中期のデボン紀前期に出現し，中生代から新生代，そして現在まで海で進化し繁栄してきた魚類の仲間である（図2.9）．胸鰭と腹鰭という対の鰭をもち，鰓で呼吸して，内骨格はすべて軟骨からなり，体表には皮小歯（楯鱗）をもつ．現在ではサメ類とエイ類からなる板鰓類（ばんさいるい）とギンザメ類の全頭類（ぜんとうるい）に分けられるが，古生代には正軟骨頭類（せいなんこつとうるい）という仲間もいた．石炭紀からペルム紀に栄えたエウゲネオドゥス類，ペタロドゥス類，オロドゥス類である．

　板鰓類は，「ジョーズ Jaws（顎の複数形で，小説や映画のタイトルにもなった）」と呼ばれるようによく発達した顎と歯をもち，イルカ，オットセイ，アザラシからヒトまでも襲って食べるホホジロザメなどの仲間もいるように生態系の頂点に立つ捕食者として進化・繁栄している．その特徴は鰓蓋がなく，5〜7対の鰓孔がそれぞれ開口している点で，板状の鰓が並んで見えることである．最前列の鰓孔は，目の後ろの小さな呼吸孔となっている．この穴は実は私たちの耳の穴（外耳孔）の先祖だ〔図4.8（p.77）〕．

　口から飲み込んだ獲物は鰓腸から食道をとおって大きな胃に運ばれる．捕獲したサメの胃袋を開けば，そのサメが食べていた獲物が分かる．胃につづく小腸にはらせん弁があり，外側から見ると短いが栄養分を吸収する面積は広くなっている．らせん弁腸は原始的な硬骨魚類にも見られる特徴である．

　また，上顎をつくる軟骨（口蓋方形軟骨）が下顎軟骨（メッケル軟骨）と関節するだけでなく，脳を入れる軟骨の箱（脳頭蓋）とも関節し，上下の顎を同時に前方に突き出して獲物を捕食することもできる（図2.10）．つまり，顎の関節が脳頭蓋と口蓋方形軟骨，口蓋方形軟骨と下顎軟骨の二重の関節で構成されているのだ．

　これに対し，全頭類では硬骨魚類と同様に，前方の鰓の外側が後方に伸びだして鰓蓋が

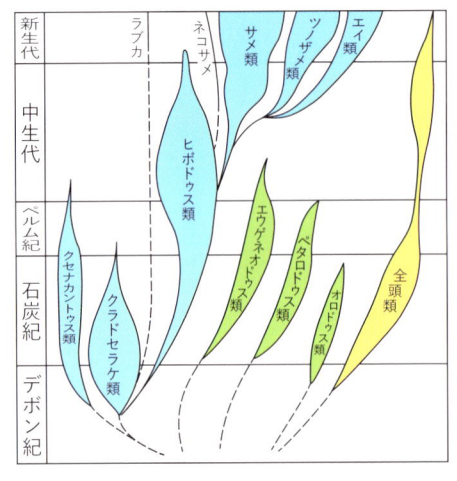

図2.9　軟骨魚類の進化（後藤，1984a より改変）
青：板鰓類，緑：正軟骨頭類，黄：全頭類．

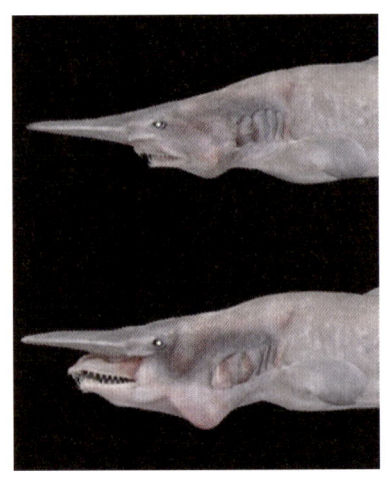

図2.10　ミツクリザメの上下顎の突出（（一財）沖縄美ら海財団提供）

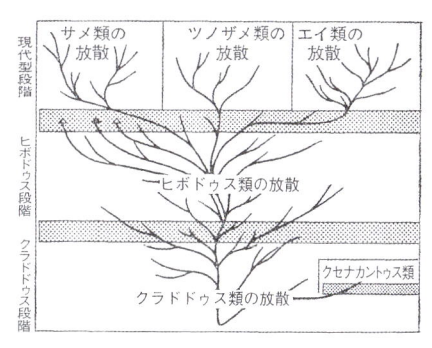

図 2.11　板鰓類の進化の 3 段階（Schaeffer, 1967）
左上の△はラブカ, ネコザメ, カグラザメ類を示す.

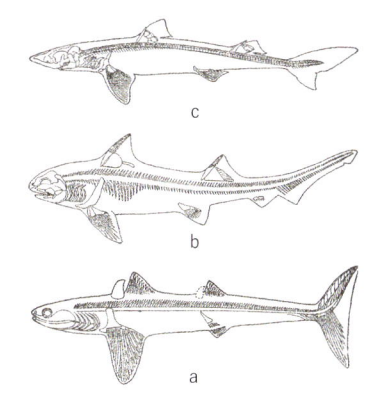

図 2.12　板鰓類の進化の 3 段階を骨格系で示す（Schaeffer, 1967）
a：クラドセラケ, b：ヒボドゥス, c：ツノザメ.

形成され, 鰓孔は一つにまとまって開口している. さらに, 上顎の口蓋方形軟骨が脳頭蓋と癒合して, 下顎軟骨だけを動かして口を開くようになっている. その点でも, 全頭類は硬骨魚類に似ているのである.

　板鰓類は, デボン紀からペルム紀まで栄えたクラドドゥス段階, 石炭紀から白亜紀まで栄えたヒボドゥス段階, ジュラ紀から現在まで栄えている現代型段階の 3 つの段階で進化してきた（**図 2.11**）. クラドドゥス段階の分岐として淡水域に進出したクセナカントゥス類がある. また, ヒボドゥス段階の遺存種としてラブカ, ネコザメ, カグラザメ類がいる.

　各段階をとおして, 鼻が突出して口が下方に開口するようになり, 原始的なラブカでは脊索が生涯残存するが, 進化とともに脊索の周囲で椎体の軟骨が石灰化する傾向を示す. 食性の分化すなわち, 肉食, プランクトン食, 貝食などに適応して, 体形も大型化したり, エイ類のように扁平になるものなど多様化してきた（**図 2.12**）.

2.2 ## サメ類の歯の形態・発生・構造

▍2.2.1　板鰓類の歯の特徴

　板鰓類の歯は, 基本的には大きさは異なるがほぼ同じ形の歯が, ふつう数十〜数百本生えている. 沖縄の美ら海水族館の標本を数えたところ, ジンベエザメでは小さな歯が上顎に 3475 本, 下顎に 4910 本, 合わせて 8385 本も並んでいたそうだ. このような性質を同形歯性という.

　とはいえネズミザメ類やネコザメ類では, 顎の前方と後方で歯の形態が異なり, さまざまな程度で異形歯性が見られる種類もある

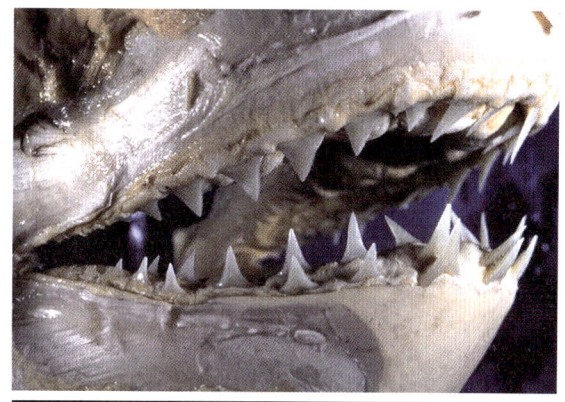

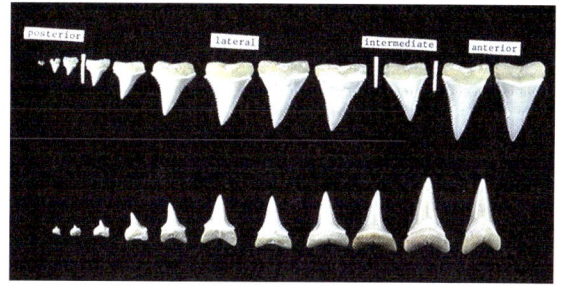

図 2.13　ネズミザメ類のホホジロザメの顎（上）と左側の上下顎歯列の舌側面（下）（後藤ほか, 1984）
anterior：前歯, intermediate：中間歯, lateral：側歯, posterior：後歯. 下図では右が近心側, 左が遠心側.

（図2.13）．ネズミザメ類では，前歯・中間歯・側歯・後歯の区別が見られるものが多く，ネコザメでは前歯と側歯で歯の形態が大きく異なっている．

　なお，歯の形態について記述する時は，歯の方向用語を知っておく必要がある．ヒトの歯にならって，サメの歯でも同じような用語が使われているので紹介しよう（図2.14）．前方の歯の外側に面した側を唇側，後方の歯の外側を頬側という．これらをまとめて前庭側ともいう．唇側ないし頬側の反対側は，上顎では口蓋に面しているので口

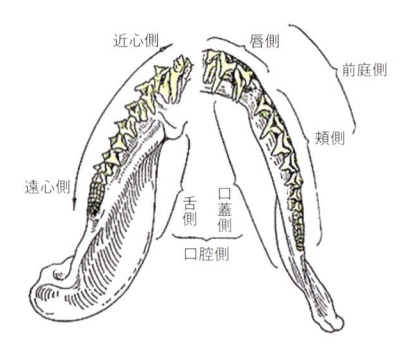

図2.14　シロワニの歯の方向を示す模式図
右が上顎，左が下顎（Landolt, 1947より改変）．

蓋側，下顎では舌に向かっているので舌側というが，上顎でも舌側と呼ぶこともある．歯列のなかで正中部の方向を近心または近心側，その反対方向を遠心または遠心側という．

　歯は，顎から外に突き出している歯冠と，顎の中に存在し，顎を支えている歯根に分けられ，歯冠と歯根の境界を歯頸という（図2.15）．歯冠は突き出た咬頭からなり，咬頭は1つの場合もあるが，3つ以上のものも多い．一般に咬頭の先端は遠心に傾く．多数ある場合は，中央の大きなものを主咬頭，その他のものを副咬頭ないし側咬頭と呼ぶ．歯冠は，外側の面を唇側面，内側を舌側面と呼ぶ．通常，唇側面は平面に近く，舌側面は凸面を示すことが多い．また，上顎の歯は幅（近遠心径）が広く，咬頭は遠心に傾く傾向が強く，厚さ（唇舌径）が薄いことが多いのに対し，下顎の歯は幅が狭く，咬頭は直立し，厚さが厚いのが特徴である．硬い殻をもつ貝類を咬み砕いて食べるネコザメの側歯やトビエイの歯は，板状ないし臼型で，広い咬合面をもっている．

　肉食のサメ類では，歯冠の唇側面と舌側面の境界が刃のような鋭い切縁となっている．

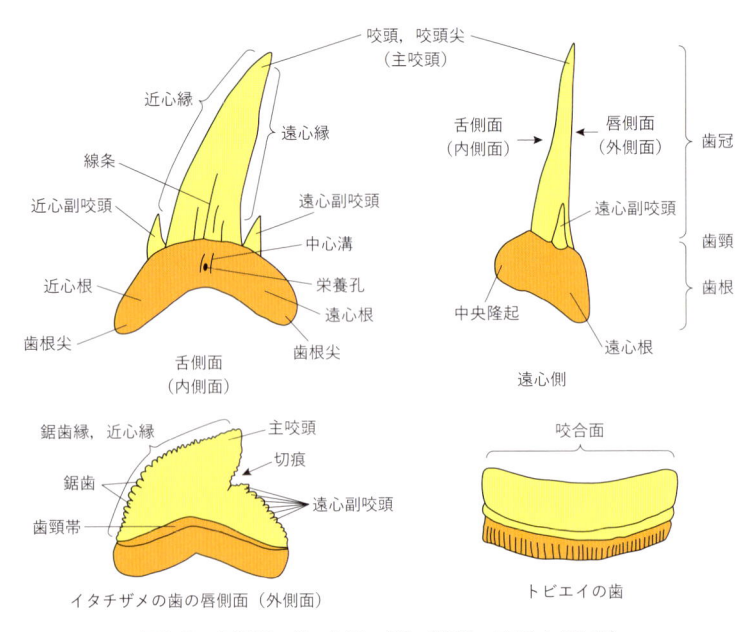

図2.15　板鰓類の歯の各部の名称（後藤，1985より改変）

切縁にはギザギザした鋸歯をそなえるものもある．歯冠の表面には，細い線条や皺襞^{しゅうへき}をもつものもいる．歯根は角ばった直方体をなすものや，近心根と遠心根に分岐したものがある．

　歯は餌を捕るだけでなく，生殖にも使われることがある．アカエイでは，繁殖期のオスは尖った歯をもつようになる．これは交尾の際にメスの鰭に咬みついてからだを固定し，交接器をメスの総排出口に挿入するためである．

　これらの歯は，一生の間に何回も生えかわり，顎上に 2，3 本の歯が外側（唇側）から内側（舌側）に並ぶだけでなく，顎の内部にも数代の歯胚が用意されている．成長にともなって顎も大きくなり，顎の成長にともなってより大きな歯が生えるようになっているのだ．

　顎の断面を見ると，口腔粘膜上皮が歯列の内側の位置から顎軟骨の溝に向かって陥入して歯堤を形成し，歯堤の先端に最初期の歯胚が形成される（図 2.16）．歯胚ではまずエナメロイドが形成され，エナメロイドが全層にわたって形成されると続いて象牙質が形成される（図 2.17）．象牙質に続いて，歯根を形成する骨様組織が形成されると，歯は顎軟骨

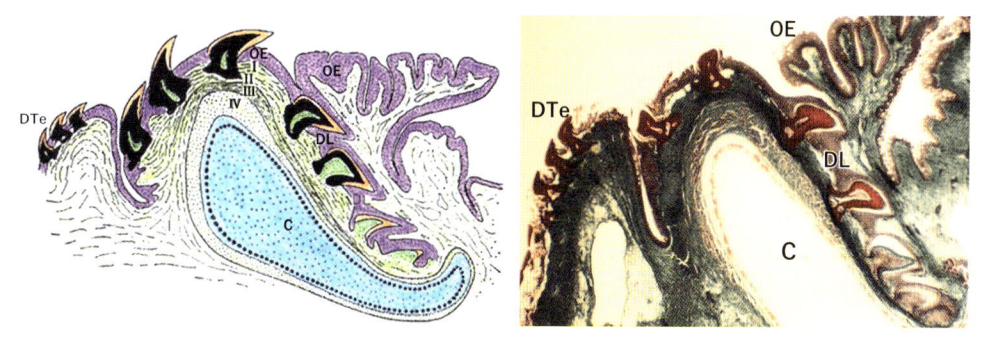

図 2.16　ドチザメの顎の唇舌方向の断面の模式図（左）と脱灰切片のマッソン・ゴールドナー染色標本（右）（後藤，1978 より改変）
C：顎軟骨，DL：歯堤，DTe：皮小歯，OE：口腔上皮，I〜IV：線維性結合組織層．

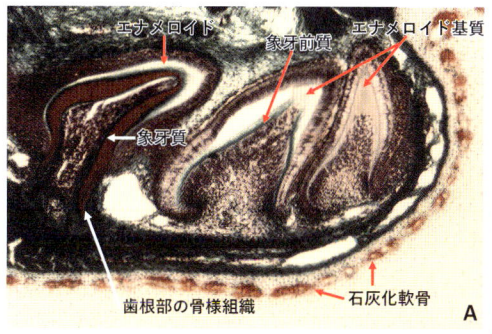

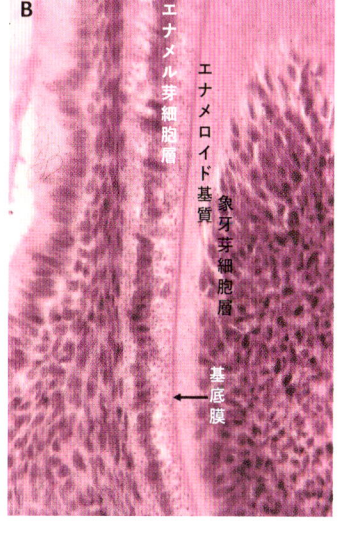

図 2.17　サメの初期歯胚
A：ドチザメの顎の唇舌方向断面，脱灰切片のマッソン・ゴールドナー染色標本．歯の硬組織形成は，エナメロイド基質の形成，象牙前質の形成，象牙質の形成とエナメロイドの石灰化，歯根部の骨様組織の形成の順に進む．B：初期歯胚の PAS 染色標本．エナメロイドは，象牙芽細胞とエナメル芽細胞の共同によって，赤く染まる基底膜の内側である間葉領域に形成される．

を幾重にも取り囲む線維層中に膠原線維の束で支えられるようになり，やがて顎の外側に移動して，回転して顎の中から萌出して，機能歯となる．機能歯は，顎の外側の溝にくると，歯根部が上皮中にのりあげて線維層との連結が切断され脱落する（図2.18）．このようなベルトコンベアーないしエスカレーターのような歯の交換様式を，車輪交換とも回転繰り出し型とも呼ぶ．

　歯を構成する組織は，歯冠の表層をつくるエナメロイドと，歯冠の内層をつくる象牙質，歯根をつくる骨様組織からなる（図2.19）．象牙質には，象牙細管が発達した真正象牙質，多数の髄腔を含む骨様象牙質，歯髄腔が分岐した皺襞象牙質の3種がみられる（図2.20）．

　骨様象牙質はネズミザメ類でよく発達し，象牙芽細胞がエナメロイドの形成中は並んで

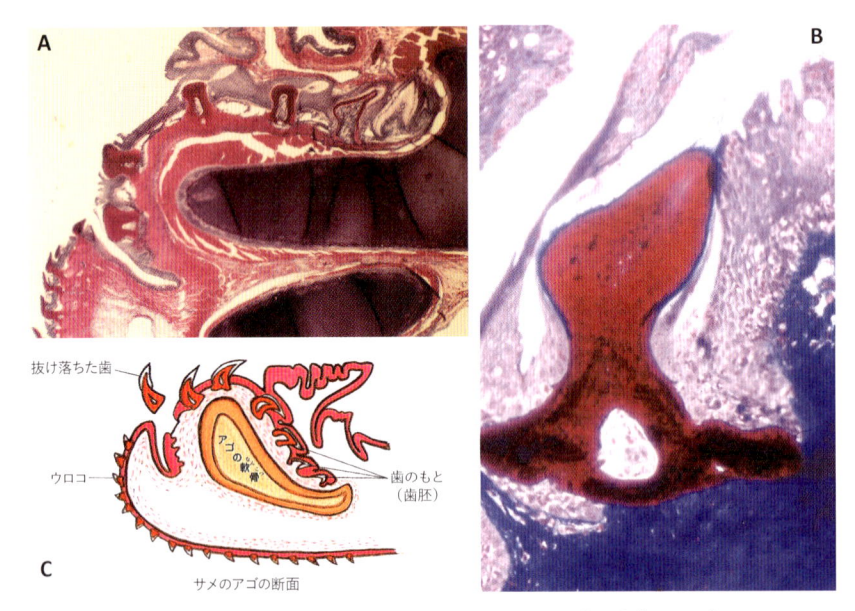

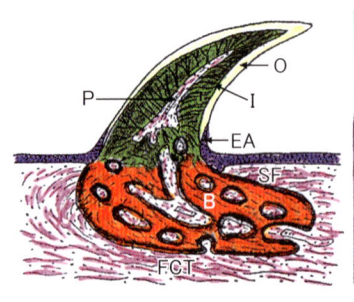

図2.18 サメの歯の脱落（A・Bは筆者原図，Cは後藤・後藤，2001）
A：ドチザメの顎の唇舌方向断面，脱灰切片のHE染色標本．B：脱落直前の歯のアザン染色標本．歯根部が口腔上皮中に乗り上げている．C：顎の断面の模式図．

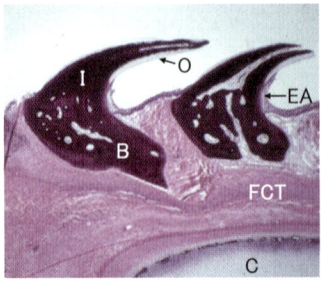

図2.19 ラブカの歯の唇舌方向の断面の模式図（左）と脱灰切片のHE染色標本（右）（後藤・橋本，1976）
B：歯根部の骨様組織，C：顎軟骨，EA：付着上皮，FCT：線維性結合組織層，I：象牙質，O：エナメロイド，P：歯髄，SF：膠原線維束．

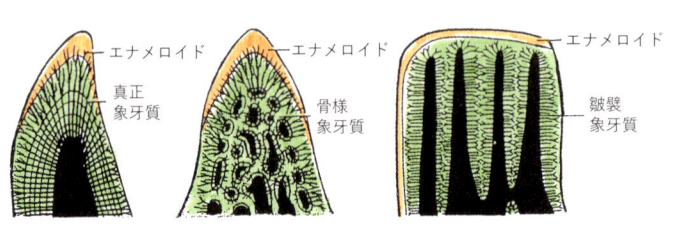

図2.20 板鰓類にみられる3種の象牙質（後藤，1993aより改変）
真正象牙質（左），骨様象牙質（中），皺襞象牙質（右）．

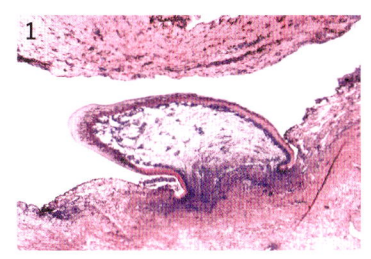 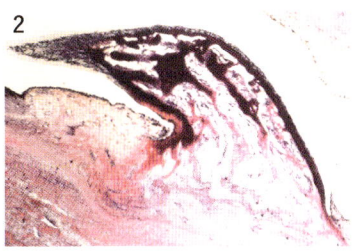 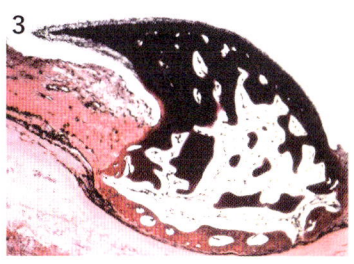

図 2.21　メガマウスザメの歯の発生（HE 染色）（後藤，1999）

1：初期歯胚ではエナメロイドが形成されている．2：象牙芽細胞が歯乳頭のさまざまな場所で同時多発的に骨様象牙質を形成する．3：骨様象牙質に連続して歯根部の骨様組織が形成されると歯は完成して機能歯となる．

形成するが，その後，歯乳頭の各地に移動してそれぞれの場で象牙質をつくることによって形成されるもので，歯を急いで形成するための組織ではないかと思われる（図 2.21）．骨様象牙質と皺襞象牙質では歯髄が分散したり分岐したりしていて，象牙質と歯髄が一体化しており，まさに「象牙質・歯髄複合体」の姿を体現しているようだ．

　歯は，歯根部の骨様組織と顎軟骨を取り巻く線維性結合組織層を結ぶ膠原線維束と，歯頸部を取り巻く付着上皮によって，顎上に支えられている（図 2.19）．

2.3　クラドドゥス段階の歯

 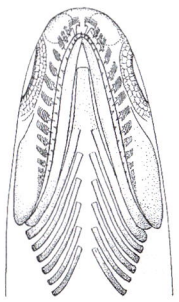

図 2.22　デボン紀後期のクラドセラケの頭部の化石（Long, 1995）と復元図（Dean, 1909）

　古生代デボン紀に出現したクラドセラケ類では，顎が前後に長くて放物線形を示し，口が頭の前方に開いている．胸鰭は，付け根が広く，先の方ほど細くなっている．現代型のサメ類では付け根が狭く，先の方が幅広になっているのとは違い，原始的な特徴である．顎上には多数の歯が数列並んでいるが，隣の歯との間隔が広いのが特徴である（図 2.22）．

　歯の形態は，クラドドゥス型と呼ばれる多咬頭性で，主咬頭の両側に 1 対から数対の副咬頭をもつ（図 2.23）．

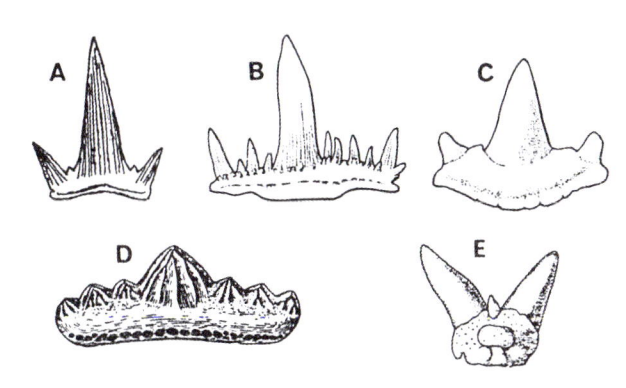 

図 2.23　クラドドゥス段階の歯化石（後藤ほか，2014; 後藤・大倉，2004）

A：クラドセラケ（Dean, 1909），B，C：クラドドゥス（St. John and Worthen, 1875），D：プロタクロドゥス（Gross, 1938），E：オルタカントゥス（Glikman, 1964），F：日本の石炭紀の地層から産出したクラドドゥスの歯化石．

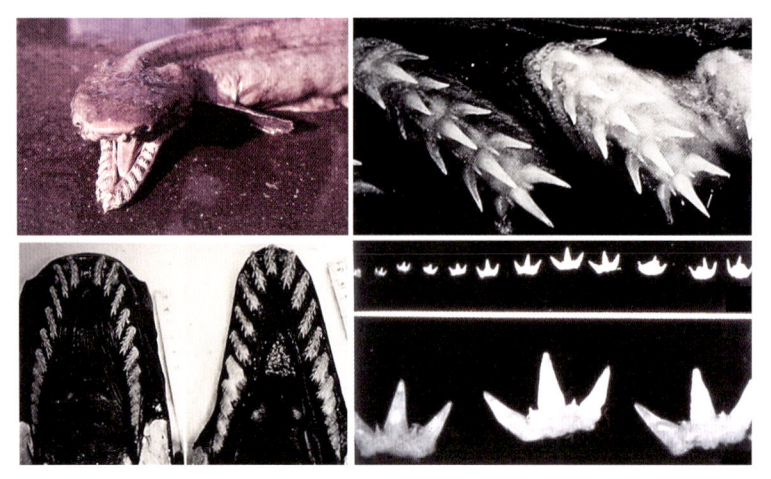

図2.24 ラブカの頭部（左上）と上顎（左下の左）と下顎（左下の右），歯列の拡大（右
上），歯列と歯の拡大（右下）（後藤・橋本，1976）

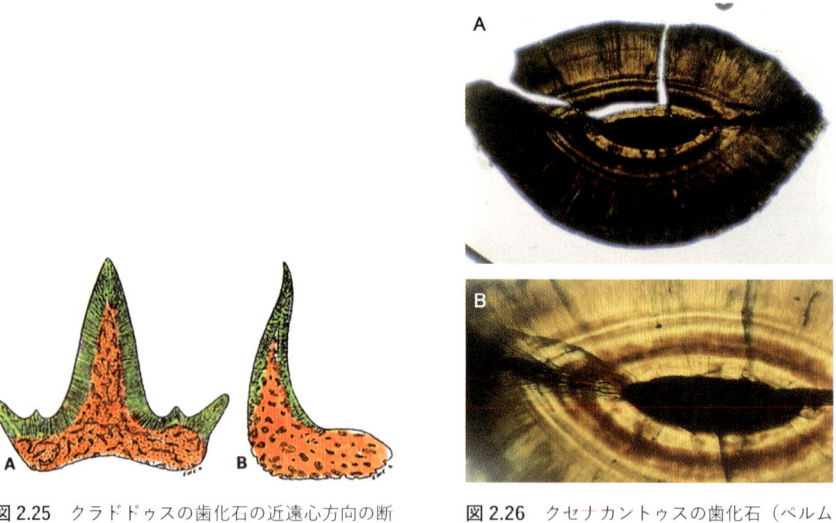

図2.25 クラドゥスの歯化石の近遠心方向の断
面（A）と唇舌方向の断面（B）（Claypole,
1895 より改変）

図2.26 クセナカントゥスの歯化石（ペルム
紀）の横断面（A）とその拡大（B）
（後藤，1985）

咬頭の表面には皺襞が発達するものが多い．なかには咬頭が低くなり，咬合面の発達がみられるものもいた．淡水域に生息したクセナカントゥス類では，中央の咬頭が小さく，近心と遠心の副咬頭が大きく，切縁には鋸歯が発達したものもいた（図2.23E）.

　駿河湾や相模湾の深海にすむラブカは，クラドゥス段階の形質を残す唯一の現生種で，クラドセラケに似た放物線形の歯列をもち，歯の間隔も広く，クラドゥス型の3咬頭の歯をもっている（図2.24）．他のサメでは嗅脳が発達するので口が腹側で開くが，ラブカでは嗅脳が未発達なために口が前方に開き，鰓孔が6対あり，稚魚では鰓が鰓孔から外に出る，脊索が生涯残存するなどの点で，古生代のサメの「生きている化石」と呼ばれている．その顔はまさに「デボン紀の顔」である（図2.24 左上）.

　クラドセラケ類の歯には，薄いエナメロイドがあり，象牙質は外層が象牙細管の発達した真正象牙質で，内層が多数の髄腔を含む骨様象牙質から構成されていた（図2.25）.

　一方，クセナカントゥス類はよく発達した真正象牙質をもっていた（**図2.26**）．現生のラブカの歯は，エナメロイドと真正象牙質からなる歯冠と，骨様組織からなる歯根から構成されている〔**図2.19**（p.30）〕．

2.4 ヒボドゥス段階の歯

　古生代後期の石炭紀に出現し，中生代末の白亜紀まで栄えたヒボドゥス段階では，顎がやや短く，顎の形態が半円形になり，歯の間の隙間がなくなって歯は密接して並ぶようになっている（**図2.27**，**図2.28**）．歯の形態は，基本的には多咬頭性であるが，貝殻を咬み砕くために咬頭が低くなって，臼型や，板状の咬合面をもつ仲間もいた．咬頭には皺襞や小窩（ちいさなくぼみ）をもつものも多い（**図2.29**）．

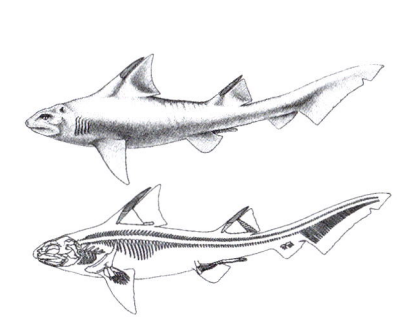

図2.27 ヒボドゥスの復元（上）と骨格（下）（Maisey, 1982）

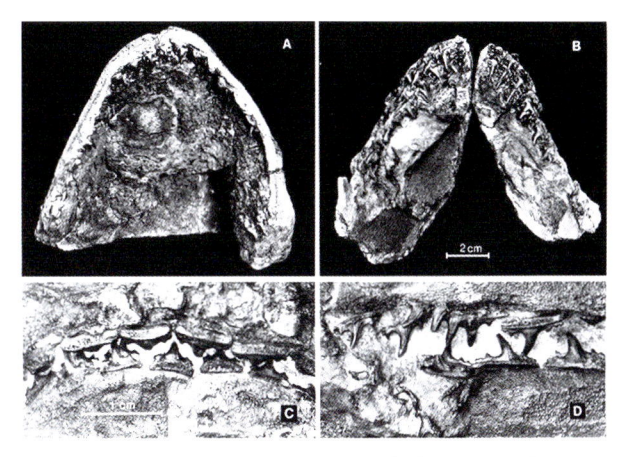

図2.28 白亜紀のヒボドゥスの顎と歯（Maisey, 1983）
A：上顎，B：下顎，C：前歯，D：側歯．

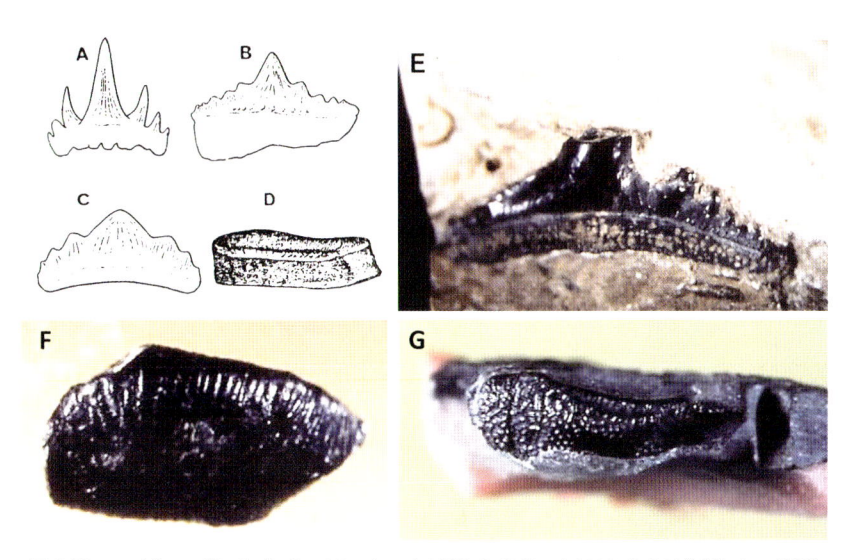

図2.29 ヒボドゥス類の歯（A–C は Woodward, 1889; D は Zittel, 1932; E–G は後藤ほか，1991）
A, B, E：ヒボドゥス（三畳紀），C, F：アクロドゥス（三畳紀），D, G：アステラカントゥス（ジュラ紀）．

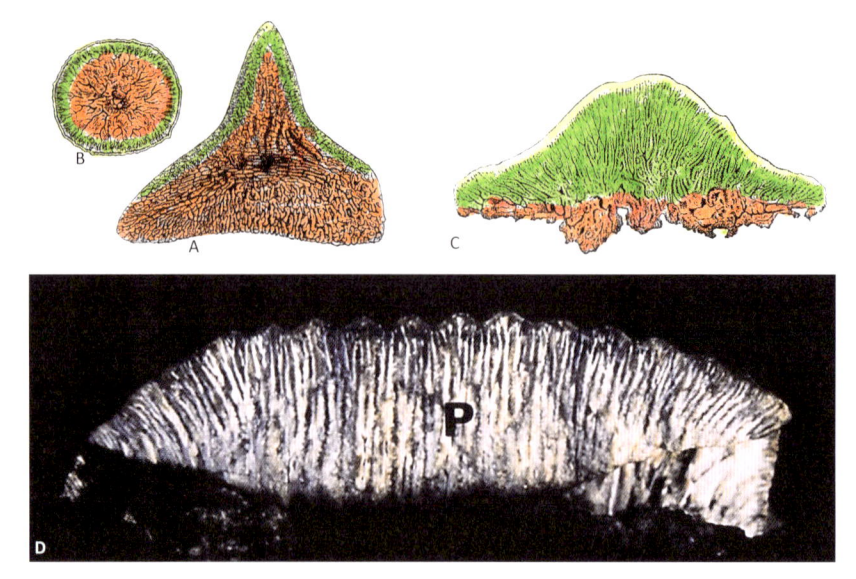

図 2.30 ヒボドゥス類の歯の構造（Agassiz, 1837–43 より改変；筆者原図）
A：ヒボドゥスの歯の近遠心方向の断面，B：ヒボドゥスの歯の横断面，C，D：プティコドゥスの
歯化石（白亜紀）の縦断面，P：皺襞象牙質.

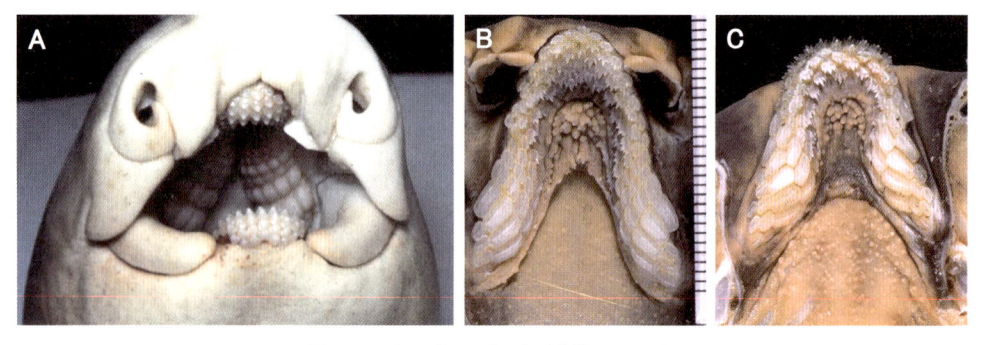

図 2.31 ネコザメの顎と歯（後藤，1989b）
A：シマネコザメの口，B：ネコザメの上顎歯，C：ネコザメの下顎歯.

　ヒボドゥス類の歯では薄いエナメロイド，真正象牙質からなる外層，骨様象牙質からな
る内層からなり，三畳紀のアクロドゥスや白亜紀のプティコドゥスでは，咬合面には多数
の稜や皺襞が発達し，歯は薄いエナメロイド，真正象牙質からなる薄い象牙質外層，皺襞
象牙質からなる厚い象牙質内層から構成されている（図 2.30）．ジュラ紀のアステラカン
トゥスは，トビエイ類と同じような発達した皺襞象牙質からなる板状の歯をもっていた．
その咬合面には多数の小窩が存在する．
　ヒボドゥス段階の遺存種といわれる現生のネコザメは，サザエやカキを食べるため，前
歯は 3 咬頭性の尖った歯であるが，側歯は小窩や隆線が発達した広い咬合面をもつ板状の
歯となっている（図 2.31）．前歯はエナメロイドと骨様象牙質で，側歯はエナメロイドと
皺襞象牙質から構成されている．

2.5 現代型段階の歯

　ジュラ紀に出現し，白亜紀以降現在まで世界の海洋で繁栄しており，現生ではサメ類約550種，エイ類530種が知られている．

　ネズミザメ類は，顎がやや長く歯列弓は放物線型を示し，歯は横並びの並列型である．一般に肉食に適応して，鋭い切縁と喉頭をもち，前歯・中間歯・側歯・後歯の区別があるものが多い．ホホジロザメでは，上顎に左右12本の歯が，下顎には11本の歯が存在するが，そのうち，上顎下顎にともにもっとも近心にある2本の前歯は大型で高く，上顎の3番目の歯は中間歯で，やや小型でその咬頭の先端は他の歯では遠心に傾斜するのに近心に傾く．上顎では中間歯の遠心に，下顎では前歯の遠心に存在する6本の歯は側歯で遠心の歯ほど小さくなり，もっとも遠心の3本は小型の後歯である〔図2.13 (p.27)〕．

　なかでも新第三紀に栄えたオオハザメ（オトドゥス・メガロドン）は，高さ18〜20 cmにも達する大型の切縁に鋸歯の発達した三角形の歯をもっていた（図2.32）．一方，同じネズミザメ類でもプランクトン食に適応したウバザメやメガマウスザメでは，歯は小さくなり，代わって鰓での沪過摂食のために長い鰓耙が発達している．この仲間では，骨様象牙質がよく発達しているのが特徴である（図2.33，図2.21 (p.31)）．

図2.32　中新世のオオハザメの歯（左）と現生のホホジロザメの歯（右下）（後藤，1984b）

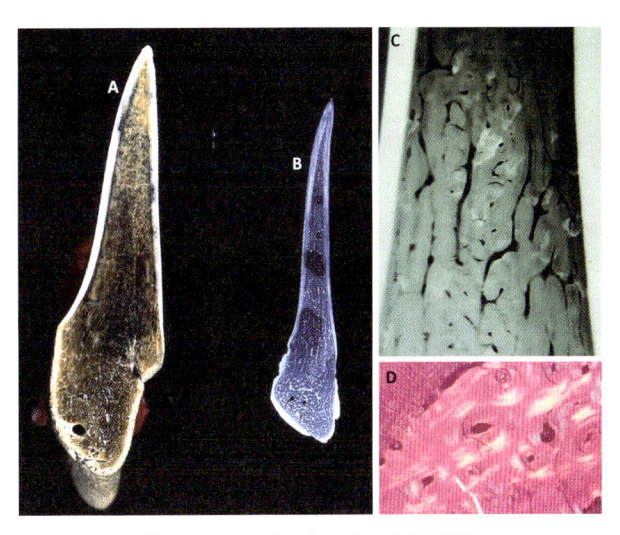

図2.33　ホホジロザメの歯の骨様象牙質
唇舌方向の縦断面．Aは化石（更新世），Bは現生（筆者原図）．C：ホホジロザメの歯の顕微X線像，D：アオザメの歯の横断面の偏光顕微鏡像（後藤，1985）．

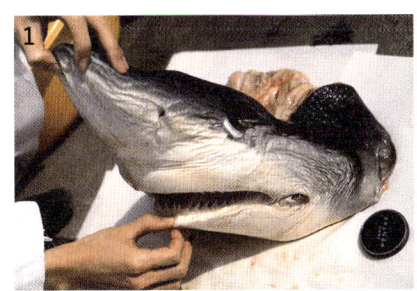

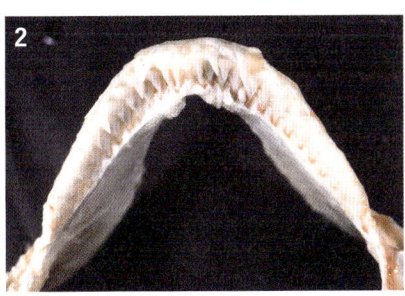

図2.34　ヨシキリザメの頭部（1）と下顎（2）（後藤，2012）
歯は隣り合う歯が半世代ずつずれる交互型である．

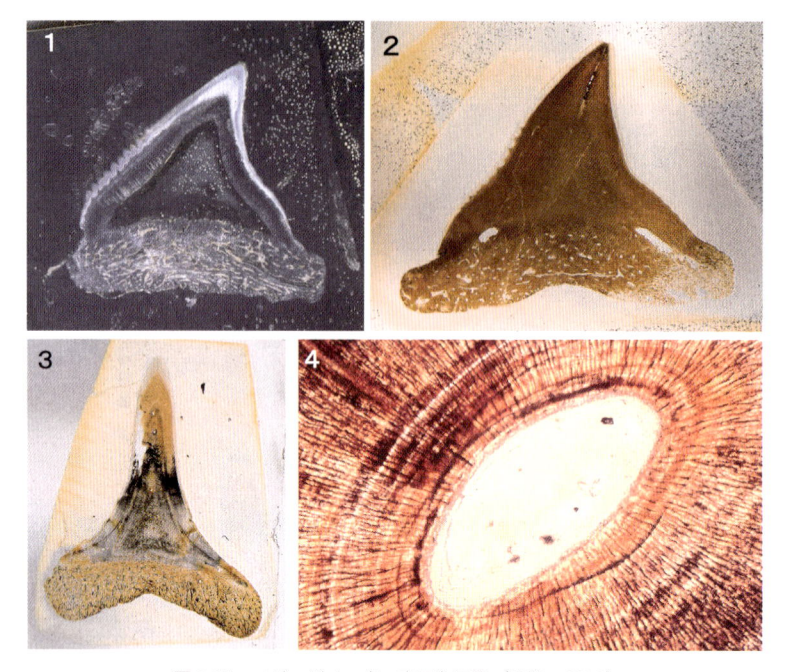

図 2.35 メジロザメの歯の真正象牙質（後藤，2012）

1：現生の上顎歯の近遠心方向の縦断面，2：化石の上顎歯の近遠心方向の縦断面，3：化石の下顎歯の近遠心方向の縦断面，4：化石の歯の横断面の拡大．化石は中新世．

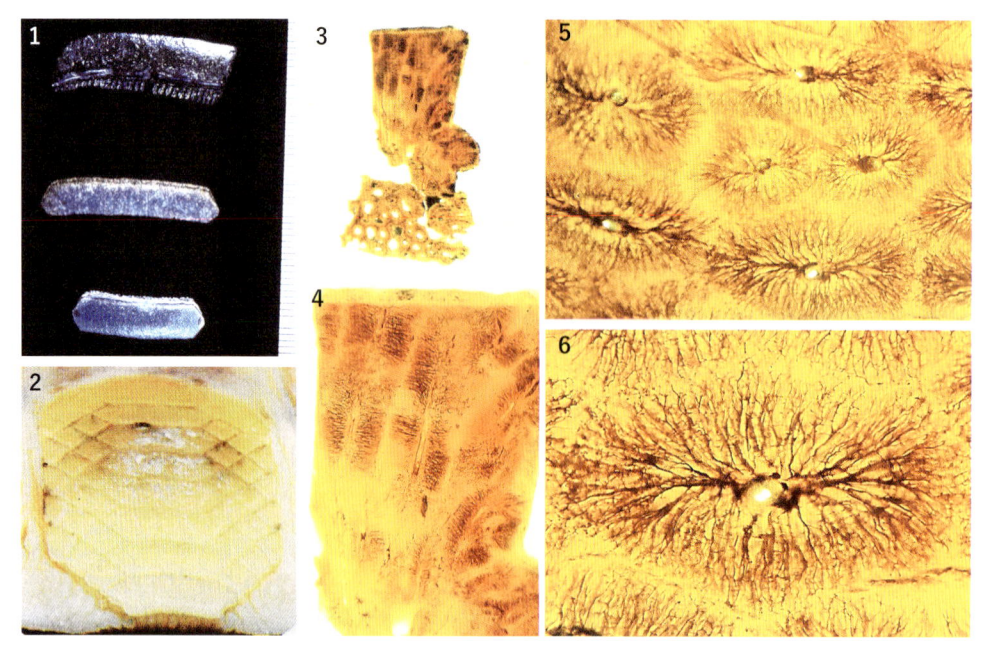

図 2.36 トビエイの歯の形態と構造（多類の象牙質単位からなる皺襞象牙質）（後藤，2012）

1：歯化石（中新世），2：現生の下顎歯列，3：化石の歯の唇舌方向の縦断面，4：縦断面の拡大，5：歯の横断面，6：横断面の拡大で，1つの象牙質単位を示す．

　テンジクザメ類のジンベエザメでも8000本以上もある歯は小さく，口から吸いこんだ海水からスポンジ状の鰓でオキアミなどを沪しとって食べる．

　メジロザメ類は，新第三紀以降に進化したもっとも新しい種類のサメ類で，前後に短い半円形の顎をもち，隣り合う歯が半世代ずつずれるという交互型の配列をしている（図2.34）．歯は顎の上でほぼ同じ形態で，肉食に適応して鋭い咬頭や切縁をもっている．一般にエナメロイドとよく発達した真正象牙質から構成されている（図2.35）．

　ツノザメ類は，深海に適応したサメ類で，メジロザメ類と同じく，短い半円形ないしV字形の顎をもち，歯の配列は交互型で，鋭い切縁をもつ三角形の歯をもつものが多く，象

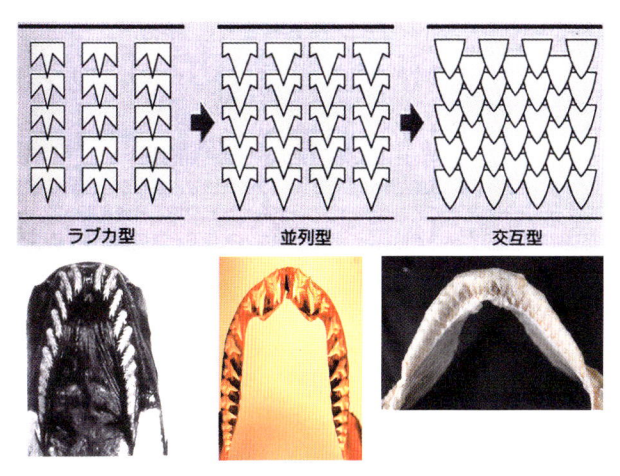

図2.37　板鰓類の歯の配列の進化（後藤，1993b）
下：左はラブカ，中はアオザメ，右はヨシキリザメの歯列（筆者原図）．

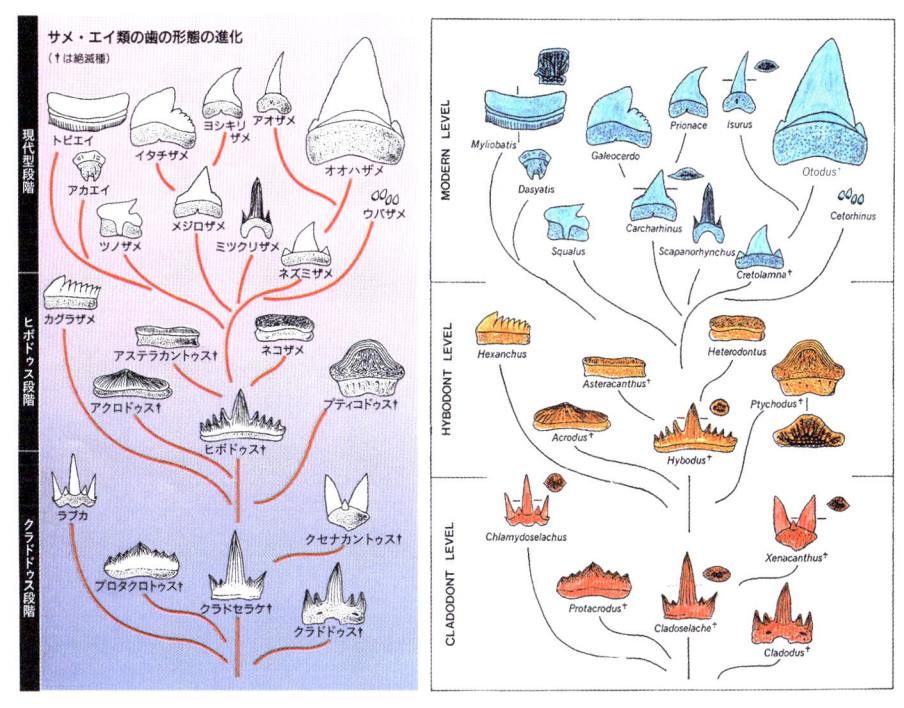

図2.38　板鰓類の歯の形態と構造の進化（後藤，1985; 1993b）

牙質は真正象牙質からなる.

　エイ類は，海底に生息するのに適応してからだが扁平になり，胸鰭と胴体がくっついて，鰓孔が側面でなく腹面に開口するようになった仲間である．顎がきわめて短く，歯は交互型に密に配列し，小さな臼型の歯をもつほか，トビエイ類では敷石状に並ぶ平坦な咬合面をもつ板状の歯をもっている．象牙質は，一般に真正象牙質をもつものが多いが，トビエイ類では皺襞象牙質が発達している（図2.36）．皺襞象牙質は分岐した管状の歯髄腔を中心とした円柱の真正象牙質からなる象牙質単位の集合で構成されている（骨における1本のハバース管とハバース層板からなる同心円柱の骨単位に相当する〔図3.41 (p.69)〕）.

　板鰓類の歯の配列の進化をまとめると図2.37のようになり，歯の形態と構造をまとめると図2.38のようになる．これをみると板鰓類では，進化とともに顎が前後に短くなり，歯の配列がラブカ型から並列型，そして交互型へと密になっていることがわかる．また，肉食，貝食，プランクトン食などの食性の多様化にともなって，歯の形態が三角形，臼型，板状になったり，歯の組織構造も真正象牙質，骨様象牙質，皺襞象牙質が発達したりしてきたのである．

2.6 正軟骨頭類と全頭類の歯

2.6.1 正軟骨頭類の歯

　古生代後期に栄えたオロドゥス類とペタロドゥス類，古生代後期から中生代前期に栄えたエウゲネオドゥス類は正軟骨頭類とされている．

　デボン紀から石炭紀に栄えたオロドゥス類は，皺襞象牙質などからなる低い山形の咬頭がならぶ歯をもっていた（図2.39）.

　石炭紀からペルム紀に栄えたペタロドゥス類は，胸鰭の大きな不思議なスタイルの魚類であった（図2.40）が，唇舌方向に扁平で，三角形の歯冠と歯根をもち，切縁に鋸歯が発達するものが多い（図2.41）．歯は，薄いエナメロイドと骨様象牙質から構成されていた．

図2.39　日本の石炭紀後期の地層から産出したオロドゥスの歯化石の唇側面（上）と咬合面（下）（後藤・大倉，2000）

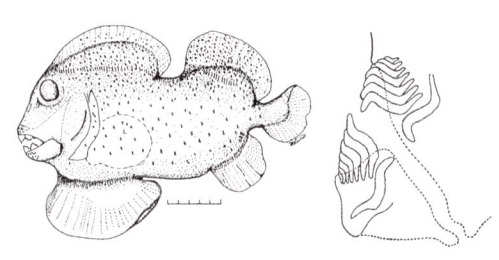

図2.40　石炭紀のペタロドゥス類の復元図（上）（Lund, 1989），スケールは50 mm．ペルム紀のペタロドゥス類の上下顎の唇舌方向の断面（下）（Jaekel, 1899）

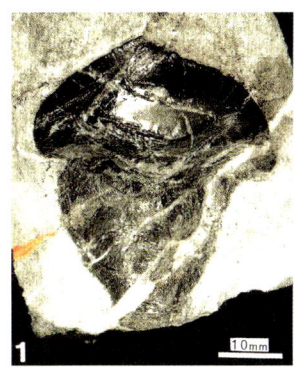

図 2.41 日本産のペタロドゥス類の歯化石（後藤・大倉, 2004）
1：石炭紀のペタロドゥス，2：ペルム紀のペタロドゥス.

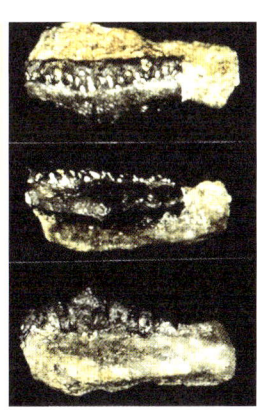

図 2.42 米国産のアガシゾドゥスの顎と歯の化石と現生のネコ ザメの顎（左）（Eastman, 1903）と日本の石炭紀のア ガシゾドゥスの側歯の化石（右）（後藤・大倉, 2004） 上：唇側面，中：咬合面，下：舌側面.

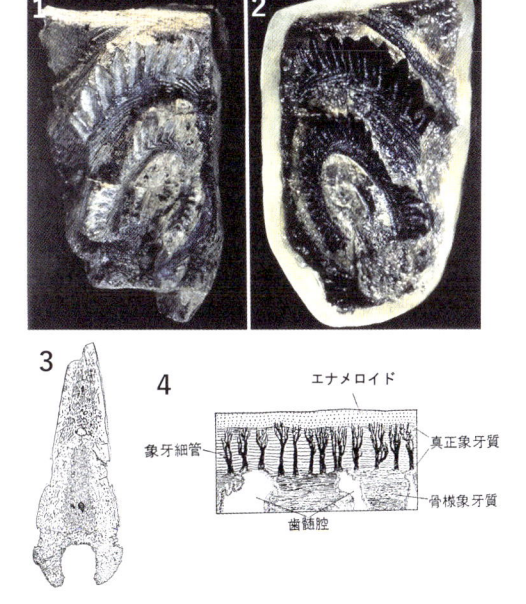

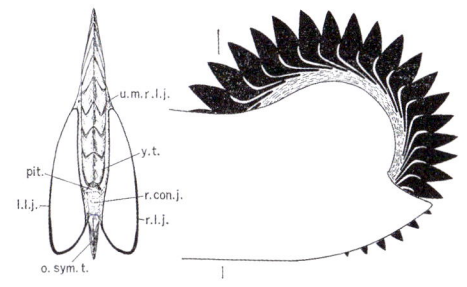

図 2.43 ヘリコプリオンの復元図（上）（大森ほか, 1994）と下顎の前頭断（下左）と右側面（下右） （Bendix-Almgreen, 1960） 右図の縦線の位置の断面が左図である.

図 2.44 1：日本のペルム紀のヘリコプリオンの接合歯列 化石，2：その歯の復元（1 と 2 は筆者原図）， 3：ヘリコプリオンの歯の縦断面，4：歯の表層 の拡大（3 と 4 は Bendix-Almgreen, 1960）

　石炭紀から中生代前期三畳紀まで栄えたエウゲネオドゥス類は，軟骨魚類のなかでもっとも歯の特殊化が進んだ仲間であった．石炭紀のアガシゾドゥスでは，顎の正中の接合部に大きな接合歯列をもち，その両側には敷石状の多数の側歯をそなえていた（図2.42）．

　ペルム紀のヘリコプリオンでは，下顎の接合部に50本ほどの歯が並んだ渦巻き状の歯列をもっていた（図2.43）．この歯は近遠心方向に扁平で，歯は歯根が前方に伸びて前の歯の下に形成されるために歯は顎から脱落せず，幼魚期の小さい歯が顎の中心部に，その後に形成された歯が渦巻き状に次々と追加され，大きな歯列が形成されている．上顎にも同様な歯があって，硬い殻をもつ動物の殻を咬み砕いて食べていたと推定されている．ヘリコプリオンの歯は，エナメロイド，真正象牙質，骨様象牙質で構成されていた（図2.44）．

■ 2.6.2　全頭類の歯

　全頭類は古生代のデボン紀に出現し，コクリオドゥス類などが石炭紀からペルム紀に栄えた．その後，ジュラ紀にはギンザメ類が出現し，現在まで生息している．

　初期の全頭類は，板鰓類と同様に単咬頭または3咬頭の多数の歯を顎上にもっていたが，コクリオドゥス類は現生のギンザメに似た魚で（図2.45），歯が癒合して上下顎に1，2対の大きな歯板とその前方の小さな歯板をもつようになった．コクリオドゥス類の歯板は，舌側に新しい硬組織が追加され，唇側では渦巻き状の歯が形成されている（図2.46）．歯板は，多数の小孔の空いた有管象牙質から構成されていた．日本の石炭紀とペルム紀の地層からもコクリオドゥス類の歯板化石が報告されている（図2.47）

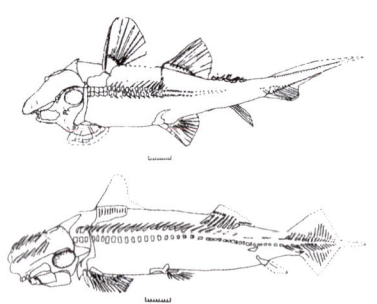

図2.45　左：コクリオドゥス類の復元図（大森ほか，1994），右：米国の石炭紀のコクリオドゥス類の骨格化石（Lund, 1986）

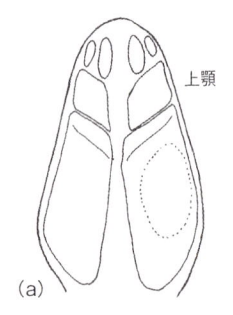
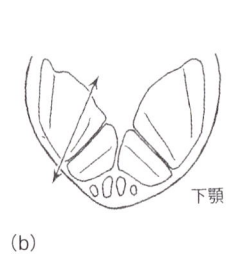
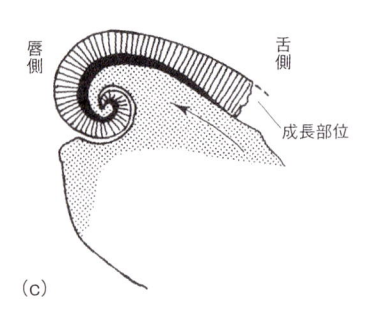

(a)　(b)　(c)

図2.46　石炭紀のコクリオドドゥス類のコクリオドゥスの上顎歯板と下顎歯板（a, b）と下顎歯板の矢印の位置での断面（c）（Zangerl, 1981）

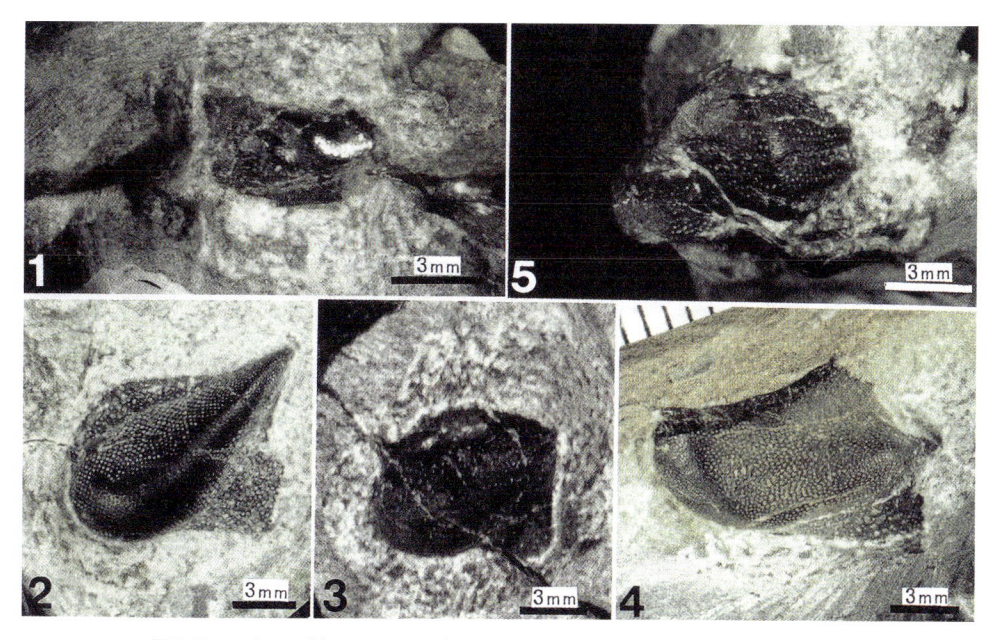

図 2.47　日本の石炭紀のコクリオドゥス類の歯板化石の咬合面（後藤・大倉，2004）
1：ポエキロドゥス，2-4：キルトノドゥス，5：種類不明．

図 2.48　ギンザメの上下顎の歯板（左）
（Bigelow and Schroeder, 1953）
と日本の中新世のギンザメの下
顎左側歯板化石（右）（野村，
2000）

　現生のギンザメ類は，上顎には 1～3 対の歯板，下顎にも 1 対の歯板をもち，顎の中で
生涯にわたって形成され続ける（図 2.48）．ギンザメの歯板は，おもに骨様象牙質からな
るが，高度に石灰化したプレロミンという特殊な硬組織を含むことが特徴である．プレロ
ミンは，エナメロイドと同程度に硬く石灰化した組織であるが，上皮細胞は関与せずに間
葉細胞によって形成される，フィットロッカイトという鉱物からなる硬組織である．全頭
類のギンザメ類は，古生代に栄えた原始顎口類の貴重な遺存種とみることができる．

　こうして見ると，軟骨魚類の歯は板鰓類でも全頭類でも，古生代初期に出現した原始顎
口類の歯として原始的な性質を残す一方で，進化の過程で他の生物との生存競争のなかで，
軟骨魚類なりにさまざまな特殊化をなしとげてきたと見ることができる．

　それは，歯だけでなく生殖器官においても見ることができる．板鰓類では卵生だけでな

く，卵を母親の胎内で孵化させる卵胎生，さらには進化した哺乳類のように胎盤まで形成して胎児を子宮内で保育したり，子宮内で乳汁（子宮ミルク）を分泌して胎児を育てたりする仲間まで出現している．食べるという個体維持のための顎と歯の進化，種族維持のための胎盤や乳汁の獲得まで，軟骨魚類には5億年を生き延びてきた生命力を見ることができるのである．

歯はなぜ生え変わるか？

コラム 1

　ヒトの歯の不思議の一つに，歯が長い年月をかけて乳歯から永久歯に生え代わるということがある．実は，他の臓器でも同じようにつくり変えられるものがある．例えば腎臓は，発生第4週の初めに頸部に7～10対の前腎が形成されるが第4週の終わりには完全に消失する．続いて第4週に退縮中の前腎に続いて，上胸部から腰部に中腎が形成されるが，その頭側の中腎は胎生第2カ月末までには消失し，尾側の中腎とその排泄管である中腎管は男性では精子を運ぶ精管になる．第5週に後腎が骨盤域に形成され，これが頭側に移動して第一腰椎の左右に位置する腎臓になるのである（図 2.49）．しかし，前腎から中腎，後腎への移行は発生の初期に起こり，第12週には後腎は腎臓になって，胎児が飲み込んだ羊水を大腸で血液に吸収し，腎臓で血液から尿を形成して羊水中に排出するようになっている．

　ところが，歯の場合は，生まれた時はまだ顎の中で乳歯が形成中で，生後半年になってようやく下顎の乳中切歯が生え，3歳までに上下左右各5本ずつ計20本の乳歯列が生えそろう．その後，6歳ごろになると下顎の乳中切歯が脱落し，永久歯の中切歯が生え，第二乳臼歯の遠心に第一大臼歯（六歳臼歯）が生える．小学生の間に乳歯は永久歯に置き換えられる．乳歯を

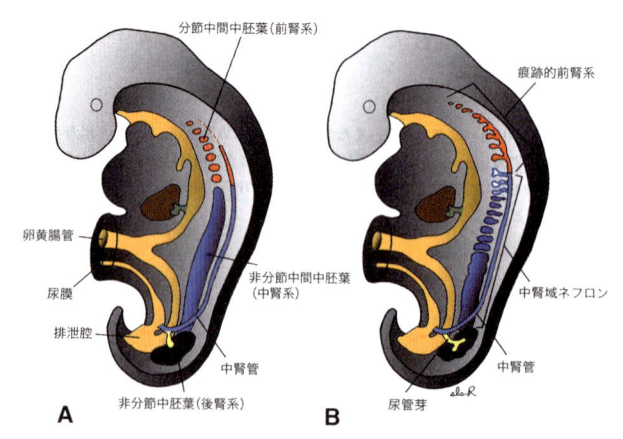

図 2.49　ヒトの腎臓の発生（Sadler, 2016）
最初に頸部の前腎が形成されすぐに消失する．続いて，上胸部に中腎が形成されるがやがて大部分が消失する．最後に骨盤部に後腎が形成され，上昇して腎臓となる．

置き換えて生えてくる切歯・犬歯・小臼歯を代生歯という．その後，さらに顎が成長するにともなって，12歳ごろになると第一大臼歯の遠心に第二大臼歯（十二歳臼歯）が生え，上下左右7本，計28本の歯が生えそろうのである．さらに人によっては20歳過ぎてから第二大臼歯の遠心に第三大臼歯が生えるのだ．歯はこのように長い年月をかけて生え代わり，生え続けるじつに不思議な器官なのである．

　筆者はその秘密はサメ類の歯の交換に見ることができると考えている．サメ類では成長にともなって大きくなる顎に，それにみあった大きな歯を次々に用意する仕組みがある〔図2.16（p.29）〕．ヒトの顎と歯もサメ類の顎と歯のそのような能力を受け継ぎ，長い年月をかけて生え代わるのではないか．

　私たちが無歯顎の新生児から有歯顎の乳児に成長するように，脊椎動物は無顎類から顎口類に進化した．さらに保育園や幼稚園では勉学をしない「無学類」なのに，小学生になると勉学する「学校類」に成長するのは，無学類では乳歯しかもっていないのに小学校にあがる6歳になると永久歯が生えてくるのに対応している（図2.50）．そして，私たちが小学生，中学生，高校生，さらには成人・大学生と成長するように，脊椎動物の顎口類は魚類，両生類，爬虫類，哺乳類と進化してきたのである（図2.51）．

図2.50　脊椎動物は，顎も歯もない無顎類から顎と歯をもつ顎口類に進化した．ヒトは，幼稚園児や保育園児は勉学をしない無学類であるが，小学生になると勉学する学校類になる（後藤・後藤，2001）

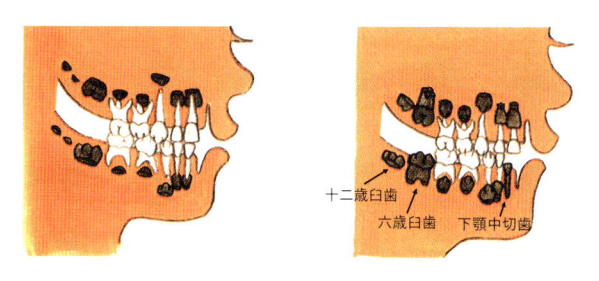

図2.51　3歳児（左）と6歳児（右）の顎と歯（後藤・後藤，2001）白は乳歯，こげ茶色は永久歯．

歯の反逆児：サメの歯の中間歯とヒトの歯の上顎第一小臼歯

コラム 2

　先に述べたとおり，サメ類の歯では歯の咬頭は遠心に傾いている．これは咬みついた獲物を顎の奥に送り込むためである．しかし，ホホジロザメの上顎の3番目の歯は中間歯といって，なぜか他の歯とは逆で，咬頭が近心に傾いている〔図2.13（p.27）〕．つまり，他の歯では近心縁が遠心縁より長いのに，中間歯は遠心縁の方が近心縁より長いのである．

　これに似たことがヒトの歯でも見られるのである．ヒトの歯の場合は，サメとは反対に歯の咬頭は近心に傾いている．しかし，上顎の4番目の第一小臼歯だけは，歯の咬頭が遠心に傾斜しているのである．つまり，他の歯では近心縁が遠心縁より短いのに，上顎第一小臼歯では近心縁が遠心縁より長いのである（**図2.52**）．

　なぜそのような歯があるのだろうか．筆者は，ホホジロザメでは全部で46本ある歯のなかで上顎の2本だけが反対向きであること，ヒトでは28〜32本のうち上顎の2本だけが反対向きであることが，歯列全体のバランスを保つうえで大きな役割を果たしているのではないかと考えている．ちょうど，人の社会で異端児や反逆児のような人，少数派の人が社会全体の調和を保つうえで大切な役割を果たしているようにである．それは，多数派になることができず，常に異端児として生きざるを得なかった筆者自身の人生からみた偏見であろうか．

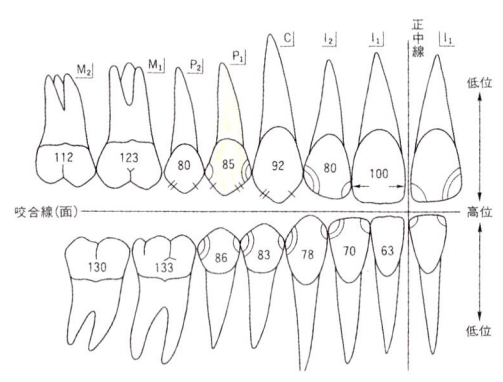

図2.52　ヒトの永久歯の配列（三好ほか，1996）
I₁：中切歯，I₂：側切歯，C：犬歯，P₁：第一小臼歯，P₂：第二小臼歯，M₁：第一大臼歯，M₂：第二大臼歯．他の歯の咬頭はすべて近心に傾くが，上顎第一小臼歯（P₁）の咬頭だけが遠心に傾いている．

オオハザメの顎と歯の復元

コラム 3

　サメの歯化石のなかでもオオハザメ（オトドゥス・メガロドン*³⁾）の歯は，大きくて切縁

---

*³）　オオハザメの学名はかつては現生のホホジロザメと同じ属のカルカロドン・メガロドンであったが，その後ホホジロザメの属するネズミザメ科からオトドゥス科に移されてカルカロクレス・メガロドンとされた．最近では，カルカロクレス属からオトドゥス属とする説が有力となり，オトドゥス・メガロドンとした．

に鋸歯が発達し，日本各地から産出しており，たいへん魅力的である．以前は，現生のホホジロザメと同じ属にされていたが，最近では，ホホジロザメはネズミザメ科に，オオハザメはオトドゥス科に分類され，同じネズミザメ目ではあっても別系統のサメとされている．オオハザメは映画「MEG ザ・モンスター」（ジョン・タートルトーブ監督）の題材にもなっており（原作は Alten（1997）による小説），全長 13〜16 m にもなる巨大な肉食魚が現在によみがえって「ジョーズ」どころではないたいへんな惨事になるというストーリーである．その証拠ではないかという歯が深海から発見されている．普通は化石になると青色や褐色に変化するのだが，太平洋の深海から発見されたオオハザメの歯化石はマンガンノジュール中に埋入されており，表面に付着したマンガンを除去すると真っ白で，現生の歯のように見えるのだ（図 2.53）．

　かつて新潟大学大学院自然科学研究科で矢部英生さんがこの仲間の歯を研究した際に，生息時代を調べたことがある．筆者らの調査（矢部ほか，2004）では，オオハザメは中新世前期から更新世前期まで，つまり 1800 万〜180 万年前まで生息していたが，それ以後は絶滅したことは間違いなく，安心したのであった．この頃，どう猛な肉食海獣であるシャチが出現し，オオハザメも絶滅したと推定される．シャチは群れをなしてクジラやホホジロザメを襲うので，さすがのオオハザメも勝てなかったのだろう．

　30 年ほど前のことであるが，オオハザメの歯化石〔図 2.32（p. 35）〕を記載したこともあって，富山市科学文化センター（現在の富山市科学博物館）からオオハザメの顎と歯の復元模型の作製の監修を依頼されたことがあった．科学模型標本を手掛ける株式会社京都科学にお願いして作製していただいたのであったが，歯と顎の設計を担当した．費用も十分ではなく，すべての歯の模型を作製することができなかったので，少しずつ顎の中に埋め込んで歯の大きさの違いを出したりした．また，上顎の中間歯は，左右の側歯を入れかえて，逆向きの中間歯とした．

　丁度，埼玉県川本町から同一個体とみられる 73 本ものオオハザメの歯化石が発見されたので，そのデータも参考にさせていただいて，復元することができた．埼玉県立自然史博物館（現在の埼玉県立自然の博物館）ではその歯化石群にもとづいた復元も行なわれたが，それと比較しても私の復元はさほど遜色ないものだと自負している（図 2.54）．

図 2.53　太平洋の深海から採集されたマンガンノジュール中のオオハザメの歯化石

図 2.54　オオハザメの歯と顎の復元模型（後藤，1989a）

「サメの歯化石研究会」と「サメは歯だ」の歌

コラム4

　筆者はながく一人で研究を進めてきたが，サメの歯のコレクターで研究者でもある古い友人の田中猛さんに勧められて，「サメの歯化石研究会」という会を1997年に立ち上げた．日本を代表する魚類学者である上野輝彌先生にも世話人になっていただき，事務局は田中さんが担当し，3人で会を運営してきた．当時は若手の研究者も多く，「サメの歯化石だより」という会報を発行し，研究集会も3回ほど開催した（図2.55）．

　ところが，田中さんが体調をくずされ，途中から筆者が事務局を担当するようになった．金子正彦さんと鈴木秀史さんにも世話人をお願いしてなんとか運営している．ホームページも新しく作らなければならなくなり，なにか動画を入れてはどうかと考え，筆者の古い友人でサメ仲間の北海道大学名誉教授の仲谷一宏さんが作詞し，娘さんの「ネネッチ」さんが作曲して歌をうたっている「サメは歯だ」という歌の動画を入れさせていただいた．よろしければ，ぜひご視聴ください．サメの歯化石研究会のホームページ（http://samenohakaseki.com/）の「お知らせ」をクリックしてみてください．

　この会の設立以来の宿願にサメの歯のハンドブックの作成があった．地学団体研究会から地学ハンドブックシリーズの一つとして出版しないかという依頼を受け，2020年に『サメの歯化石のしらべ方』（地学団体研究会）という本を発行した．退職後でさまざまな困難があったが，田中・金子・鈴木さんのほか，高桑祐司さんにも協力していただくことができた．本が出来上がった時は本当にうれしかった．思えば一度しかない人生で，本当によい仲間に出会えたと，感謝の気持ちでいっぱいになった．

　私たちの会を筆頭世話人として支えてくださった上野先生は本書の発行後の2021年2月

図2.55　サメの歯化石研究会と葛袋地学研究会の合同集会　後列左から3人目が田中猛さん，前列左から2人目が矢部英生さん，3人目が上野輝彌先生，中央が葛袋地学研究会の高山義孝会長，その右が筆者．

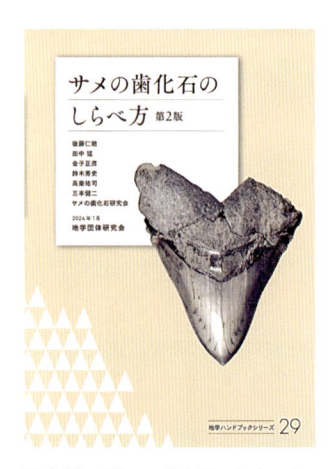

図2.56　『サメの歯化石のしらべ方・第2版』（後藤ほか，2024）

に 90 歳で亡くなった．上野先生に本書をお渡しできたのがせめてもの恩返しとなった．

　本書は類書がないことから好評を博し，3 年間で初版 1000 部が完売となり，2024 年 1 月に第 2 版（**図 2.56**）を出版することまでできた．著者に三本健二さんを加え，初版の誤りを修正し，新しいデータを多く追加できた．

　もしよろしければ，この本も是非手に取って見ていただきたい．オールカラーの 100 頁余りの本であるが，まず写真だけでも見る価値があるだろう．サメの歯化石の美しさは本当に魅力的だ．まさに「サメは歯だ」なのだ．

3.1 魚類の時代：デボン紀

　コノドント類が無顎類だとしなくても，魚類はすでに5.4億年前のカンブリア紀前期に出現していたことは第2章で述べた．甲皮類と呼ばれる仲間は5億年前のカンブリア紀後期に現れている．しかし，甲皮類を含め板皮類，棘魚類が栄えたのは，オルドビス紀でもシルル紀でもなく，4億年前のデボン紀である．シルル紀には現在も繁栄する軟骨魚類や硬骨魚類の先祖も出現し，デボン紀にはさまざまな種類が出現している．さらには3.6億年前のデボン紀末には硬骨魚類の一部から原始両生類も現れている（図3.1）．その意味で，デボン紀こそが「魚類の時代」といわれるのである（堀田ほか，1984）．

　魚類の鱗と歯の研究で偉大な業績を残した研究者にワルター・グロス（Walter R. Gross）がいる．筆者は，1993年8月にドイツ北部のゲッティンゲン大学での彼の生誕90年を記念したグロスシンポジウムに参加した．グロスはラトビア生まれのドイツ人で，少年時代にラトビアで採集した魚類化石を生涯の研究対象とした．まだ走査型電子顕微鏡もない時代であったが，微細な歯や鱗の形態と構造を光学顕微鏡で観察し，膨大なモノグラ

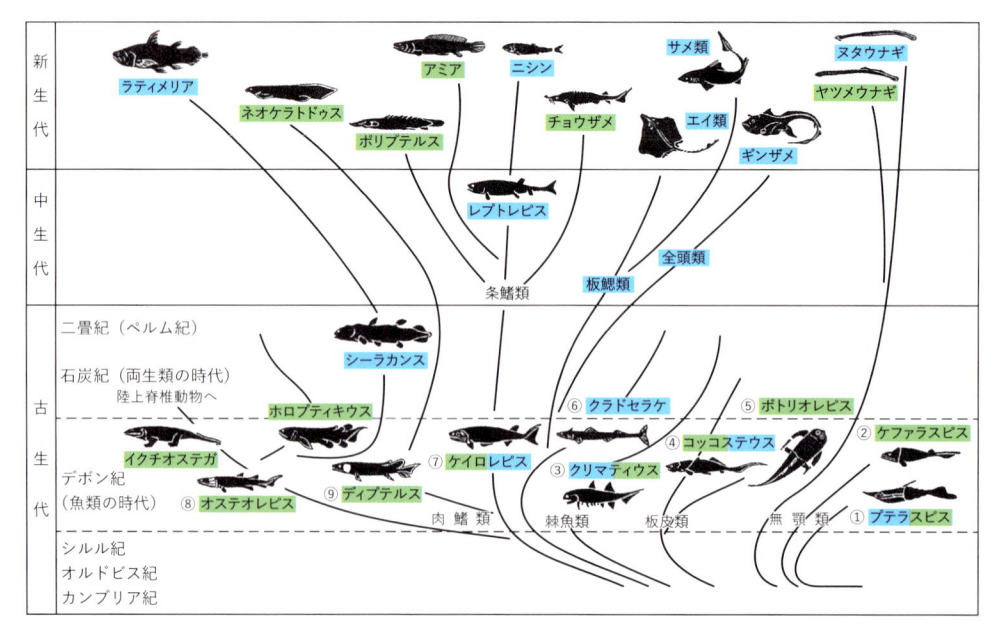

図 3.1　デボン紀を中心とした魚類の進化（Jarvik, 1980 をもとに編図）
青は海水生，緑は淡水生．

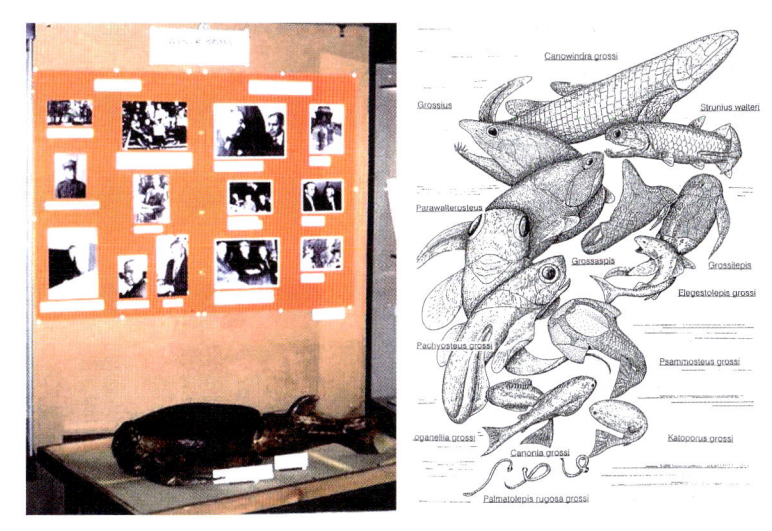

図 3.2　グロスシンポジウムで展示された写真と板皮類の復元模型（左），グロスの名前の付けられた魚類の復元図（右）

フを著した．それは彼の名前が付けられた魚類化石が無顎類から硬骨魚類まで 13 種にも及んでいることにも表れている（図 3.2）．

3.2　軟骨魚類から硬骨魚類へ：線維結合から骨結合へ

　軟骨魚類は外骨格である皮小歯の基底部に骨をもっていたが，内骨格には軟骨しかもたない．軟骨といっても，ある程度の硬さは必要で，顎や鰓の軟骨などでは表層に石灰化軟骨の層をもっていた〔図 2.17（p.29）〕．中軸骨格でも，脊索が残存するものもいるが，椎体が部分的に石灰化するように進化している．

　顎上の歯は，顎軟骨とは直接結合することはなく，顎軟骨を取り巻く線維層中に歯根部の骨様組織中の膠原線維が伸びだして歯を支えている〔図 2.19（p.30）〕．ところが，硬骨魚類になると顎軟骨の周囲の線維層中に顎骨が形成され，歯はこの顎骨と直接骨結合するようになるのである（図 3.3，図 3.4）．その様式は魚類の種類によってさまざまで，歯の基底部と顎骨が線維で結ばれる線維結合，舌側だけ線維で結ばれ歯が舌側に倒れることができるようになっている蝶番結合（図 3.5），歯の基底部が顎骨に直接結合する骨結合，基底部と顎骨との間に歯足骨という骨を介する歯足骨性結合，さらには爬虫類の一部や哺乳類にみられるように顎骨に穴が開いてそこに歯根が入る槽生まである（図 3.6）．

　顎骨だけでなく，硬骨魚類では脊柱などの内骨格も軟骨ではなく骨が形成されるのが特徴である．また，上顎の骨は頭蓋骨に組み込まれ，下顎だけを動かして餌を捕るようになる．また，2 番目の鰓孔の前の皮膚が後方に伸びだして鰓蓋が形成され，板鰓類では 5〜7 対の鰓孔が個々に開口していたのに対し，鰓蓋の後方にまとまって開くようになる〔図 4.8（p.77）〕．さらには，硬骨魚類の先祖は淡水に棲むようになり，海洋と違って水が濁ったり，干からびたりすることが多くなり，鰓呼吸だけでは足りないので，鰓腸の一部から肺という空気を取り込む袋が形成される．進化した条鰭類がもつ鰾は肺が変化したものである〔図 3.21（p.57）〕．

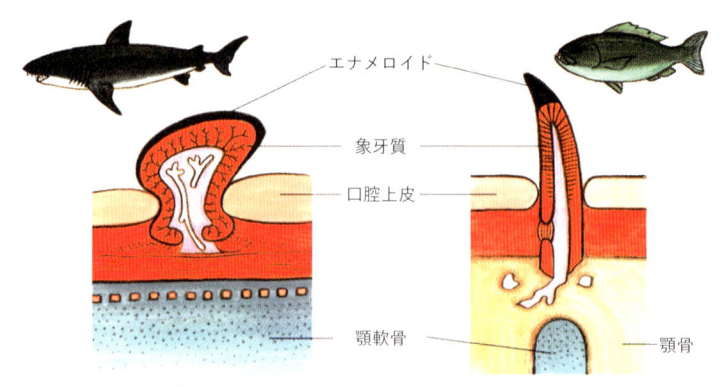

サメの歯はアゴの軟骨とはなれている　　　サカナの歯はアゴの骨とくっついている

図 3.3　軟骨魚類の線維結合から硬骨魚類の骨結合へ（後藤・後藤，2001）

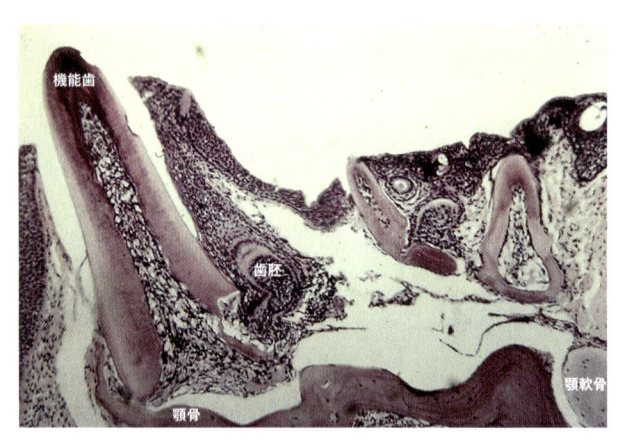

図 3.4　ポリプテルスの顎の唇舌方向の断面（後藤，1988）
機能歯の舌側には歯胚があるが，唇側では歯の基底部が顎骨と骨結合している.

図 3.5　アンコウの歯の蝶番結合
（左）とタラ目のメルルーサ
の歯の縦断面（Berkovitz
et al., 1978）
歯の唇側（A）は顎骨と離れているが，舌側は外側（B）と内側（C）の線維束によって歯と顎骨が結ばれているので，歯は舌側にしか傾かないようになっている.

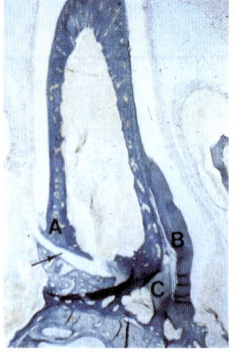

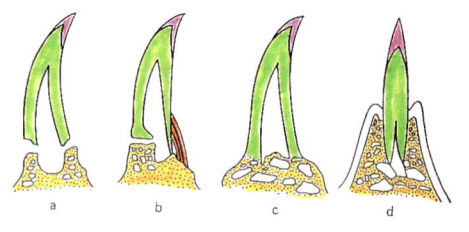

図 3.6　硬骨魚類の歯の支持様式（駒田格知原図，後藤ほか，2014 より改変）
a：線維結合，b：蝶番結合，c：骨結合，d：槽生.

3.3 多様な硬骨魚類の歯

3.3.1 硬骨魚類の歯の種類と形態

　軟骨魚類は外骨格である皮小歯の基底部には骨をもっていたが，内骨格には軟骨しかもっていなかったので，その名がつけられた．これに対し，硬骨魚類は内骨格にも骨をもっており，軟骨と区別するために硬骨の名が与えられている．

　また，軟骨魚類では皮膚に皮小歯があるほか，口腔からのど（咽頭・鰓腸）の粘膜上に粘膜小歯が存在しているが，硬骨魚類では口腔から咽頭領域に膜性骨[*1]が形成され，骨ごとに歯が形成されるようになる．前顎骨（前上顎骨）と上顎骨には上顎歯，下顎の歯骨には下顎歯，口蓋の骨には口蓋歯，舌骨には舌歯，鰓弓骨には鰓歯，咽頭骨には咽頭歯が存在している（図3.7）．プランクトンを食べるサカナでは，鰓の内側にプランクトンを沪しとるための鰓耙という櫛状の突起をもつが，その上にある歯を鰓耙歯ないし鰓耙骨歯という．

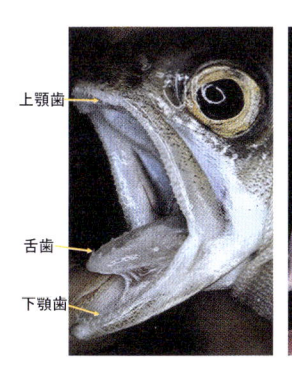
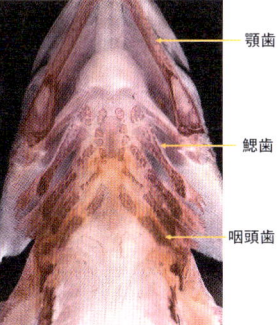

図 3.7　硬骨魚類の頭部の腹側における歯の存在部位
左：マスの上下の顎歯と舌歯（Berkovitz *et al.*, 1978），右：ポリプテルスの顎歯，鰓歯，咽頭歯（後藤，1988）．

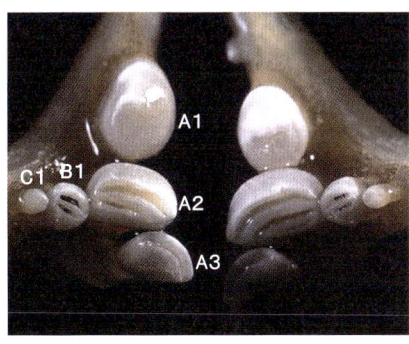
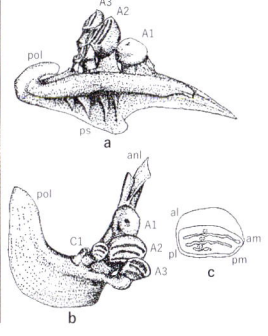

図 3.8　コイの咽頭骨と咽頭歯（小寺，1982）
左：咽頭歯の咬合面，右：a：右側咽頭骨の外側，b：左側咽頭骨の上面，c：A2歯の咬合面，A1-3，B1，C1：咽頭歯，anl：前枝，pol：後枝，ps：有孔面，am：前内側隅角，pm：後内側隅角，al：前外側隅角，pl：後外側隅角，G1〜G3：咬合面溝．

[*1]　膜性骨：皮骨，結合組織骨ともいう．線維性結合組織からなる膜のなかに血管が集まり，間葉細胞が骨芽細胞に分化して骨を形成する膜性骨化（膜内骨化，結合組織性骨化ともいう）によって形成される骨．その原形は，古生代初期の甲皮類や板皮類の皮甲に由来する．これに対し，軟骨性骨は初めに軟骨が形成され，そのなかに血管が侵入して軟骨が壊され，骨がつくられることによって形成される．軟骨が骨に置換されるので，置換骨ともいう．このような骨の形成様式を軟骨性骨化または軟骨内骨化という．

　コイ科の魚類では，口には歯がなく，第5鰓弓をつくる下咽頭骨上に大きな咽頭歯をもっている（図3.8）．上咽頭骨には歯はなく，角質からなる咀嚼板が形成されて咽頭歯と咬み合っている．コイはこの咽頭歯で10円玉くらいならへし曲げることができるという．なお，イボダイなどは咽頭の後端にある食道囊に微細な歯をもつのでこれを「食道歯」と呼ぶが，本来の食道ではなく咽頭の一部である食道囊に存在するので，咽頭歯の一部とするべきである．

　歯の形態は，基本的には単咬頭で円錐形の単錐歯であるが，微細な歯が多数群れをなして生える絨毛状歯，ハケ状歯，剛毛状歯がある．多くの場合咬頭の先を咽頭の方向に傾けており，口に入った餌を逃さないようにしている．

　ピラニアのような肉食のサカナでは，獲物を切り裂く切縁の発達した切歯状歯をもっている（図3.9）．硬い殻をもつ貝殻などを咬み砕くのに適した半球状，臼歯状，敷石状の歯もある．

　マダイでは顎の前方には上顎に2対，下顎に3対の犬歯状の歯があり，後方には2列の半円形ないし臼歯状の歯が並んでいる（図3.10）．前者は獲物に咬みつくのに，後者は硬い殻をもつ獲物を咬み砕くのに使われる．ネコザメ〔図2.31（p.34）〕で見たのと同じ異形歯性である．

　純植物食の淡水魚のアユは特殊な歯をもっている．稚魚では動物プランクトン食で他のサカナと同じような単錐歯であるが，成体になると単錐歯が抜けて，櫛状歯が形成される．櫛状歯は2.5 mmほどの細長い小さな歯が25～30本並んだもので，上顎の左右に13～15列，下顎の左右に12～14列並んでいる（図3.11）．アユはこの櫛状歯で，水中で岩の表面に

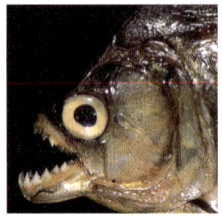
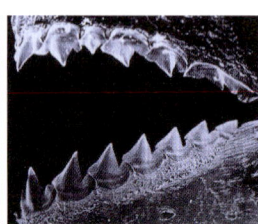

図3.9　ピラニアの頭部側面（左，筆者原図）と上下の顎歯（右，Berkovitz *et al.*, 1978）

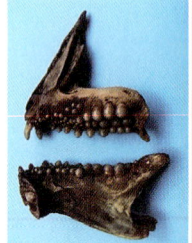
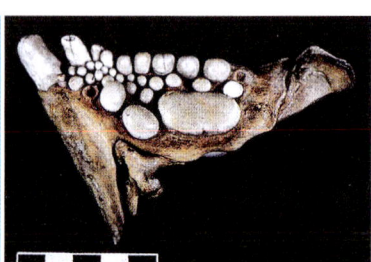

図3.10　タイ科のサカナに見られる異形歯性
左：マダイの上下顎の歯（筆者原図），右：タイの仲間の下顎右側の歯列（Berkovitz *et al.*, 1978）．

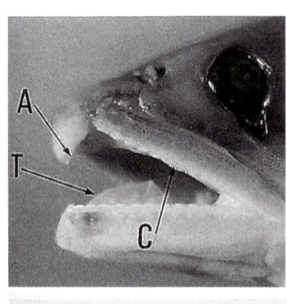

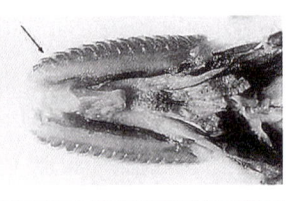

図3.11　アユの櫛状歯（駒田格知原図；後藤ほか，2014）
左上：成魚の口の側面，A：前歯，C：櫛状歯，T：舌唇，左下：アユの櫛状歯を構成する小さな歯，右：成魚の頭部の背側（上）と腹側（下）．矢印は櫛状歯．

ある藻類を削り取って食べている．アユが美味しいのは，成魚になると完全な植物食になるからだといわれる．

　フグの仲間は硬い殻をもつ甲殻類や貝類などを食べるため，上下に各2枚ずつ計4枚の歯板をもっている．なかでもハリセンボンという敵に襲われると水や空気を飲み込んでからだを膨らませ，体表のウロコが変化した棘が針のように突き出て，からだを大きく見せて敵から守る仲間は，大きな4枚の歯板をもっている．4枚の歯板は各数枚〜20枚以上のエナメロイドの層板が積み重なったもので，上下の歯板が咬み合う面は階段状になっている（図3.12）．

　硬骨魚類では歯の数もさまざまで，数本しかないものから，多いものでは数千〜数万本まである．多いものでは，ナマズ類は約9000本あり，外来魚のブルーギルでは約3万本，オオクチバスでは5万〜6万本もある．これらの歯で日本固有のサカナなどの生物を食べつくすので，問題になっているのである（図3.13）．

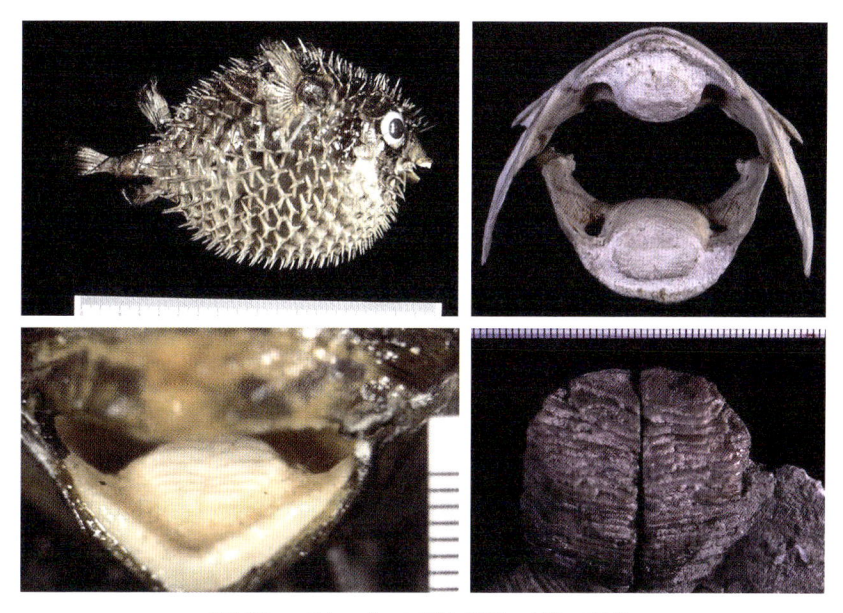

図3.12　ハリセンボンの歯板（後藤・上野，2002）．
左上：ハリセンボン，左下：ハリセンボンの下顎歯板，右上：ネズミフグの上下の歯板，右下：ハリセンボンの歯板の化石（中新世）．

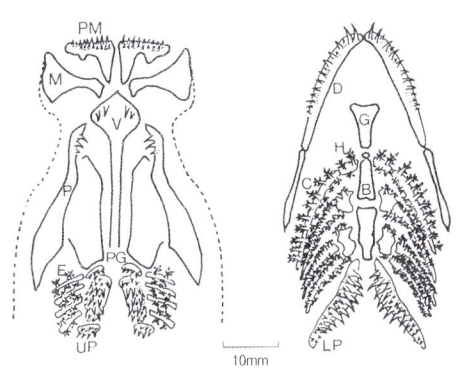

図3.13　ブルーギルの歯の分布，上顎（左）と下顎（右）
（駒田格知原図，後藤ほか，2014）
歯の総数は3万本，B：基鰓骨，C：鰓骨，D：歯骨，E：上鰓骨，G：舌骨，H：下鰓骨，LP：下咽頭骨，M：上顎骨，P：口蓋骨，PM：前顎骨，UP：上咽頭骨，V：鋤骨．

3.3.2　硬骨魚類の歯の構造と交換様式

　歯は歯冠の表層を構成するエナメロイド，歯の内層をつくる象牙質からなる（図3.14）が，硬骨魚類にはエナメル質をもつものもいる．軟骨魚類の歯と比べると，歯根がないのが硬骨魚類の特徴で，サメ類の歯の歯根部は硬骨魚類では顎骨の一部になっているともみることができる．軟骨魚類の歯や粘膜小歯の歯根ないし基底部の骨様組織が，線維層中に横に広がって皮骨を形成したともいえるのである．その意味で，サメ類の歯の歯根部はヒトの歯の歯根象牙質と，歯根象牙質の表面に形成されるセメント質と，顎骨の一部である歯槽骨の元になった組織とみることができる．

　硬骨魚類の象牙質にも，哺乳類に受け継がれた真正象牙質のほか，多数の髄腔を含む骨様象牙質（梁柱象牙質），血管を含む脈管象牙質（血管象牙質），均質で無構造の均質象牙質などがある．脈管象牙質では歯髄の血管が象牙質中にも入り込み，ループをつくって歯髄にもどっているのである（図3.15）．これは，真正象牙質では象牙芽細胞が列をなして後退しつつ象牙質を形成するので，歯乳頭中の血管は歯乳頭の名残である歯髄中に納まるのに対し，象牙芽細胞が歯乳頭中の血管をそのまま残して象牙質を形成することによって形成されたと考えられる．歯髄が分岐した皺襞象牙質をもつものもいる．

　特殊な象牙質として，アメリカの淡水魚アミアは真正象牙質中に骨細胞が埋入された骨性象牙質をもっている．コイ科のハクレンの咽頭歯には，象牙質のなかに板状の低石灰化帯が規則的に配列した葉板象牙質が知られている（図3.16）．

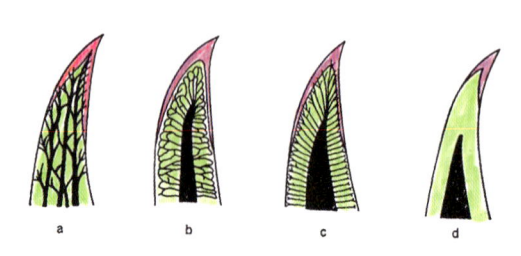

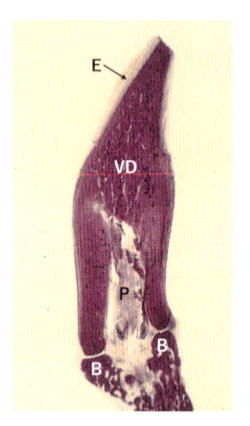

図3.14　硬骨魚類の象牙質の種類（駒田格知原図，後藤ほか，2014 より改変）
a：骨様象牙質，b：脈管象牙質，c：真正象牙質，d：均質象牙質，桃色はエナメロイド．

図3.15　ニザダイの血管を含む脈管象牙質（一條ほか，1974；Wakita *et al.*, 1977）
E：エナメロイド，B：歯足骨，P：歯髄，VD：脈管象牙質．

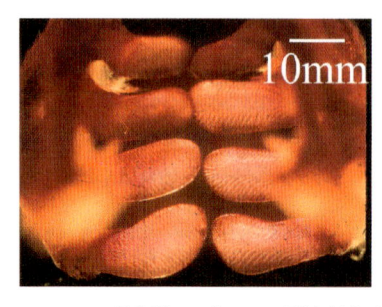
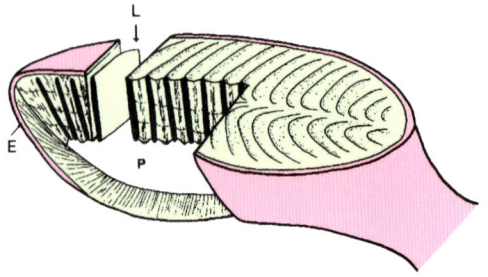

図3.16　ハクレンの咽頭（左）と葉板象牙質（右）（小寺ほか，2006 より改変）
E：エナメロイド，P：歯髄，L：低石化帯．

　エナメロイドにもさまざまなタイプがあり，歯冠の先端に帽子状に存在する帽エナメロイドと先端部の帽エナメロイドのほかに歯の側壁部に襟エナメロイドをもつものがある（図 3.17）．エナメロイドには象牙芽細胞の突起，すなわち象牙細管の延長を含むもの，歯の表面から内部に侵入するエナメル細管をもつもの，放射状の微結晶の束や不規則に走行する微結晶からなるものがある．成分も，多くの魚類ではフッ素を含むフッ素燐灰石からなるが，一部には哺乳類と同じ水酸燐灰石からなるものもいる．ハコフグなどでは，ネズミの切歯のエナメル質のようにエナメロイドに鉄分が沈着して褐色を呈する着色エナメロイドをもつ（図 3.18）．

　ガーパイクという北アメリカの淡水魚では，歯冠の先端にはエナメロイドがあるのだが，側壁部に薄い襟エナメル質が存在することが報告されている（図 3.19）．このことは，エナメロイドからエナメル質への進化は歯冠部の帽エナメロイドでなく，側壁部の襟エナメロイドから始まったのではないかという可能性を示している．肉鰭類ではエナメロイドではなくエナメル質が存在していることについては後で述べる．

　歯の交換様式もさまざまである．サメ類のように機能歯の舌側から口腔粘膜上皮が歯堤となって舌側深部に陥入し，その先の歯胚が形成されるものもあるが，逆に機能歯の唇側から陥入するもの，とくに口腔前庭の底から陥入するものが多い．マスでは，歯の形成において，サメ類の皮小歯のように歯堤が形成されずに，口腔粘膜上皮の基底層が湾入し，内エナメル上皮に分化してエナメル器を形成し，粘膜固有層の乳頭が歯乳頭になるものもある．

　また，サメ類の歯堤のように多くの歯胚が歯堤に沿って並ぶのではなく，歯胚ごとに索状の歯堤が個々に口腔上皮から陥入し，その先端に歯胚が形成されるものも多い．さらに，

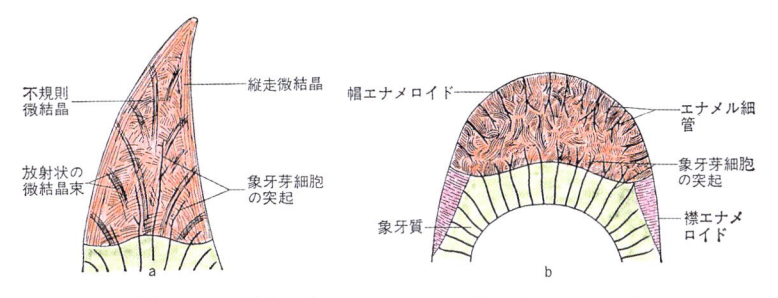

図 3.17　硬骨魚類の歯のエナメロイドの構造（Shellis, 1981）
a：帽エナメロイドをもつタイプ，b：帽エナメロイドと襟エナメロイドをもつタイプ．

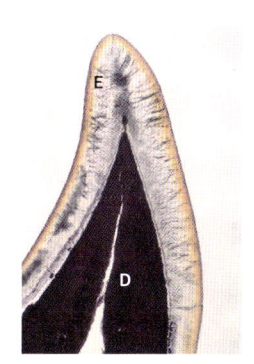

図 3.18　ハコフグの着色エナメロイド
（一條ほか，1974）
E：エナメロイド，D：象牙質．

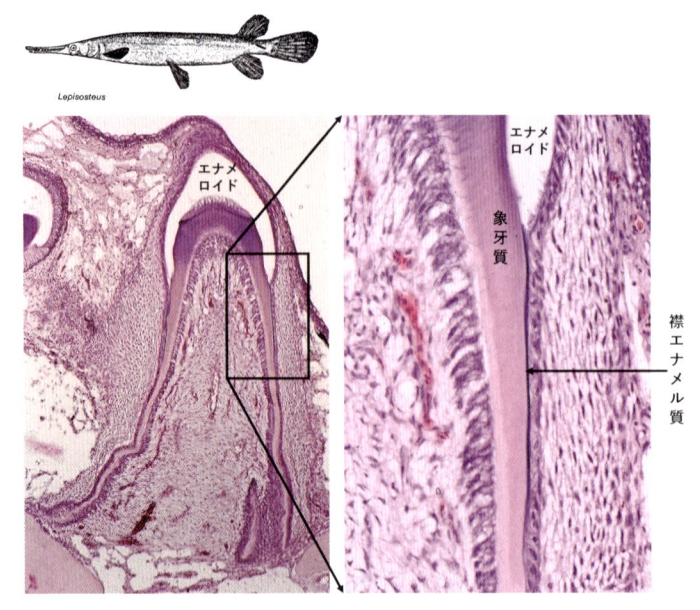

Lepisosteus

図 3.19　ガーパイクの歯の縦断面（Ishiyama *et al.*, 1999）

ニザダイでは機能歯の舌側と唇側から交互に歯堤が陥入し，機能歯が抜けると舌側と唇側から交互に歯が萌出するものもある．

　ピラニアでは，歯は隣接する歯同士が重なり合っており，個々にではなく歯列全体として生え変わるようになっている．連なった歯がギザギザのノコギリの刃のように並んで肉を切り裂くための仕組みだ〔図3.9（p.52）〕．

　歯の機能も捕食のほか，ウツボなどのオスでは交尾の際メスの鰭に咬みつくために尖った歯をもっているが，メスの歯は尖っていないという点は，板鰓類のアカエイと同じである．

　以上見てきたように，硬骨魚類の歯は軟骨魚類と比べて多様性に富み，まるでその後の歯の進化をためす実験台となっているように感じられる．

3.4　条鰭類の進化：顎の前突と骨化の進行

3.4.1　条鰭類と肉鰭類

　硬骨魚類は4.3億年前のシルル紀に出現している．最初に出現したのは条鰭類というグループで，その名のとおりスジ状の鰭をもっていた．デボン紀のケイロレピスに代表される仲間だ．これに対し，3.8億年前のデボン紀中期には肉鰭類という仲間も条鰭類から進化した．内部骨格をもつ肉質の鰭をそなえるのが特徴である．条鰭類は魚類の進化の主流であるが，肉鰭類は脊椎動物の進化の本流で，両生類から爬虫類，哺乳類へと進化した仲間である．

　条鰭類は，古生代に栄えた軟質類，中生代に広がった全骨類，白亜紀以降に繁栄した真骨類と進化してきた（図3.20）．進化とともに，内骨格が軟骨から骨に移行し，顎が前方に突出し，腹鰭の位置が総排出口から前方に移動してくる．魚屋に行ってみると，すべて

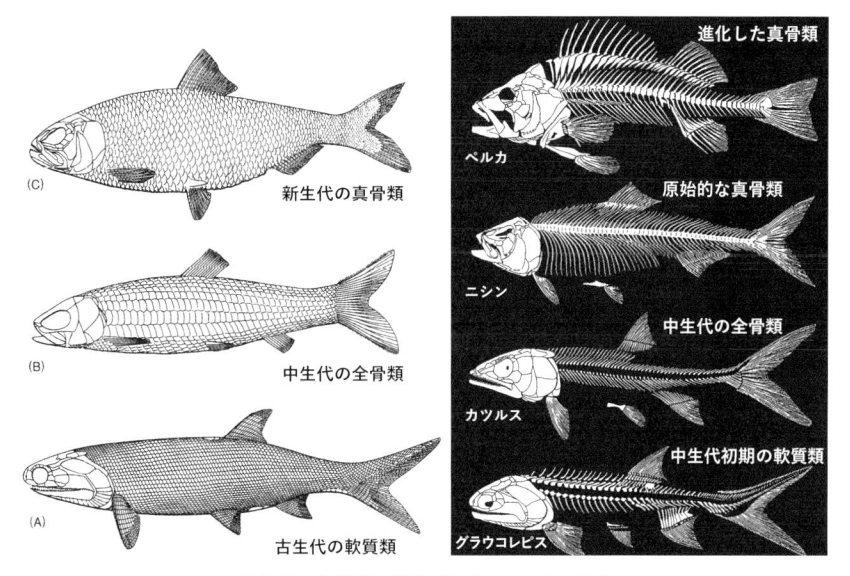

図 3.20　条鰭類の進化（Colbert *et al.*, 2004）

（左）A：ペルム紀の軟質類パレオニスクス，B：ジュラ紀の全骨類フォリドフォルス，C：新生代の真骨類ニシン．（右）グラウコレピスは三畳紀の軟質類，カツルスは中生代の全骨類，ニシンは新生代の一般的な真骨類のニシン，ペルカは進化した真骨類のパーチ．

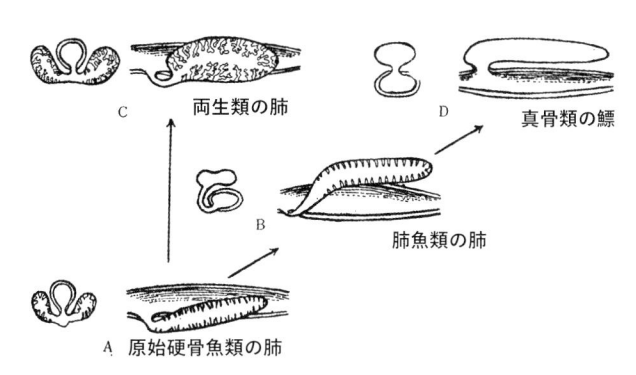

図 3.21　魚類から両生類への肺と鰾の進化（Romer, 1959）

　が真骨類ではあるが，淡水魚では本来の姿に近い魚が多いのに対し，進化したスズキ類のマダイやマグロでは口が前に飛び出し，腹鰭が胸鰭の下にまで前進している．水族館で泳ぎ方を観察すると，内骨格に軟骨の多いサカナは，サメのようにからだをくねらせて泳ぐのに対し，骨化が進んだ真骨類ではからだをまっすぐにして鰭を使って泳いでいる．

　肺は進化とともに呼吸の役割ではなく，空気をためて浮力の調節をするために鰾に変化している．肺は本来，咽頭の腹側から出て，気管・気管支を経て左右の肺に至っていたが，鰾になる過程で腹側から背側に位置するようになり，さらに鰾では腸管の背側から出るようになり，左右が一つに合わさるようになる（図 3.21）．昔，「肺はサカナの鰾から進化した」といわれたが，これは間違いで，「サカナ（真骨類）の鰾は原始的な硬骨魚類の肺から変化した」ものなのだ．

3.4.2　古生代の軟質類

　古生代に栄えた軟質類の先祖はデボン紀中期のケイロレピス（図3.22，図3.29A）である．体長20 cmの淡水魚で，大きな眼と大きく開く口をもち，鰓は1枚の鰓蓋で覆われていた．鰭は細い骨からなる鰭条から構成され，背鰭と尻鰭，上葉の長い歪形の尾鰭，対鰭として胸鰭と腹鰭をもっていた．鱗は，エナメロイド層（ガノイン質ないし硬鱗質ともいう）と象牙質層（コスミン質ともいう），基底層の骨（イソペディンともいう）から構成されるパレオニスクス鱗であった（図3.23）．

　軟質類の生き残りがチョウザメ類やアフリカの淡水魚ポリプテルスといわれる．背中に10枚ほどのひし形の背鰭が並んでいるのが特徴で多鰭魚と呼ばれる．ヘビのような顔をもち，見るからに原始的なサカナの「生きている化石」である（図3.24）．

　その内骨格には軟骨が多く，腸にはらせん弁があり，眼の後ろに呼吸孔をもっていて，サメに似ている．稚魚は両生類の幼生のように外鰓をもっている．肺は腹側に左右2つあり，鰓呼吸だけでなく肺呼吸もできる．胸鰭は肉鰭類のように肉質で，四足動物の腕のよ

図3.22　デボン紀中期の条鰭類ケイロレピスの化石（上）と復元図（下）（Maisey, 1996）

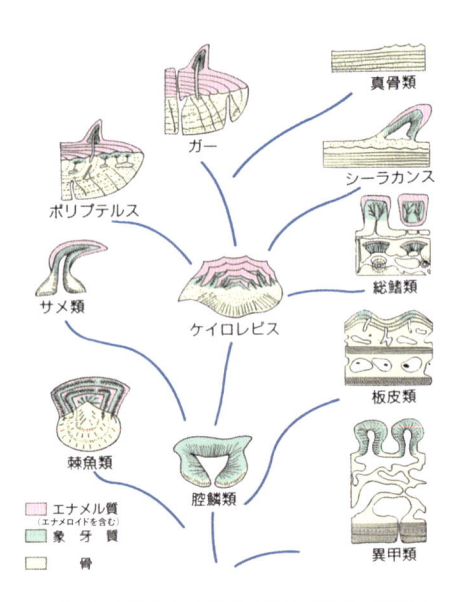

図3.23　魚類における鱗の進化（後藤，1993c）

図3.24　現生の軟質類（腕鰭類）・ポリプテルス（久田，1974）

うなので腕鰭類ともいう.

ポリプテルスは古生代のケイロレピス（図3.22）に代表されるパレオニスクス類がもっていたパレオニスクス鱗をもつ唯一の現生魚である. 表層のエナメロイド, 中層の象牙質, 基底層の骨（イソペディンともいう）から構成される菱形の鱗で覆われている（図3.23）.

チョウザメは, 鼻先が突き出て口が腹側に開くなど, サメに似た体形で, 脊索が生涯残存し, 内骨格の頭蓋などには骨がある. しかし, 内骨格には軟骨が多く, 脊索が円筒形のまま生涯残存し, 眼の後ろには呼吸孔があり, 腸にはらせん弁があるなど, サメに似た特徴が多い. 大型で菱形の骨だけからなる骨鱗が体軸に沿って5列並ぶ. 口には2対のひげに味を感じる味蕾があって餌をさがし, 歯のない口から吸い込む. 肺は鰾に変化している.

■ 3.4.3　中生代の全骨類

軟質類に代わって中生代に栄えたのは全骨類である. その生き残りは, アメリカの淡水魚であるアミアとガーパイクである（図3.25）. ガーパイクには2属7種が北アメリカ東部, 中央アメリカ, キューバに生息している. 背側に2つの鰾をもち, 血管網が発達して肺として呼吸の機能をもつ. また, 象牙質が消失して, 表層のエナメロイド層と基底層の骨からなる非常に硬いガノイン鱗（硬鱗）をもっている（図3.23）. 細い顎には肉食に適応したするどい歯がワニのように並び, 基底部に縦方向の襞が発達した皺襞象牙質から構成されている. 歯冠部にエナメロイドをもつほか, 歯の側壁部にエナメル質の薄層が存在することはすでに述べた〔図3.19 (p.56)〕.

前後に長い背鰭をもつアミアも, 鰾で空気呼吸するサカナで, 全骨類の特徴をもつが, 鱗はエナメロイド層が退化して真骨類の骨鱗に似ている.

なお一時期, 硬骨魚類の分類で全骨類を認めないことがあったが, 最近のミトコンドリアゲノムと核ゲノムの研究で独立したグループであることが明らかにされた（宮, 2016）. また, Grande（2010）は骨格の解剖学的研究により全骨類の復活を主張している.

化石では多くの全骨類が知られており, トウモロコシそっくりの口蓋歯をもつピクノドゥス類が有名である（図3.26）. 上顎には正中にトウモロコシ状の口蓋歯があり, 左右の下顎にも同様の形態の歯があり, 貝殻など硬い殻をもつ動物を咬み砕いて食べていた. その歯の構造を観察したところ, エナメロイドの厚い層があるが, その下の象牙質の層はきわめて薄く, 基底部の骨に移行していた（図3.26 右下）. ガーパイクでみられたエナメロイドが厚く発達して象牙質が退化するガノイン鱗と同じ現象が, 歯でも確認されたのであった. 硬いものを咬み砕くための歯の適応ではないだろうか.

ピクノドゥスの歯の研究をした際に, 原始的な条鰭類の歯の構造を調べたので, 図3.27に掲げる. なお, 原始的な条鰭類の歯化石には, ガーパイクに見られたような帽エナメロイドと襟エナメル質

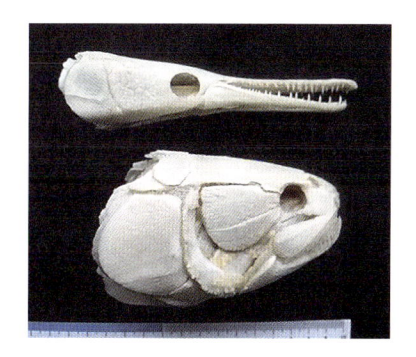

図 3.25　現生の全骨類ガーパイク（上）とアミア（下）の頭部の骨格

図 3.26　ジュラ紀の全骨類ピクノドゥスの全身化石（左上，Arratia and Viohl, 1996）と顎（右上，ドイツのジュラ博物館にて筆者撮影），始新世のピクノドゥスの口蓋歯とトウモロコシ（左下，後藤，1981），歯の縦断面（右下，後藤・井上，1979）
E：エナメロイド，D：象牙質，B：骨.

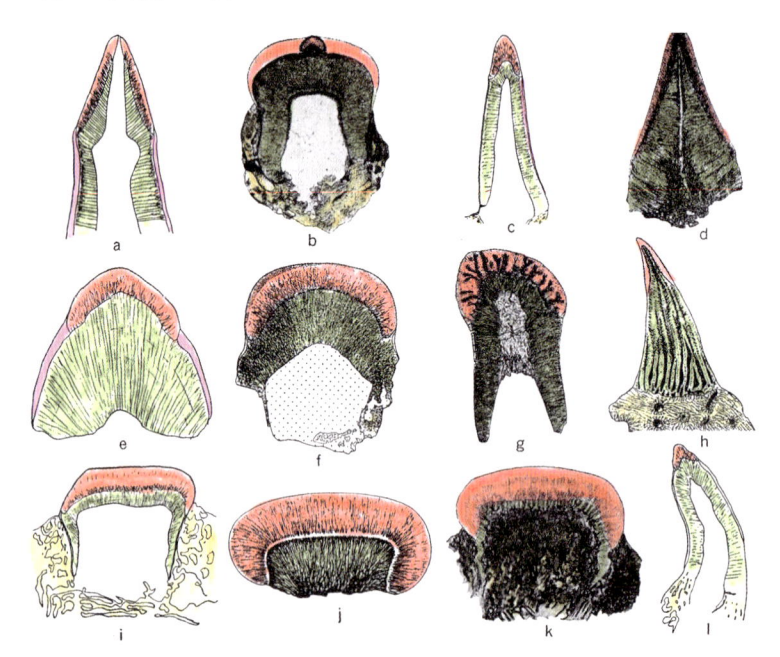

図 3.27　原始的な硬骨魚類の歯の組織構造（後藤・井上，1979 より改変）
a：軟質類の *Birgeria*（三畳紀），b：軟質類の *Colobodus*（三畳紀），c：軟質類の *Polypterus*（始新世〜現在），d：軟質類の *Saurichthys*（三畳紀），e：全骨類の *Dapedium*（三畳紀〜ジュラ紀），f：全骨類の *Lepidodes*（三畳紀〜白亜紀），g：全骨類の *Sargodon*（三畳紀），h：全骨類のガーパイク *Lepisosteus*（白亜紀〜現在），i：全骨類の *Gyrodus*（ジュラ紀〜白亜紀），j：全骨類の *Pycnodus*（ジュラ紀〜始新世），k：全骨類の *Pycnodus*（始新世），l：全骨類のアミア *Amia*（白亜紀〜現在）．赤がエナメロイド，緑が象牙質，黄が顎骨.

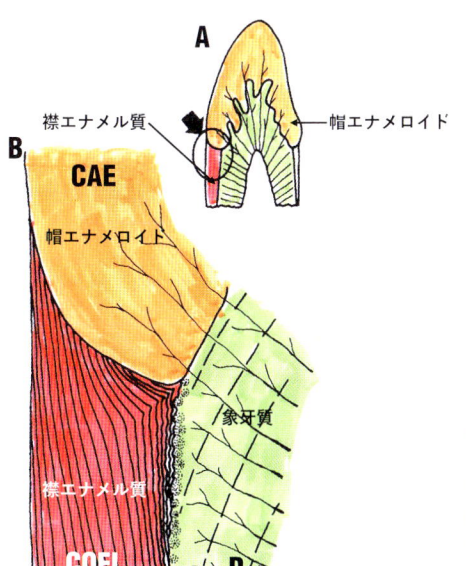

図3.28 原始的な条鰭類の歯化石の縦断面で，襟エナメル
　　　　質の成長線を示す模式図（笹川，1996 より改変）
襟エナメル質の成長線は，この組織が帽エナメロイドと象牙
質の表面から外側に向かって形成されたことを示している．
A：歯全体の縦断像，B：歯頸部の拡大，CAE：帽エナメロ
イド，COEL：襟エナメル質，D：象牙質．

が存在したことも報告されている（図 3.28）．これを見ても，硬骨魚類ではさまざまな構
造の歯をもっており，まさに歯の進化の実験台であったということができる．

3.4.4　白亜紀以降の真骨類

　白亜紀以降になって，全骨類に代わって現代型の真骨類が，海域にも淡水域にも栄えは
じめた．真骨類は顎がさらに短縮して前方に突出し，上顎の歯は前顎骨と上顎骨のみに存
在するようになり，尾鰭の上葉まで伸びていた背柱が退縮して，尾は上下対称的な正形尾
になった．進化した仲間では，腹鰭が本来の総排出口の位置から前方に移動して，のどの
位置にあるものが多い．肺は，腸との連絡を失って鰾に変化している．ウロコはエナメロ
イド層も象牙質層も退化して，骨だけからなる骨鱗になっている．

　真骨類の歯については，「3.3 多様な硬骨魚類の歯」ですでにさまざまな形態，構造，
歯の支持様式，歯の交換様式について述べたので，ここでは繰り返さない．真骨類は白亜
紀以降の海進にともなって世界の海洋中に進化し，現生種は2万以上とされ，現在もっと
も繁栄した脊椎動物となっており，歯も多様性をきわめている．

3.5　肉鰭類の進化：エナメロイドからエナメル質へ

3.5.1　総鰭類と肺魚類

　硬骨魚類のもう一つの仲間である肉鰭類は，4億年前のデボン紀前期に条鰭類のケイロ
レピスのようなサカナから進化してきたと考えられ，総鰭類と肺魚類の2つのグループに
分かれる．これらのサカナでは，鼻から口に通じる内鼻孔をもつことから内鼻孔魚類とも
呼ばれる〔図5.5（p.108）〕．このうち総鰭類は，両生類に進化した扇鰭類と，中生代以降に
再び海にもどった管椎類に分かれる．

3.5.2 総鰭類の扇鰭類：陸を目指したサカナ

　扇鰭類の先祖である3.8億年前のデボン紀中期のオステオレピスは全長20 cmのサカナで，ケイロレピスに似た紡錘形の体形をしており，尾は上葉が長い歪形尾で，胸鰭は頭部のすぐ後ろに，腹鰭はからだのかなり後方にあり，頭は数個の骨板で覆われていた．総鰭類の特徴は，胸鰭と腹鰭という2対の対鰭が鰭条だけでなく内部骨格をもつウロコで覆われた柄をそなえ，背鰭も2つもっていたことである（図3.29B）．

　対鰭には，基部に1個，中間部に2個，末端部に数個の骨が並んでいるが，それらはその後，四足動物の上腕骨または大腿骨，尺骨・橈骨または脛骨・腓骨，手根骨または足根骨，指骨に進化したと考えられている（図3.30）．四足のような対鰭をもつことから四足形類ともよばれる．

　オステオレピスの眼は比較的小さく，頭骨の背面中央には光を感じる松果体という器官が存在し，鼻から口に通じる内鼻孔をもっていた．肺はよく発達し，水が濁ってきた時には骨で支えられた胸鰭で頭をもちあげ，鼻先を水面から出して十分に空気呼吸をすることができた．

　ウロコは，原始的な条鰭類と同じ硬鱗であるが，象牙質（コスミン質）の発達したコスミン鱗で，エナメル質（ガノイン質）の発達した全骨類のガノイン鱗とは対照的である〔図3.23（p.58）〕．

　扇鰭類はデボン紀前期からペルム紀前期までおもに淡水域で栄えた肉食魚で，最大全長

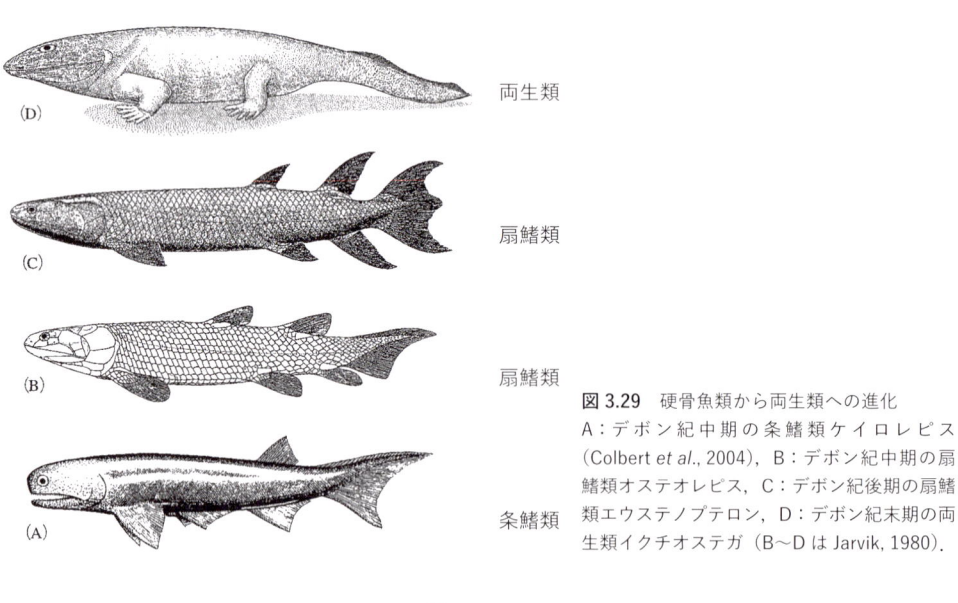

両生類

扇鰭類

扇鰭類

条鰭類

図3.29　硬骨魚類から両生類への進化
A：デボン紀中期の条鰭類ケイロレピス（Colbert *et al.*, 2004），B：デボン紀中期の扇鰭類オステオレピス，C：デボン紀後期の扇鰭類エウステノプテロン，D：デボン紀末期の両生類イクチオステガ（B〜D は Jarvik, 1980）．

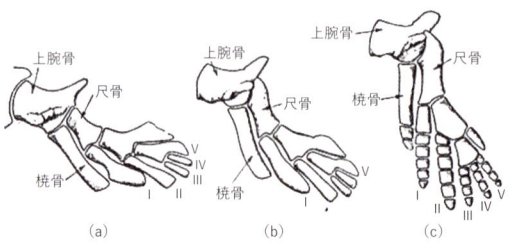

図3.30　胸鰭から前足への進化（Jarvik, 1980）
デボン紀の扇鰭類（a）から中間段階（b）を経てペルム紀の両生類（c）へ．

図 3.31 硬骨魚類から両生類への進化（Long, 1995）
デボン紀後期の扇鰭類エウステノプテロンの仲間の化石（上）
と復元図（下）.

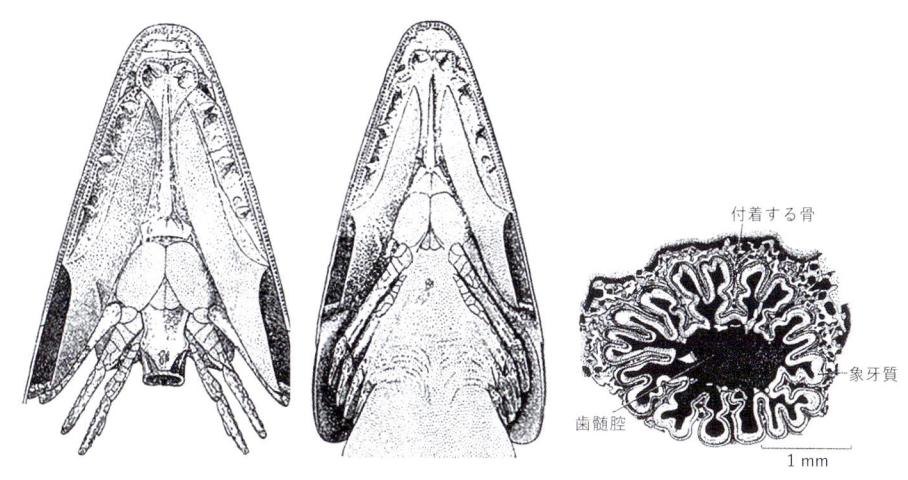

図 3.32 デボン紀後期の扇鰭類エウステノプテロンの頭蓋の下面（左）と口腔・咽頭の上面（中）の復元図
と，皺襞象牙質からなる歯の横断面（右）（左と中は Jarvik, 1980; 右は Schultze, 1969）.

4 m 以上に達するものも知られている．鋭くとがった歯が，上下の顎骨上と口蓋の鋤骨・口蓋骨・外翼状骨などに多数存在し，恐ろしい肉食魚であった．歯の基底部には多数の縦方向の襞をもつ皺襞象牙質からなり，それは初期の両生類である迷歯類に受け継がれている．

　有名なのはデボン紀後期のエウステノプテロン（ユーステノプテロン）である（図3.29C，図 3.31，図 3.32）．30 cm～1.2 m の肉食魚で，「最初の両生類」であるデボン紀末期のイクチオステガに進化した「最後の魚類」と考えられている．大きな牙状の歯と小型の単錐歯を多数もち，肉食に適応していた．歯は原始両生類の迷歯類と同じように，横断面が迷路状の皺襞象牙質が発達していた（図 3.32 右）．最近では，さらに両生類の前足と後足に近い胸鰭と腹鰭をもつティクタアリクも報告されている．

3.5.3　総鰭類の管椎類：海に返ったサカナ

　総鰭類のもう一つのグループである管椎類はシーラカンスの仲間で，デボン紀中期に出

図 3.33 現生の管椎類ラティメリアとその歯（上野, 1993; 笹川ほか, 1985）

現し, 初めは淡水性であったが中生代になると海域に移行した. 白亜紀末に絶滅したと考えられていたが, 1938 年に南アフリカ沖で発見され,「生きている化石」の代表になっている. 現生種は南アフリカ・ロードス大学のジェームズ・スミス教授によって研究され, 発見者のイーストロンドン博物館の学芸員であったマージョリー・ラティマーさんにちなんでラティメリア・カルムナエ（図 3.33）と命名された. その後 1952 年に同じ種がインド洋コモロ諸島で, 1997 年にはインドネシアのスラウェシ島で別の種であるラティメリア・メナドエンシスが発見されている.

　深海の岩穴のなかに棲み, 海での生活に適応して, 肺は空気呼吸をしなくなったので脂肪の塊になっている. 脊柱も骨が退化して中空の脊索となっている. しかし, ウロコには丸い骨の板の上にエナメロイドと象牙質からなる突起があり, コスミン鱗をもっている〔図 3.23（p.58）〕. 歯冠の表層はエナメロイドではなく, エナメル質で覆われていることが明らかにされている（図 3.33 右）.

3.5.4 肺魚類：肺呼吸への適応

　肉鰭類のもう一つの仲間は肺魚類である. 最古の肺魚類であるデボン紀中期のディプテルスは, 全長 22 cm のサカナで, 上葉の長い歪形の尾鰭と 2 つの背鰭, 葉状の胸鰭と腹鰭をもち, 体表は大きな丸い硬鱗で覆われていた（図 3.34 右 A）. 総鰭類にも似ていたが, 内骨格は軟骨が多く, 歯は上下顎とも多数の歯が癒合した大きな歯板となっており, 硬い殻をもつ貝類などを食べるのに適応していた.

　肺魚類はその後に進化の過程で, 背鰭と尾鰭と尻鰭が連続してひとつづきの鰭になり, 対鰭も葉状から細いひも状へと変化し, 内骨格は軟骨が多くなり, ウロコもエナメロイドと象牙質が消失して骨だけの丸い骨鱗になっている.

　大部分の肺魚類は古生代末に絶滅したが, ケラトドゥス類の仲間だけが中生代を生き続

け，今日に至っている．現在では，かつて南半球にあったゴンドワナ大陸が分裂してできたオーストラリアにオーストラリアハイギョ（ネオケラトドゥス），アフリカにアフリカハイギョ（プロトプテルス），南米にミナミアメリカハイギョ（レピドシレン）が生息している（図3.34 右 B，C）．

現在のプレートテクトニクス説によれば，地球上の大陸は分裂と合体を何度も繰り返

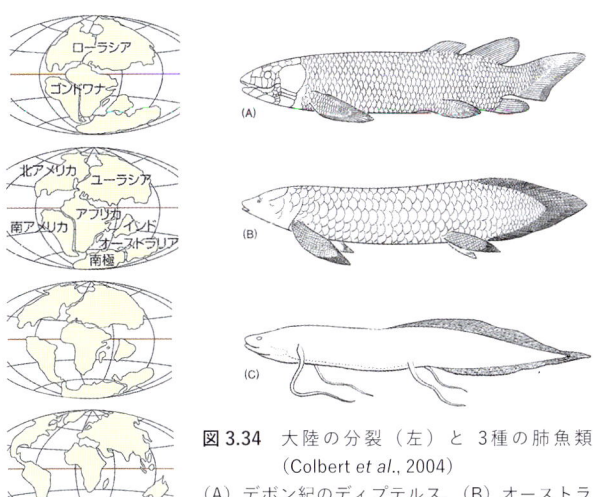

図 3.34 大陸の分裂（左）と 3種の肺魚類（Colbert *et al.*, 2004）
(A) デボン紀のディプテルス，(B) オーストラリアハイギョ，(C) ミナミアフリカハイギョ．

してきたことが明らかにされている．南半球のゴンドワナ大陸はそのよい例で，6億年前に南半球にあった超大陸が分裂して形成され，北上して他の大陸と合体して古生代末から中生代初めにはパンゲア大陸の一部となった．しかし，パンゲア大陸は1.8億年前のジュラ紀中期になると北半球のローラシア大陸と南半球のゴンドワナ大陸に分裂した．その後，ゴンドワナ大陸も分裂して，現在の南アメリカ，アフリカ，マダガスカル，インド（後にユーラシア大陸に衝突して合体），オーストラリア，南極の各大陸が形成されたと考えられている．肺魚が南アメリカ，アフリカ，オーストラリアの3大陸に生き残ったことも，これらの大陸がゴンドワナ大陸から分裂してできたことの証拠とされている（図3.34 左）．

肺魚の稚魚は両生類の幼生のように外鰓をもち，成魚になると水中では鰓呼吸もするが，肺が発達して内鼻孔から吸い込んだ空気で肺呼吸もできるようになる．乾燥期には泥の繭のなかで空気呼吸だけで何カ月も生きることができるという．サメ類やポリプテルスと同じく，らせん弁のある腸をもっている．

肺魚類は，口蓋と下顎に大きな歯板をもつほか，口蓋の鋤骨にも小さな1対の歯板がある（図3.35）．歯板の発生を見ると，はじめは幾つもの歯胚が形成されるが，成長につれてそれらの歯胚は癒合して一つの歯板を形成する．このことは，本来は肺魚類も多数の歯をもっていたが，進化の過程で幾つもの歯が癒合して大きな歯板が形成されたことを物語っている．

歯板は，歯冠部と歯根部が区別され，内部には大きな歯髄が存在する（図3.36）．ラティメリアと同じく，歯冠の外層は薄いエナメル質で覆われる．象牙質は骨様象牙質のほか岩のように硬い岩様象牙質が存在する．岩様象牙質はギンザメ類のプレロミン（p.41）と同じく，エナメロイドやエナメル質と同程度に硬い高度に石灰化した組織であるが，その形成には象牙芽細胞だけ

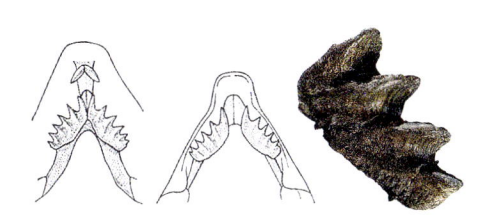

図 3.35 現生のオーストラリアハイギョの歯板
左：口蓋歯板と鋤骨歯板，右：下顎歯板（Peyer, 1968）と三畳紀の肺魚類ケラトドゥスの歯板化石（Maisey, 1996）．

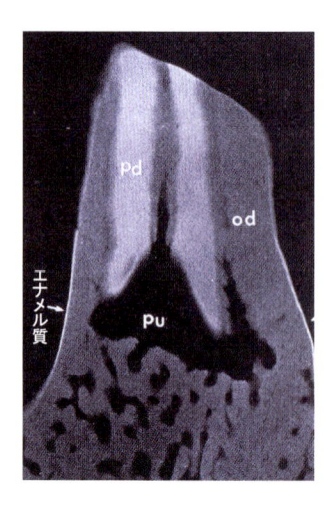

図3.36　現生のミナミアメリカハイギョの歯板の縦断面（石山・小川，1983）

od：骨様象牙質，Pd：岩様象牙質，Pu：歯髄腔．

が関与するという．第1章の「コラム3：歯はなぜ硬いか？」で述べたように，エナメロイドやエナメル質が硬くなるのは，形成の後半でエナメル芽細胞がカルシウムの分泌だけでなく有機物と水の吸収をするからである．岩様象牙質を形成する象牙芽細胞もエナメル芽細胞と同じく，形成の過程で分泌と吸収という2つの機能をしていることが明らかにされている（Ishiyama and Teraki, 1990）．象牙芽細胞がこの2つの機能を獲得したことにより，象牙芽細胞だけでもエナメロイドと同様の硬い組織を形成することができるようになったのだ．

3.5.5　エナメロイドとエナメル質の違い

　エナメロイドとエナメル質の違いをまとめると表3.1のようになる．出来上がった組織の物理化学的性質はほとんど同じであるが，形成される場所と方向が異なるのである．つまり，エナメロイドは基底膜という上皮と間葉の間にある多糖類の膜の間葉側に歯乳頭の方向，すなわち内側に向かってに求心的に形成される（図3.37）のに対し，エナメル質は基底膜の上皮側にエナメル器の方向，すなわち外側に向かって遠心的に形成されるのである（図3.38）．原始的な条鰭類の歯化石の襟エナメル質では，成長線がエナメル質の形成が帽エナメロイドと象牙質の上に外側に向かって形成されたことが示されている〔図3.28（p.61）〕[*2]．その形成される領域により，エナメロイドを間葉性エナメル質，エナメル

表3.1　エナロイドとエナメル質の比較（後藤ほか，2014）

名称	エナメロイド （硝子象牙質・硬象牙質・中胚葉性エナメル質・間葉性エナメル質）	エナメル質 （真のエナメル質・外胚葉性エナメル質・上皮性エナメル質）
形成される領域	基底膜の歯乳頭側	基底膜のエナメル器側
形成方向	求心的（象牙質と同じ方向）	遠心的（象牙質と反対方向）
上皮性歯胚の構成要素	外エナメル上皮・内エナメル上皮	外エナメル上皮・エナメル髄（爬虫類以上）・内エナメル上皮
形成に関与する細胞	上皮細胞（エナメル芽細胞）と間葉細胞（象牙芽細胞）	主として上皮細胞（エナメル芽細胞）
基質	コラーゲンと非コラーゲン性タンパク質，またはコラーゲンのみ	エナメルタンパク質（アメロゲニン・エナメリンなど）
微結晶の成長様式	さまざまな大きさのフッ素燐灰石ないし水酸燐灰石の微結晶が不揃いに成長	水酸燐灰石のすべての微結晶が一様に成長
微結晶の大きさと配列	数十×数十×数百 nm の六角柱の微結晶が石垣状に配列	数十×数十〜150×数百 nm の六角柱の微結晶が石垣状に配列
動物界における分布	無顎類の皮甲，軟骨魚類の皮小歯と歯，条鰭類の鱗と歯，肉鰭類の鱗，両生類の幼生の歯	肉鰭類・肺魚類・両生類・爬虫類・化石鳥類・哺乳類の歯

質を上皮性エナメル質と呼んでいたこともあったが，長くなるので現在の呼び方に変えた．簡単に言えば，エナメロイドは水中に棲む動物の「水中エナメル質」，エナメル質は陸上に棲む動物の「陸上エナメル質」ということができる（図3.39）．

　脊椎動物が水中生活をする魚類から，陸上で生活する両生類，爬虫類へと進化するには，鱗と粘膜で覆われていた皮膚が，乾燥した角質層の発達した角鱗や毛で覆われた表皮に，鰓呼吸から肺呼吸に，胸鰭と腹鰭から内部に骨組みが発達した前足と後足に，脊柱も脊索や軟骨から骨化した椎体の連なりに変化する必要があった．歯でも，エナメロイドからエナメル質への移行があったのだ．

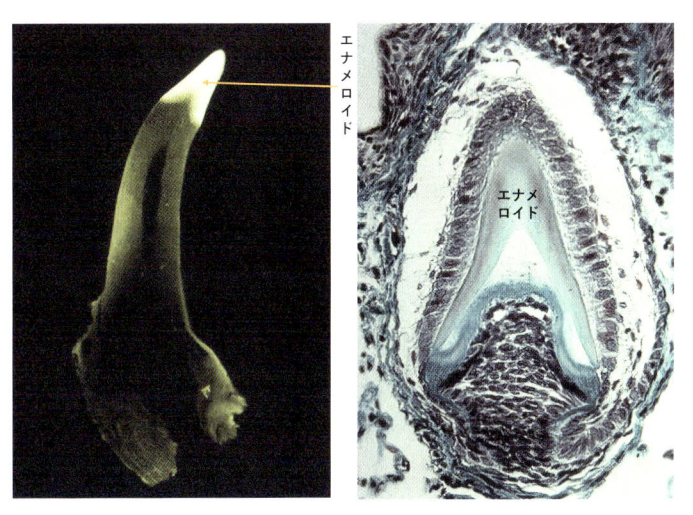

図3.37 ポリプテルスの歯の顕微X線写真（左）と歯胚（マッソン・ゴールドナー染色）（後藤，1988）

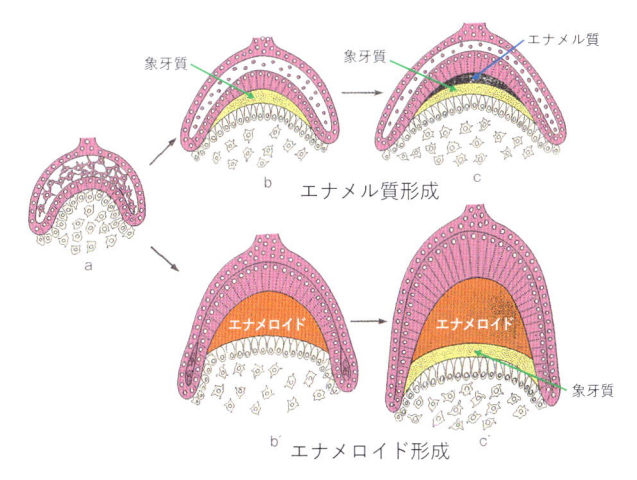

図3.38 エナメロイド形成（下）とエナメル質形成（上）（Shellis, 1981より）

---

*2）爬虫類以上の動物にはエナメロイドがないかといえば，そうともいえないようだ．ある種の哺乳類の歯のエナメル象牙境付近ないし歯根象牙質の最表層には，コラーゲン線維上にエナメル質の結晶が沈着する薄層が存在することから，この薄層はエナメロイドとも見ることができるからだ（Fearnhead, 1979）．

水中にすむサカナ

陸上をめざしたシーラカンスの先祖

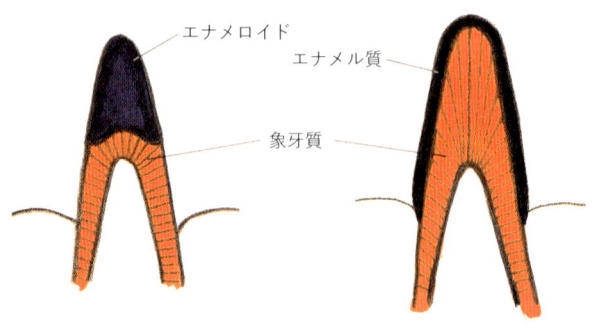

エナメロイド

エナメル質

象牙質

ふつうのサカナの歯の断面

シーラカンスの歯の断面

図 3.39　水中に棲むサカナはエナメロイドを，陸上にも上がったシーランスの先祖はエナメル質をもつ（後藤・後藤，2001）

軟骨が先か，骨が先か？

コラム
1

　自分の鼻の先をつまんでみると，鼻先は硬めではあるが左右に動かすことのできるのに，鼻の上部の付け根は硬くて動かすことができないだろう．前者が軟骨で後者が骨でできているからだ．

　軟骨も骨も支持組織であるが，その性質はかなり異なっている．軟骨は軟骨細胞と軟骨基質からなる（図 3.40）．軟骨は線維芽細胞系の軟骨芽細胞によって形成されが，形成とともに軟骨基質中に埋め込まれ，軟骨小腔中の軟骨細胞となる．軟骨基質はコ

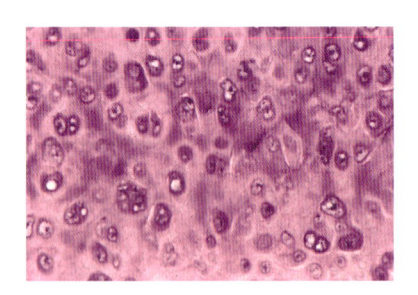

図 3.40　軟骨の HE 染色組織標本
基質中に 1 個ないし 2 個の軟骨細胞の入った軟骨小腔がある．

ンドロイチン硫酸などのプロテオグリカン（タンパク質と糖の複合体）と細い膠原線維と豊富な水から構成される．軟骨基質には血管を含まないが，軟骨細胞への栄養補給は周囲の血管から軟骨基質中に浸み込むことで行われている．気管や関節軟骨や肋軟骨などは通常の硝子軟骨であるが，椎間円板や恥骨結合は膠原線維を多く含む線維軟骨で，耳介などは弾性線維を多く含む弾性軟骨，老化などで石灰化する石灰化軟骨になることもある．軟骨は軟らかいので，カッターナイフや出刃包丁で切断することができる．サメの解剖が楽なのは，からだのどこでもメスで簡単に切れるからである．

一方，骨も骨細胞と骨基質から構成されている（図3.41）．骨も同じく線維芽細胞系の骨芽細胞によって形成され，形成とともに骨に埋め込まれて骨小腔中の骨細胞になる点では同じである．しかし，骨基質は有機物である太い膠原線維だけでなくリン酸カルシウムからなる燐灰石の微結晶から構成されているために硬く，メスなどでは切ることができず，解剖実習で骨を切断する時はノコギリを使用することになる．

なお，骨を軟骨と区別するために，硬骨と呼ぶことがある．例えば，骨からなる肋硬骨と軟骨からなる肋軟骨を合わせて肋骨という．

骨の構造を見るには，歯と同様に砥石で薄くすり減らして薄片（研磨標本）にして光学顕微鏡で観察する．血管を入れたハバース管，それを中心とした同心円状のハバース層板，ハバース層板の間を埋める介在層板が認められる．ハバース管とハバース層板からなる同心円柱の構造を骨単位という．

脊椎動物の進化で軟骨が先か骨が先かという問題がある．しかし，骨は化石になることが多いのに対し，軟骨は化石として残りにくく，どちらが先かは化石のデータでは分かり

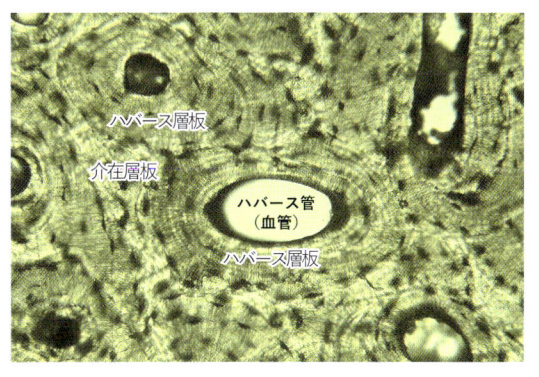

図3.41 骨の研磨標本
血管を含むハバース管を中心に同心円状のハバース層板がある．ハバース層板の間には介在層板がある．多数の突起をもつ黒いものは骨細胞を入れる骨小腔．

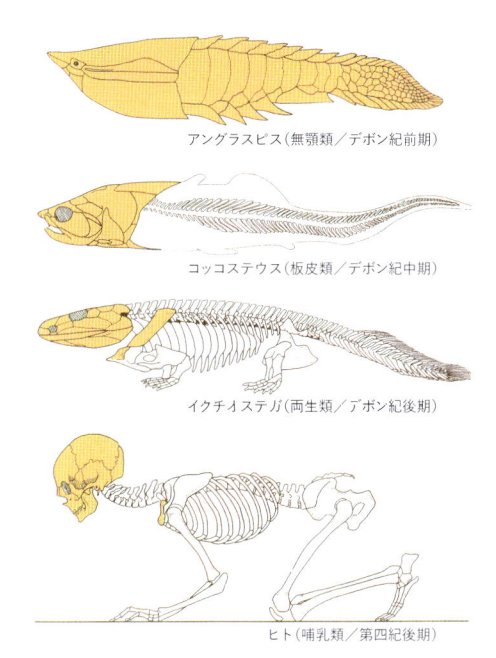

図3.42 外骨格の進化（三木，1992bにより後藤，1994a）
皮甲由来の骨をオレンジ色で示す．

づらい．最古の脊椎動物である無顎類では，甲皮類として外骨格に皮甲が発達しているが，内骨格は現生の円口類のように脊索や軟骨で構成されていたと思われる．皮甲の表層には象牙質の結節をそなえ，種類によってはその表面にエナメロイドをもつものもいた．

原始的な顎口類である板皮類は甲皮類と同じような皮甲をもち，棘魚類は層状の構造をもつ鱗をもっていたが，内骨格に軟骨だけでなく骨があったかどうかはよく分かっていない．

軟骨魚類では，外骨格はエナメロイドと象牙質と骨様組織からなる皮小歯があるだけで，内骨格は脊索と軟骨で構成されている．椎体や軟骨の表層が石灰化する程度であった．硬骨魚類になると内骨格に骨が形成されるようになり，海洋に繁栄する真骨類と，陸地に棲む両生類に

進化した肉鰭類の扇鰭類では，ともに内骨格に軟骨が少なく骨が多くなっている．しかし，肉鰭類でも海洋にもどった管椎類では脊索が生涯残存するなど内骨格が退化している．私たちヒトの顎上の歯はもっとも古い脊椎動物である甲皮類の皮甲に由来する由緒正しい器官といえるのだ．

こうして見ると，脊椎動物ではまず外骨格に骨が皮甲として形成され，進化とともに脊索と軟骨でつくられていた内骨格にも骨が形成されるようになったといえる．古生代初期の甲皮類では全身を皮甲で覆われていたが，進化の過程で次第に尾方から皮甲を脱ぎ始め，ヒトでは鎖骨と頭蓋骨の大部分だけとなる（図3.42）．それが証拠に，外骨格由来の膜性骨（ヒトでは鎖骨と頭蓋骨）は，膜のなかに血管が集まって直接骨を形成する膜性骨化によりできるのに対し，内骨格の骨はまず軟骨が形成され，そこに血管が侵入して軟骨を破壊して骨を形成するという軟骨性骨化によってつくられるのである〔脚注1（p.51）〕．

筆者はいわゆる「ギックリ腰」になった時に，整形外科でコルセットをつけることで腰椎などの障害を補強する治療をうけた．最近進化して負担が大きくなった腰椎という内骨格の損傷を，古生代以来の古い歴史をもつ外骨格の皮甲のようなコルセットで補っているのだ．この治療法は脊椎動物の進化をふまえていると感じたのであった．

コラム2

脊椎動物の分岐的進化：海から陸へ，陸から海へ

脊椎動物の進化の本流は，魚類，両生類，爬虫類，哺乳類という，故郷であった海水中での生活から，新天地である陸上生活への適応ということができる．しかし，上陸への進化の過程で，それぞれの段階から再び故郷の海にもどる仲間が出現している．

硬骨魚類では，陸に向かった肉鰭類に対し，条鰭類は軟質類，全骨類，真骨類への進化のなかで再び海での生活に適応している．肉鰭類でも陸に向かう扇鰭類に対し，管椎類は海に帰っている．爬虫類でも，多くは恐竜などが陸上で繁栄したが，モササウルス類，長頸竜類，魚竜類など，海生に適応した仲間もいる．哺乳類にも鰭脚類や鯨類がいる．

三木成夫はその様を図3.43として描いた．ここでは，棘魚類を先祖として，上陸としては，デボン紀の肉鰭類オステオレピスから，古生代後期の両生類（T_1），中生代の爬虫類（T_2），新生代の哺乳類（T_3）への進化が起こったことが左列に示されている．進化の過程で，重力の元での歩行に適応して，脊柱は湾曲する．

一方，そのまま海で進化した条鰭類は，デボン紀の軟質類ケイロレピスから，古生代の軟質類（A_1），中生代の全骨類（A_2），新生代の真骨類（A_3）へと水棲に適応して進化した様が右列に描かれている．さらに，両者の間には，肉鰭類の段階で海にもどった管椎類ラティメリア，爬虫類の段階で海生に進化した魚竜類と長頸竜類，哺乳類で海生に適応した鰭脚類と鯨類が示されている．海生に適応した仲間では，進化の段階に関係なく，水中で遊泳するのに適応して脊柱が直線的になっている．

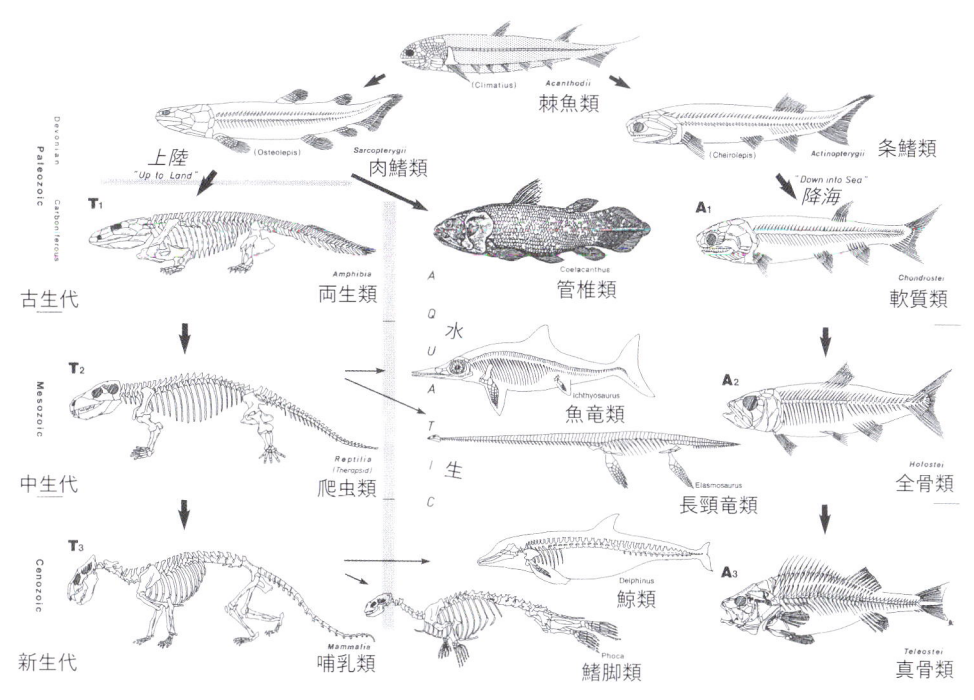

図 3.43 脊椎動物の分岐的進化：陸生と海生（三木，1992b）

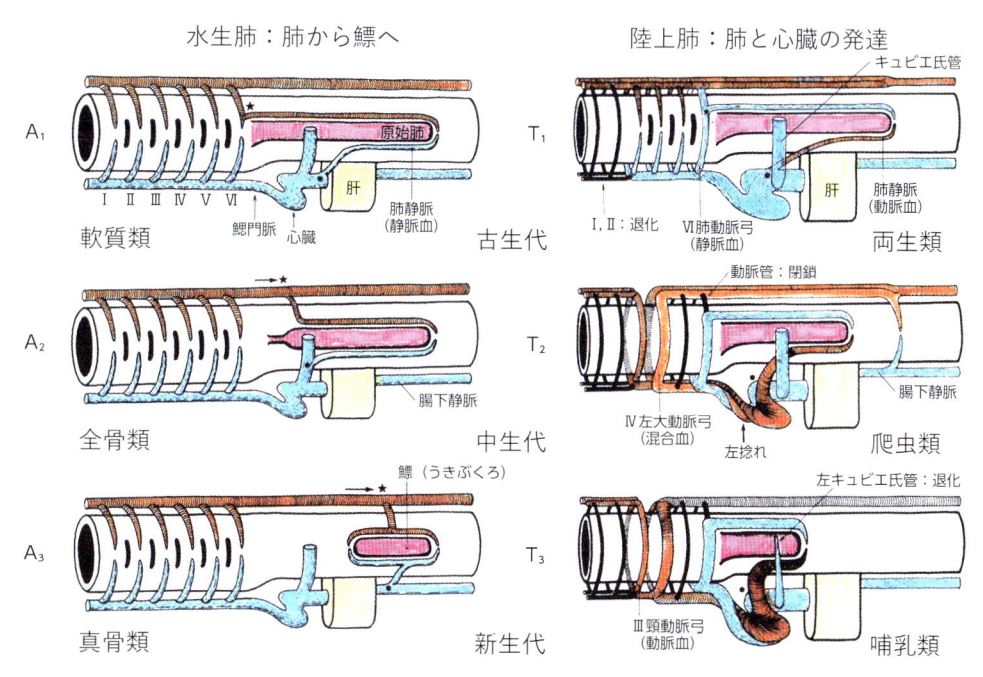

図 3.44 水生肺（鰾）と陸生肺（三木，1989 より改変）

　　三木は脊椎動物の陸生への進化と海生への適応を肺と鰾をめぐる血管系の変化として**図3.44**を描いている．図の太い管は腸管で左側は口，右側は肛門（総排出口）に向かう．その腹側中央に血管が捻れて形成された心臓があり，そこから大動脈（鰓門脈）が左に出て，穴の開いた鰓腸に6対の鰓弓動脈に分かれて流れ込み，鰓でガス交換して酸素に富む動脈血になって背側大動脈になり，全身の各器官に酸素を送る．体壁の各器官からの血液はキュビエ氏管をとおって上から心臓に返るほか，腸で吸収した栄養分は腸下静脈から肝臓に入って栄養を貯蔵し，必要に応じて大静脈から心臓に入る．鰓腸の★の位置から後方（右）に向かって伸びだしているのが肺と鰾である．

　　図の左列は水生肺の鰾への変化が，右列は陸生肺と心臓の発達が示されている．左上の軟質類（ポリプテルス）（A_1）では6対の鰓弓動脈（I〜VI）があり，第6鰓弓動脈から動脈血を入れた肺動脈が原始肺をめぐって，静脈血を入れた肺静脈が心臓に返っている．全骨類のアミア（A_2）になると，背側大動脈の中ほどから鰾に向かう動脈が出て，鰾からの静脈はキュビエ氏管（総主静脈）をとおって心臓に返る．真骨類（A_3）になると，鰾への動脈はさらに後方から出るようになり，静脈は腸下静脈に入るようになっている．原始肺は呼吸器としての役割から浮力調節する鰾に変化したのである．

　　一方，右列の陸生肺に進んだ肺魚類・両生類（T_1）では，左の軟質類では6対あった鰓弓動脈のIとIIが退化し，第6鰓弓動脈が肺動脈となって肺をめぐり，肺での呼吸によって動脈血となった血液が肺静脈からキュビエ氏管よりも心臓に近い位置から心臓に入っている．爬虫類（T_2）では第5鰓弓動脈も退化し，残った第3鰓弓動脈が頸動脈弓に，第4鰓弓動脈の左側が大動脈弓になる．また，肺動脈と背側大動脈を結んでいた動脈管は退化して閉鎖する．同時に，心臓では大静脈から肺動脈に流れる青い血流（静脈血）と肺静脈から大動脈に流れる赤い血流（動脈血）の間にらせん状の仕切りがつくられ，心臓の左右分離がはじまり，哺乳類（T_3）では2心房2心室の心臓が形成され，静脈血と動脈血が混ざらないようになっている．一方で，左側のキュビエ氏管（総主静脈）は退化して右側が発達して大静脈となる．

　　三木（1983）はヒトの幼児の肺静脈の還流異常に，ポリプテルス型（A_1），アミア型（A_2），真骨類型（A_3），肺魚型（T_1）の各段階がみられると述べている．これらの赤ん坊たちの肺静脈の奇形は，脊椎動物の祖先が海と陸の間を想像に絶する長い歳月のあいださまよい続けたことを物語っているのではないか．

　　歯や骨は化石として保存されるが，血管は化石として発見されることはほとんどない．水中から陸上への進化は歯では，エナメロイドからエナメル質への進化として認められるくらいである．しかし，「生きている化石」と呼ばれる現生の動物を比較するだけでも，肺や鰾，血管と心臓の進化を明らかにすることができるのだ．

4 両生類の歯から 爬虫類の歯へ

歯の上陸史

4.1 両生類から爬虫類へ：水中卵から陸上卵へ

4.1.1 最古の両生類：迷歯類

両生類は，3.6億年前のデボン紀後期に硬骨魚類に属する肉鰭類の総鰭類，なかでも扇鰭類のエウステノプテロンやティクタアリクのようなサカナから進化したと考えられている．しかし，肉鰭類でも，総鰭類ではなく肺魚類から進化したと主張する研究者もいる．歯について見れば，肺魚類は歯胚が癒合した大型の歯板をもつように特殊化しているのに対し，扇鰭類は歯の基底部に多数の縦方向の襞をもつ皺襞象牙質からなり，それは初期の両生類である迷歯類に受け継がれていることからも扇鰭類から両生類が進化したことは明らかである．なお，両生類の歯はその基本的な特徴が爬虫類の歯と同じであることから，4.2節で詳述することにした．

現在知られている最古の両生類は，スコットランドのデボン紀後期（3.75億年前）の地層から発見されているエルギネルペトンである．上下顎，肩，後足の骨が発見されており，全長1.5mほどの四足動物であったらしい．

全身の化石が知られているのは，グリーランド東部のデボン紀後期（3.67億〜3.63億年前）の地層から4種が報告されている体長1.0〜1.5mのイクチオステガである（図4.1）．扇鰭類のような尾鰭をもち，水中を泳ぐほか，重力から内臓を守るために肋骨がよく発達し，四足と脊柱は頑丈で，陸上を歩いたと推定されている．前足の指は不明であるが，後足の指は7本あったことが分かっている．

グリーンランドのデボン紀後期（3.65億年前）の地層からは，やや小型の全長65cmのアカントステガの化石が発見されている．前足に8本の指をもっていたことが分かっているが，後足の指は不明である．尾鰭はイクチオステガよりもよく発達しており，鰓呼吸

図4.1　デボン紀後期の原始両生類・イクチオステガの骨格とその復元（後藤・後藤，2001；Jarvik，1955）

と肺呼吸がともにでき，水草をかき分けながら水底や湿地を歩いたと推定されている．

　5本指をもつ最古の両生類は，スコットランドの石炭紀前期の3.5億年前の地層から産出している全長1mほどのペデルペスである．私たちの数の表現は十進法であるが，これは明らかにヒトが5本の指をもち，左右合わせると10本になることにもとづいている．もし，イクチオステガやアカントステガのように7本や8本の指をもっている動物がヒトの先祖であったなら，私たちの数の表現は14進法ないし16進法になっていたかもしれない．

　これらの古生代の両生類は迷歯類と呼ばれ，単錐歯の歯の基底部に縦方向の溝が発達し，歯髄が

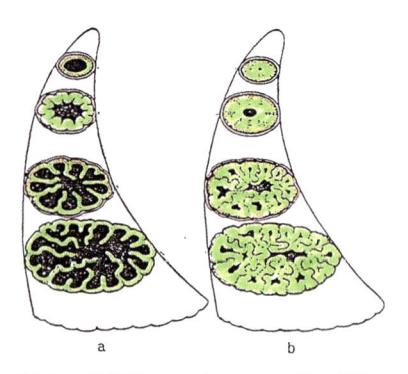

図4.2　迷歯類のベントスクスの歯の各高さでの横断面（Bystrow, 1938より改変）歯の形成が進むとともに皺襞象牙質が発達する．歯の咬頭側では通常の真正象牙質であるが，歯根側ではより複雑皺襞象牙質が形成される．a：形成初期の歯，b：完成した歯．

水平方向に分岐した皺襞象牙質をもつのが特徴である（図4.2）．象牙質だけでなく，その表層のエナメル質にも複雑な折れ込みがみられ，迷路歯とも呼ばれる．同じ皺襞象牙質ではあるが，板鰓類のトビエイ類では歯髄が垂直方向に分岐している〔図2.36（p.36）〕のに対し，扇鰭類や迷歯類，条鰭類のガーパイクでは，歯髄が水平方向に分岐しているのである．このような構造は，トビエイ類では貝殻を咬み砕くための力学的構造として発達したが，扇鰭類や迷歯類でも歯を力学的に強化するための構造であると考えられる．

　魚類では上下顎骨からなる顎骨弓[*1]のすぐ後ろの舌骨弓をつくる舌顎骨が前進して顎の関節に関与するようになり，顎骨弓と舌弓骨の間の鰓孔が小さな呼吸孔になっていた〔図1.25（p.16）〕が，両生類ではこの孔が外耳孔〔図4.8（p.77）〕となって鼓膜が張り，舌顎骨は耳小骨のアブミ骨になって鼓膜の振動を内耳に伝える伝音を担うように変化した．両生類は耳小骨を獲得した最初の脊椎動物であった．

4.1.2　両生類の進化：迷歯類，空椎類，平滑両生類

　迷歯類は，デボン紀後期から石炭紀に栄えたイクチオステガ類，石炭紀からペルム紀の栄えた炭竜類，石炭紀から白亜紀中期まで生息した分椎類（切椎類ともいう）に分かれて進化した．このほか，石炭紀からペルム紀に生息した空椎類という仲間も知られている（図4.3）．

　3.59億〜2.99億年前の石炭紀になると，湿潤な熱帯気候のもと，リンボク，ロボク，

---

*1)　顎骨弓：現生の無顎類（円口類）では鰓弓は7対あり，鰓孔も7対あり，口から吸いこんだ水とともに入る微生物を鰓で沪しとるとともに，鰓の血流から水流に二酸化炭素を排出し，水流から血流に酸素を吸収している．板鰓類では前方部の鰓弓が口蓋方形軟骨と下顎軟骨（メッケル軟骨）からなる顎弓となり，その後方の鰓弓が舌顎軟骨と舌軟骨からなる舌弓になり，さらにその後方に5〜8対の鰓弓が並んでいる．この時，顎弓と舌弓の間の鰓孔は水を排出するのではなく，逆に水を吸収する呼吸孔（噴水孔とも呼ばれたが水を出すよりも吸い込むので呼吸孔とされた）となった〔図1.25（p.16）〕．硬骨魚類ではこれらの骨格が軟骨でなく骨で構成されるようになり，顎骨弓，舌骨弓と呼ばれるようになる．顎骨弓は方形骨と関節骨，舌骨弓は舌顎骨と舌骨などから構成され，鰓弓も下鰓骨，角鰓骨，上鰓骨などから構成されるようになる．両生類では呼吸孔が外耳孔となって鼓膜が張り，舌顎骨がアブミ骨になって伝音に従事するようになる．哺乳類になると，方形骨はキヌタ骨，関節骨がツチ骨になって鼓膜に付き，鼓膜の振動をツチ骨とキヌタ骨の関節，キヌタ骨とアブミ骨の関節でテコの原理で拡大し，内耳に伝えるようになるのだ〔図5.3（p.106）〕．

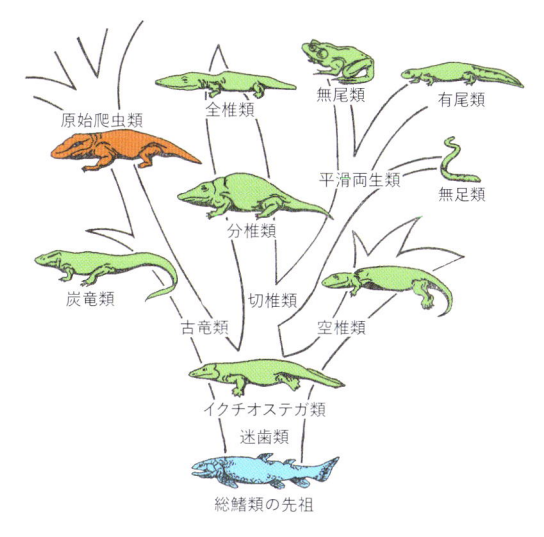

図4.3 両生類の進化（Romer and Parsons, 1983 より改変）

図4.4 「両生類の王国」となった石炭紀の森（Spinar and Burian, 1981）
石炭紀の森にはシダ植物の大木が茂り，巨大なトンボのメガネウラが飛ぶ．熱帯の森の沼のなかには，「両生類の王国」が存在した．それは今から 3 億 5900 万〜3 億年前の世界である．

フウインボクなどのシダ植物の大木が大森林をつくり，湖沼が多く形成された．そのような石炭紀の森は餌となる昆虫も多く，両生類が繁栄したまさに「両生類の王国」であったと想像される（図 4.4）．この時代のシダ植物の大森林はヨーロッパの主要な石炭のもとを形成し，石炭紀の名の由来となっている（ただし，日本の石炭は新生代古第三紀のものが多い）．ちなみに，炭竜類の名は，その化石が石炭層から発見されることが多いことに由来している．

　なお，石炭や石油や天然ガスは化石燃料と呼ばれ，それ自身が過去の植物などの化石が地下の高圧・高温によって形成されたものである．植物は当時の太陽から受け取った光エネルギーを利用した光合成で有機物を生産して成長する．したがって，化石燃料は過去の太陽エネルギーによって地球に蓄えられたもので，人類はこれをふんだんに利用して地球環境を変えてきたのである．その結果，二酸化炭素などの温室効果ガスが大気中に増え，地球温暖化が進み，人類と地球を破滅させる気候危機が迫っている．過去の太陽エネルギーの利用をやめ，現在の自然エネルギーだけに依存することによってのみ，人類と地球は

持続可能な未来を迎えることができるのだ.

イクチオステガ類は陸上を歩くこともできたが,おもな生活は水中であった.石炭紀の炭竜類も水中で生活していたが,ペルム紀前期の全長 50 cm のセイモウリア(シームリア)(図 4.5)は,ほとんど爬虫類と区別のつかない骨格をもち,陸上生活に適応していた.イクチオステガ類の脊柱の椎体は総鰭類から受け継いだ間椎心であった(図 4.6A, B)が,炭竜類では陸上での生活に適応して間椎心が退化して側椎心が発達し,それは爬虫類に受け継がれている(図 4.6E, F).

間椎心から側椎心への椎体の進化は,ヒトの椎骨の発生で椎板(椎骨の原器)が頭側半と尾側半に分離し,上位の尾側半と下位の頭側半の結合によって椎骨が形成されることで再現される.このことによって椎骨と筋肉が交互に配列するようになり,筋肉が脊柱を動かせるようになるのだ.指の数はイクチオステガ類では 7 本や 8 本であったが,炭竜類では前足と後足とも 5 本であり,それは爬虫類,哺乳類,そして人類に受け継がれた.

石炭紀前期に出現して石炭紀後期からペルム紀に栄えた分椎類は,脊柱の椎体が大きな間椎心と小さな側椎心から構成されているラキトム型(図 4.6C)であることからその名がつけられた.ペルム紀前期に北米に生息していたエリオプスは,全長 2 m,体重 90 kg で,短いながらがっしりした四肢をもつが,眼と鼻が頭骨の上に並んでおり,ワニやカバのように水面から目と鼻を出してからだを水中に沈めていたと推定される(図 4.7).

分椎類はほとんどがペルム紀末に絶滅したが,南半球のゴンドワナ大陸では生き残り,

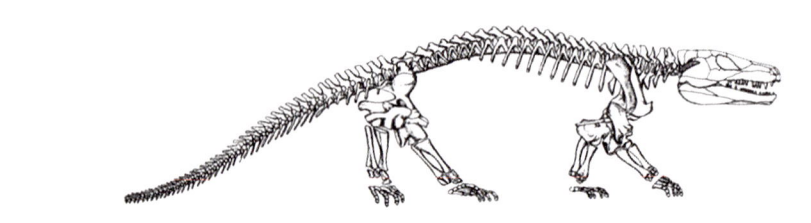

図 4.5 ペルム紀前期の炭竜類セイモウリアの骨格(White, 1939)

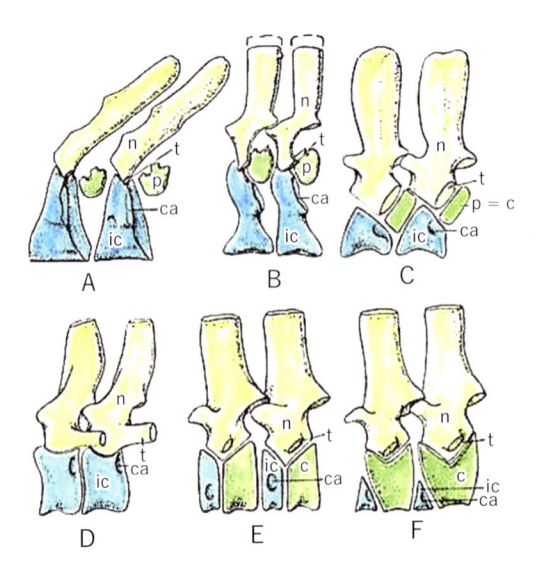

図 4.6 総鰭類から各種の迷歯類をへて爬虫類への進化にみられる椎骨の変化(Romer and Parsons, 1983 より改変)
2 個の椎骨を側面から見る.総鰭類(A)とイクチオステガ類(B)では椎体は間椎心(ic)からなるが,分椎類のラキトム類(C)では大きな間椎心(ic)と小さな側椎心(p=c)に分かれるようになり(ラキトム型),水中生活に適応した全椎類(D)では間椎心(ic)だけで構成されるようになる(全椎型).一方,炭竜類(E)では間椎心(ic)が退化して,側椎心(c)だけで椎体が構成されるようになり,それは爬虫類(F)に受け継がれる.

南極では白亜紀中期まで生きのびたものもいた．陸上では爬虫類が栄えたため，両生類はおもに水中生活するようになったらしい．水中生活に適応した仲間は，脊柱も重力に逆らう必要がなくなって単純化し，側椎心がなくなって間椎心だけの全椎型に変化している（図 4.6D）．三畳紀の分椎類には，両生類としては例外的に海に進出した仲間があり，魚類のように丈夫な鱗でからだが覆われていた．

空椎類は，石炭紀からペルム紀前期まで北米とヨーロッパに生息した仲間で，脊柱に糸巻状の側椎心をもつのが特徴である．頭部が左右に張り出したディプロカウルスは体長 1 m であったが，多くは小型の水中生活者であった．空椎類には胴が長く手足の短いもの，手足をもたないヘビに似たものなどもいた．

現生する両生類はサンショウウオなどの有尾類，アシナシイモリの無足類，カエルなどの無尾類に分類されるが，平滑両生類と総称される．ペルム紀から三畳紀にかけて分椎類から進化したと考えられているが，それぞれの由来については諸説がある（松井, 1996）．

図 4.7 ペルム紀前期の分椎類エリオプスの骨格（Gregory, 1951）と復元図（Colbert *et al.*, 2004）

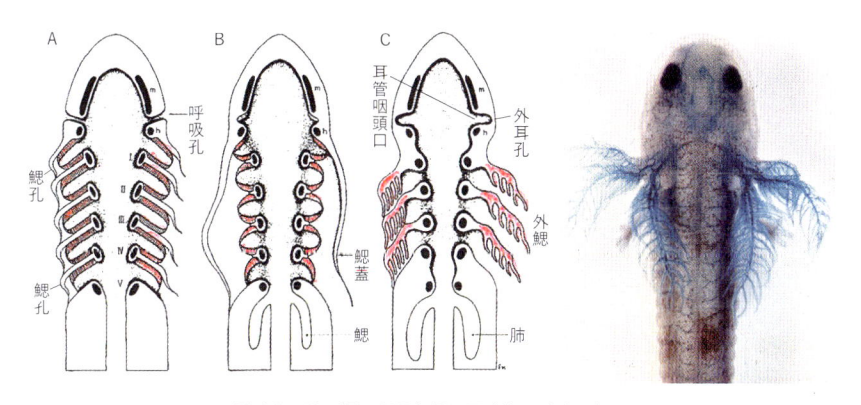

図 4.8 サメ類，硬骨魚類，両生類の幼生の鰓腸
サメ類（A）では鰓孔は個々に開口していたが，硬骨魚類（B）では鰓蓋が形成されて鰓孔は後方にまとまって開口するようになる．硬骨魚類と両生類では鰓腸の後方から肺が形成されている（B, C）．両生類の幼生（C）では外鰓が発達する（三木, 1989 より改変）．右はサンショウウオの幼生の外鰓に青の色素を血管注入した標本（三木, 1968）．

　有尾類の幼生には，硬骨魚類のポリプテルスや肺魚類の幼生のように3対の外鰓が発達する（図4.8）．外鰓とは鰓蓋から鰓が外に突出したもので，ふつう成体になると肺呼吸に移行するので消失する．これに対し，鰓孔の中に収まっている鰓を内鰓という．サメ類の胚子にも外鰓のようなものがあるが，これは生後，鰓のなかに収まって内鰓となる．化石では，三畳紀後期の分椎類であるゲロトラックスが終生外鰓をもっていたことが分かっている．

▌4.1.3　両生類から爬虫類への進化：卵の進化

　爬虫類は3.15億年前の古生代末の石炭紀後期に，両生類の炭竜類のセイモウリア（図4.5）のような仲間から出現したと考えられている．炭竜類は爬虫類に似ていることから，爬虫類以上の動物を含めた爬形類（爬虫形類）に分類されることもある．

　セイモウリアが両生類なのか爬虫類なのかは，歯や骨格の化石からはほとんど違いがなく判断できない．じつは，両生類か爬虫類かの区別はどのような卵を生んでいたのかにかかっている．つまり，羊膜のない卵を産むのが両生類，羊膜のある卵，有羊膜卵を生むのが爬虫類と定義されている．したがって，卵の化石が発見されないと区別できないのである．

　動物学者で，日本で進化論を普及した丘浅次郎[*2]はその著『生物学講話』（丘，1916）で，生物とは「食うて産んで死ぬ」ものと定義した．「食う」は個体維持であり，「産んで」は種族維持である．すなわち，動物にとって，餌を「食う」ことは個体維持で，これが生存のための第一条件であり，次に大切なのは子どもを「産む」ことすなわち種族維持で，子孫を残したものが生き残ることができるのである．三木成夫（1983）はその著『胎児の世界』のなかで，脊椎動物の卵の進化と母性の発達について，おおよそ以下のように語っている．

　古生代の海に出現した魚類は，メスが水中に膜で包まれた卵を産み，オスがその上に精子をかけて受精させ，受精卵は大きな卵黄の脇で細胞分裂を繰り返して胚盤から胚子となり，胚子は卵黄から栄養を吸収し，薄い卵膜をとおして酸素と水を受けとり，二酸化炭素と老廃物を排泄する（図4.9上）．成長した胚子はやがて卵膜を破って孵化する．生まれたばかりの仔魚は，しばらくはお腹に付いている卵黄から栄養をとるが，卵黄がなくなると自分で餌を食べて成長する．卵黄とは母親が子どものために丹精込めてつくったお弁当である．

　両生類も基本的に同じで，メスが水中に産卵した上にオスが精子をかけ，卵のなかで胚子が卵黄から栄養をとって幼生となって孵化する．オタマジャクシで代表される幼生は水中で鰓呼吸するが，変態して成体になると肺呼吸に移行し，陸上でも生活するようになる．しかし，カエルなどでは水中だけでなく，地中や樹上に産卵する仲間もあり，さらにはコモリガエル（ピパピパ）ではメスの背中の肥厚した皮膚のなかに卵を埋め込んだり，ノドにある鳴囊（鳴き袋）で保育する種類もある（真骨類のネンブツダイでもオスが卵を口の

＊2）　丘浅次郎（1868～1944）は日本の動物学者で，帝国大学理科大学（現在の東京大学理学部）動物学科専科に進学，ドイツ留学後，東京高等師範学校教授を勤める．帝国学士院会員，日本動物学会会長も歴任．日本人初のエスペランティストでもある．著書に『進化論講話』（1904年，東京開成館，後に講談社学術文庫），『生物学講話』（1916年，東京開成館），『丘浅次郎著作集』（1968年，有精堂出版）などがある．

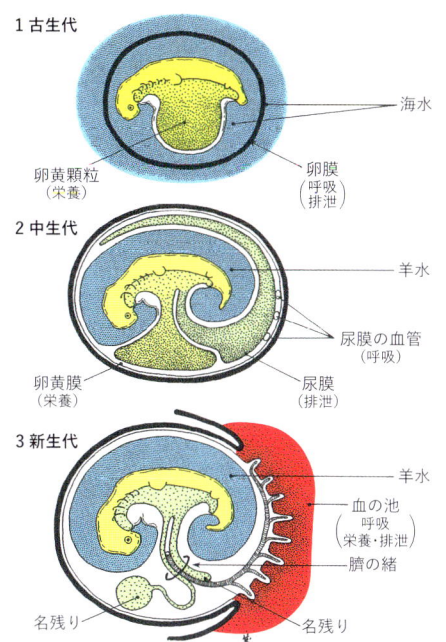

1 古生代

海水

卵黄顆粒
（栄養）

卵膜
（呼吸）
（排泄）

2 中生代

羊水

尿膜の血管
（呼吸）

卵黄膜
（栄養）

尿膜
（排泄）

3 新生代

羊水

血の池
呼吸
（栄養・排泄）

臍の緒

名残り

名残り

図 4.9 脊椎動物における卵の進化（三木，1983 より改変）
1：魚類・両生類の水中卵，2：爬虫類・鳥類・単孔類の陸上卵，
3：有胎盤類の着床卵（胎生）.

中に保護して保育することが知られている）.

　このような営みを繰り返すなか，陸上での生活をめざした四足動物は乾燥した陸上でも胎児を育てることのできる有羊膜卵を獲得した．ここでは，卵はメスとオスの交尾によりメスの体内（卵管）で受精し，そこをくだる途中で炭酸カルシウムからなる卵殻で包まれるようになり，水中ではなく陸上に産み落とされる．卵のなかにはこれまで見られなかった新しい2つの袋（膜）が形成されている（**図 4.9 中**）．1つは卵黄膜の後ろから出た巨大な膀胱の袋で，排泄の役割を果たすので尿膜と呼ばれる．この膜は，その外面を卵殻の内側に密着させ，その血管と卵殻の小孔を介して空気から血液に酸素を取り入れ，血液から空気に二酸化炭素を排出する呼吸器の役割も担っている．もう1つの袋が問題の膜で，胚子の皮膚が反転してからだ全体を覆ったもので，なかに羊水を満たす羊膜と呼ばれる．羊膜は魚類の卵が漂っていた古生代の海水が胎内にはらまれたもので，胚子は羊水の海につかって成長するのである．

　ここで少し先取りして，哺乳類の真獣類（有胎盤類）の胎生（着床卵）についても説明しておこう（**図 4.9 下**）．哺乳類では交尾によってメスの卵管で受精した卵は，卵管の合流部に形成された子宮という保育器のなかで成長するようになる．そのために，受精卵は細胞分裂を繰り返しながら胞胚となって，子宮の内膜にもぐり込む．その付着部ではこの膜が尿膜に付いていた血管を含む無数の絨毛を出し，その場にできた「血の池」に根をおろす．「血の池」の絨毛には母体側から血液が噴射され，栄養と酸素が母体から胎児に，老廃物と二酸化炭素が胎児から母体に受け渡される．「血の池」をはさむ胎児側の膜は絨毛膜，母体側の膜は脱落膜と呼ばれ，両者が胎盤を構成している．胎盤こそ，胎児の生命維持装置なのだ．真獣類では，卵黄は名残のみで胎児は母体から直接栄養を受け取るようになり，尿膜も排泄と呼吸の機能を失い，羊膜だけが古生代の海水であった羊水をたたえて胎児を包んで子宮のなかを満たしている．真獣類が「海をはらむ族」（井尻・湊，1957）

と呼ばれるゆえんである.

　こうして，古生代の海に産み落とされた魚類の水生卵は，中生代の陸上に産み落とされた陸上卵（有羊膜卵）となり，やがて鳥類では母親のお腹の下で温められるようになり，有胎盤類ではついに母親の胎内で育てられる胎生（着床卵）へと進化し，出生後も母親から与えられる乳汁を飲んで保育されるようになる．このように脊椎動物の保育方法の進化は，まさに「母性の進化」ということができる．「海」の字のなかに「母」があり，ラテン語の「mare」が英語の「mama」（母）や「mamma」（乳）の語源であることも自然に理解できるのである（三木，1992a）.

4.1.4　初期の爬虫類：杯竜類

　最古の爬虫類の卵と思われる化石は米国テキサス州のペルム紀前期の地層から発見されている．長径が6cmのかなり大型の卵化石であり，両生類の通常1cmに満たない卵とはかなり異なっている．アメリカの古生物学者ローマーは次のように考えた．すなわち，両生類は卵を水中に産んでいたが，そこには多くの魚類が棲んでおり，卵は栄養を含む絶好の餌として食べられてしまう危険があった．そこで，現生のカエルたちのように両生類の先祖は魚類に食べられないように卵を陸上や樹上に産むようになり，その過程で有羊膜卵が形成されるようになり，爬虫類が進化した，というのだ．まさに的を射た推定ではないだろうか.

　最古の爬虫類の化石はカナダの石炭紀後期（3.15億年前）の地層から産出しているヒロノムスである（図4.10）. 杯 竜 類（カプトリヌス類）と呼ばれるもっとも原始的な爬虫類で，かつてはセイモウリアも杯竜類とされていたが，その後原始的な特徴から両生類の炭竜類に分類されるようになった．テキサス州のペルム紀前期の地層からは，全長2〜3mにもなる大型のディアデクテスという草食性の四肢動物の化石が発見されている．ディアデクテスが両生類の炭竜類なのか，爬虫類の杯竜類なのかは分かっていない.

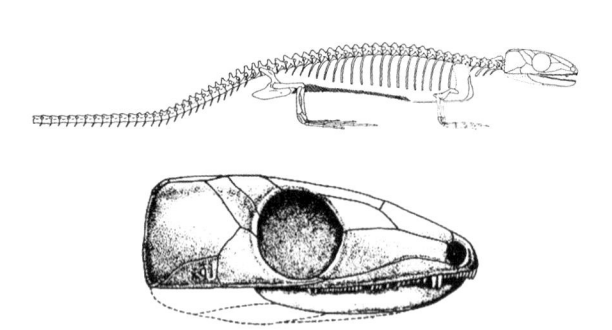

図4.10　石炭紀後期の杯竜類ヒロノムスの骨格（上）と頭骨（下）（Carroll and Baird, 1972）

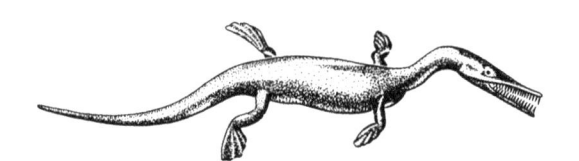

図4.11　ペルム紀前期の無弓類メソサウルスの復元（Colbert *et al.*, 2004）

　ヒロノムスは体長30cmの小型の動物で，石炭紀の森で，昆虫などを食べていた．ペルム紀後期には体長が2.5〜3mにもなる大型のパレイアサウルス類がロシアなどで進化し，小さなのこぎり状の歯で植物を細断して食べていたらしい．杯竜類の多くはペルム紀末に滅びたが，プロコロフォン類は三畳紀まで世界各地に生息していた.

　杯竜類から進化してペルム紀前期のアフリカ南部とブラジル南部の地層から報告されている体長40cmのメソサウルス類は，水中生活に適応し，伸びだした上下顎

に魚類を食べるのに適応した細長い歯をもっていた（図4.11）.

　なお，ペルム紀には北半球のローラシア大陸（北米とインドを除くユーラシアが合体）と南半球のゴンドワナ大陸（南極・南米・アフリカ・インド・オーストラリアが合体）が衝突して，一つの超大陸パンゲアが形成された．爬虫類の先祖たちはこれらの大陸で「陸の王者」に進化しはじめる．そして，ペルム紀末のスーパープルーム[*3]の上昇にともなう巨大噴火による大量絶滅も乗り越えて，中生代にはさらに進化し，さまざまな種類に適応放散して繁栄をきわめることになる．

　すでに硬骨魚類は肺と骨からなる内骨格をもち，陸上への進化の準備を始めたが，両生類はさらに肺を発達させ，魚類の胸鰭と腹鰭から進化した前足と後足をもつようになり，陸上を歩くようになった．しかし両生類は，卵はおもに水中に産み，幼生期は鰓呼吸して，水辺からは離れられなかった．爬虫類では有羊膜卵を獲得したことで，脊椎動物は産卵場所も陸上に変わり，完全な陸上生活者となったのである．爬虫類では，鰓は退化して肺がよく発達し，皮膚は乾燥に耐える角化した表皮で覆われ，四肢と脊柱はさらに頑丈になって陸上での生活に適応したのであった．

4.2　両生類と爬虫類の歯

4.2.1　両生類の歯

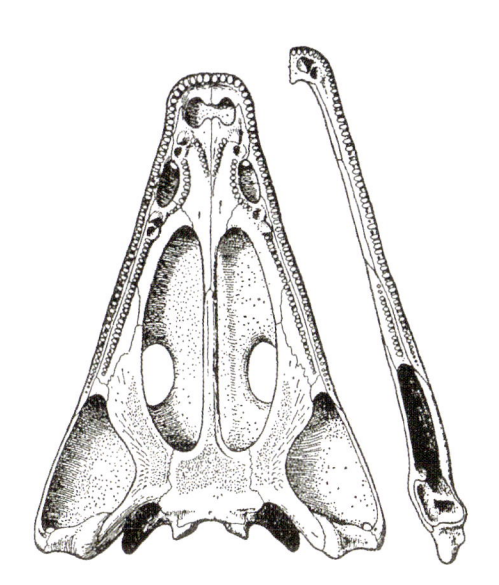

図 4.12　三畳紀の迷歯類ベントロスクスの頭蓋の下面と，右の下顎骨の上面（Bystrow, 1938）

　ここであらためて両生類と爬虫類の歯の特徴について概説する．両生類と爬虫類の歯は，基本的に同じ特徴をもっている．上顎では前顎骨から上顎骨にかけて歯が存在し，鋤骨，口蓋骨，外翼状骨にも歯，ときに牙状の歯があった．下顎では歯骨に歯が並ぶほか，内側の鈎状骨にも歯が存在した（図4.12）.

　歯は単咬頭の円錐形の単錐歯で，薄い無小柱エナメル質と真正象牙質から構成されているのが基本である（図4.13）．両生類の歯胚のエナメル器は内外エナメル上皮から構成され，エナメル髄はない．カエル類のエナメル質には成長線があり，象牙質の表面に順次，深層から表層に向かって形成されたことが分かる．

　しかし，最古の両生類であった迷歯類は，その名のとおり，先祖の扇鰭類から受け継いだ単錐歯で，基底部に縦の溝をもち，水平方向に皺襞象牙質が発達した迷路歯〔図4.2（p.74）〕をもっていたことはすでに述べ

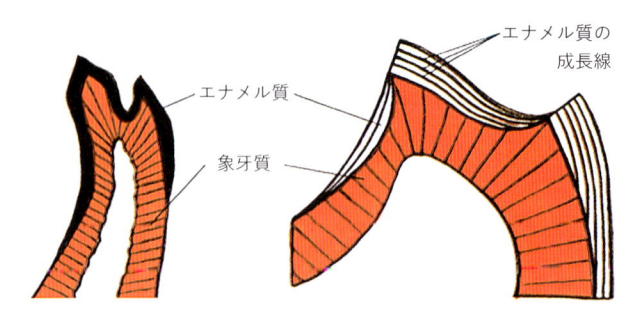

図 4.13　カエル類の歯の縦断面とその拡大（後藤・後藤，2001）

た．象牙質だけでなく，エナメル質も複雑に折れ曲がっているのが特徴である．後期のものでは，さらによく発達した迷路歯をもつようになった（図 4.14）．三畳紀後期の全長 6 m にも達した迷歯類マストドンサウルスの迷路歯を構成する皺襞象牙質は，後述するゾウ類の皺襞歯（多稜歯）と並んで歯の進化の一つの極を示すものだろう．

迷歯類は鋭い単錐歯をもち，しばしば大きな牙状の歯と小型の歯が混在した歯列をそなえていたことから，扇鰭類と同様に，サカナなどを食べる肉食であったと考えらえている．

歯は，骨結合で顎骨に支持されているが，両生類の多くでは歯と顎骨との間に歯足骨という骨が介在するので，歯足骨性結合と呼ばれる（図 4.15，図 4.20A（p.85））．骨結合の場合も，歯の基底部が顎骨の稜上で結合する端生と，顎骨の舌側で顎骨と結合する側生がある．また，大型の歯では歯が顎骨のくぼみにはまり込んで支持されている槽生も認められる．

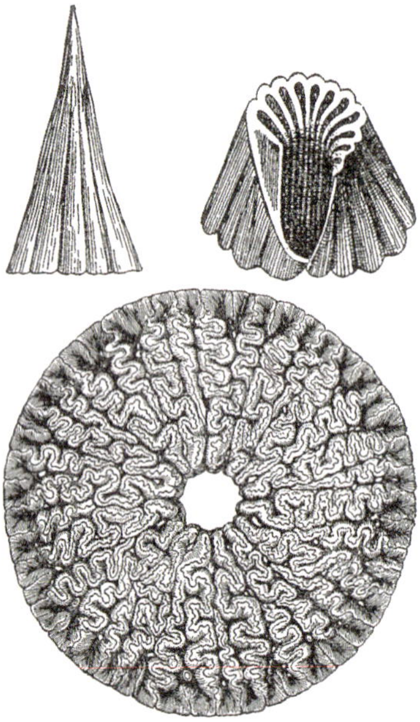

歯は多生歯性で，有尾類のアカハライモリでは

図 4.14　迷歯類の迷路歯と皺襞象牙質
上：ペルム紀前期の迷歯類アルケゴサウルスの歯の側面と斜断面（Zittel, 1923），下：三畳紀後期の迷歯類マストドンサウルスの歯の横断面（Peyer, 1937）．

機能歯の舌側深部に 2，3 世代の歯胚が並び，エナメル器の歯乳頭に面する内エナメル上皮細胞層がエナメル芽細胞層に分化し，歯乳頭のエナメル芽細胞に面する細胞が象牙芽細胞に分化する．象牙芽細胞は突起を伸ばしつつ後退し，象牙細管を含む象牙質を形成し，エナメル芽細胞も外エナメル上皮に向かって後退し，エナメル質を形成する．歯胚は硬組織の形成にともなって唇側浅部に移動し，象牙質の下に歯足骨を形成し，これが顎骨と結合すると萌出する（図 4.15）．歯足骨の形成にもエナメル器が下方に伸びて関与し，エナメル器に誘導された象牙芽細胞が歯足骨を形成することに注目したい．この点で歯足骨の形成は哺乳類の歯根象牙質と同様な過程によるといえる．

有尾類では，変態するハコネサンショウウオでは変態前は単錐歯であるが，変態後は唇側と舌側に各 1 咬頭の双頭歯をもつようになる．変態しない終生鰓呼吸する仲間では終生

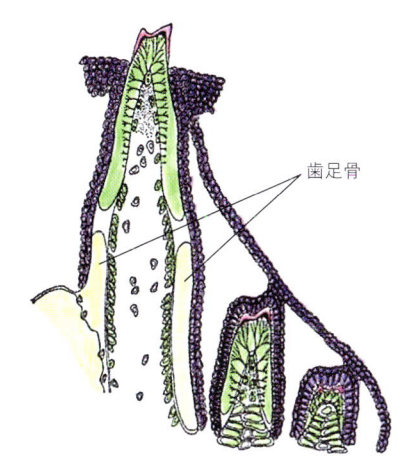

図 4.15　アカハライモリの機能歯（左）と 2
代の歯胚（中・右）（川崎，1971 よ
り改変）

にわたって単錐歯をもつ．メキシコサンショウウ
オは先端周辺にわずかな小結節をもつ特異な単錐
歯をそなえている．変態しない仲間は，生涯幼生
の状態で過ごすが，幼生でも性成熟を起こし，子
孫を残す．幼形成熟とかネオテニーと呼ばれる現
象である．

アカハライモリは幼生期には帽エナメロイドが
あり，成体になるとエナメル質をもつようになる
ことが知られている．この両生類は「水中エナメ
ル質」から「陸上エナメル質」への進化を，幼生
から生体への成長の過程で繰り返すのだ．

無尾類（カエル類）は，幼生期はオタマジャク
シと呼ばれ，水中で鰓呼吸するが，成体になると
手足が生えて尾がなくなり，陸上で肺呼吸する．

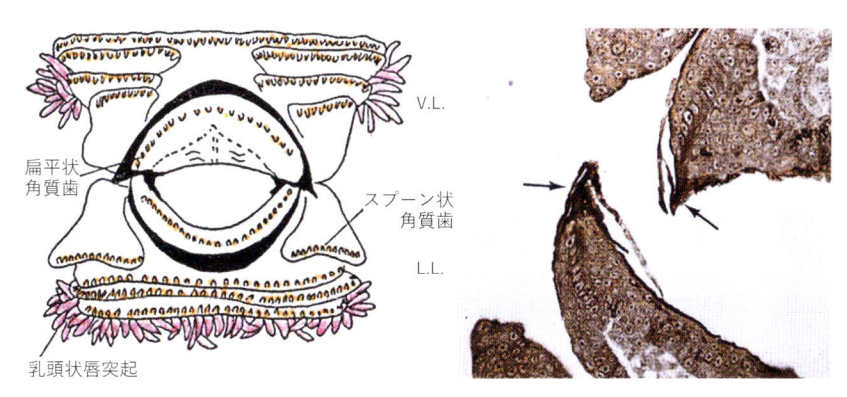

図 4.16　カエル類の幼生の角質歯
左：ウシガエルの幼生の口（佐藤巌原図；後藤ほか，2014 より改変）．V. L.：上唇，L. L.：下唇．
右：ヨーロッパアカガエルの幼生の口の縦断面で上唇と下唇の角質歯を矢印で示す．ワンギーソン
染色標本（Berkovitz *et al.*, 1978）．

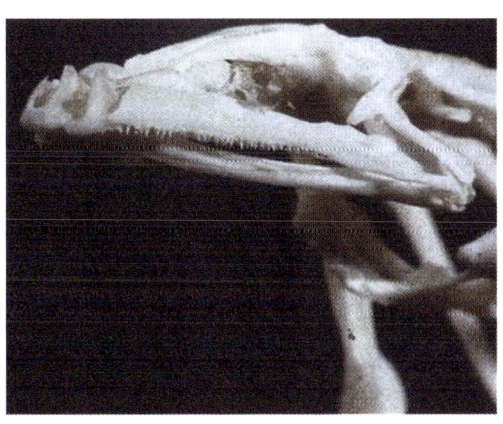
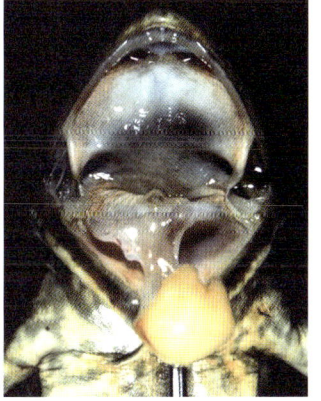

図 4.17　カエル類の頭骨と口から飛び出す舌
左：ヨーロッパアカガエルの頭骨．歯は上顎にだけあって，下顎にはない（Berkovitz *et al.*,
1978）．右：ウシガエルの口は大きな「ガマグチ」で，飛び出す舌がある（後藤，2004）．

幼生期には歯がなく，口腔内にさまざまな形態の角質歯が上唇と下唇に存在する（図4.16）．変態して成体になると前上顎骨と上顎骨，口蓋骨に2咬頭性の歯が生えるが，下顎骨には歯が生えない代わりに舌を突出させて餌を捕る（図4.17）．エナメル質には，深層から表層に向かって地層が積み重なるように形成された過程を示す成長線が観察される（図4.13）．

4.2.2　爬虫類の歯

爬虫類の歯は基本的には両生類と同じで，上顎では前上顎骨と上顎骨，下顎では歯骨と鉤状骨に，口蓋では鋤骨，口蓋骨，翼状骨，外翼状骨に歯が存在する．

歯は，薄い無小柱エナメル質と真正象牙質から構成されているものが多い．エナメル質の厚さは，ヘビ類ではわずか$0.5 \sim 4.9\,\mu m$（$1\,\mu m$は$0.001\,mm$）の薄さであるが，ワニ類では$100\,\mu m$を超えるものもいる（図4.18）．また，ムカシトカゲでは，有袋類のように象牙細管の延長を含む有管エナメル質をもつことが知られている．ヒトでは，象牙細管がエナメル象牙境を越えてエナメル質内に侵入したエナメル紡錘が知られているが，これがさらにエナメル質内に侵入したものと考えられる．有管エナメル質は獣弓類や哺乳類の有袋類，食虫類，原猿類にも認められている．象牙芽細胞の突起だけでなく，エナメル芽細胞の突起も関与するといわれる．象牙質も真正象牙質だけでなく，オオトカゲや魚竜類では迷歯類に似た皺襞象牙質をもっている．

歯は多生歯性で，成長にともなって顎が拡大し，歯も大きくなる．歯胚は内・外エナメル上皮と星状網からなるエナメル髄とで構成されるエナメル器，歯乳頭，それらを取り囲む歯小嚢からなる（図4.19）．

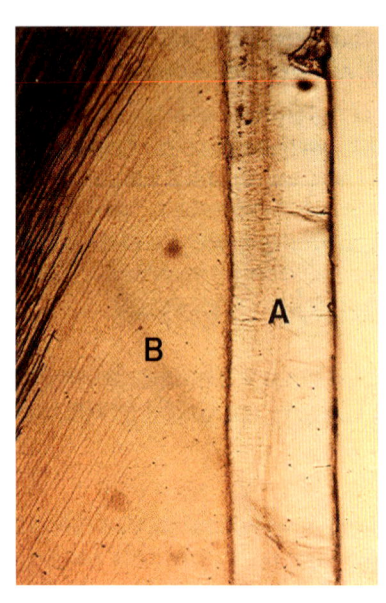

図4.18　ワニ類のナイルワニの無小柱エナメル質（A）と象牙質（B）（Berkovitz *et al.*, 1978）

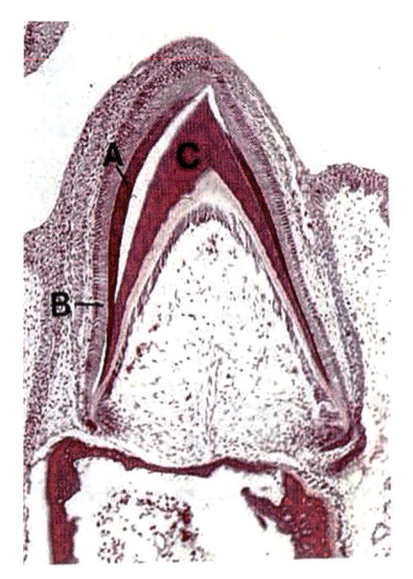

図4.19　トカゲ類のミドリカナヘビの歯胚（ヘマトキシリン・エオジン染色標本．Berkovitz *et al.*, 1978）
A：エナメル質，B：エナメル芽細胞，C：象牙質．

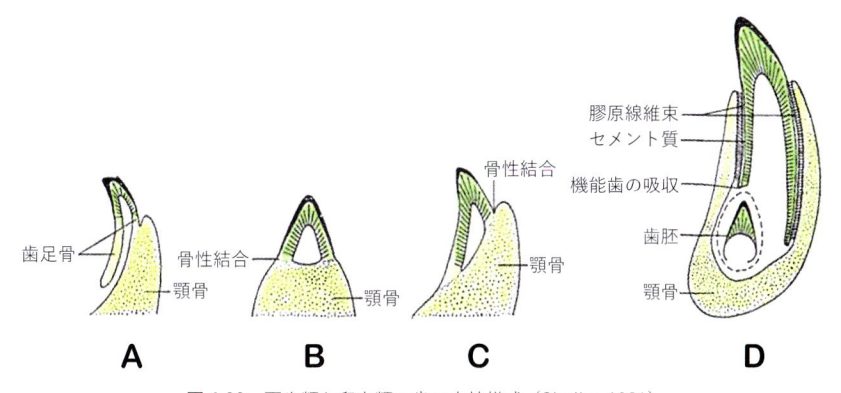

図 4.20 両生類と爬虫類の歯の支持様式（Shellis, 1981）
A：両生類の歯足骨性結合，B：爬虫類の端生，C：爬虫類の側生，D：ワニ類の槽生.

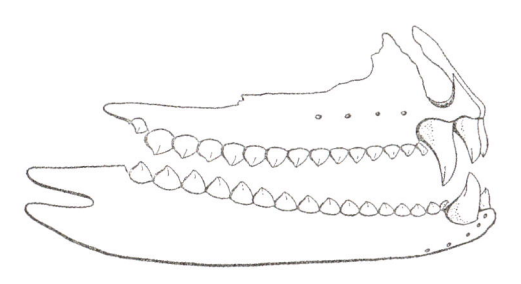

図 4.21 トカゲ類のアガマ科のトゲオアガマのオスの上
下顎歯列（Cooper *et al.*, 1970）

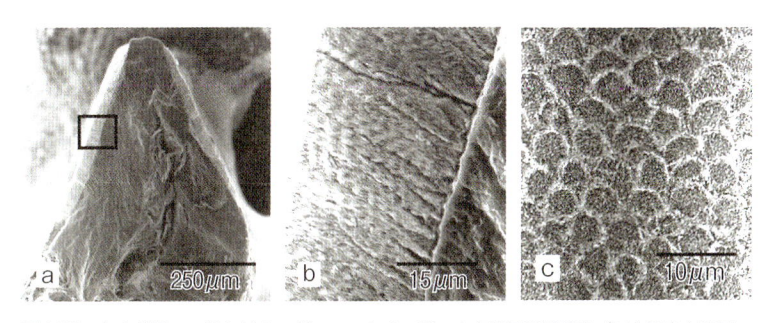

図 4.22 トカゲ類のマリトゲオアガマのエナメル質の走査電子顕微鏡像（石山巳喜夫原図；
後藤ほか，2014）
a：歯の縦断面，b：縦断面の拡大，c：横断面.

　歯の支持様式は基本的に骨結合で，歯の基底部が顎骨の舌側で結合する側生のほか，顎骨の稜上で結合する端生のものもある．さらに，ワニ類や恐竜類を含む主竜類では，哺乳類と同じように歯槽という顎骨の穴のなかに歯根がはまり込んで，歯根象牙質の表層に形成されるセメント質と顎骨の表層が歯根膜主線維という膠原線維束で結合される槽生である（図 4.20）．

　歯の形態は基本的には単錐歯で同形歯性ではあるが，虫食，魚食，肉食，貝殻食，植物食などに適応してさまざまに分化している．トカゲ類のアガマ科のトゲオアガマは上下顎の前方部に犬歯のような大型の尖った歯をもつ（図 4.21）ほか，歯が交換せず，爬虫類では唯一，哺乳類と同じようなエナメル小柱の発達した小柱エナメル質をもつことが知ら

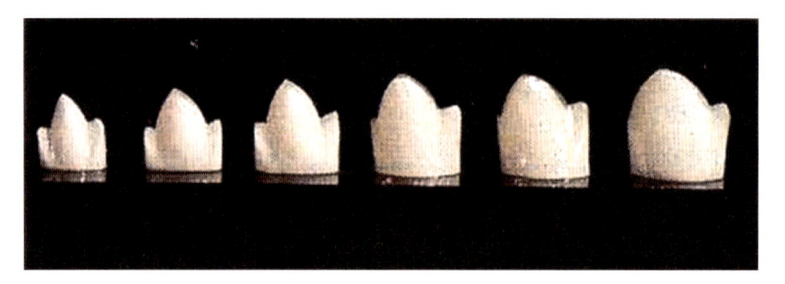

図4.23 トカゲ類のミドリカナヘビの成長にともなう歯の形態の変化（Berkovitz *et al.*, 1978）

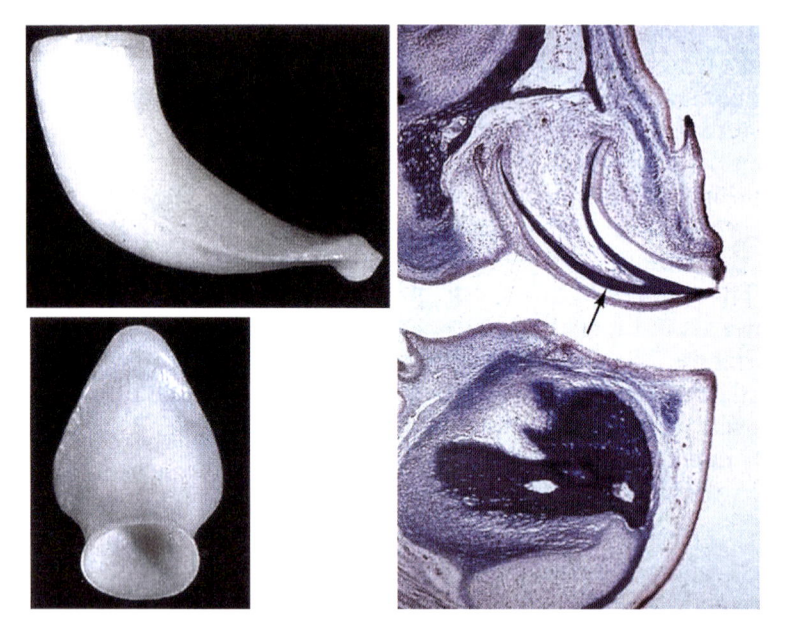

図4.24 トカゲ類のレッドヘッドアガマの卵歯（Berkovitz *et al.*, 1978）
左上：側面，左下：上面から歯髄腔をみる．右：顎の正中断のマッソントリクローム染色
標本，上顎の正中に矢印で示した卵歯がある．

れている（**図4.22**，Cooper and Poole, 1973）．爬虫類ながら哺乳類に近い歯の形態と構造をもつのである．さらに，ミドリカナヘビでは，成長にともなって歯の形態が3咬頭から2咬頭に変化することが知られている（**図4.23**）．哺乳類への進化の道に向かった単弓類では，切歯・犬歯・頬歯（臼歯）の分化が生じたことは後で詳しく述べよう．

　特殊な歯としては，トカゲ類やヘビ類では孵化前に胚子の上顎正中の前顎骨に卵歯が形成され，胚子はこの歯で卵殻を突き破って孵化する（**図4.24**）．同じような歯がワニ類とカメ類，鳥類にも知られているが，この場合はリン酸カルシウムからなる歯ではなくケラチンからなる角質歯で，正しくは卵歯ではなく角質突起と呼ぶべきである．卵生の哺乳類では，ハリモグラには卵歯が，カモノハシには角質突起が存在するという．

　このように爬虫類のさまざまな仲間にすでに哺乳類的な歯の特徴が知られているが，爬虫類の歯から哺乳類の歯への進化の過程は，哺乳類型爬虫類と呼ばれる単弓類から哺乳類への進化の過程で獲得されたものであり，詳しくは単弓類の解説で述べる．

4.3 爬虫類の適応放散：虫食から肉食，草食へ

4.3.1 爬虫類の分類と進化

爬虫類は頭骨に空いた穴（側頭窓）とその間にある弓（頬骨弓のようなアーチ状の骨）の数によって，無弓類，単弓類，双弓類，広弓類などと分類されている（図4.25）．すなわち，側頭窓がないのが無弓類で，側頭窓を2つもつのが双弓類で，上側頭窓と下側頭窓は後眼窩骨と鱗状骨で隔てられている．このうち，上側頭窓だけをもつようになったのが広弓類で，後眼窩骨と鱗状骨からなる広い骨の弓が上側頭窓の下にある．逆に，下側頭窓のみをもつのが単弓類で，下側頭窓の上に後眼窩骨と鱗状骨がある．

最近では，哺乳類が単弓類から，鳥類が双弓類の恐竜類から進化したことが明らかとなり，哺乳類や鳥類を含めた分類も提唱されている．しかし，進化を考える際には分岐だけでなく，段階の概念も大切であり，脊椎動物の進化段階として爬虫類という分類は重要で

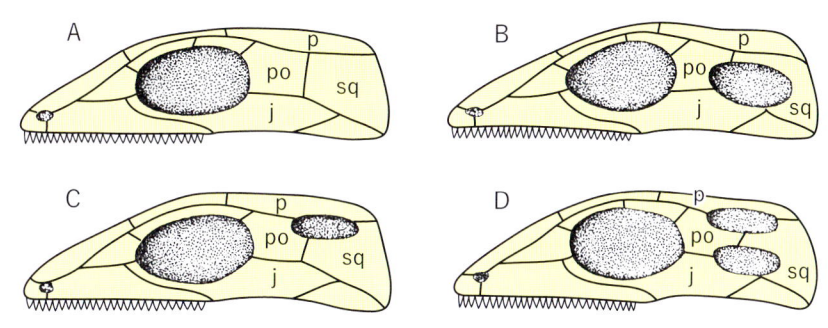

図4.25 爬虫類の側頭窓の4型（Romer and Parsons, 1983 より改変）
A：無弓類には側頭窓はない．B：単弓類には下側頭窓しかなく，後眼窩骨（po）と鱗状骨（sq）がその上縁をつくる．C：広弓類には上側頭窓しかなく，後眼窩骨と鱗状骨がその下縁を構成する．D：双弓類には上下2つの側頭窓があり，その間を後眼窩骨と鱗状骨が隔てる．j：頬骨，p：頭頂骨，po：後眼窩骨，sq：鱗状骨．

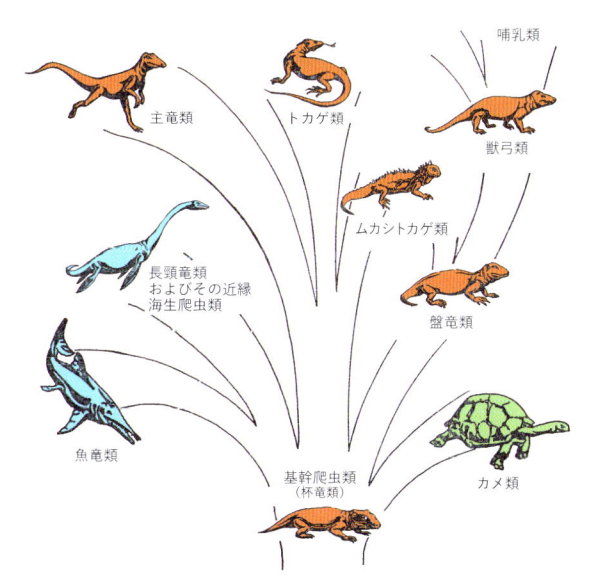

図4.26 爬虫類の進化（Romer and Parsons, 1983 より改変）

ある.

　陸上生活に適応した爬虫類は，古生代末に起こったスーパープルームの上昇による大規模な火山活動による大量絶滅を乗り越えて，恐竜類はまさに中生代の「陸の王者」として陸上で大繁栄をとげる〔脚注 3（p.81）〕．その一部は海にも進出してモササウルス類や長頸竜類は，「海の王者」としても栄え，さらには，空を飛ぶ翼竜や鳥類という「空の王者」も出現するのである（図 4.26）.

4.3.2　無弓類：カメ類

　最古の爬虫類である無弓類の杯竜類とメソサウルス類については先に述べたので，ここでは現生の無弓類に分類されるカメ類について述べる.

　カメ類は無弓類に含まれているが，最近では双弓類とする説もある．現在のカメ類は約200 種いるが，すべて歯を失い，鳥類と同じ角質からなるクチバシをもっている．カメ類はこのクチバシをよくできた「総義歯」のように使って，かなり硬いものでも食べることができるのだ．しかし，カメ類も最初から歯がなかったわけではなく，三畳紀のプロガノケリスはまだ口蓋に歯をもっていた（図 4.27）.

4.3.3　双弓類の鱗竜類：トカゲ類とヘビ類

　双弓類は，鱗竜類や主竜類などを含む爬虫類の主要な仲間である．このうち，鱗竜類は現生のトカゲ類やヘビ類を含む仲間で，体表にケラチンからなる角質の鱗をもつのが特徴である．三畳紀には喙頭類が栄えたが，現在はニュージーランドの小島に棲むムカシトカゲが「生きている化石」として生き残っているのみである．ムカシトカゲのエナメル質は象牙質から伸びる細管を含む有管エナメル質をもつのが特徴だ.

　トカゲ類は現在もっとも栄えている爬虫類であるが，オオトカゲ類は白亜紀に海に進出して 8〜12 m にもなる巨大なモササウルス類となった．モササウルス類の強さは映画「ジュラシックワールド」でもみごとに描かれていた．モササウルス類の化石は日本各地の白亜紀後期の地層からも発見されている.

　多くのトカゲ類は歯の基底部が顎骨の舌側に結合する側生である（図 4.28 左）が，舌を伸ばして捕食するカメレオンでは歯が退化して歯の交換がなくなり，歯は顎骨の稜上で骨結合する端生になっている（図 4.28 右）．オオトカゲでは迷歯類と同様の皺襞象牙質が

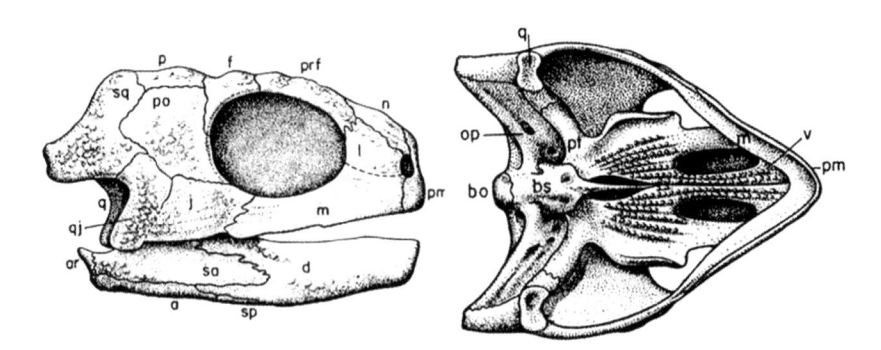

図 4.27　三畳紀のカメ類の先祖プロガノケリスの頭骨の側面（左）と頭蓋の下面（右）（Romer, 1966）
口蓋歯をもっていた.

図 4.28　側生の歯をもつグリーンイグアナ（左）と端生の歯をもつチチュウカイカメレオン（Berkovitz *et al.*, 1978）

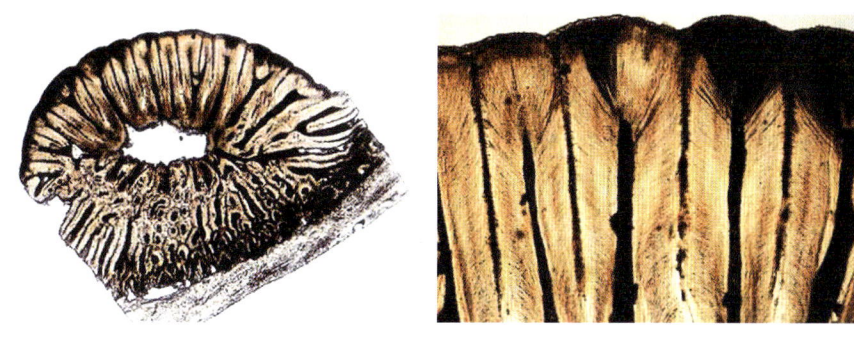

図 4.29　オオトカゲの皺襞象牙質（Berkovitz *et al.*, 1978）
左：歯の横断面，右：その拡大．

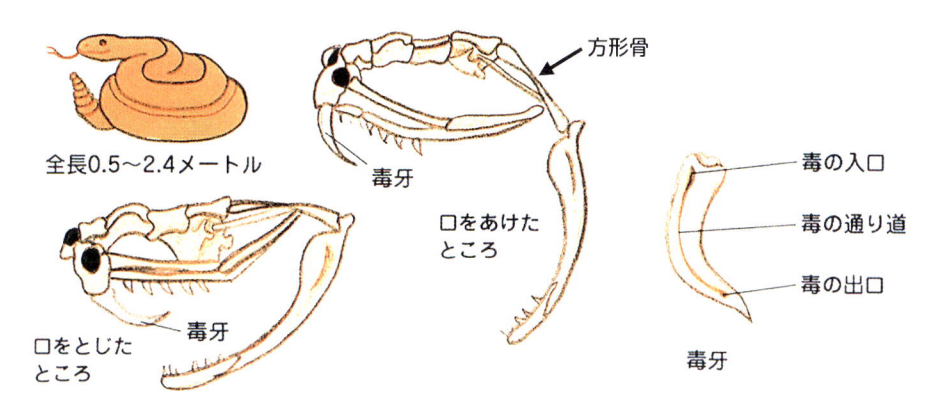

図 4.30　クサリヘビ類のガラガラヘビとその頭骨の口を閉じたところと口を開いたところ（後藤・後藤，2001）
右は毒管がとおる溝をもつ毒牙．

発達している（図 4.29）．

　ヘビ類は手足を失ってはいるが，そのからだをくねらせて地上でも，水中でも，樹上でも自由に動くことができる．ヘビ類では細長い方形骨が一方では頭蓋の骨と他方では下顎の骨と二重の関節をもつことから，自分よりも大きな獲物を丸のみにすることができる（図 4.30）．また，マムシやパフアダーなどのクサリヘビ類では上顎に大きな毒牙をもち，唾液腺である耳下腺が変化した毒腺から伸びる毒管が歯のなかをとおっており，注射器の

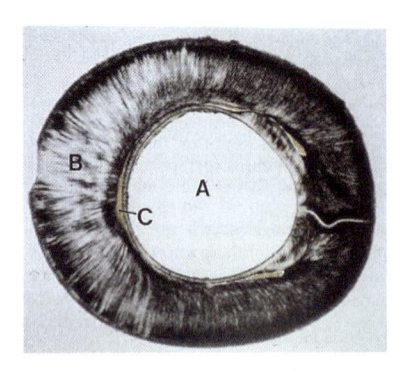

図 4.31 クサリヘビ類のパフアダーの毒牙の
横断面（Berkovitz *et al.*, 1978）
毒管（A）は象牙質（B）のなかを通り，歯髄
腔（C）は細い三日月形をしている．

ように毒を敵に注入することができるようになっている（図
4.31）．同じクサリヘビ類でも，ガラガラヘビなどは毒牙の
前面に溝があり，毒管はこの溝をとおっている（図4.30）．

4.3.4 双弓類の主竜類：ワニ類，翼竜類，恐竜類

主竜類は双弓類のもう一つのグループで，三畳紀の槽歯類
から，ワニ類，翼竜類，恐竜類に進化した．歯の支持様式が
槽生であるのが特徴だ（図4.32）．

このうち恐竜類は，骨盤の形態から竜盤類と鳥盤類に分類
され，竜盤類は植物食性で巨大化した竜脚類と，肉食性で二
足歩行になった獣脚類に分類される．鳥盤類は，鳥脚類，剣
竜類，曲竜類，角竜類，堅頭竜類に分類されるが，すべて草
食性である．

歯の形態はワニ類にみられるような単錐歯を基本とするが，

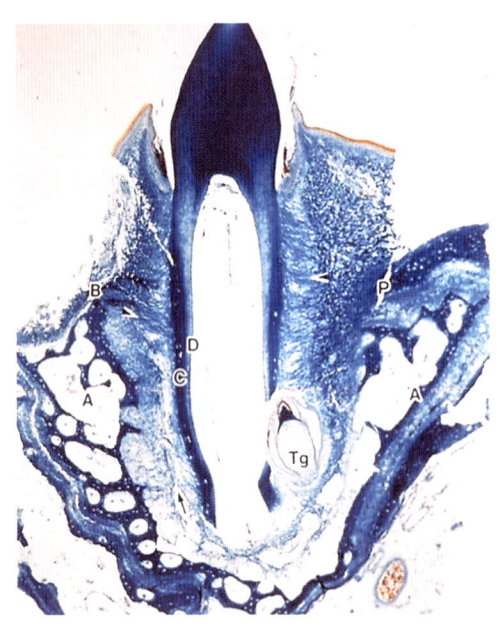

図 4.32 ワニ類の歯の縦断のマッソントリクローム染色
標本（Tadokoro *et al.*, 1998，三島弘幸氏提供）
A：歯槽骨，B：頬側，C：セメント質，D：象牙質，
P：口蓋側，Tg：歯胚，矢頭：歯根膜の水平方向線維，
矢印：歯根膜の垂直方向線維．

図 4.33 アメリカアリゲーターの頭骨（Berkovits *et al.*, 1978）
上下顎の鋭い単錐歯が並ぶが，大きさが顎の位置で異なり，一部で大型
化して犬歯のように見える．

ワニ類では後述する単弓類と同様にすでに上下顎の一部の歯が犬歯のように大型化して異形歯性への移行が始まっている（図4.33）．

　恐竜類では，歯が唇舌方向に扁平になり，近心縁と遠心縁に切縁が形成されるものが多い．肉食に適応した獣脚類では，鋭い切縁に鋸歯が発達した（図4.34 左）．肉はおろか骨まで切断することができただろう．映画「ジュラシックパーク」にも登場する最強の恐竜・ティラノサウルスはとくに強力な顎と歯をもっており，咬合力は8500〜5万7000ニュートン[*4]に達したと推定されている．現生のワニ類よりもはるかに強かったのだ．このような肉食動物が今も生き残っていたら，ヒトをはじめ多くの哺乳類は今日のような繁栄をとげることはできなかっただろう．

　近年では，獣脚類から鳥類が進化したことが明らかにされており，また羽毛をもつ獣脚類の化石も発見されたことから，獣脚類は恒温性で羽毛をもっていた「羽毛恐竜」であったと考えられるようになった．しかし以前は，シソチョウは羽毛をもつから鳥類とされてきたので，羽毛をもっていても恐竜であるとなると恐竜と鳥類の境界をどこに引いたらよいか分からなくなってしまう．とはいえ，カラフルな羽毛をもつ恐竜の復元は子どもたちの人気を集めているようだ．

　ジュラ紀に栄えた草食のカマラサウルスなどの竜脚類では木の葉を枝から咬み切るだけの単純な切歯状の歯をもっていた（図4.34 右）．草をすり潰すのは，胃に飲み込んだ胃石でおこなったらしい．しかし，白亜紀に進化した鳥脚類のカモノハシ竜では，500本もの頬歯が密集して歯列を形成し，上下の歯列が咬み合って引き臼のように機能して植物をすり潰すことができた（図4.35）．剣竜類や曲竜類は装甲をもつ大型の恐竜であったが，歯は小さかった．角竜類は顎の前方に角質のクチバシをもち，後方には鳥脚類のような数列の頬歯をもっていた．

　翼をもち，空を飛ぶように進化した翼竜類も恒温性で体毛をもっていたと考えられている．長い尾をもつジュラ紀のランフォリンクスなどでは顎に鋭い歯をもち，魚類を食べていたが，進化した尾の短い白亜紀のプテラノドンなどでは，体重を軽くするために歯は欠

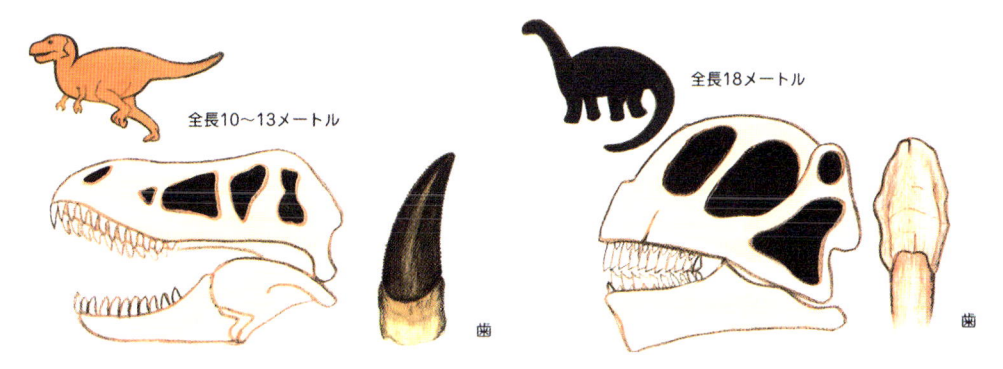

図4.34 竜盤類の頭骨と歯（後藤・後藤，2001）
獣脚類のティラノサウルス（白亜紀）（左）は肉食に適応した切縁に鋸歯をもつ巨大な歯をもっていた．草食の竜脚類のカマラサウルス（ジュラ紀）（右）は草を咬みとる扁平な歯をもっていた．

---

*4)　1ニュートンは，1kgの質量をもつ物体に1m/s^{2}の加速度を生じさせる力と定義される．

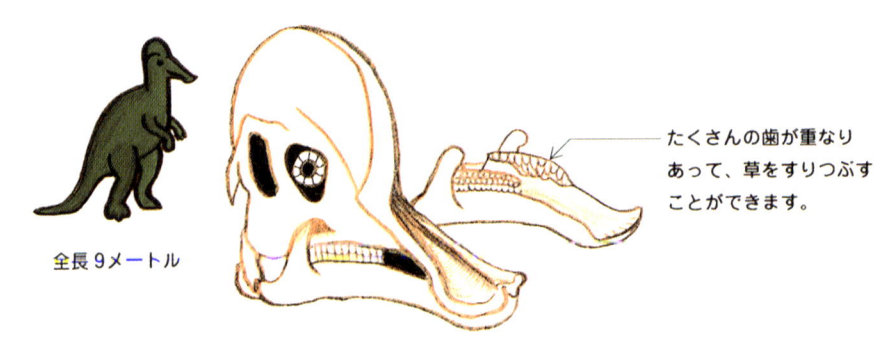

全長9メートル

たくさんの歯が重なり
あって、草をすりつぶす
ことができます。

図4.35 鳥脚類の頭骨と歯 (後藤・後藤, 2001)
白亜紀後期のコリトサウルスは草食に適応した沢山の歯が重なって，草をすりつぶすことのできる歯列をもっていた．

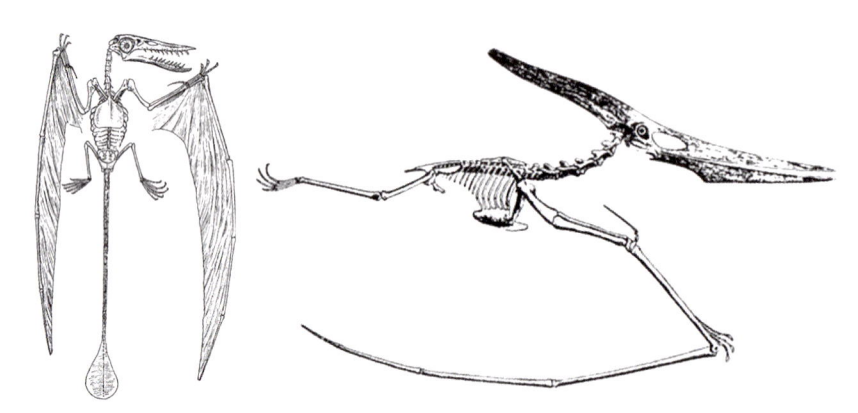

図4.36 翼竜類では，ジュラ紀の尾の長いランフォリンクス（左）では上下顎に鋭い歯をもっていたが，白亜紀の尾の短いプテラノドン（右）では歯を失い，クチバシをもつようになった (Romer, 1966)

如し，鳥類のようにクチバシをもつようになっている（図4.36）．

4.3.5 広弓類：偽竜類，長頸竜類，板歯類，魚竜類

　広弓類は水中生活に適応した仲間で，偽竜類，長頸竜類，板歯類，魚竜類に分類される．
　偽竜類は三畳紀にいた長い頸をもつ海生爬虫類で，四肢は鰭脚に変化し，頭骨は扁平で，上下顎には多数の鋭い歯が並び，魚類やイカ類を食べていた．
　板歯類も三畳紀に生息した浅海で貝類を食べていた爬虫類で，代表的なプラコドゥスは全長2mで，頑丈な胴体に長い尾をもつウミイグアナのような姿をしていた．プラコドゥスは，前上顎骨には前方に突き出したノミ型の歯をもち，上顎骨と口蓋骨には貝殻を咬み砕くための板状の歯をそなえていた（図4.37）．その歯には小柱エナメル質があるという．
　長頸竜類は，ジュラ紀から白亜紀に栄えた著しく長い頸をもつ海生爬虫類（図4.38）で，白亜紀には全長13mにも達する巨大な種類も現れた．エラスモサウルス類では頸椎の数は79個もあった．鋭い歯でイカやタコなどの軟体動物や魚類を食べていたが，白亜紀末に絶滅している．
　魚竜類は，体形がイルカと同じように魚類に近い姿になるまで海生に適応した爬虫類である（図4.39上）．三畳紀からジュラ紀に栄え，白亜紀の中ほどに絶滅した．四肢は胸鰭

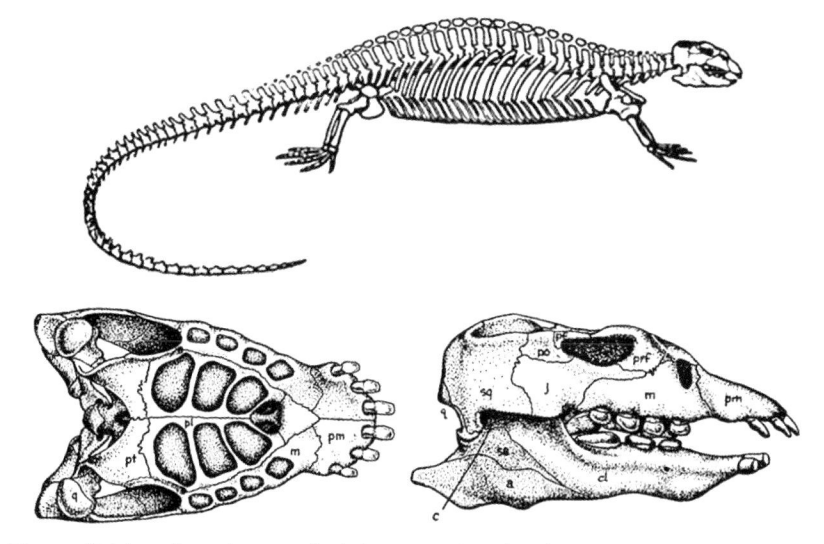

図 4.37　板歯類のプラコドゥスの骨格（上）と頭骨の側面（右下）と頭蓋の下面（左下）（Romer, 1966）

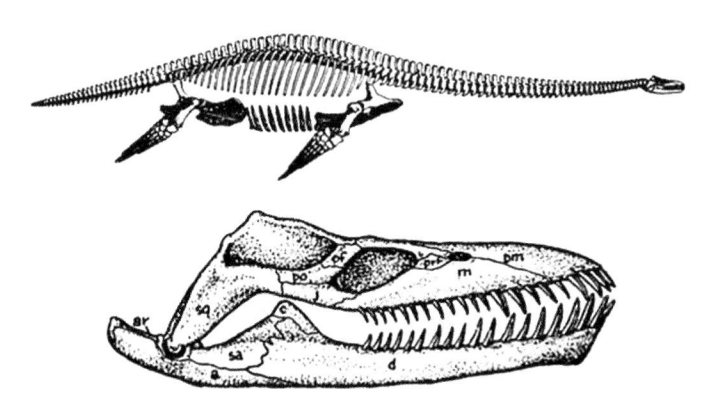

図 4.38　ジュラ紀の長頸竜類ムラエノサウルスの全身骨格と頭骨の側面（Romer, 1966）

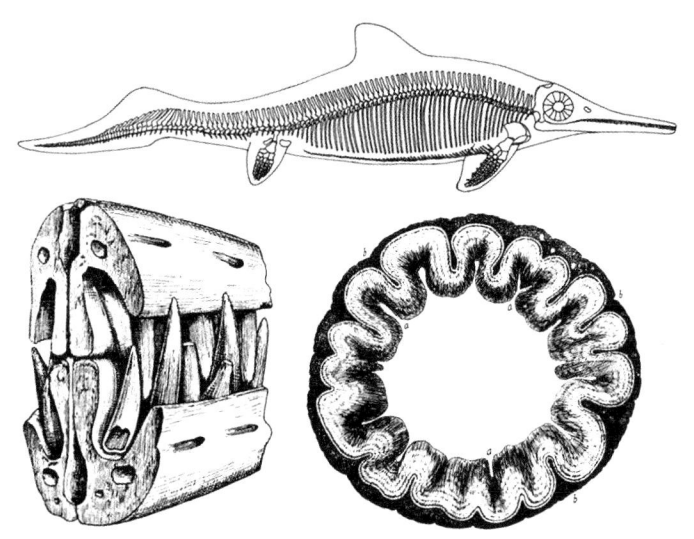

図 4.39　魚竜類の歯
上：三畳紀の魚竜類ミクソサウルスの骨格（Carroll, 1988），左下：ジュラ紀の魚竜類の上下顎の断面（Peyer, 1968），右下：魚竜類の歯の歯根部の横断面．皺襞象牙質の表面をセメント質が覆っている（Peyer, 1968）．

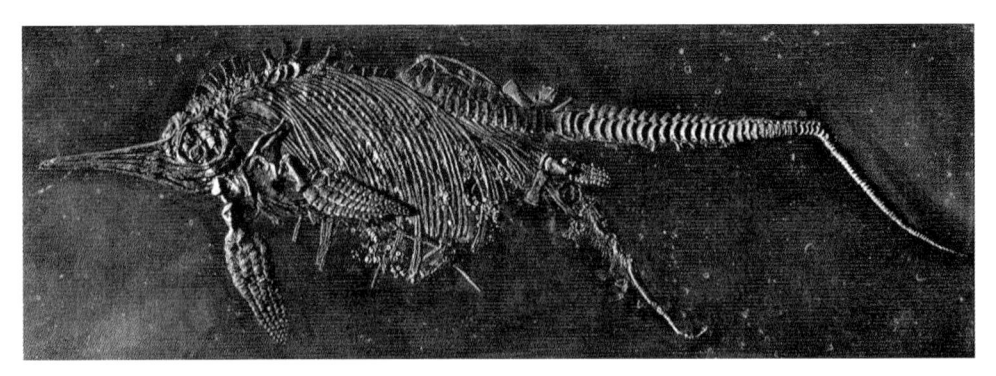

図 4.40 ジュラ紀前期の魚竜類の「出産」(Carroll, 1988)
母親の腹部の右下から新生児が生まれようとしている．このような化石から魚竜類は胎生ないし卵胎生であったことが分かった．

と腹鰭に，背鰭や尾鰭をもち，脊柱は尾鰭の下葉に入る．肺呼吸ではあったが，相当な速さで泳ぐことができ，かなりの深さまで潜水することができたらしい．魚類のように突き出た上下顎には多数の鋭い単錐歯（**図 4.39 左下**）が並び，魚類やイカなどの軟体動物，小型の海生爬虫類などを食べていた．初期の仲間には甲殻類の殻を咬み砕くことのできる半球状ないし板状の歯をもつものもいた．後期のものには迷歯類のように歯根部に縦溝のある皺襞象牙質をもつものがあり，ここにセメント質が付着していることも知られている（**図 4.39 右下**）．初期の仲間では顎骨の個々の歯槽に歯が植立していたが，後期になると歯は顎骨の溝状の歯槽に並んで支持されるようになる（**図 4.39 左下**）．

　魚竜類には体長は 2〜4 m のものが多いが，三畳紀後期には 25 m もの巨大な化石も発見されている．日本からも宮城県歌津町の三畳紀前期の地層からウタツサウルスが報告されている．胎児を含む化石や出産中の化石（**図 4.40**）も発見されており，卵胎生または胎生であったことが分かっている．

4.3.6　単弓類：盤竜類と獣弓類

　単弓類は哺乳類型爬虫類とも呼ばれ，哺乳類を生み出した爬虫類の仲間で，古生代石炭紀からペルム紀に栄えた盤竜類（ばんりゅうるい）と，ペルム紀中期から中生代の白亜紀まで生息した獣弓類（じゅうきゅうるい）に分類される．

　ペルム紀前期の盤竜類のオフィアコドンでは基本的に単錐歯であるが，一部の歯が犬歯のように大型化している（**図 4.41 左**）．ペルム紀前期から中期のディメトロドンになると肉食に適応して，上下顎に左右各 2 本の犬歯があり，その他の歯も鋭くなっている（**図 4.41 右**）．歯の形態分化すなわち同形歯性から異形歯性への進化は，まず犬歯の出現から始まり，犬歯の前方の歯が切歯となり，後方の歯が頬歯すなわち臼歯となったのである．

　盤竜類では，上顎の前上顎骨と上顎骨のほかに口蓋骨と翼状骨にも歯が存在したが，獣弓類になると前上顎骨と上顎骨だけに歯が存在し，口蓋骨は二次口蓋を形成するようになる．

　ペルム紀中期の原始的な獣弓類のフチノスクス類は大きな犬歯をもち，その後方に各 12 本の臼歯をもっていた（**図 4.42**）．獣歯類では，臼歯は多咬頭性になり，さらに前方の形態の単純な小臼歯と後方のより複雑な大臼歯への分化が始まっている．多咬頭になるこ

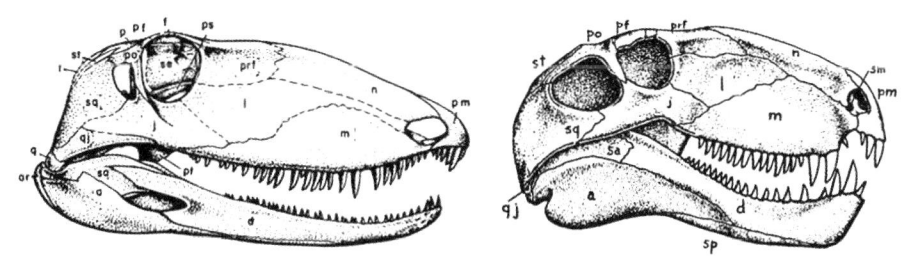

図 4.41 盤竜類の頭骨（Romer, 1966）
ペルム紀前期のオフィアコドン（左）とペルム紀前期から中期のディメトロドン．

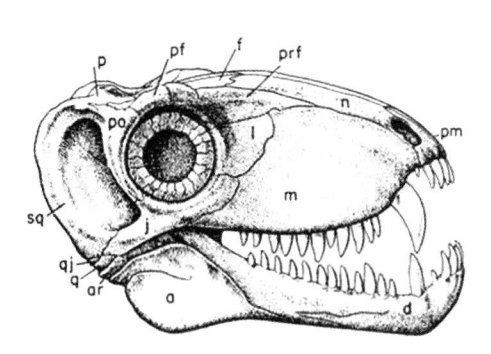

図 4.42 ペルム紀中期の獣弓類フチノスクスの頭骨
（Romer, 1966）

とで，上顎の臼歯と下顎の臼歯が対向し，咬合面が形成されたのである．獣歯類では，頭骨の側頭窓が拡大し，頬骨弓が形成され，咬筋が付着するようになる．

　獣歯類の犬歯類（キノドン類）では，さまざまな形態の臼歯が発達している．なかでも三畳紀の全長50 cm の肉食動物であったトリナクソドン（図4.43）は，3咬頭性の臼歯（図4.44）をもち，この仲間から哺乳類が進化したと考えられている．瀬戸口烈司（後藤ほか，2014）は，トリナクソドンにおいて，爬虫類の多生歯性から哺乳類の二生歯性への移行がみられると，以下のように述べている（図4.45）．

　犬歯の後方にある臼歯の数は顎の上下左右に各7本（計28本）で，7本のうち，近心の2本は単咬頭，遠心の2本は多咬頭，中間の3本は中間形態を示す．もっとも近心の第1歯は抜け落ちても生え変わらない．第2歯と第3歯は単咬頭の歯と交換する．第4歯から第6歯は中間形態の歯と，第7歯は多咬頭の歯と生え変わる．そして，第7歯の遠心には新たに多咬頭の歯が生える．これらの歯の交換が近心から遠心へと順次起こって，顎骨の成長にともなって，生え変わる歯が大きくなる．歯数は一定に保たれ，常に近心には単純な形態の歯があり，遠心にはより多くの咬頭をもつ歯が存在することになる．

　こうして，近心の単純な形態の4本の臼歯が小臼歯に，遠心の多くの咬頭をもつ3本の臼歯が大臼歯になっていったのだろう．

　ここで注目すべきは，3咬頭性の第3歯が単咬頭の歯と生え変わることである．このことは，哺乳類の真獣類では第四乳臼歯が大臼歯型の歯であるのに対し，ヒトでも乳臼歯は後続の小臼歯より大臼歯に似た形態をもつ．それと生え変わる第四小臼歯が単純な小臼歯型の歯である謎を解く鍵となっている．同じ現象がすでに爬虫類（獣歯類）のトリナクソ

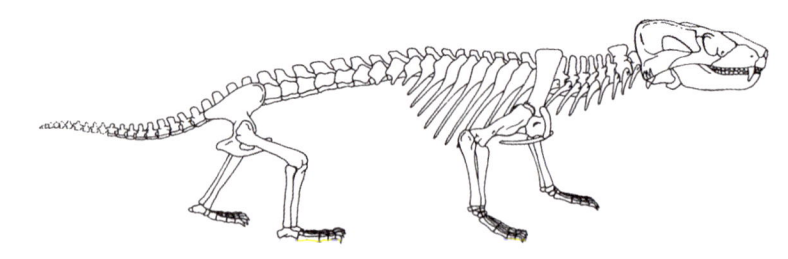

図4.43　三畳紀の犬歯類トリナクソドンの骨格（Carroll, 1988）

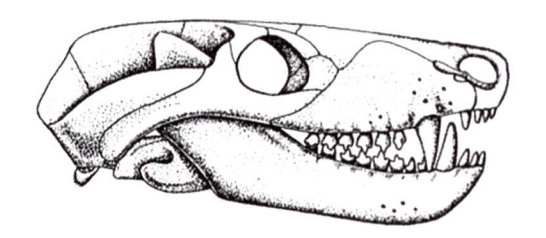

図4.44　犬歯類のトリナクソドンの頭骨の側面（Carroll, 1988）

図4.45　トリナクソドンの下顎の臼歯の交換様式の模式図（瀬戸口烈司原図；後藤ほか, 2014より改変）
左が近心で細長く突出した歯が犬歯．1〜7は7本の臼歯で，前方の4本が小臼歯，後方の3本が大臼歯に相当する．

ドンで始まっていたのだ．それ故に，獣類（哺乳類）と同じような歯をもつことから獣歯類と呼ばれるのだ．そしてトリナクソドンの3咬頭性の臼歯は哺乳類の原獣類の三錐歯類に受け継がれる．

　爬虫類は卵生で，生まれてすぐに自らの歯で餌を食べて生きなければならない．また，からだの成長は生涯続き，常により大きな歯を顎上に生やし続けなければならず，多生歯性である必要があるのだ．

　しかし，哺乳類は未熟児で生まれてもまずは母乳を飲んで育てられる．歯は成長とともに，小型の乳歯が乳切歯から乳臼歯へと生えそろい，次いでそれらが永久歯の切歯，犬歯，小臼歯に置き換わり，さらにはその遠心に大臼歯が生えると成長が止まって成体になるのである．こうして，爬虫類の多生歯性から哺乳類の二生歯性への進化が起こったと推定される．

4.4　恐竜から鳥類へ：歯の喪失

　恐竜類の獣脚類から進化した鳥類は，翼竜類と同様に空を飛行するために体重を減らす必要があり，歯を失う方向に進化した．ジュラ紀の原始的な鳥類を古鳥類，白亜紀以降の鳥類を新鳥類に分類し，新鳥類には歯顎類，古顎類，新顎類が含まれる．このうち，古鳥類を鳥類ではなく恐竜類の獣脚類に分類する説もあるが，鳥類全体を獣脚類に含めるという説もある．

　ジュラ紀の古鳥類シソチョウでは，まだ上下顎に槽生の単錐歯をもっていた（図4.46

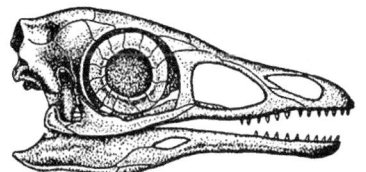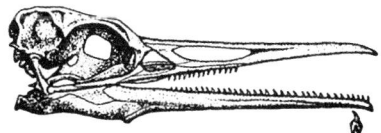

図 4.46　ジュラ紀の古鳥類シソチョウ（左）と白亜紀の歯顎類ヘスペロニスの頭骨（右）の側面と歯（右下）（Romer, 1966）

左）．白亜紀の歯顎類でも，ヘスペロニスでは上顎の遠心部と下顎に歯をそなえていたが，上顎の近心部には歯がなく，クチバシが形成されていた（図 4.46 右）．白亜紀後期から出現して新生代に栄えた新顎類では，すべて歯を失い，クチバシをもつようになっている．鳥類のクチバシは捕食のほかに，ものをつかむ，ヒナに餌を与える，巣穴を掘る，敵とたたかう，求愛などの働きをもつ．食べたものは前胃につづく砂嚢（いわゆる砂肝）において，飲みこんだ砂礫によってすりつぶされる．

　新生代前期には地上性の大型鳥類が繁栄したことがあったが，やがて哺乳類との生存競争に敗れ，鳥類は空を飛ぶ動物として進化し，繁栄の道に向かった．わずかに，アフリカのダチョウ類，南アメリカのレア，オーストラリアのエミューとヒクイドリが地上性の大型鳥類の生き残りだ．

NHK 番組への取材協力

**コラム
1**

　筆者は二度ほど NHK の科学番組に取材協力した経験がある．1 回目は，1994 年 6 月 26 日に放映された NHK スペシャル「生命 40 億年はるかな旅③魚たちの上陸作戦」で，2 回目は 2004 年 6 月 26 日に放映された NHK スペシャル「地球大進化～46 億年・人類への旅③大海からの離脱そして手が生まれた」であり，ともにビデオや DVD も発売された．

　1993 年 6 月にディレクターの谷田部雅嗣氏が筆者を訪ねてこられ，自分がこのシリーズの第 3 回「脊椎動物の上陸」の担当になった経過を説明し，このテーマに関する資料を提供してほしいと述べられた．筆者は 1980 年に書いた「水から陸への生物進化」（図 4.47）という文のコピーをお渡しした．

　それは，まず初めに無顎類から爬虫類までの脊椎動物進化を概説し，次に水中生活から陸上生活への移行にともなって脊椎動物がそのからだの仕組みをどのように変身させたかについて解説し，最後にその進化の歴史が私たちヒトの個体発生でどのように再現されるかについて述べたものだった（後藤，1980）．

　谷田部氏はこの文に興味をもち，後にこの文が「魚たちの上陸作戦」の番組の骨格となったのであった．筆者が「これはもう 15 年近く前に書いたものですよ」いうと，氏は「でも，基

本的に間違いはないのでしょう」と言ったのが印象的だった.

その後,谷田部氏はしばしば筆者の研究室を訪れ,魚類の進化に関する本を次々と借りていかれた.氏は「先生のところに来るとだいたいの文献が揃っているのでありがたい」と言っていた.筆者は氏の熱意に驚かされた.

図4.47 「水から陸への生物進化」のタイトル（後藤,1980）

そして7月のある日,谷田部氏は簡単な番組の構成案をもってこられた.筆者はそれを見てたいへん不安になった.それは脊椎動物進化の常識とはかなりかけ離れたもので,このままではとてもまともな番組になるとは思えなかったからだ.そこで,筆者は授業や研究,雑用の合間に時間をみつけて,意見を赤で書き込んで氏に送った.

1993年夏に私はドイツで開催された2つの魚類進化のシンポジウムに参加した.前述したグロスシンポジウムと中生代魚類国際会議であった.谷田部氏はこの頃から海外取材を始めるので,筆者に同行するかもしれないと言っていたが,その後それは実現せず,NHKは独自の海外取材を行なった.

明けて1994年1月,谷田部氏はかなり詳しい構成案「③陸に上がった魚たち」をもってこられた.筆者はこれを見てじつに驚いた.初めの構成案とはまったく違ったかなりしっかりしたものに変わっていたからである.番組の制作はどのようにするのかと聞くと,氏の原案を数人のスタッフでかなり突っ込んだ議論をして煮詰めてゆくのだそうだ.さすがNHKと感心させられた.

筆者はこの構成案についても地質時代の絶対年代をIUGS（国際地質科学連合）の最新のデータに訂正したり,学名や人名の呼び方を直したりした.また,この頃からCG（コンピュータグラフィックス）の作成も始まり,プテラスピスやディニクティスの復元図も見せられた.

そして,最後の台本第2稿「魚たちの上陸作戦」が至急便で送られてきたのは,放送2週間前の6月17日だった.筆者は一晩かかって台本を読み,翌朝,電話で谷田部氏に筆者の意見を伝えた.もっとも気になったのは「海の代わりに骨をもっていた」という表現で,筆者は骨は海そのものでなく,「海の成分の結晶」であり,海（海水）そのものは血液であると述べた.

6月26日に放映された時,筆者は自分が赤を入れた台本と照らし合わせながら番組を見たが,「骨は海」としたままなど,筆者の意見は約半分しか採用されていなかった.多少の気落ちはあったが,NHKのすることはこんなところか,というのが筆者の率直な感想であった.

しかし,谷田部氏がじつによく勉強されて番組を作られたこと,CGなど最新の技術を駆使して,化石となった太古の魚たちをよみがえらせてくれたこと,それは私たち古生物学者の夢の実現であったことから,筆者は強く感動させられた.

とくに,番組の最後で,上陸にともなうからだの仕組みの変化がヒトの個体発生で子宮という海からの上陸として再現されることが示されており,筆者の文が生かされたことに,協力者としてささやかな満足を感じたのであった.

図 4.48　『生命 40 億年はるかな旅 2・進化の不思議な大爆発・魚たちの上陸作戦』（NHK取材班，1994）の表紙

図 4.49　『NHK スペシャル 生命 40 億年はるかな旅 第 3 集 魚たちの上陸作戦』の VHS のケース

図 4.50　「テレビ番組はどうつくられるか」を特集した「日本の科学者」30 巻 9 号の表紙と拙文の第 1 頁（後藤，1995）

　その後，『生命 40 億年はるかな旅 2』（日本放送協会，図 4.48）も出版され，筆者は「骨の起源と進化」の文を監修した．この番組はその後，ジュニアスペシャル版から漫画版まで制作され，人気番組となった．NHK 会長賞を受賞したことで，筆者は谷田部氏から全 10 巻のビデオ（図 4.49）をいただくことができ，大学の授業でも活用することができた．

　このシリーズの「④花に追われた恐竜」は「科学朝日」の誌上でかなり強い批判を受けたこともあり，そのようなことがなかったこともありがたく思った．この経験について書くように，雑誌『日本の科学者』の編集委員長を務めていた名古屋大学の糸魚川淳二さんから依頼され，「NHK スペシャル『生命 40 億年はるかな旅③④』の問題点」（後藤，1995）という文も書いた（図 4.50）．

　2 回目の「地球大進化③大海からの離脱そして手が生まれた」も谷田部氏が担当され，前回

の経験をふまえて同じテーマを別の角度から取り上げており，よくできたものになった．

　その後，筆者は谷田部氏が担当していた土曜日の NHK ラジオの科学番組にも出演する機会を2回にわたって与えられた．2度とも「生命と海」をテーマにしたが，1回目は家の相棒に「よいところはすべて相手に言われてしまった」と言われ，かなり落ち込んだ．しかし，2回目はその雪辱を果たそうと周到に準備して，自分の言いたいことが言えたのでうれしかった．

コラム 2 「もう一つのジュラシックパーク」と「トライアシックパーク」

　筆者は 1993 年の夏，初めてヨーロッパのドイツを訪れ，2つの魚類化石のシンポジウムに参加した．一つは3章で紹介したゲッティンゲンで開催されたグロスシンポジウムで，もう一つはアイヒシュタットで開催された中生代魚類国際会議であった．それまでは別刷の交換だけでの交流で，海外の研究者とは来日した時だけの対面であったが，集会に参加して多くの人びとと交流できたのは大きな成果だった．また自分が海外の研究者によく知られていることも，あらためて確認することができた．

　海外の学会に参加する楽しみには，研究発表だけでなく，巡検があることだ．巡検とは野外の化石産地を案内されて，地層を観察し，化石を採集することである．グロスシンポジウムでは，ドイツ中部のチューリンゲンの森で古生代オルドビス紀，シルル紀，デボン紀，石炭紀の地層を見て回った．中生代魚類国際会議では，ドイツ南部のジュラ紀後期のゾルンホーフェン石版石石灰岩の採石場を見学した．会場の中世の城のなかにあるジュラ博物館には，この石灰岩から産出したシソチョウはじめ素晴らしく保存のよい化石が展示してあった．

　筆者はそこで得た資料と撮影した写真をもとに，「もう一つのジュラシックパーク」という記事を書いた（後藤，1994b）．その一部を**図 4.51**に示す．シソチョウや翼竜類のクテノカ

図 4.51　「もう一つのジュラシックパーク」に掲載されたジュラ紀後期のゾルンホーフェンの復元（後藤，1994b）

スマが飛び，海底をカブトガニが歩き回る．海にはサメや，トウモロコシのような歯をもつピクノドゥス類〔図 3.26（p. 60）〕も棲んでいた．これぞ 1.4 億年前の本物の「ジュラシックパーク」といえよう．

2001 年には，3 回目の中生代魚類国際会議がスイスのサンジョルジョ山にあるルガノ湖を望むセルピアーノホテルで開催された．この山は 2.3 億年前の三畳紀のメリデ石灰岩などで構成されており，魚類や爬虫類の素晴らしい化石が産出している．筆者らは，ミラノ大学のティントリ教授の案内で，メリデ石灰岩の地層を観察したり，メリデ化石博物館や北イタリアのベサーノ化石博物館で三畳紀の魚類や爬虫類の化石を見ることができた．

ここで筆者は，『比較歯学 Comparative Odontology』（Peyer, 1968）を書いたベルンハルド・パイエルの家を訪ね，息子さんで歯科医のバルタサール・パイエル氏に会うことができたのがとくに嬉しかった（図 4.52）．というのは，筆者はパイエルの『比較歯学』のような本を日本でも出版したいと思い，大泰司紀之さんらの協力で『歯の比較解剖学』（後藤・大泰司, 1986；後藤ほか，2014）を出版したからだ．2001 年には三女の協力を得てこの本の普及版『歯のはなし：なんの歯この歯』（後藤・後藤，2001）も上梓している（図 4.53）．そのことをバルタサール氏に話し，感謝の意を込めて『歯の比較解剖学』の初版と『歯のはなし』

図 4.52 『Comparative Odontology』の著者 Bernhard Peyer の息子で歯科医の Barthasar Peyer 氏とその妻 Sibylley Peyer 氏と筆者

図 4.53 『Comparative Odontology』（Peyer, 1968），『歯の比較解剖学・第 2 版』（後藤ほか，2014），『歯のはなし：なんの歯この歯』（後藤・後藤，2001）の表紙

の自家製英訳版をお贈りしたのであった.

　筆者はサンジョルジョ山での知見をもとに「トライアシックパーク」という記事を書いた（後藤，2002）．三畳紀は英語で「トライアシック」というので，映画「ジュラシックパーク」にかけてこう表現した．2.4億〜2.3億年前の三畳紀中期の脊椎動物化石を多産するサンジョルジョ山はまさに「トライアシックパーク」と呼べる（**図4.54**）．恐竜類の先祖の槽歯類のティキノスクス，原始的な双弓類のタニストロフェウス，偽竜類のケレシオサウルス，魚竜類のミクソサウルスや多くの全骨類の化石が産出しているのだ．このうち，タニストロフェウスは全長6mであるが，その半分が頸で，長い頸をもつ不思議な爬虫類であった．しかし，長い頸には10個の頸椎しかなく，この長い頸を釣り竿のように使って水中のサカナなどを食べていたらしい.

　古生代末の2.5億年前に起きた大規模な火山活動による大量絶滅を生き延びた生物は，すでにこの時代には多種多様な姿に進化していたのであった．それは次の「ジュラシックパーク」の前段階とみることができよう.

図4.54　「トライアシックパーク」に掲載された三畳紀のサンジョルジョ山の不思議な動物たち（後藤，2002）
　上は槽歯類のティキノスクス，下は双弓類のタニストロフェウス.

5 爬虫類の歯から哺乳類の歯へ

5.1 爬虫類から哺乳類へ：変温から恒温へ，卵生から胎生へ

　無顎類から顎口類への進化において顎と歯を獲得した脊椎動物は，魚類の進化の過程で，内骨格が軟骨から骨で形成されるようになり，淡水域にも棲むようになって鰓呼吸だけでなく肺呼吸も行なうようになる．さらに，魚類から両生類を経て爬虫類にいたる進化では，生息環境が水中から陸上に移行するにともなって，鰓呼吸から肺呼吸へ，体幹と鰭による遊泳から，胸鰭から変化した前足と，腹鰭から変化した後足を使った四足歩行へ，粘液と鱗で覆われた外皮から角化した表皮へ，水中に生む無羊膜卵から陸上での羊膜卵へという変化が生じた．そして，爬虫類から哺乳類への進化では，哺乳による保育と，変温動物から恒温動物への変化が起きる．

　すなわち，子どもを育てるために，胴体の腹側の汗腺の一部が乳腺に分化して乳汁を出すようになり，母親の乳頭に吸い付くために子どもの口の周りに表情筋から分化した口輪筋が発達して口唇が形成され，口腔を陰圧にして乳汁を吸い込むために上下顎を結ぶ頬筋が発達するようになる．同時に，後述するように，口腔と鼻腔を隔てる二次口蓋が形成され，乳汁を飲んでいる最中でも呼吸が可能になった．

　といっても，現生の原獣類であるカモノハシやハリモグラでは乳腺に乳頭はなく，乳児は汗のように染み出てくる乳汁を飲んで育つ．後獣類（有袋類）になると，育児嚢の中に乳頭があり，未熟児で生まれた乳児は総排出口から出て母親のお腹をよじ登って育児嚢に入り，そこにある乳頭に口唇で吸い付いて哺乳する．

　哺乳類の進化では，原獣類から獣類，獣類でも汎獣類から後獣類（有袋類），そして真獣類（有胎盤類）への過程で，卵生から胎生への移行が起こる．原獣類（単孔類）のカモノハシとハリモグラでは子宮が未発達で，爬虫類や鳥類と同様に，卵管で受精した羊膜卵は卵殻で覆われて産み落とされ，卵黄から栄養を吸収すると孵化し，乳汁を飲んで成長する〔図4.9中（p.79）〕．後獣類（有袋類）でも子宮は未発達で，未熟児のまま出産し，乳児は育児嚢のなかで乳頭から乳汁を飲んで成長する．真獣類になると，左右の卵管の合流部がみごとに改装されて子宮という保育器が形成され，胎盤から栄養と酸素を受け取って，親と同じような姿になるまで保育され，出産後は母親の胸から腹にある乳頭から乳汁を吸って成長する〔図4.9下〕．

　現生の原獣類は単孔類ともいわれるように爬虫類までと同様に，総排出口は一つで，腸でつくられた大便と，腎臓でつくられた尿と，精巣や卵巣でつくられた精子と卵子がすべて大腸の総排泄腔に集められ，まさに「味噌も糞もいっしょに」総排出口から出される．

それが進化の過程で，哺乳類のオスでは腎臓でつくられた尿が膀胱に貯留されたあと，精巣でつくられた精子とともに，同じ尿道をとおって外尿道口から排出されるようになり，肛門からは大便だけ出る「二孔類」になっている．進化した哺乳類すなわち有胎盤類のメスでは，卵巣から出た卵子は卵管で精子と受精し，受精卵は細胞分裂を繰り返しながら左右の卵管の合流部につくられた子宮に着床し，そこで保育され，腟をとおって腟口から出産されるようになる．腎臓でつくられた尿も膀胱から尿道をとおって外尿道口から排泄されるようになり，大便は肛門から，子どもは腟口から，尿は外尿道口から出る「三孔類」となっているのである（図5.1）．

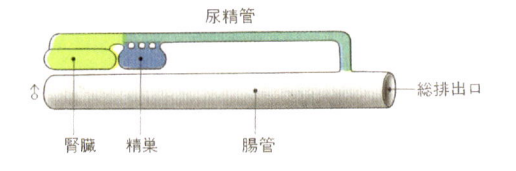
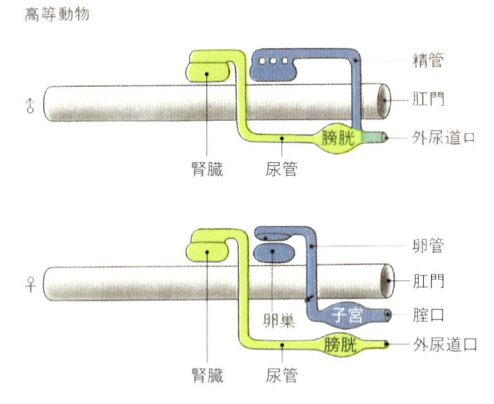

図5.1　単孔類以前のオス（上）と真獣類のオス（中）とメス（下）の泌尿生殖器（三木，1968）

同じ恒温動物でも鳥類は爬虫類と同じ有核赤血球をもつが，哺乳類になるとさらに効率よく全身に酸素を運ぶために，血液の赤血球が有核赤血球から無核赤血球に変化する．哺乳類の骨髄では有核の赤芽球から核とミトコンドリア・小胞体などの細胞内小器官が放出され，酸素を運ぶためのヘモグロビンという鉄を含むタンパク質を多く含んだ中心が薄くなったドーナツ型の無核の赤血球が分化する．核は細胞にとって遺伝子としてのDNAを含むもっとも重要な部分であり，機能的にも細胞分裂するためにも必要不可欠なものである．哺乳類の赤血球は細胞分化の極端な姿を示し，骨髄でつくられたあと，2か月間，血液中で酸素と二酸化炭素を運び続けて，脾臓と肝臓で破壊されるのである．核や細胞内小器官を失って，ただただ酸素と二酸化炭素を運び続けて死んでゆく赤血球は，筆者にはなんとも哀れな奴隷労働者のように見えるが，恒温性を維持し，全身に効率よく酸素をいきわたらせるためには，必要な運命のようにも思われる．

心臓も，酸素に富んだ動脈血を効率よく全身に運ぶために，魚類の1心房1心室から，爬虫類の2心房1心室を経て，哺乳類の2心房2心室へと変化する．心室が一つではそこで肺からくる動脈血と全身からくる静脈血が混じるので，効率が悪いのである．2心房2心室になると，全身から来た静脈血は右心房から右心室を経て肺動脈から肺に送られて動脈血になり，肺静脈から左心房，左心室から大動脈に運ばれ，全身に酸素が送られるのである（図5.2）．

また，爬虫類までは胸腔と腹腔の区別がなく，肺は胴体の後方まで存在しているが，哺乳類では胸腔と腹腔の間に前頸筋（舌骨下筋）の一部が降りてきて横隔膜という筋肉を形成する．肺は，後方（ヒトでは下方）から横隔膜で支えられるようになり，横隔膜を使用する腹式呼吸が行なわれるようになる〔図5.5（p.108）〕．

皮膚は，爬虫類では角化した表皮で覆われているが，哺乳類では毛と汗腺が発達する．哺乳類を「けもの」というのは全身を毛で覆われているからである．毛と汗腺は体温調節

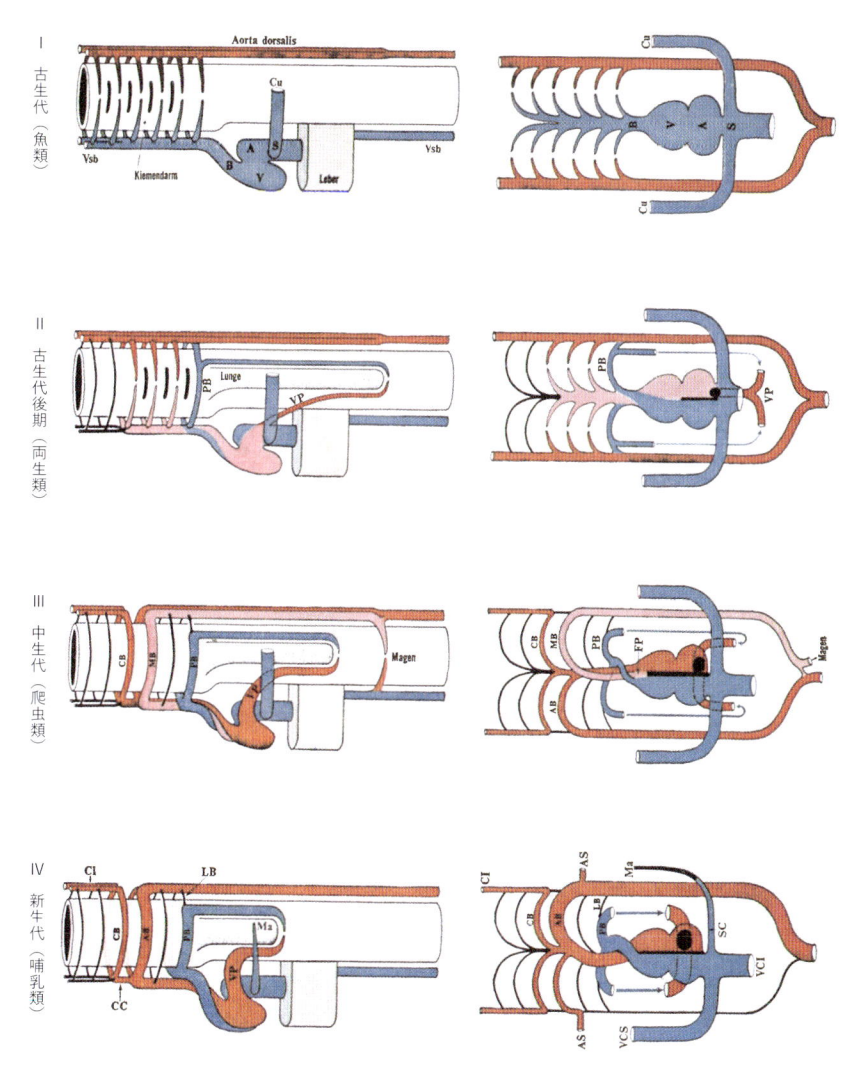

図5.2　鰓と肺をめぐる循環の進化（左）と心臓の左右分離（右）（三木，1973）
魚類（Ⅰ）では全身から心臓に入る静脈血は腹側の大動脈に流れ，左右の6対の鰓弓動脈が鰓腸を流れる際に酸素に富む動脈血に変えられ背側の大動脈から全身に向かう．両生類（Ⅱ）になると，鰓腸の後方から肺が形成され，第6鰓弓動脈が肺動脈となり，肺で動脈血になり肺静脈（VP）から心臓に返る．爬虫類（Ⅲ）から哺乳類（Ⅳ）になると，第3鰓弓動脈が総頸動脈（CB）に，第4鰓弓動脈が大動脈（AB）に，第6鰓弓動脈が肺動脈（PB）になり，動脈管（LB）は閉じる．心臓では全身からくる静脈血は右心房から右心室を経て肺動脈（PB）に，肺からくる動脈血は左心房から左心室を経て大動脈（AB）に流れる．心臓では全身からきて肺動脈に向かう血流と肺からきて大動脈に向かう血流の間に隔壁が形成される．こうして，心臓は1心房1心室から2心房1心室をへて2心房2心室の心臓となり，心臓の左右分離と全身をめぐる大循環と肺をめぐる肺循環の分離が起こる．

機能をもち，寒い時は毛を立てて保温し，暑い時は毛はねかせ，汗腺から汗を出して体温を下げる．また，真皮層と筋肉層の間にある皮下組織には皮下脂肪が蓄えられる．脂肪は保温機能があるので，暑いときはからだを冷却し，寒い時は体温が奪われることを避ける働きがある．

　しかし，これまで述べてきたような変化は，化石には残りにくい．化石として残された骨や歯の違いで，爬虫類か哺乳類かを判定するには，下顎骨と歯の特徴が重要である．歯

については後に詳しく述べる．下顎骨は爬虫類ではいくつもの骨で構成されるのに対し，哺乳類では歯骨という一つの骨で構成されている．また，顎関節は爬虫類までは方形骨と関節骨の関節であるが，哺乳類では方形骨はキヌタ骨，関節骨はツチ骨になって，アブミ骨とともに鼓室のなかの耳小骨となり，伝音に携わるようになる．哺乳類の顎関節は鱗状骨と歯骨の二次顎関節となる．軟骨魚類の口蓋方形軟骨と下顎軟骨（メッケル軟骨）に由来する本来の方形骨と関節骨の関節を一次顎関節といい，哺乳類で新しく形成された皮骨由来の鱗状骨（ヒトでは側頭骨）と歯骨（ヒトでは下顎骨）の関節を二次顎関節という（図5.3）．

　南アフリカの三畳紀後期の地層から産出したディアルトログナサス（「2つの関節の顎」

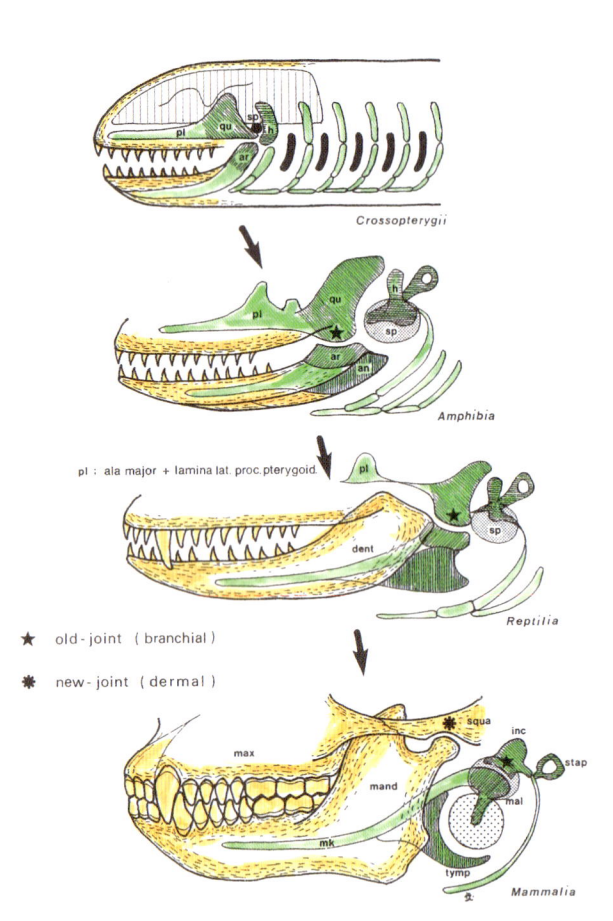

図5.3　顎関節の進化（三木，1992bより改変）
総鰭類（Crossopterygii）では鰓弓骨由来の方形骨（qu）とメッケル軟骨由来の関節骨（ar）による顎関節で，顎骨弓と舌骨弓（h）の間に呼吸孔（sp）がある．両生類（Amphibia）や爬虫類（Reptilia）でもメッケル軟骨由来の関節骨と方形骨で顎関節が構成されている．舌顎骨（h）だけが中耳に入って鼓膜の振動を内耳に伝える．哺乳類（Mammalia）になると方形骨はキヌタ骨（inc）に，メッケル軟骨の後端はツチ骨（mal）に，舌顎骨はアブミ骨（stap）になって伝音に携わるようになる．顎の関節は新しい皮骨性の骨である鱗状骨（squa）と歯骨（dent）から構成されるようになる．鰓弓性の方形骨・関節骨関節を一次顎関節（old-joint; branchial），皮骨性の鱗状骨・歯骨関節を二次顎関節（new-joint; dermal）という．

の意味）では，その名に示されるように2つの顎関節をもっていた．方形骨と関節骨の一次顎関節と鱗状骨と歯骨の二次顎関節をあわせもつのだ．まだ方形骨と関節骨の関節の方が主であったことから爬虫類の獣弓類に分類されている．これに対し，ヨーロッパとアジアの三畳紀後期の地層から産出したモルガヌコドンは，歯骨の後方に関節骨をもっていたが，鱗状骨と歯骨の関節の方が優勢であったから，哺乳類の原獣類に含まれているのだ．ディアルトログナサスとモルガヌコドンは，まさに爬虫類と哺乳類の中間的な移行段階を示すものだ．ヒトの発生過程で，ツチ骨（メッケル軟骨）とキヌタ骨の一次顎関節と，側頭骨（鱗状骨）と下顎骨（歯骨）の二次顎関節が，胎児期の8週間にわたって同時に使用され，胎生10週に最終的な二次顎関節に移行するのは，この進化過程の再現と見ることができるのである．

　爬虫類の顎骨が耳小骨になるという説は，二人のドイツの解剖学・発生学者が提唱した．19世紀のライヘルトが唱え，20世紀にガウプが哺乳類の発生で証明したので，ライヘルト・ガウプ説と呼ばれる．

　爬虫類の単純な顎運動から哺乳類の複雑な顎運動への過程が下顎骨の進化から解明されている（図5.4）．石炭紀の沼に棲んでいた原始的な盤竜類では，下顎

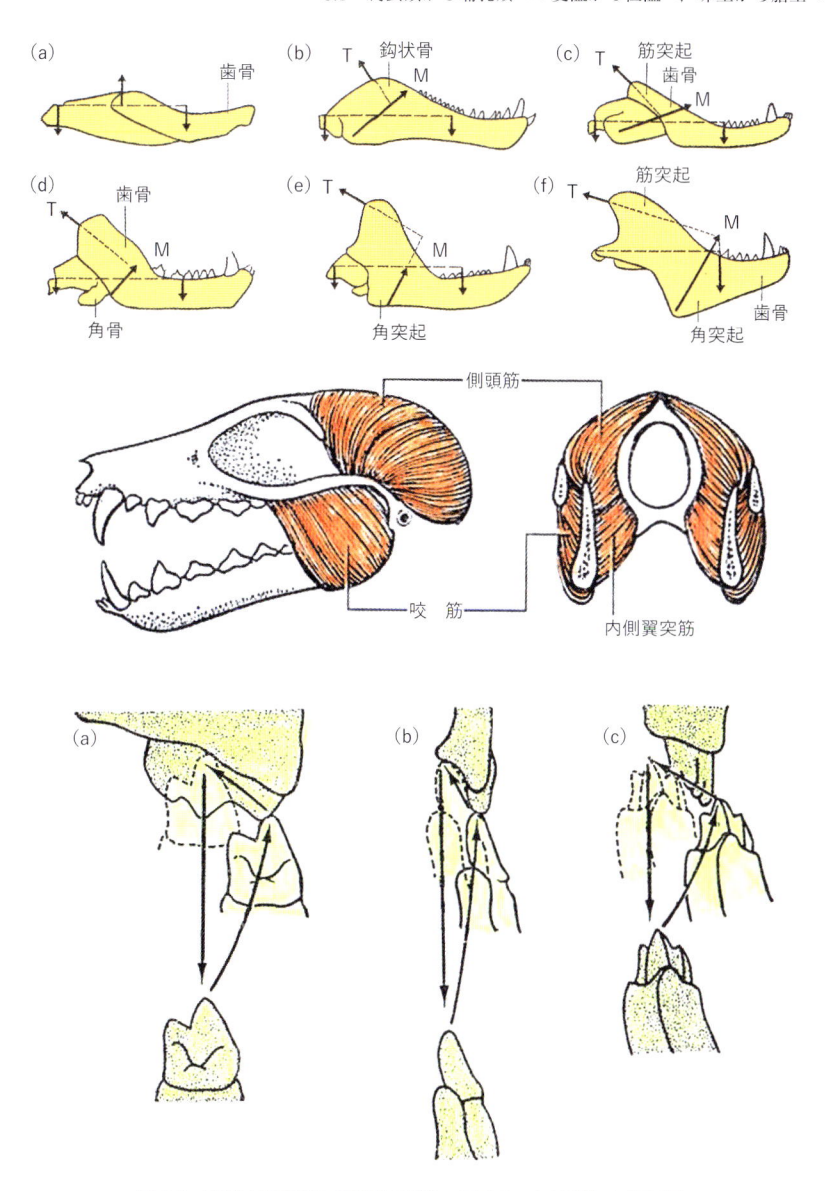

図5.4　下顎と咀嚼筋と顎運動の進化（Halstead, 1984b より改変）

上：盤竜類から獣弓類への下顎と咀嚼筋の進化．a：原始的な盤竜類．下顎内転筋のみで下顎を挙上．b：肉食性の盤竜類ディメトロドン，鈎状骨に付く側頭筋（T）と，角骨に付く咬筋（M）に分化．c-e：進化した獣弓類は哺乳類に近づく．f：獣弓類のディアルトログナサスでは下顎はほとんど歯骨のみで構成されるようになり，側頭筋は筋突起に，咬筋は角突起に付くようになる．

中：哺乳類のオオコウモリの咀嚼筋．側面（左）と前頭断面（右）．側頭筋，咬筋，内側翼突筋などからなる．

下：哺乳類の顎運動を大臼歯部の前頭断で示す．a：食虫類では下顎歯がまず上外側にもち上げられ，次いで内側に動き，切断とすり潰しを行なう．b：食肉類では下顎は垂直方向にもち上げられ，側方運動は狭い範囲に限られることで，肉を切り裂く．c：草食獣では逆に側方運動の範囲が大幅に広がり，草をすり潰す．

は一つの下顎内転筋（閉顎筋）で持ち上げられ，顎を閉じていた．盤竜類でも大きな犬歯をもつ肉食性のディメトロドンになると，下顎骨の上部に鈎状骨，後下部に角骨が発達し，下顎内転筋は鈎状骨に付く部分が側頭筋に，角骨に付く部分が浅咬筋に分化した．側頭筋は下顎を挙上するだけでなく，その後部筋束は下顎を後方に引く働きをし，浅咬筋は下顎

を挙上するとともに前方に突き出す機能ももつ．浅咬筋の深部には下顎をもち上げる垂直
方向の深咬筋も存在した．盤竜類から獣弓類，そして哺乳類に進化するなかで，歯骨が大
きくなり，浅咬筋は角骨でなく歯骨の角突起に，側頭筋は鉤状骨でなく歯骨の筋突起に付
くようになり，下顎骨は歯骨だけで構成されるようになった．さらに，下顎を挙上する内
側翼突筋と，下顎を前進させる外側翼突筋も発達する．

　そして，右側の浅咬筋と外側翼突筋を収縮させ，左側の側頭筋後部筋束を収縮させると
下顎は左側に，左側の浅咬筋と外側翼突筋を収縮させ，右側の側頭筋後部筋束を収縮させ
ると下顎は右側に動く．こうして哺乳類では，咀嚼筋（側頭筋，咬筋，内側翼突筋，外
側翼突筋の総称）の発達によって，下顎を上下だけでなく，前後にも，また左右にも動か
せるようになった．

　また，爬虫類までは鼻腔と口腔の分離が不完全で，食べ物が口に入っていると呼吸が困
難であるのに対し，哺乳類では一次口蓋に加えて，二次口蓋が形成されて鼻腔と口腔が分
離され，後方の咽頭に別々に連絡するようになっているのも，爬虫類と哺乳類の重要な違
いである（図 5.5）．二次口蓋の形成によって鼻腔は後方の後鼻孔で咽頭に通じるように
なる．咽頭にはサメ類の呼吸孔に由来する耳管咽頭口が存在する（図 4.8 (p. 77)，図 5.5）．

　その他の骨では，頸椎の数が爬虫類までは決まっていなかったが，哺乳類では基本的に
7 個になっている（基本的というのは例外もあるということ）．したがって，鳥類や爬虫
類ではツルや長頸竜類・竜脚類のように長い頸をもつものは，多数の頸椎をもっているの
に対し，長い頸をもつキリンでは頸椎は 7 個なので，自由に頸を動かすことはできない．
また，爬虫類では頸椎と腰椎にも肋骨が付いているが，哺乳類では肋骨は胸椎のみに付き，
頸椎や腰椎では肋骨が椎骨に癒合してその一部になっている．哺乳類では脳，とくに大脳
が大きくなり，脳を入れる頭骨が大きくなったのも特徴だ．

　こうして中生代初期に出現した哺乳類の先祖は，原獣類から獣類へ，獣類でも汎獣類か
ら後獣類，真獣類へと進化してきたのである．そして，白亜紀末の 6600 万年前に巨大隕
石が衝突し，大爆発とともに地表は厚い雲に覆われて長くきびしい寒冷気候が続くことで，

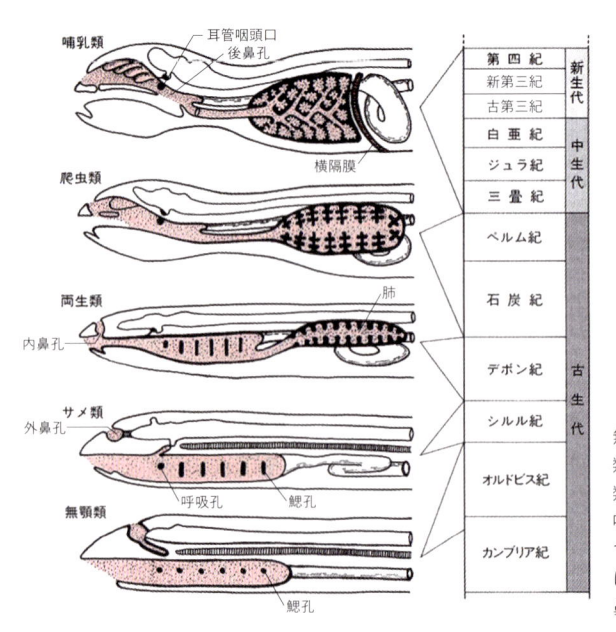

図 5.5　呼吸系の進化（後藤，1998）
無顎類とサメ類では鰓呼吸のみだが，両生
類では鰓腸の後方から肺が形成され，爬虫
類や哺乳類ではさらに発達する．外鼻孔は
嗅覚だけの閉じた孔であったのが，両生類
では口腔につながり，爬虫類から哺乳類で
は口腔と鼻腔は二次口蓋で隔てられ，広い
鼻腔が形成される．

恐竜類をはじめとする大型の爬虫類が絶滅し，新生代が始まるとともに哺乳類は適応放散したのであった．

5.2　爬虫類の歯から哺乳類の歯へ：イッキ食いからモグモグ食いへ

　無顎類から顎口類への進化において獲得された歯は，魚類の進化の過程で，顎軟骨の周囲の線維層中に線維で支えられるという線維結合から，顎骨が形成されると顎骨と骨結合するように変化した．さらに，魚類から両生類を経て爬虫類にいたる進化では，歯の歯冠を構成する外層が，エナメロイドという間葉性の組織から，エナメル質という上皮性の組織に変化した．それは，生息環境が水中から陸上に移行するなかで，歯冠の外層がいわば「水中エナメル質」から「陸上エナメル質」へと進化するというものであった．

　このような支持様式，歯の外層がエナメロイドからエナメル質へという部分的な変化に対し，爬虫類から哺乳類への進化では，以下に述べるように歯全体の構造と機能が大きく変化したのである．

　前章で述べたように，爬虫類の歯は基本的に円錐形の単錐歯で，顎の前方と後方でさほど大きさと形態に差がない同形歯性で，歯は顎骨に骨結合しており，歯冠の外層は薄い無小柱のエナメル質から構成され，からだが成長するにつれて顎も成長し，歯も少しずつ大きな歯に生え代わる多生歯性である．

　これに対し，哺乳類では，歯の形態は顎の前方と後方で異なる異形歯性で，切歯，犬歯，小臼歯，大臼歯という歯種が区別されるようになる（図5.6）．一般に，上顎では前顎骨（ヒトでは切歯骨）に植立する歯が切歯で，上顎骨に植立する歯で前顎骨との縫合（ヒトでは切歯縫合）にもっとも近い歯を犬歯とする．犬歯の後方で，近心に位置する形態が単純な歯を小臼歯，遠心に位置する形態の複雑な歯を大臼歯としている．下顎では上顎のそれぞれに対合する歯を切歯，犬歯，小臼歯，大臼歯とする．

　主竜類のワニ類やアガマ科のトカゲ，そして盤竜類で見られたように，まず犬歯に相当する歯が大型化し，犬歯より前の歯が切歯に，後ろの歯が臼歯になり，やがてトリナクソドンに見たように，臼歯が先に生える乳臼歯，それを置き換える小臼歯，乳臼歯の後ろに生える大臼歯に分化したのである．そして，最前方の切歯は餌に咬みつき，切断するために切縁という刃が発達する．犬歯は肉食動物で牙として発達し，獲物の頸などに突き刺し，頸動脈や頸髄（頸部の脊髄）を傷つけて倒すのに使用される．小臼歯と大臼歯は上下の歯が咬み合って，切断とすり潰しをする．

　爬虫類の単錐歯から哺乳類の上下の歯が咬み合うトリボスフェン型の大臼歯が進化する過程は，アメリカの古生物学者・オズボーンが以下のような「三結節説」を提唱している（図5.7）．すなわち，中生代初期の三畳紀前期の獣歯類のトリナクソドンはすでに単錐歯から3咬頭性に変化する臼歯をそなえていた〔図4.44，図4.45（p.96）．中央の主咬頭（b）の近心副咬頭（a）と遠心副咬頭（c）をそえるようになった．三畳紀後期から白亜紀に生息した原獣類の三錐歯類は，トリナクソドンと同様な近遠心方向に並

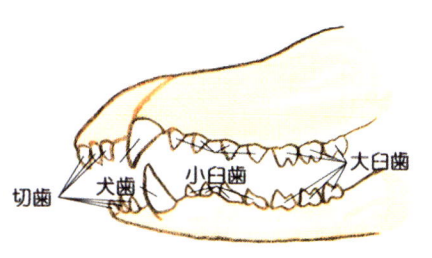

図5.6　真獣類の歯列は，上下左右にそれぞれ切歯3本，犬歯1本，小臼歯4本，大臼歯3本をもつ（後藤・後藤，2001）

ぶ3咬頭性の臼歯をそなえていた．ジュラ紀に出現した獣類の先祖である汎獣類の相 称
歯類では，上顎の主咬頭が舌側に，下顎の主咬頭が頰側に移動し，上下顎の大臼歯に三角
形の咬合面が形成される．さらに，汎獣類でもジュラ紀から白亜紀初期に栄えた真汎獣類
になると，下顎の咬合面が遠心に伸びだして距錐野に上顎の主咬頭が咬み合うようになり，
それが真獣類の食虫類（真無盲腸類）に受け継がれたのである．

　この大臼歯では，上顎大臼歯の近心縁と下顎の主咬頭の遠心縁がハサミのように餌であ
る昆虫のキチン質の殻を切断する．同時に，上顎大臼歯の主咬頭と下顎大臼歯の遠心部の
距錐野が杵と臼の関係で昆虫の殻をすり潰すのである．トリボス（摩擦：すり潰し）とス
フェン（楔：切断）の両方の働きをもつという意味で，このような形態の大臼歯をトリボ
スフェン型大臼歯（トリボスフェニック型大臼歯ともいう）と呼ぶ（図5.8）．それは，
下顎を上下方向だけでなく，前後，左右方向にも動かせるようになった咀嚼筋の発達に応
じた歯の形態変化であった．

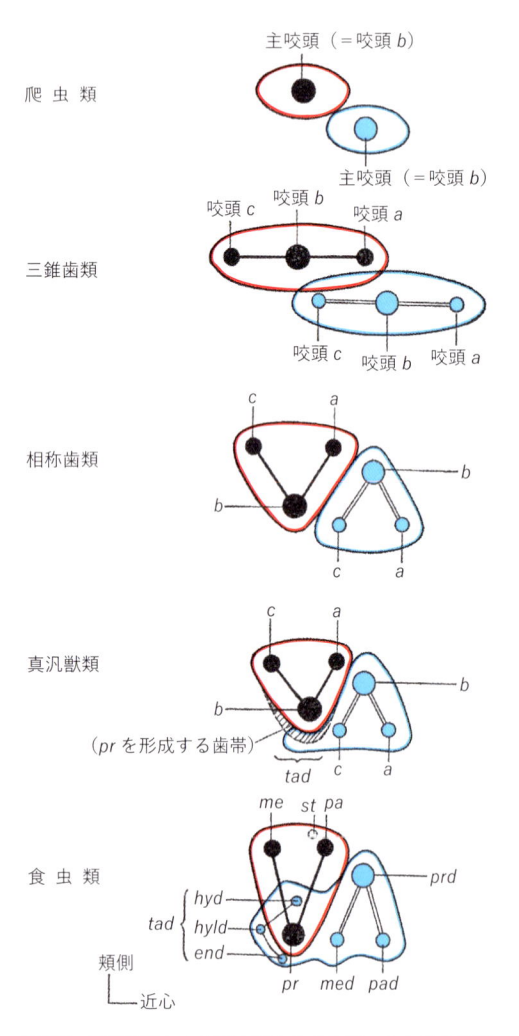

さらに，歯は顎骨の穴（歯槽）の中に歯根膜を
構成する線維で固定される釘植という支持様式に
なる（図5.9）．爬虫類などの槽生では歯の交換
が何度もおこるが，哺乳類の釘植では交換は一度
しかおこらないという違いがある．釘植では，歯
根の表面にセメント質が形成され，顎骨との間に
歯根膜という軟組織が介在している．歯根膜中の
主線維は一方をセメント質中に，片方を顎骨の歯
槽骨中に伸ばし，弾力性をもつ歯の支持を実現し
ている．上下の歯を咬みしめるとバネのように跳
ね返すのである．そして，歯根膜中には感覚神経
が密に分布し，食べ物を咬みしめた感触を脳に伝
えるようになっている．

　歯の外層は，エナメル小柱の発達した厚い小柱
エナメル質から構成されている．エナメル小柱は
水酸燐灰石の微結晶の束で，有機物の多い小柱
鞘で包まれている．爬虫類までのエナメル質は基
本的に無小柱エナメル質で，燐灰石の微結晶は象
牙質との境界からエナメル質の表面まで垂直方向
に配列している（図5.10上a）．燐灰石の微結晶
はエナメル芽細胞の機能端の細胞膜に直角方向に
形成され，エナメル質を形成するエナメル芽細胞
の機能端が平面であるからだ．ところが，爬虫類
の獣弓類や哺乳類の原獣類では，エナメル芽細胞
の機能端が波打つようになり，前小柱的段階のエ
ナメル質が形成される（図5.10上b）．そして，
獣類になるとトームス突起が完全に形成され，エ
ナメル小柱が形成されるのである（図5.10上c）．

図5.7　三結節説による爬虫類から食虫類への大臼歯の進
　　　化（大泰司紀之原図，後藤ほか，2014より改変）
a, b, c などの記号は咬頭，tad は距錐野（下顎大臼歯の遠
心への張り出し）を示す．黒丸は上顎，青丸は下顎の咬頭．

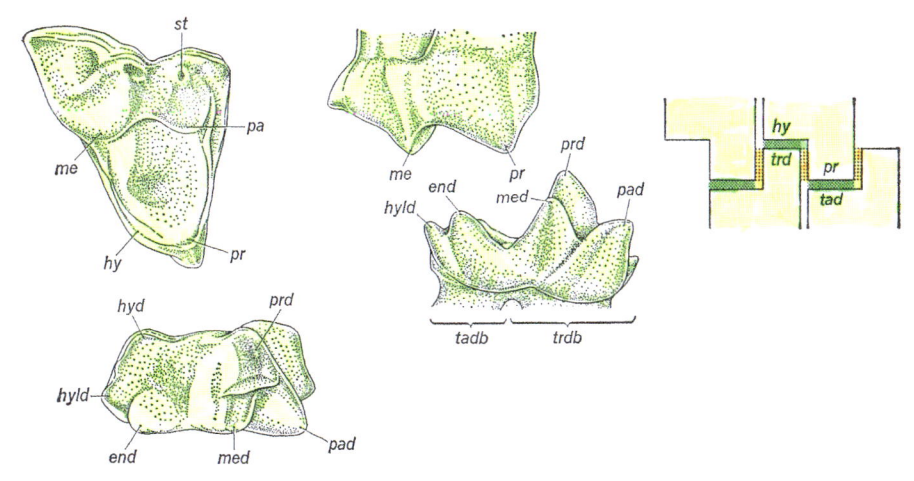

図 5.8 トリボスフェン型大臼歯（瀬戸口烈司原図，後藤ほか，2014）

後獣類キタオポッサムの上下顎第一大臼歯の咬合面（左）と舌側面（中）と機能を示す模式図．上顎は三角野，下顎は三角野と遠心の距錐野からなる．上顎の主咬頭（pr）が下顎の距錐野（tad）に，下顎の三角野（trd）が上顎の低い咬頭（hy）と咬み合い，すり潰し（緑色）が行なわれる．一方，上顎の主咬頭（pr）の近心面と下顎の三角野の遠心面，上顎の主咬頭の遠心面と下顎の三角野の近心面がハサミのように咬み合うことで切断（オレンジ色）の機能が果たされる．

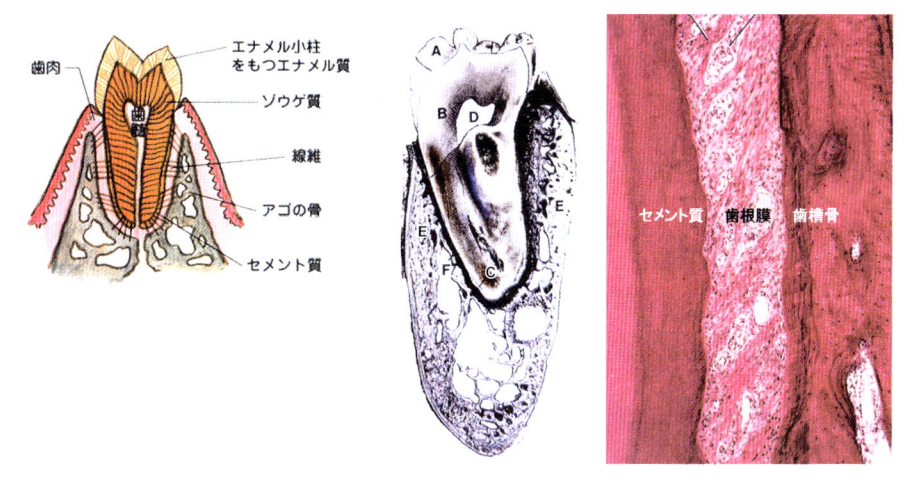

図 5.9 哺乳類・ヒトの歯と歯槽部の断面と歯根部の拡大（後藤・後藤，2001; Berkovitz *et al.*, 1978；筆者原図）

A：エナメル質，B：象牙質，C：セメント質，D：歯髄，E：歯槽骨，F：歯根膜．歯根膜中に存在する隙間は神経脈管腔隙と呼ばれ，歯根を取り巻く感覚神経が存在する場所である．

　出来上がったエナメル質は図 5.10 下に示すとおりである．エナメル小柱は横断面ではシャモジ形で，周囲の白い部分が小柱鞘である．

　エナメル小柱は歯に加わるさまざまな力に対応して，肉食動物，草食動物，果実食動物でさまざまな配列をしている（図 5.11）．横断面で見ると，食虫類や奇蹄類・鯨偶蹄類では楕円形，食肉類では多角形，ヒトやサルではシャモジ形，ゾウではイチョウの葉形，齧歯類では硬い果実の殻を咬み砕くために直行する小柱が 1 本おきに配列するという強固な構造を発達させている．なお，有袋類や食虫類，原猿類などでは有管エナメル質（p.84）も発達している．

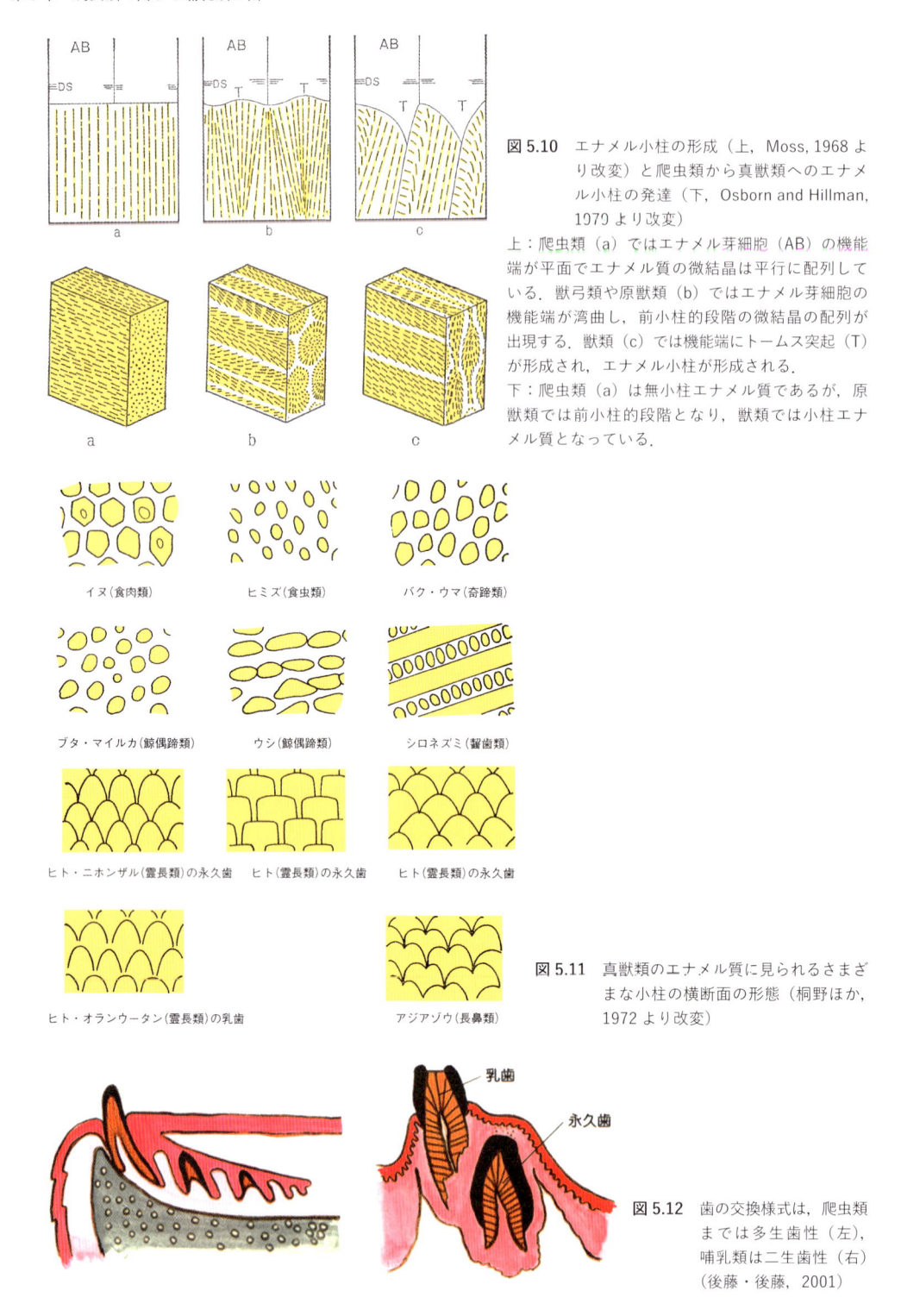

図 5.10　エナメル小柱の形成（上，Moss, 1968 より改変）と爬虫類から真獣類へのエナメル小柱の発達（下，Osborn and Hillman, 1979 より改変）

上：爬虫類（a）ではエナメル芽細胞（AB）の機能端が平面でエナメル質の微結晶は平行に配列している．獣弓類や原獣類（b）ではエナメル芽細胞の機能端が湾曲し，前小柱的段階の微結晶の配列が出現する．獣類（c）では機能端にトームス突起（T）が形成され，エナメル小柱が形成される．

下：爬虫類（a）は無小柱エナメル質であるが，原獣類では前小柱的段階となり，獣類では小柱エナメル質となっている．

イヌ（食肉類）　　　ヒミズ（食虫類）　　　バク・ウマ（奇蹄類）

ブタ・マイルカ（鯨偶蹄類）　　ウシ（鯨偶蹄類）　　シロネズミ（齧歯類）

ヒト・ニホンザル（霊長類）の永久歯　　ヒト（霊長類）の永久歯　　ヒト（霊長類）の永久歯

ヒト・オランウータン（霊長類）の乳歯　　アジアゾウ（長鼻類）

図 5.11　真獣類のエナメル質に見られるさまざまな小柱の横断面の形態（桐野ほか，1972 より改変）

乳歯

永久歯

図 5.12　歯の交換様式は，爬虫類までは多生歯性（左），哺乳類は二生歯性（右）（後藤・後藤，2001）

　爬虫類までの動物では，基本的にからだの成長が生涯にわたって持続し，顎骨も大きくなるために，それに合わせて少しずつ大きな歯を生やすために，歯の交換が次々と起こる多生歯性である．これに対し，哺乳類では性成熟を起こして成獣になるとからだの成長が止まる．したがって，歯の交換は幼獣期の小さい顎に生える乳歯（乳切歯，乳犬歯，乳臼

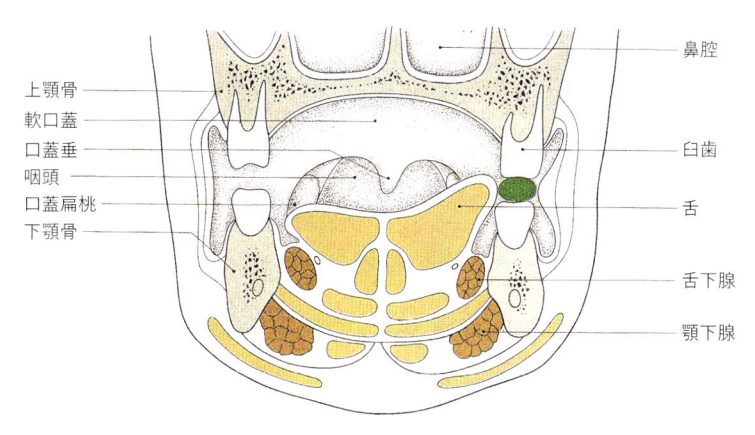

図 5.13 ヒトの口腔の前頭断面（三木，1992）
豆（緑）を咬むところ．口腔の壁は，口蓋・顎骨・歯・頬・舌・唾液腺（顎下腺と舌
下腺）・咀嚼筋などで構成される．口腔に入った豆は，舌と頬の筋で上下の臼歯の間に
置かれ，咀嚼筋が下顎をもち上げて歯をすり潰し，唾液腺からの唾液で消化する．こ
れらの器官の共同作業を咀嚼（口腔消化）という．

歯）が，成長とともに代生歯（切歯，犬歯，小臼歯）に生え変わるだけである（図 5.12）．
そして，代生歯の後方に追加されて大臼歯（加生歯）が生える．代生歯と加生歯を合わせ
て永久歯という．最後の大臼歯が生えると性成熟を起こして成獣になるのだ．

　このうち，乳歯と大臼歯は第一生歯に，切歯・犬歯・小臼歯は第二生歯に属する歯であ
る（大江ほか（1984）によれば，ヒトの代生歯歯胚の舌側に第三歯堤と呼ばれる上皮の舌
状突起が出現することが知られており，これが爬虫類以下の動物に存在した第三生歯の名
残だとされており，ここから歯が萌出した例も報告されている）．したがって，切歯・犬
歯・小臼歯では歯は2回生えるので二生歯性で，大臼歯は一度しか生えないので一生歯性
である．しかし，このような歯の交換が完成するのは真獣類で，原獣類や後獣類では，顎
上に生えている歯が第一生歯なのか，第二生歯なのか，発生過程を詳しく調べないと判断
することはできない．すなわち，永久歯の切歯・小臼歯には乳切歯と乳臼歯が混在してい
る可能性があるようだ．

　このような歯の形態と構造，支持様式と交換様式の変化は，爬虫類の歯が基本的に食べ
物を捕食する機能だけをもち，口に入った食べ物はすぐに飲み込まれるのに対し，哺乳類
では食べ物を口の中に一定時間保留し，舌と頬の筋肉で上下の歯の間に置き，咀嚼筋を収
縮させて下顎をもち上げ，上下の歯を咬合させて食べ物を切断して，すり潰し，唾液と混
ぜ合わせて，舌と口蓋で食べ物をなめしてから咽頭に送り飲み込むのである（図 5.13）．
哺乳類では口腔内で消化する咀嚼という機能を歯が担うために，厚いエナメル質，釘植と
いう歯の支持様式，上下の歯が咬み合う歯の形態になったのである．爬虫類までの歯は
「イッキ食い」の歯であるのに対し，哺乳類では「モグモグ食い」の歯になったといえよう．

5.3 哺乳類の進化と適応放散：虫食から肉食・草食へ

　恒温動物となって寒冷気候にも適応でき，卵生から胎生になって子孫を確実に保育でき
るようになり，巧みな顎運動により，機能分化した歯列をそなえ，切断もすり潰しもでき

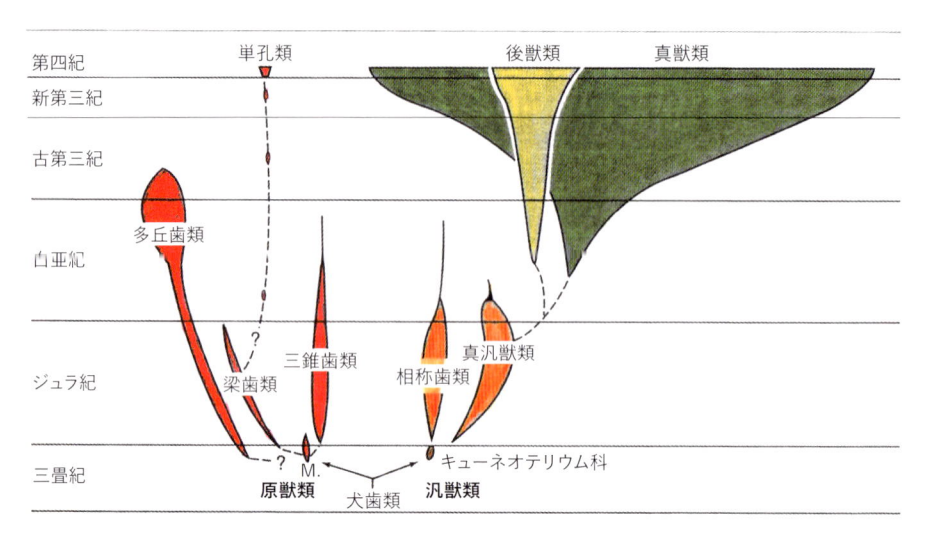

図 5.14　中生代から新生代への哺乳類の進化（Colbert *et al.*, 2004）
M：モルガヌコドン類．赤：原獣類，橙：汎獣類，黄：後獣類，緑：真獣類．

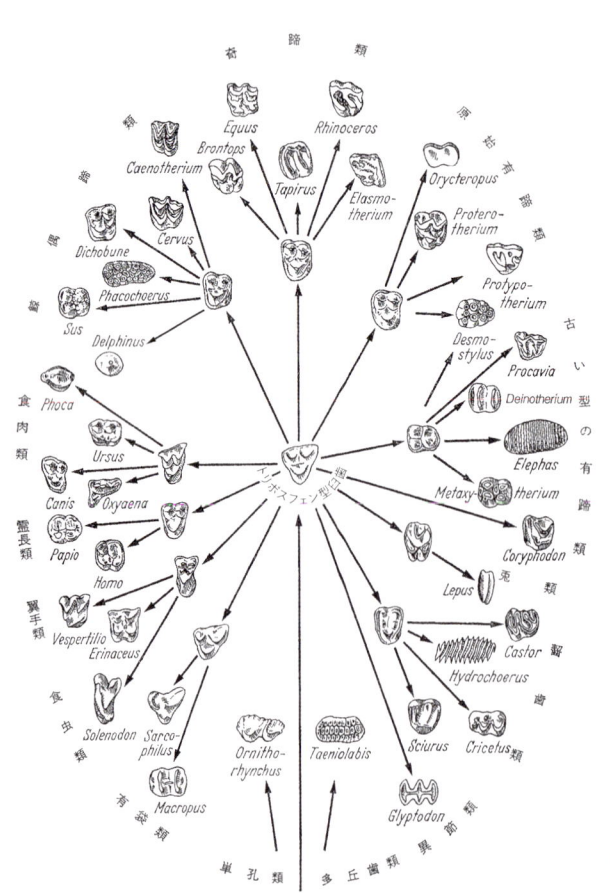

図 5.15　哺乳類の大臼歯の適応放散
（Thenius and Hofer, 1960）

る臼歯を発達させた哺乳類は，中生代の間は目立たない動物であったが，新生代の幕開け
とともに，かつてない規模の適応と放散をとげることになった（図 5.14）．その多様な食
性に応じて，大臼歯もトリボスフェン型をもとにさまざまな形態への分化を見せている

（図 5.15）．

　哺乳類は，原獣類（亜綱）と獣類（亜綱）に大別され，獣類は汎獣類（下綱）と後獣類（下綱）と真獣類（下綱）の３つに分類される．

5.3.1　原獣類：もっとも原始的な哺乳類

　原獣類は三畳紀後期に爬虫類の獣弓類，分けても獣歯類の犬歯類のトリナクソドンのような動物から進化したと考えられている．三錐歯類，梁歯類，多丘歯類と現生の単孔類に分けられる．

　三錐歯類は三畳紀から白亜紀まで栄えた最古の哺乳類である．三畳紀後期のモルガヌコドンでは，上顎切歯は５本，下顎切歯は４本，上下顎とも，犬歯は１本，小臼歯は４本，大臼歯は４本，歯の総数は54本もあった．大臼歯を５本もつ仲間もいた．大臼歯はその名のとおり，トリナクソドンと同様な近遠心方向に並ぶ３つの咬頭をもつ三錐歯型であった（図 5.7（p.110），図 5.16）．このような歯は上下の臼歯が咬み合っても食べ物を切り裂くだけである．

　梁歯類は，ジュラ紀中期から白亜紀前期に栄えた仲間で，食虫類のトリボスフェン型大臼歯にも似た複雑な形態の大臼歯をそなえていた（図 5.17）．上顎大臼歯の咬合面は口蓋側に張り出し，そこに下顎の大臼歯の遠心咬頭が咬み合う．歯の特徴から虫食から雑食ないし果実食ではなかったかと推測されている．

　三錐歯類と梁歯類はかつては暁獣類とされたこともあったが，最近では，哺乳類を含む哺乳形類（ママリアフォルムス）ではあっても哺乳類ではないとする見方もある（遠藤，2002）．

　多丘歯類は，哺乳類中もっとも長期間にわたって生息した草食獣で，中生代ジュラ紀中期から新生代古第三紀漸新世前期まで生息した．じつにその生息期間は，1億6000万年前〜3000万年前までの1億3000万年間にわたっている．真獣類の齧歯類と同様に，硬い殻をもつ果実を咬み砕く方向に進化した仲間である．ジュラ紀前期のクエネオドンでは，上顎に切歯３本，犬歯の有無は不明，小臼歯５本，大臼歯２本，下顎には大きな切歯１本，

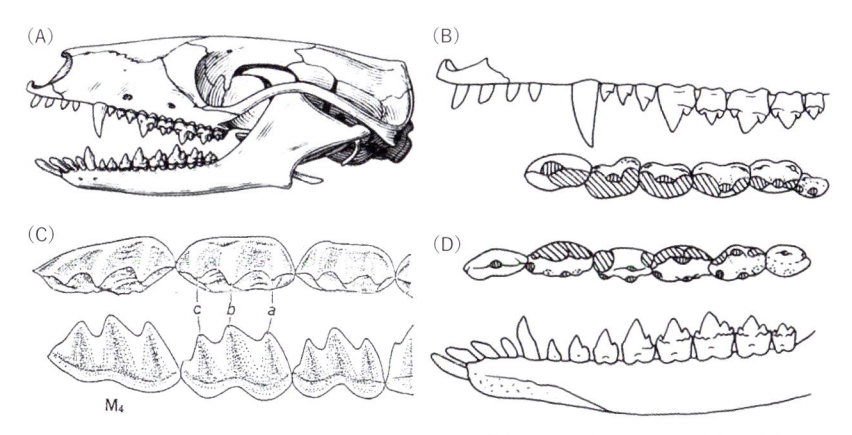

図 5.16　三畳紀後期の三錐歯類モルガヌコドンの頭骨（A）と上顎歯列の側面と咬合面（B）とメガゾストロンの下顎歯列の咬合面と側面（D），三錐歯類の大臼歯の模式図（C）（A, B, D は Thenius, 1989，C は瀬戸口烈司原図，後藤ほか，2014）
C：a, b, c の３つの咬頭が近遠心方向に並ぶ．上：咬合面，下：舌側面．M_4：下顎第四大臼歯．

犬歯はなく，小臼歯 3 本と大臼歯 3 本が認められた（図 5.18）．臼歯はまだそれほど多くの咬頭をもってはいなかった．しかし，古第三紀漸新世のプティロドゥスでは，上下顎の犬歯と下顎小臼歯が退化し，上顎では，切歯 2 本，小臼歯 4 本，大臼歯 2 本に，下顎では切歯 1 本，小臼歯 2 本，大臼歯 2 本になり，大臼歯は広い咬合面をもち，2 列ないし 3 列に多数の咬頭が並ぶようになっている（図 5.19）．

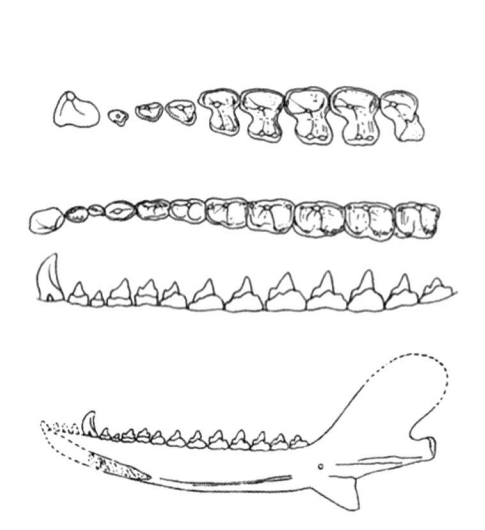

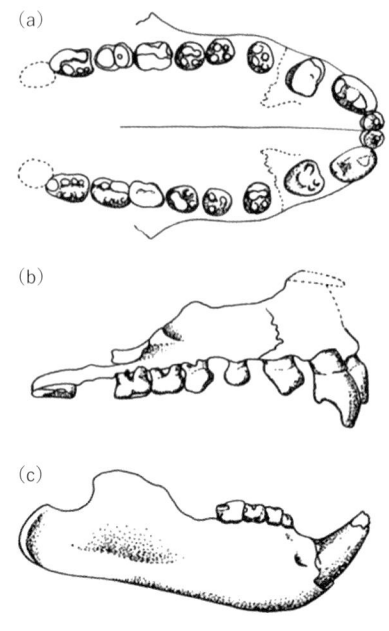

図 5.17　ジュラ紀の梁歯類ドコドンの犬歯と臼歯（Thenius, 1989）
上顎歯の咬合面（上），下顎歯の咬合面（中）と舌側面（下），下顎骨と下顎歯（最下）．

図 5.18　ジュラ紀後期の多丘歯類クエネオドンの上顎歯の咬合面（a），上顎歯の側面（b），下顎歯の側面（c）（Clemens and Kielan-Jawoprowska, 1979）

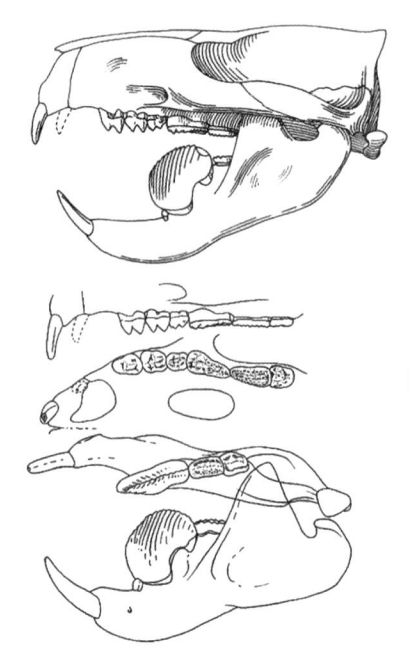

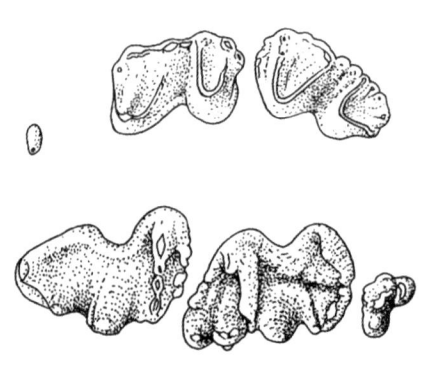

図 5.19　暁新世の多丘歯類プティロドゥスの頭骨（上），上顎歯の頬側面（中の上）と咬合面（中の下），下顎歯の咬合面（下の上）と頬側面（下の下）（Thenius, 1989）

図 5.20　単孔類のカモノハシの歯（Simpson, 1929）
上顎には小さな小臼歯 1 本と大臼歯 2 本，下顎には 3 本の大臼歯があるが，第三大臼歯は矮小歯である．

単孔類は白亜紀前期に出現し，現在まで生き残っている原獣類で，オーストラリアに棲むカモノハシ1属と，オーストラリアとニューギニア島に棲むハリモグラ2属である．単孔類は卵生で，産卵後，カモノハシはメスが抱卵し，ハリモグラは育児嚢で卵を保護する．充分に成長した胚子の上顎正中部には，カモノハシでは角質突起が，ハリモグラでは卵歯が形成され，内側から卵殻を突き破って孵化する．孵化後，乳児は乳頭のない乳腺から汗のようにしみ出してくる乳汁を飲んで育つ．

単孔類の幼獣は歯をもつが，成長の過程で歯根が吸収され，成獣は歯をもたず，代わって角質のクチバシが形成される．カモノハシは，歯胚は上顎に犬歯1本，小臼歯2本，大臼歯3本，下顎に切歯5本，犬歯1本，小臼歯2本，大臼歯3本形成されるが，萌出するのは上顎では小臼歯1本と大臼歯2本，下顎では大臼歯3本だけである．大臼歯はなぜか複雑な形態をもっている（図5.20）．

筆者はメルボルンの動物園で単孔類を見る機会を得た．カモノハシは夜行性で，暗いなか水槽の中をせわしげに泳ぎ回り，泥の中の餌を探していた．ハリモグラは，とげとげの毛に覆われ，群れをなして歩き，長い舌でアリやシロアリをなめとっていた．もし原獣類の段階で哺乳類の進化が止まっていたら，ヒトも卵を産んで子育てをするようになっていただろう．妊婦は大きなお腹をかかえて歩く必要はなく，卵をバスケットに入れて出かけられて案外便利だったかもしれない．

5.3.2 汎獣類（後獣類（有袋類）と真獣類（有胎盤類）の先祖

ジュラ紀から白亜紀に生息したもっとも原始的な獣類を汎獣類といい，相称歯類と真汎獣類に分けられる．相称歯類は，三錐歯類で近遠心方向に並んでいた臼歯の3つの咬頭のうち咬頭aと咬頭cが咬頭bを頂点に，上顎では頬側に，下顎では舌側に移動し，全体として三角形の咬合面が形成される（図5.21）．

そして，真汎獣類になると，下顎臼歯の遠心が張り出し，上顎臼歯の臼歯が咬み合うようになる．すなわち，上顎臼歯の咬頭が下顎臼歯の遠心のくぼんだ距錐野に咬み合い，上顎臼歯の遠心のくぼんだ部分に一つ後ろの下顎臼歯の咬頭が咬み合うようになり，すり潰しの機能が生まれる．同時に，上顎臼歯の咬頭の近心面と下顎臼歯の咬頭の遠心面，下顎臼歯の咬頭の近心面と上顎臼歯の遠心面がハサミのように切断する機能を果たす（図

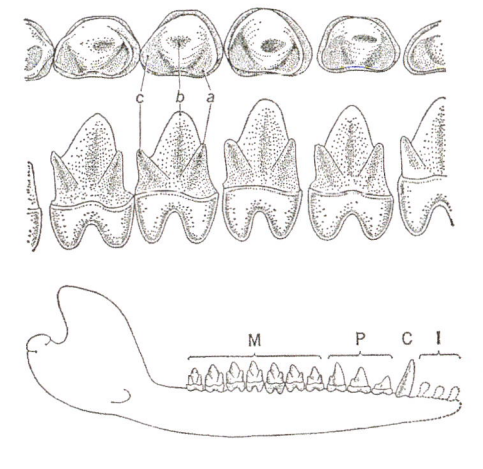

図5.21 ジュラ紀後期の相称歯類の下顎大臼歯の咬合面（上）と舌側面（中）と下顎歯列（下）（瀬戸口烈司原図，後藤ほか，2014）

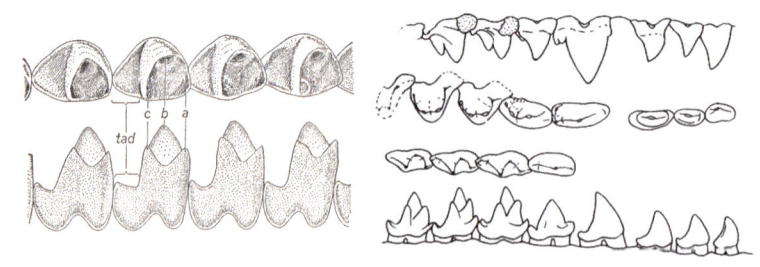

図 5.22 左：真汎獣類の下顎臼歯の模式図，上：咬合面，下：舌側面，a, b, c の 3 咬頭からなる三角野の遠心に距錐野（tad）が形成されている（瀬戸口烈司原図，後藤ほか，2014）．右：ジュラ紀後期の真汎獣類ペラムスの上顎第一〜第五小臼歯と上顎第一〜第三大臼歯の頬側面（上の上）と咬合面（上の下），下顎の第一〜第五小臼歯と第一〜第三大臼歯の咬合面（下の上）と舌側面（下の下）（Clemens and Mills, 1971）

5.22）．

　こうして，真汎獣類においてトリボスフェン型臼歯が形成され，それが進化した獣類である後獣類（有袋類）と真獣類（有胎盤類）に受け継がれることはすでに述べたとおりである．

■ 5.3.3 後獣類（有袋類）の歯

　後獣類は子宮が未発達で，未熟児で出産し，未熟児は育児嚢に入り，そこにある乳頭に唇で吸い付いて乳汁を飲んで育つ．育児嚢をもつことから有袋類とも呼ばれる．まさに「お袋さん」である．

　アジアでジュラ紀末から白亜紀前期に真汎獣類から進化し，次いで北アメリカから南アメリカにも広がった．白亜紀末には爬虫類だけでなく哺乳類も大量絶滅した．後獣類は新生代初めの始新世には北アメリカからヨーロッパにも広がったが，より進化した真獣類に追われ，中新世に絶滅した．南アメリカでは一時期北アメリカと離れたため，真獣類が侵入せず，後獣類は栄えることができたが，新第三紀にパナマ地峡が形成されると，真獣類の侵入によって多くが滅びた．南アメリカから南極を経てオーストラリアに渡った後獣類

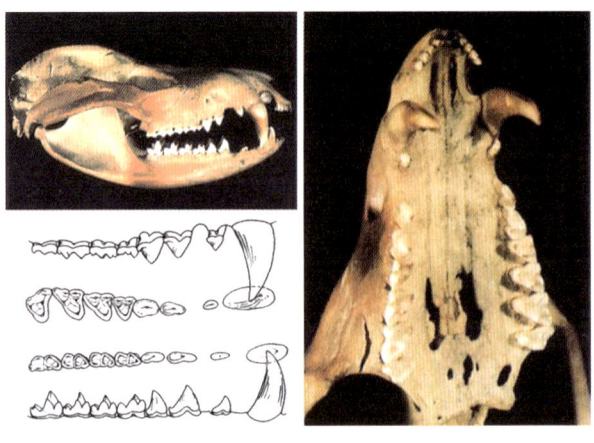

図 5.23 後獣類のキタオポッサムの頭骨（左上）と上顎歯列（右）（Berkovitz *et al.*, 1978）．歯列（左下）は，上顎歯の頬側面（上の上）と咬合面（上の下），下顎歯の咬合面（下の上）と舌側面（下の下）（Thenius, 1989）

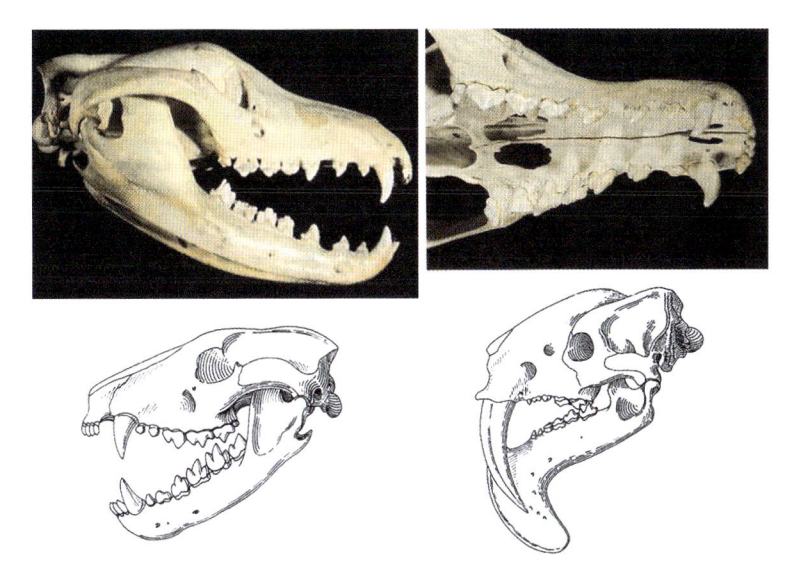

図 5.24 肉食性の後獣類の頭骨と歯列
上：フクロオオカミの頭骨（左）と上顎歯（右）（Berkovitz *et al*., 1978），左下：現生の
タスマニアデビルの頭骨，右下：鮮新世のティラコスミルスの頭骨（Thenius, 1989）．

は，海で隔てられた大陸で繁栄することができた．現在，後獣類として，南北アメリカに
オポッサム類だけが生き残り，オーストラリアでは多くの仲間が生息しているのはそのよ
うな経過のためだ．

　後獣類は切歯は，上顎に 5 本，下顎には 4 本，上下顎とも，犬歯は 1 本，小臼歯は 3 本，
大臼歯は 4 本，総計 50 本の歯をもつのが基本である（**図 5.23**）．真獣類では上下顎とも，
切歯は 3 本，犬歯は 1 本，小臼歯は 4 本，大臼歯は 3 本で，小臼歯と大臼歯の数が逆にな
っている．とはいえ，先に述べたように，後獣類の切歯や小臼歯には乳歯列（第一生歯）
の歯と代生歯列（第二生歯）の歯が混在している可能性があり，単純に真獣類と比較する
ことはできないようだ．真獣類と同じように乳臼歯を置き換えて生えてくる小臼歯は第三
小臼歯だけで，他の 3 本の小臼歯は乳臼歯が永久歯化した歯とも考えられるのである．

　オポッサム類は白亜紀の原始的な後獣類の生き残りで，虫食性のほか，雑食性，肉食性，
草食性などさまざまである．大臼歯はトリボスフェン型（**図 5.8**（p. 111），**図 5.23**）のほか，
上顎大臼歯の咬合面に W 字形の模様が見られる双波歯型のものもある．

　南アメリカには新第三紀には肉食性の後獣類も出現している．中新世のボルヒエナは大
きな犬歯をもち，臼歯は肉を切り裂く働きをした．鮮新世のティラコスミルスは真獣類の
剣歯虎〔**図 5.38**（p. 127）〕そっくりの巨大な犬歯をもつように進化した（**図 5.24 右下**）．し
かし，北アメリカから真獣類が侵入すると，肉食性の後獣類は絶滅している．

　オーストラリアでは，さまざまな後獣類が適応放散した．それはまるで，真獣類の適応
放散の小規模版といえる．1936 年にタスマニアで絶滅したフクロオオカミは食肉類のよ
うな犬歯の牙と肉を切り裂く臼歯をもっていた（**図 5.24 上**）．タスマニアデビルは小型の
肉食獣で，大きな犬歯で獲物に咬みつき，3 咬頭の上下大臼歯で骨まで咬み砕く（**図 5.24
左下**）．

　ユーカリの葉しか食べないコアラは，上顎には切歯 3 本，犬歯 1 本，小臼歯 1 本，大臼

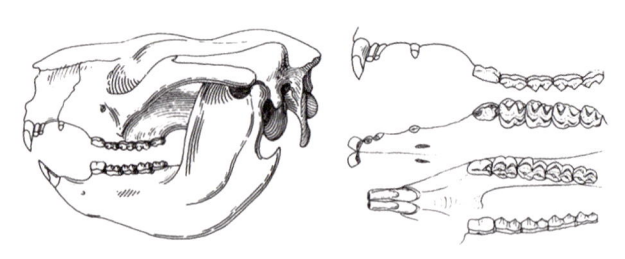

図 5.25 葉食性の後獣類コアラの頭骨（左）と歯列（右）（Thenius, 1989）
上から，上顎歯の頬側面と咬合面，下顎歯の咬合面と舌側面.

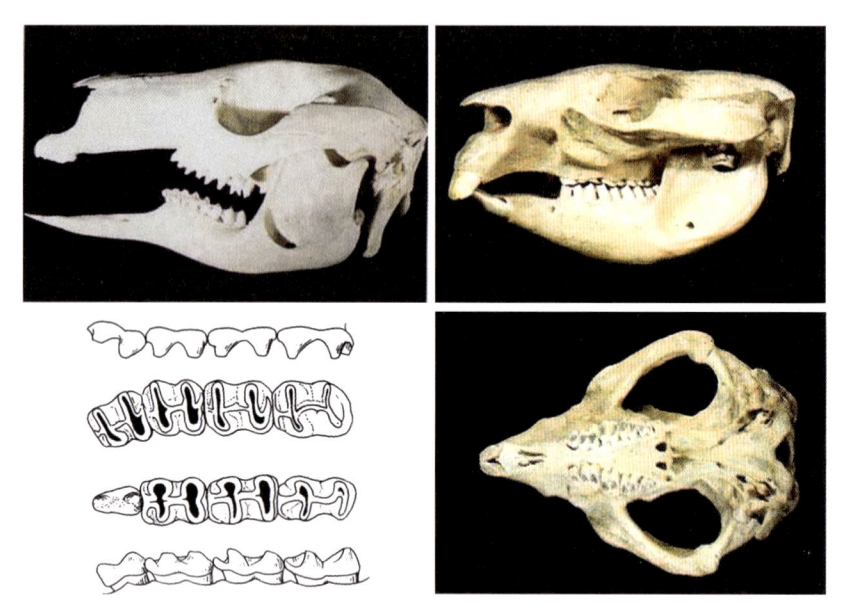

図 5.26 草食性の後獣類の頭骨と臼歯（Berkovitz *et al.*, 1978; Thenius, 1989）
左上：アカカンガルーの頭骨，左下：アカカンガルーの上顎大臼歯の頬側面と咬合面，下顎第三小
臼歯と大臼歯の咬合面と舌側面．右上：ウォンバットの頭骨側面，右下：ウォンバットの頭骨下面.

歯4本もち，下顎には切歯1本，犬歯はなく，小臼歯1本，大臼歯3本をもつ．大臼歯は三日月形の模様をもつ月 状 歯型である（図5.25）．草食性のカンガルー類では犬歯は退化し，第一切歯が大型化し，犬歯は退化し，小臼歯は1本あり，4本の大臼歯は頬舌方向の2本の稜をもつ二 稜 歯型になっている（図5.26 左上下）.

　植物の葉や根を食べるウォンバットは，真獣類の齧歯類と同じように切歯も臼歯も生涯にわたって成長し続ける常生歯となっている（図5.26 右上下）.

5.3.4　真獣類（有胎盤類）のさまざまな歯

a. 真獣類の特徴

　真獣類は有胎盤類とも呼ばれ，子宮が発達して胎児は臍帯をとおして子宮の壁に形成される胎盤から栄養と酸素を受けとり，老廃物と二酸化炭素を排泄する．ある程度成長してから生まれた新生児はすぐに母の胸から下腹部にある乳頭に唇で吸いつき哺乳する．乳汁には子どもの成長に必要なあらゆる栄養分が含まれているほか，子どもを病気から守る免疫物質も含まれている.

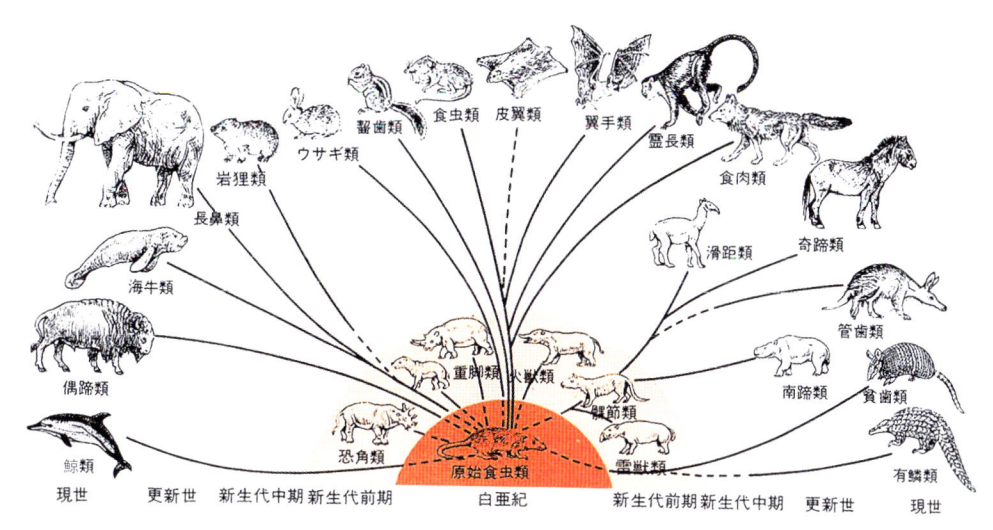

図 5.27 真獣類の適応放散（田隅，1968）

　しかし，ジャイアントパンダやクマの仲間は有袋類ほどではないが，親と比べるとかなりの未熟児で出産する．新生児が小さいと乳汁の量は少なくて済むが，保育期間が長くかかる．ヒトも未熟児とはいえないが早産で生まれる．これは，ヒトは脳が大きいので，これ以上成長すると狭い骨盤口から出られなくなるからだとも，子どもを早くから教育する必要があるからだともいわれている．

　真獣類では，原獣類や汎獣類や後獣類と比べて，脳がさらに大きく発達している．さらに，歯の数が，左右上下顎にそれぞれ，切歯 3 本，犬歯 1 本，小臼歯 4 本，大臼歯 3 本の計 11 本，全部で 44 本もつのが基本である（後獣類は小臼歯 3 本，大臼歯 4 本が基本であったが，真獣類では逆になっている）．これを 3・1・4・3 = 44 と表記し，真獣類の基本歯式と呼んでいる〔図 5.6（p.109）〕．

　胎生というすぐれた繁殖様式を獲得し，脳も発達して機敏に動くことができる真獣類は，6600 万年前の白亜紀末に巨大隕石が地球に衝突して大型の爬虫類が絶滅したのち，地球の新しい支配者としてさまざまな種類に適応放散することになった（図 5.27）．

b. 食虫類

　すべての真獣類を生み出した祖先は，食虫類[*1]と呼ばれる．真汎獣類から進化した当初の食虫類は，トリボスフェン型の大臼歯をもち，すり潰しと切り裂きの機能をあわせもち，昆虫のキチン質の殻を切り裂いてすり潰して食べていた（図 5.28）．

　しかし，白亜紀後期のギプソニクトプスは臼歯の咬頭が低くなってすり潰しの機能が強まり，虫食性ないし雑食性に向かう現在のモグラ類や霊長類の先祖になったらしい（図 5.28 中）．一方，白亜紀後期から暁新世前期のキモレステスは臼歯の咬頭がとがり，切り裂く機能が発達し，その後食肉類などに進化したと思われる（図 5.28 右）．

　キューバとハイチに棲む現生のソレノドンは咬合面に V 字形をみる単波歯型の臼歯で昆虫やミミズ，動物の死肉も食べ（図 5.29 左），コウベモグラは咬合面に W 字形をみる

[*1]　食虫類は，最近はアフリカトガリネズミ類と真無盲腸類という別系統のグループを含むことが明らかになり，分類群としては使用されない傾向がある．とはいえ，哺乳類における歯の進化段階としての食虫類は必要で便利でもあるので，ここでは後藤ほか（2014）にしたがって，この名称を用いることにした．

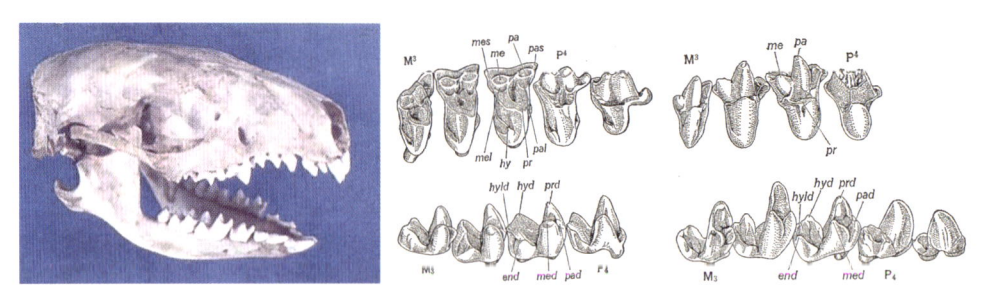

図5.28 食虫類のナミハリネズミの頭骨（左）（Berkovitz *et al.*, 1978），白亜紀から暁新世の食虫類の臼歯列（瀬戸口烈司原図，後藤ほか，2014）．中：ギプソニクトプス．右：キモレステス

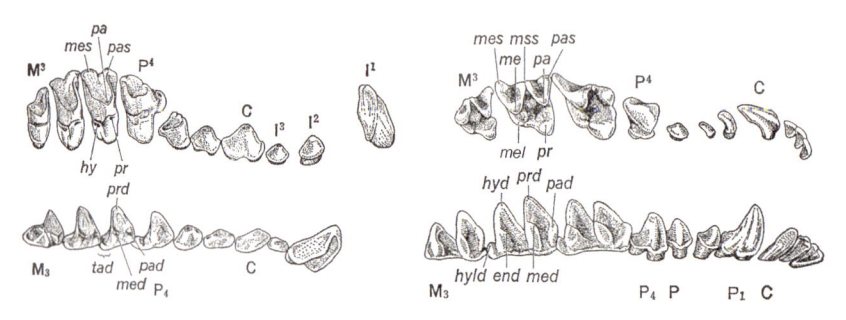

図5.29 食虫類の上顎と下顎の歯列（瀬戸口烈司原図，後藤ほか，2014）大臼歯は，ソレノドンは単波歯型（左），コウベモグラは双波歯型（右）．

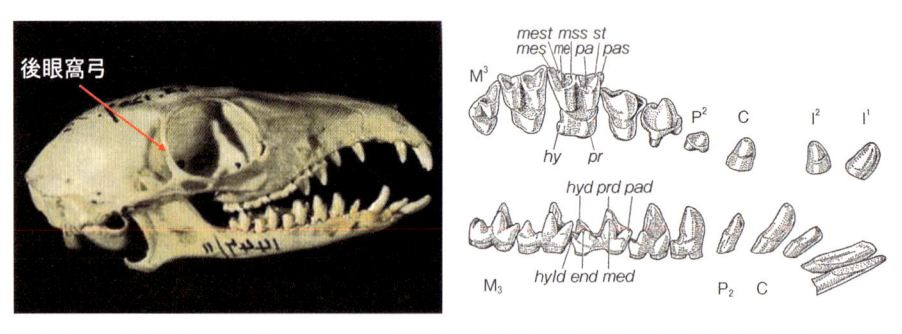

図5.30 ツパイの頭骨（左）（Berkovitz *et al.*, 1978）と歯列（右），上顎歯の咬合面と下顎歯の舌側面（瀬戸口烈司原図；後藤ほか，2014）

双波歯型の大臼歯をもち，ミミズや昆虫を食べる（図5.29右）．

東南アジアに棲むツパイは脳や眼が大きく，眼窩の後ろに細い骨（後眼窩弓）があって眼窩が閉じていることから，霊長類に分類されたこともあるが，歯を見ると双波歯型の大臼歯をもつことから食虫類に近いようだ（図5.30）．発酵してアルコールを含むある種のヤシの花の蜜を飲んでいるツパイがいることが分かり，ヒト以外にもアルコールを好む動物がいると話題になった．

c．翼手類

食虫類は食肉類が出現すると，地下に住処を移してミミズなどを食べるモグラ類になったが，樹上に住処を移し，空を飛ぶように進化したのが翼手類である．虫食のものから，肉食，果実食，さらには吸血コウモリとして知られる血液食まで，さまざまな食性を示す．

虫食性のオオヘラコウモリは食虫類のような歯をもっている（図5.31右上）．翼を広げ

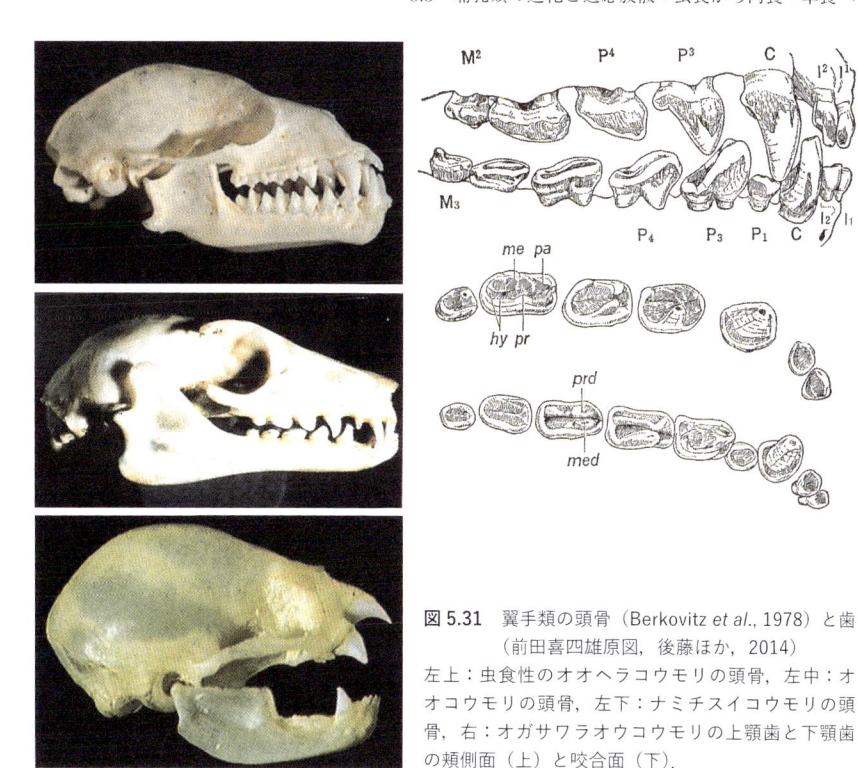

図 5.31　翼手類の頭骨（Berkovitz *et al.*, 1978）と歯
（前田喜四雄原図, 後藤ほか, 2014）
左上：虫食性のオオヘラコウモリの頭骨, 左中：オオコウモリの頭骨, 左下：ナミチスイコウモリの頭骨, 右：オガサワラオウコウモリの上顎歯と下顎歯の頬側面（上）と咬合面（下）.

ると 2 m にもなるオオコウモリは果実や花蜜を主食とし, 臼歯は広い咬合面をもつ（図 5.31 中上と右）. アラコウモリは肉食に適応した鋭い犬歯と肉を切り裂くための臼歯をそなえている. 特殊な歯をもつのはナミチスイコウモリで, 上顎切歯と上下顎の犬歯が鋭くとがり, 大きく発達している（図 5.31 中下）. これらの歯には唇側には薄いエナメル質があるが舌側にはなく, そのために唇側がとがる. 後述する齧歯類の切歯と同じ仕組みである. 臼歯の数は極端に減っている. 唾液に血液凝固を阻止する酵素が含まれており, 獲物から大量の血液を吸うことができる. 自分の体重の 40% もの血液を吸うことができるが, 吸血後は飛ぶことができなくなって地上を飛び跳ねるように移動する.

d.　異節類と鱗甲類

　異節類と鱗甲類（有鱗類）は, 歯の発達がよくないことから貧歯類と総称されてきたが, 近年は別系統とされている.

　異節類は南北アメリカに棲む有毛類と被甲類に分けられ, 有毛類にはアリクイ類とナマケモノ類[*2]が, 被甲類にはアルマジロ類が含められる. アリクイ類は細長い吻部から細長い舌を出してシロアリやアリをなめとるため, 歯が退化し, まったく萌出しない. ナマケモノ類は, 上顎に 5 本, 下顎に 4 本の歯をもち, 葉や新芽を食べるが, エナメル質を欠く杭状ないし犬歯状の歯をもつ（図 5.32）. アルマジロ類は, カメ類のような骨の甲羅で覆われ, 2 つの咬頭をもつ円柱形ないし四角柱形の 20〜100 本もの歯をもつ. 歯にはエナメ

---

*2)　ナマケモノ類は哺乳類のなかで究極の省エネ動物である. 樹上でほとんど寝て暮らし, 1 日にわずか 10 g の葉を食べるだけである. 同じく樹上で寝て暮らす後獣類のコアラは, 1 日に 500 g 以上のユーカリの葉を食べることが知られており, ナマケモノはその 50 分の 1 しか食べないのだ. したがって, コアラは恒温動物だが, ナマケモノは哺乳類では例外的に変温動物で, 周囲の気温に合わせて体温が変化するので, 高温多湿の熱帯林にしか棲むことができない.

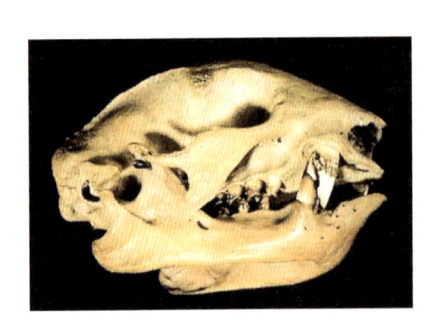

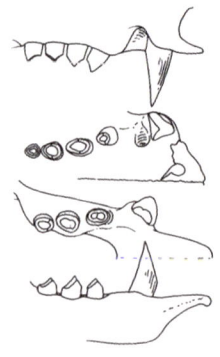

図 5.32　異節類のフタユビナマケモノの頭骨（左）（Berkovitz *et al.*, 1978）と，上顎歯と下顎歯（Thenius, 1989）

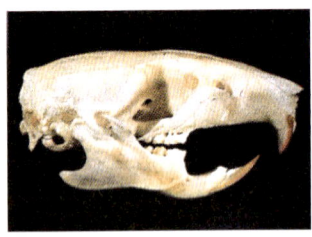

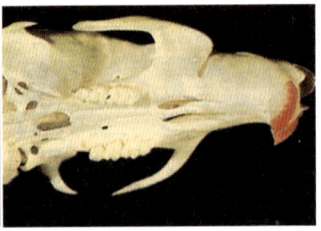

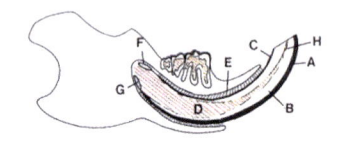

図 5.33　ドブネズミの頭骨（左上）と上顎歯（右上）と下顎の断面（Berkovitz *et al.*, 1978）切歯は常生歯で生涯にわたって生え続ける．切歯のエナメル質は唇側にのみあり，鉄が沈着した着色エナメル質である．

ル質はなく，象牙質の表面はセメント質で覆われている．

　鱗甲類は，アフリカとアジアに棲む角質のウロコで覆われた仲間で，現生のセンザンコウはアリクイと同じように長い舌でアリとシロアリを食べるために歯が欠如している．

e. 齧歯類

　齧歯類（げっしるい）は，硬い殻で覆われた果実を咬み砕くために，ノミのように鋭い 1 対の切歯を上下顎にもち，犬歯はなく，近心部の小臼歯もなく，大臼歯は稜の発達した稜縁歯型，頬舌方向の稜をもつ多稜歯型（しゅうへき），多数の皺襞（しゅうへきしがた）をもつ皺襞歯型になっている（図 5.33，図 5.34）．切歯と臼歯との間には歯のない広い空隙がある．およそ 1800 種が，南極とニュージーランドを除く世界中に棲んでおり，もっとも繁栄している真獣類である．リス類，ヤマアラシ類，ヤマネ類，ネズミ類などに分類される．上下顎に 1 対ある切歯は，唇側だけにエナメル質をもち，たえず唇側がとがるようになっており，咬耗しながら生涯にわたって成長し続ける常生歯である．切歯のエナメル質には鉄が沈着し，褐色に着色している．

　リス類は原始的な齧歯類で，まだ鈍頭歯型の大臼歯をもっていた．ビーバー類やヤマアラシ類は，頬舌方向の皺襞が発達した稜縁歯型になっている．ヤマアラシ類のテンジクネズミのモルモットは実験動物として使用されている．臼歯は上下とも三角形を 2 つ結合したような咬合面をしている．南米に棲む体長 1.3 m にもなる最大の齧歯類カピバラは，上下顎の臼歯は多数の稜が発達した多稜歯型ないし皺襞歯型で，常生歯となっており，ゾウ類に見られる臼歯とよく似ている．ヤマネ類の臼歯にも頬舌方向の数本の隆線が発達している（図 5.34）．上下の顎を前後に動かして植物の葉をすり潰して食べている．

　ネズミ類では，小臼歯は退化し，臼歯は大臼歯が 3 本あるのみだ．この大臼歯は低歯冠

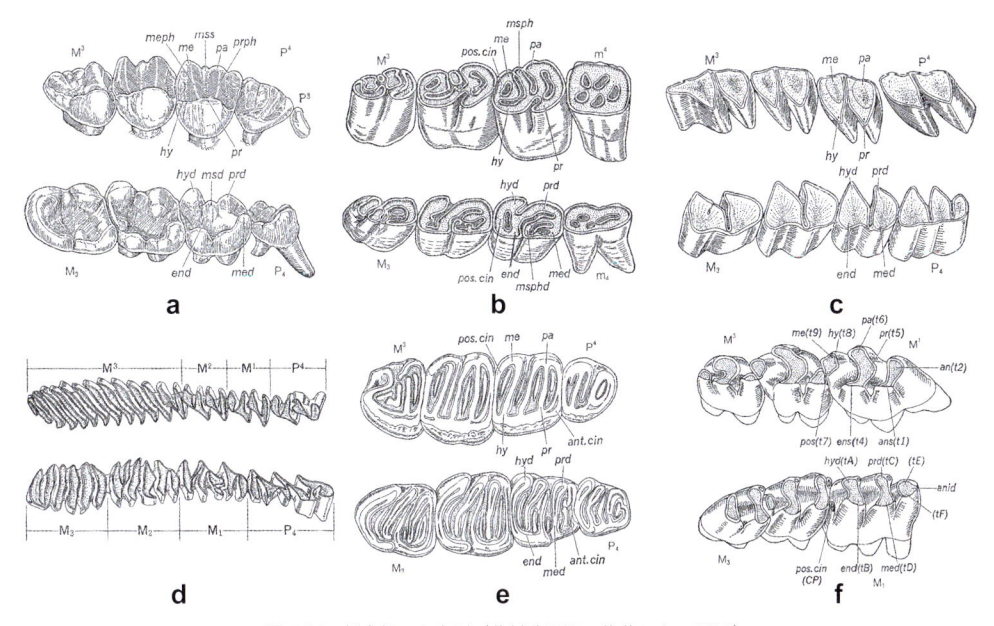

図 5.34　齧歯類の臼歯列（花村肇原図，後藤ほか，2014）
a：ニホンリス，b：ヤマアラシ，c：テンジクネズミ，d：カピバラ，e：ヤマネ，f：ドブネズミ．

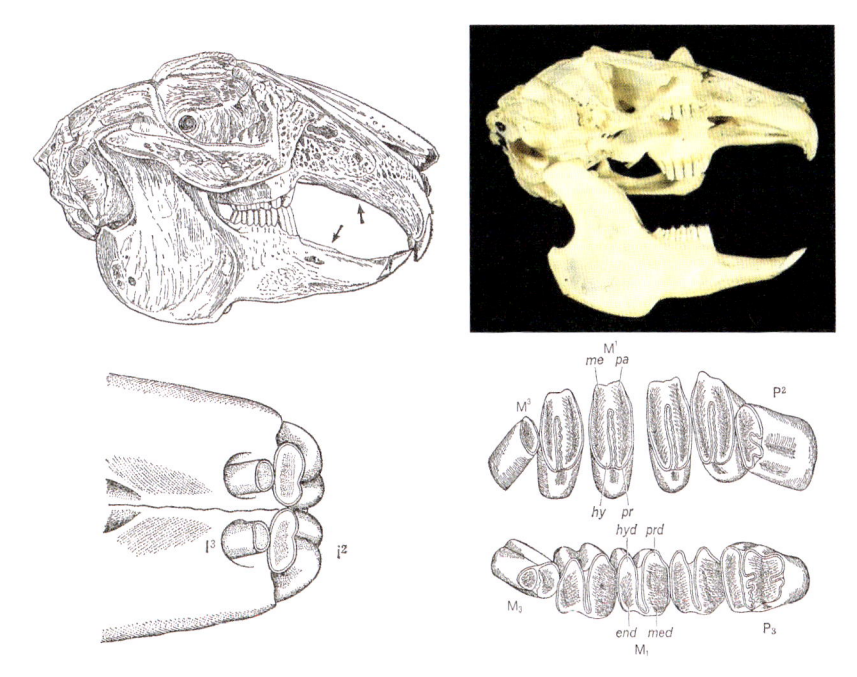

図 5.35　兎類のアナウサギの頭骨（上），上顎切歯（左下），臼歯列（右下）（Berkovitz *et al.*, 1978；
花村肇原図，後藤ほか，2014）

型から，高歯冠型を経て，常生歯型への進化がみられる．これは植物食への適応で，臼歯がすり減ってもすり減っても歯が存在し続けるための工夫だ．なお，実験動物のラットはドブネズミを，マウスはハツカネズミを品種改良して実験動物にしたものだ．

f.　兎類

　兎類は犬歯がなく，切歯と臼歯の間に広い空隙がある点では齧歯類と同じだが，上顎に

2対の切歯をもつ点で異なっている．2対の切歯は前後方向に並んでおり，重歯類とも呼ばれた．前方の切歯は第二乳切歯が永久歯化したもので，後方のは代生歯の第三切歯とされている．植物食に適応して，上下のすべての切歯と臼歯は常生歯になっている（図5.35）．

g. 食肉類

食肉類は陸に棲む裂脚類と海にする鰭脚類に分けられる．裂脚類では，肉食に適応して犬歯が牙として発達し，臼歯は上顎の第四小臼歯と下顎の第一大臼歯がハサミのように咬み合って，肉を切断するためのし裂肉歯となっているのが特徴だ（図5.36）．顎関節は左右には動かずに上下方向にのみ動くようになっている．基本的には切歯3本，犬歯1本，小臼歯4本，大臼歯3本の真獣類の基本歯式であったが，イヌでは上顎の第三大臼歯が失われ，上顎第二大臼歯と下顎第三大臼歯は矮小歯となっている（図5.36左；図5.37）．

ネコ類では切断する機能がさらに進化して，上下顎の第二大臼歯および第三大臼歯が消失し，下顎第一大臼歯は2咬頭になっている（図5.36右）．更新世に南北アメリカに生息していた剣歯虎（サーベルタイガー）のスミロドンは，大型の草食獣を襲って食べるために，24 cmにも達する巨大な上顎犬歯の牙が発達していた（図5.38）．しかし，クマ類で

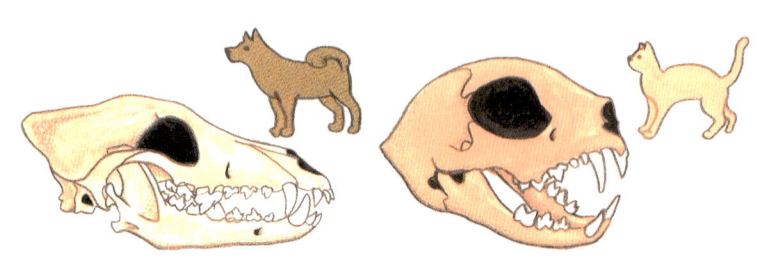

図5.36　食肉類の頭骨と歯（後藤・後藤，2001）
イヌ（左）では犬歯の牙と肉を切り裂く臼歯をもつがまだ歯の数は多く，臼歯の形態もトリボスフェン型のおもかげを残している．しかし，ネコになると犬歯は細く長くとがり，臼歯の数は減り，下顎第一大臼歯は2咬頭になっている．

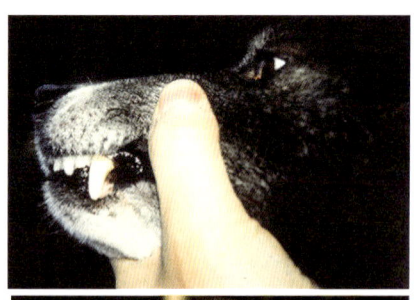

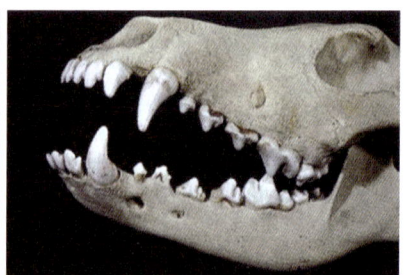

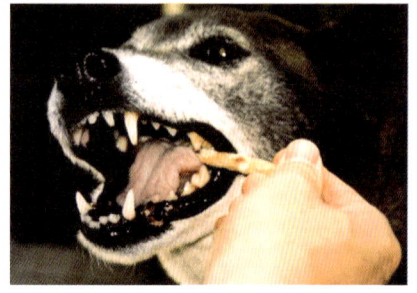

図5.37　食肉類のイヌでは犬歯は外側から見ることができ，イヌのシンボルとなっている
上顎第一大臼歯と下顎第四小臼歯がハサミのように咬み合って，肉を切り裂き，骨を咬みくだく．右上：頭骨（Berkovitz et al., 1978），左は筆者の愛犬クロ．

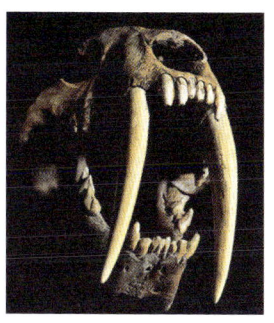
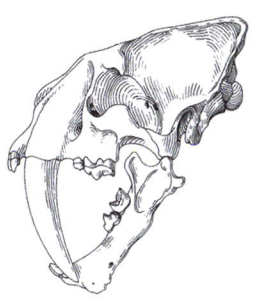

図5.38　食肉類のスミロドン（剣歯虎）の頭骨（Halstead, 1978; Thenius, 1989）

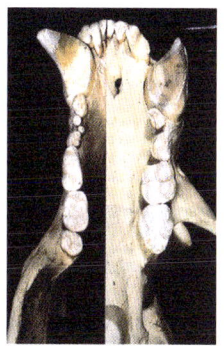
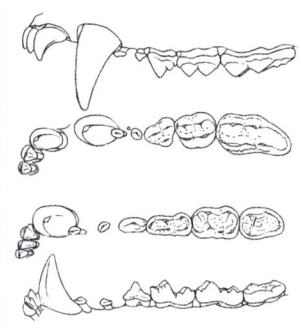

図5.39　食肉類のクマの頬歯列（Berkovitz *et al.*, 1978; Thenius, 1989）
左：写真の左側が下顎歯，右側が上顎歯．右：上顎歯の頬側面と咬合面（上），下顎歯の舌側面と咬合面．臼歯は雑食性に適応して鈍頭歯型になっている．

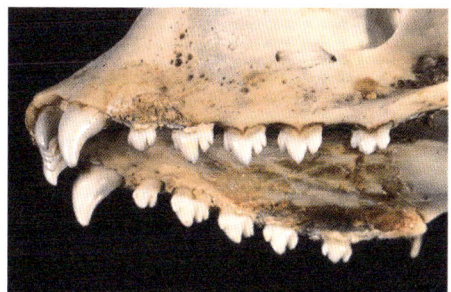
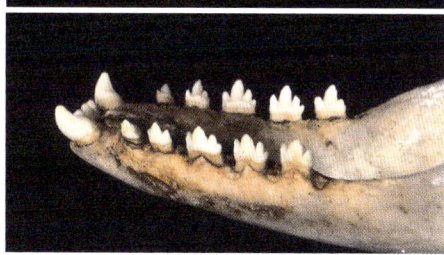

図5.40　鰭脚類のワモンアザラシの臼歯は，魚食に適応して三錐歯型に退化している
上：上顎歯，下：下顎歯．

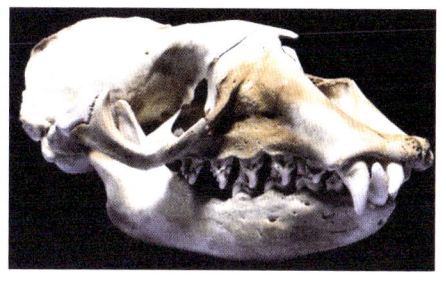
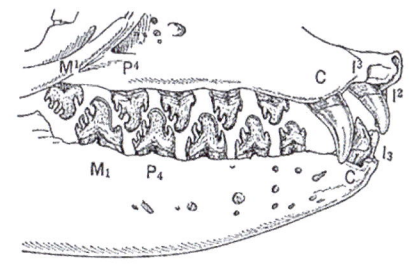

図5.41　鰭脚類のカニクイアザラシの臼歯は，オキアミを濾過して食べるために特異な咬頭をもつ臼歯をもっている（上：和田ほか，2019．下：伊藤徹魯原図；後藤ほか，2014）

は雑食に適応して臼歯は鈍頭歯型（丘 状 歯型ともいう）（図5.39）になっている．

　鰭脚類のオットセイやアザラシでは海生生活で魚類や頭足類を食べるのに適応して，臼歯は単錐歯型ないし三錐歯型である（図5.40）．カニクイアザラシは変わった形態の臼歯をもつ．臼歯の主咬頭は葉状で遠心に傾き，近心に1つ，遠心に2〜3の副咬頭をもち，咬頭間に隙間が空いている．この隙間から飲み込んだ海水を吐き出して，オキアミを濾過して食べている．ウバザメの鰓耙やヒゲクジラの口蓋にある鯨髭と同じ濾過摂食の働きを歯がしているのだ（図5.41）．主食はカニではなく，同じ甲殻類でも大型プランクトンのオキアミである．

　セイウチでもスミロドンと同様な巨大な上顎犬歯が発達しており，メスよりオスの方が

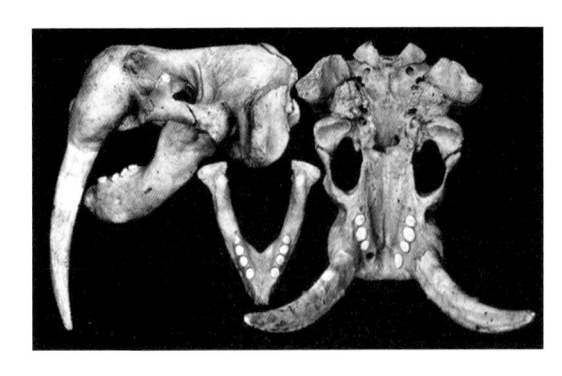

図 5.42 鰭脚類のセイウチの頭骨の側面（左）と
ト頭骨の上面（中）と頭骨のト面（ん）
(Thenius, 1989)

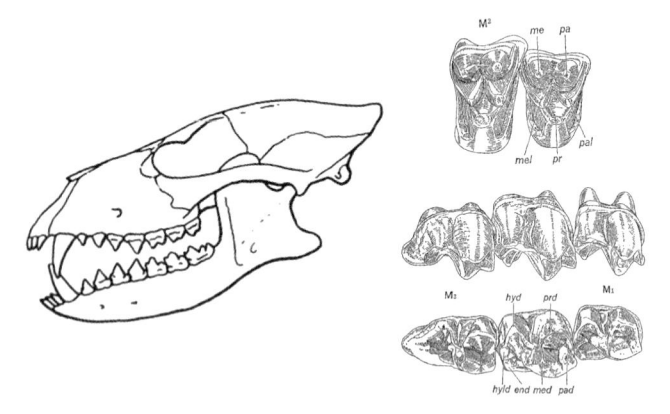

図 5.43 白亜紀の顆節類プロツングラツムの頭骨（左）と上顎大臼歯の咬
合面（右上）と下顎大臼歯のやや頬側から見たところ（右中）と
咬合面（右下）（Colbert *et al.*, 2004; 瀬戸口烈司原図，後藤ほか，
2014）

大きいことからオス同士の闘争における優位性の誇示，外敵に対する武器，海底で獲物を
掘り起こす道具，陸に上がる際の支え，氷に呼吸用の穴をあける道具などと考えられてい
る．上顎では，この巨大な左右の犬歯の間に，各側とも1本の切歯と3本の小臼歯が生え
ている．下顎では，1本の犬歯と3本の小臼歯がある．これらの歯は，初めは円錐形だが，
貝類を食べるなかですぐに咬耗して臼状になる（図5.42）．

h. 原始的な有蹄類

有蹄類は，現生の奇蹄類と偶蹄類に代表される蹄をもつ動物の総称である．その先祖で
ある顆節類は，白亜紀後期から古第三紀始新世に，真獣類の進化の初期に虫食性から雑食
性を経て，草食性に適応した仲間である．北米の白亜紀の地層から知られている顆節類プ
ロツングラツムは，真獣類の基本歯式をもち，大臼歯はトリボスフェン型の形態であるが
咬頭が低くなり草食への適応が見られる（図5.43）．顆節類を先祖として，南アメリカを
中心に滑距類，南蹄類，雷獣類などが栄えた（図5.44）．

アフリカに棲むツチブタは平爪をもち，有蹄類とはいえないが，顆節類から進化したと
されている風変わりな動物だ．アリとシロアリ，植物も食べ，乳歯は多いが永久歯は切歯
と犬歯がなく，2本の小臼歯と3本の大臼歯にはエナメル質がなく，トビエイのような管
状の歯髄腔を中心とした円柱形の象牙質単位がセメント質で束ねられた皺襞象牙質をもっ
ている（図5.45）．そのために管歯類と呼ばれる．

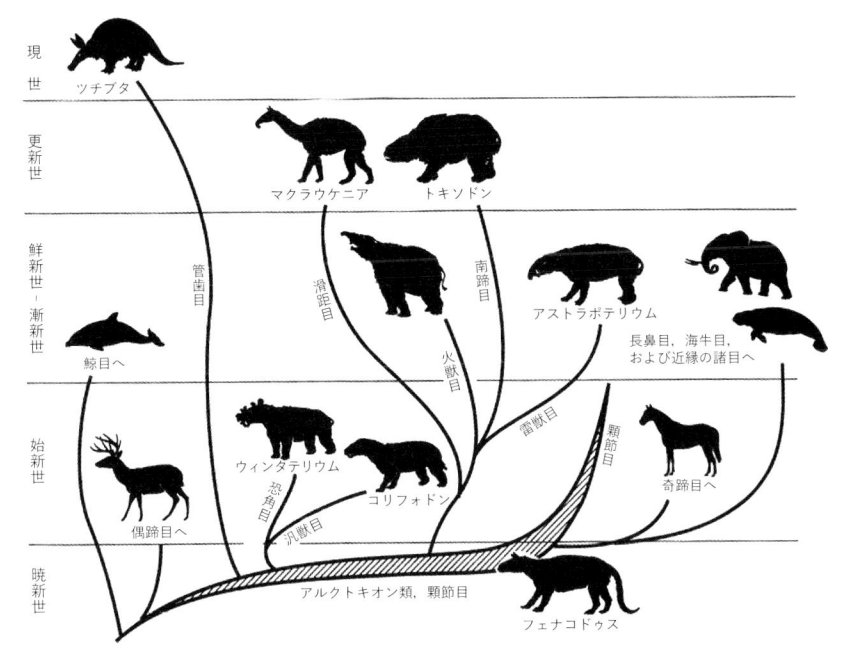

図5.44 顆節類の先祖から，白亜紀から古第三紀に，さまざまな草食獣が進化した（Colbert *et al.*, 2004）

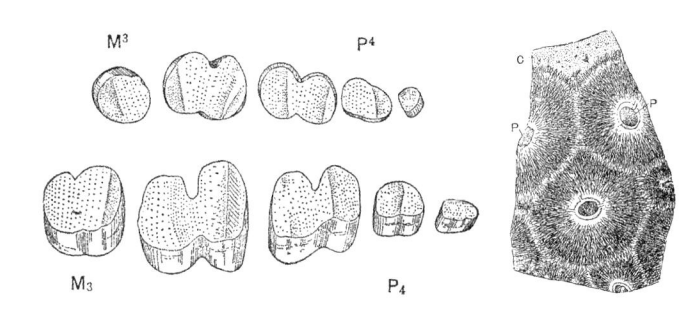

図5.45 管歯類のツチブタの臼歯列（左）と皺襞象牙質の断面（右）（瀬戸口烈司原図，後藤ほか，2014；Weber, 1928）皺襞象牙質は歯髄腔（P）を中心とした象牙質単位から構成され，セメント質（C）で覆われている．

i. 束柱類

束柱類は，漸新世後期から中新世中期に北太平洋岸にだけ生息していた長鼻類と海牛類に近い海生哺乳類である．原始的な特徴をもつパレオパラドキシア類と進化型のデスモスチルス類に分けられる．前者は多数の前歯をもつが，後者は前歯が退化する傾向を示す（図 5.46）．

大臼歯は海苔巻き様の円柱を束ねたような形態が特徴で，束柱類の名の由来となった．歯冠には円筒形の厚いエナメル質と中心部の象牙質からなる咬柱が並んでおり，その隙間はセメント質で埋められている．漸新世後期のアショロアとベヘモトプスでは低歯冠鈍頭歯型，中新世のパレオパラドキシアでは低歯冠柱状歯型，デスモスチルスでは高歯冠柱状歯型の大臼歯をもっている（図 5.47）．大臼歯だけ水平交換[*3]する．エナメル質の

[*3] 多くの哺乳類では乳歯の深部に代生歯の歯胚が形成され，乳歯の歯根が吸収されて脱落すると，その下から代生歯が生える．このような歯の交換を垂直交換と呼ぶ．これに対し，長鼻類や海牛類では，前方（近心）の臼歯の後方（遠心）に新しい臼歯が形成され，先に生えた臼歯は顎の前端から脱落し，新しい臼歯に置き換えられる．このように顎の後方から前方に臼歯が移動して水平方向に歯が交換する様式を水平交換という．

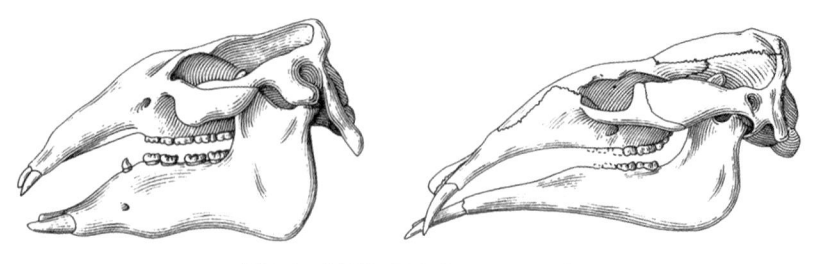

図 5.46　束柱類の頭骨（Thenius, 1989）
パレオパラドキシア（左）とデスモスチルス（右）.

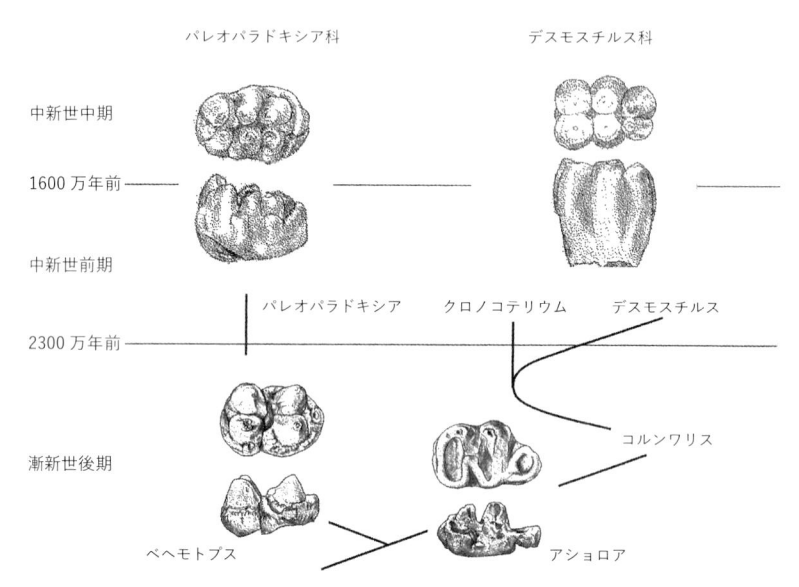

図 5.47　束柱類の進化を下顎大臼歯の咬合面と側面で示す（犬塚則久原図, 後藤ほか, 2014）

厚さは 10 mm にも達する〔図5.70（p.141）〕. 水陸両用の四足動物であるが, このような不思議な形態の歯で海藻を食べていたのか, 貝類も食べていたのか, いまだはっきりとは解明されていない.

　井尻正二がデスモスチルスの歯の研究を形態学的, 組織学的, 発生学的に進め, 歯の古生物学的研究に大きな業績を残したことについては, 本章末のコラム2で紹介する.

j. 海牛類

　海牛類は, 始新世に出現し, 水生に適応した哺乳類で, 先祖は四足をもっていたが, 進化の過程で後足を失い, 前足は鰭脚に変化している. 浅い海でアマモなどの海草を食べている. 植物を胃で発酵させると大量のガスが出るが, 骨を緻密にして硬くすることで遊泳を可能にしている. 硬骨症という病的な状態が生理的に獲得された珍しい例である. ダイバーが潜水するのに鉛の重りをベルトに付けるのと同じ効果があるのだ.

　現生のジュゴンやマナティーは前歯が退化する傾向にあり, 洞毛[*4)]の生えた口にある上

[*4)] 洞毛はネコの髭のように毛根に静脈洞をもち, 感覚神経が密に分布して敏感な知覚をもつ特殊な毛である. 洞毛以外の毛を体毛という. ヒトの髭は洞毛ではなく体毛の一部である.

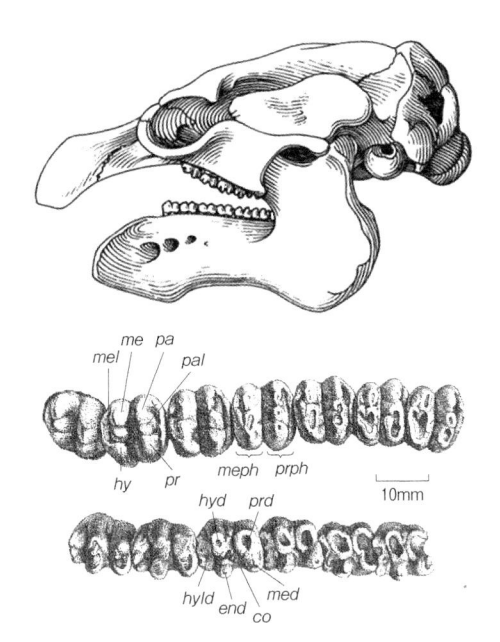

図5.48　海牛類のアフリカマナティーの頭骨（上）（Thenius, 1989）と臼歯列（下）（犬塚則久原図；後藤ほか，2014）

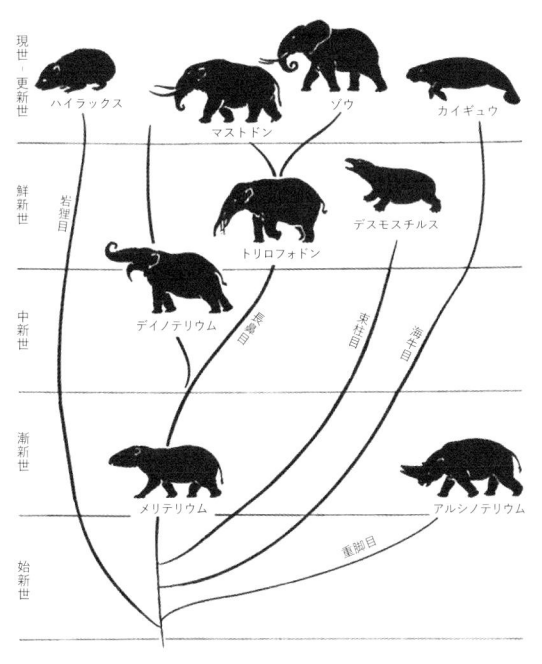

図5.49　長鼻類とその近縁な哺乳類の進化（Colbert *et al.*, 2004）

下の角質板で水草を食べ，臼歯ですり潰す．臼歯は形態的に小臼歯と大臼歯の区別はつかない．臼歯は上下左右顎に，ジュゴンでは各5本，マナティーでは各8〜10本もある．ジュゴンの臼歯はエナメル質のない柱状の常生歯で，マナティーの臼歯は低歯冠二稜歯型で，水平交換する（図5.48）．

k. 長鼻類

長鼻類は，古第三紀始新世に出現して新第三紀から第四紀更新世に繁栄した大型の草食獣で，岩狸類，束柱類，海牛類，重脚類と近縁な仲間である（図5.49）．何よりもその巨大な切歯の牙と，巨大な臼歯を発達させ，歯の進化の極に達している．

長鼻類は150種以上が含まれるが，現生はアフリカゾウとアジアゾウの2種に過ぎない．初期には切歯の突き出たブタほどの動物であったが，進化とともに巨大化し，長い鼻と長い切歯をもつ，もっとも重い陸上哺乳類になった（図5.50）．

切歯は，初期のものには上下顎の第二切歯が牙として突出していたが，その後，一部の仲間では下顎のみが牙となり，その他のものでは上顎のみが牙となった．すなわち，新第三紀中新世中期から第四紀更新世前期のデイノテリウム類では，下顎左右の第二切歯だけが残って下方から後方に曲がる牙となった．この牙はいったい何のために使われたのだろうか．その他の仲間では上顎左右の第二切歯が牙として発達した．鮮新世初期から更新世末期まで栄えたマンモスは，下外側から上内側に大きくカーブした牙をもっていた（図5.51左）．切歯の断面には独特の象牙模様が観察できる（図5.51右）．

臼歯は，初期のものは顎が長く，小臼歯があるが，後期のものでは顎が短くなり，小臼歯が退化して臼歯は乳臼歯と大臼歯のみとなり，歯の交換は水平交換となる．上下左右で，

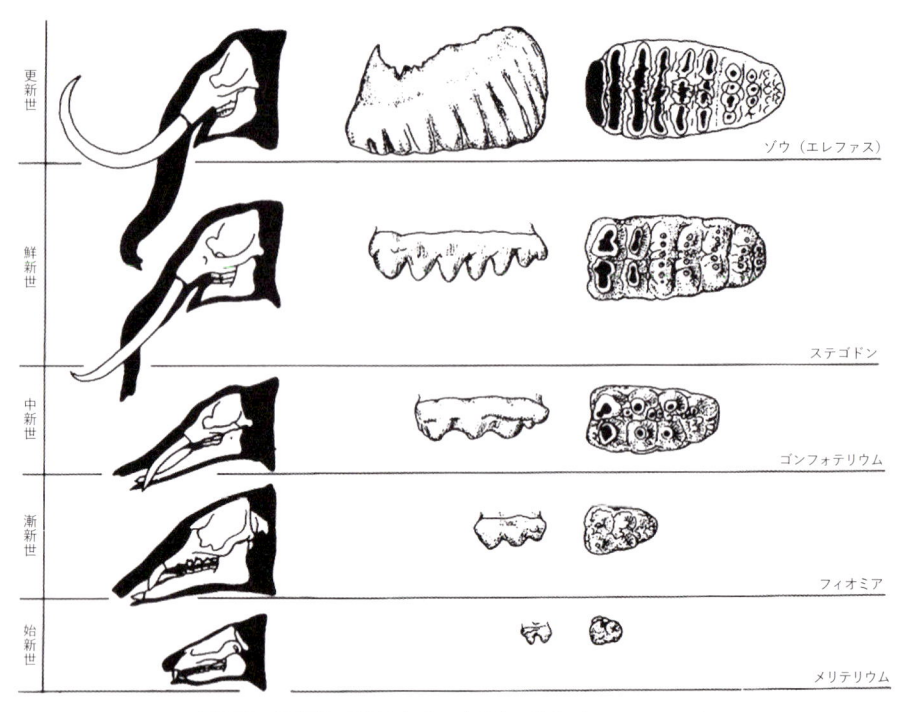

図 5.50　長鼻類の頭骨と切歯，大臼歯の進化（Savage, 1991）

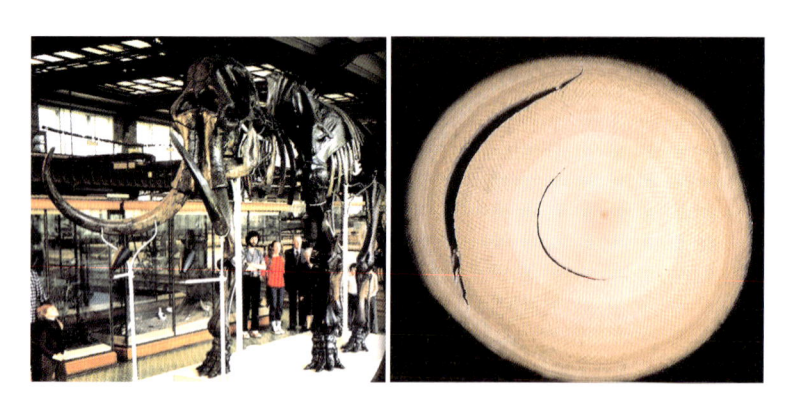

図 5.51　更新世のケナガマンモスの骨格復元（左）とその切歯の横断面（右）（左：小畠,
　　　　　1979; 右：筆者原図）

　各 3 本の乳臼歯の後方に 3 本の大臼歯が次々と形成されて生えてくる．水平交換によって，
短い顎に大きな臼歯を次々に生やすことができるようになった．
　大臼歯の形態も，始新世から漸新世のメリテリウム類では低歯冠鈍頭歯型であるが，中
新世から更新世のデイノテリウム類では二稜歯型ないし三稜歯型で，中新世のゴンフォテ
リウム類では二稜歯型に加えて三稜歯型や四稜歯型が出現し，鮮新世から更新世のステゴ
ドン類では上顎第三大臼歯の稜数が 4〜6 ないし 9〜15 へと増加する．現生種を含むゾウ
類ではさらに巨大な高歯冠多稜歯型ないし皺襞歯型へと変化している（図 5.52）．多稜歯
型では何枚もの咬板が近遠心方向に並んでおり，咬板数は後継歯ほど，進化した種ほど多
くなり，ケナガマンモスの上顎第三大臼歯では 27 枚に及んでいる．顎の動きも上下運動
から左右側方運動へ，さらには前後運動へと変化してきた．

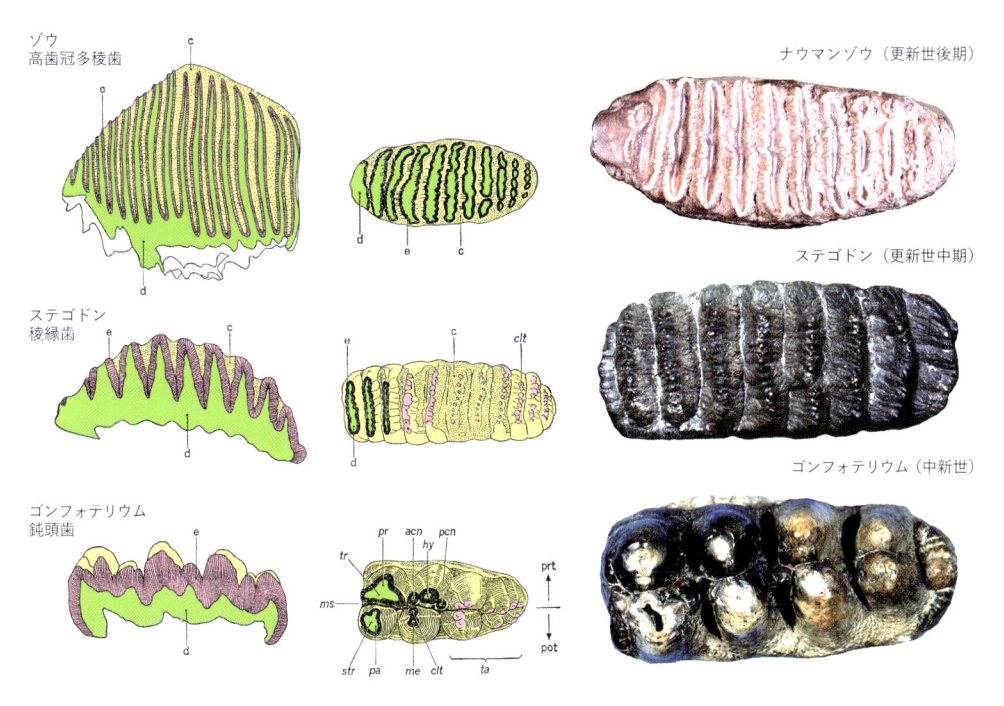

図 5.52 長鼻類の上顎大臼歯の構造と咬合面（犬塚則久原図；後藤ほか，2014，右列は神谷英利氏提供）
d：象牙質，e：エナメル質，c：歯冠セメント質．

図 5.53 更新世のナウマンゾウの下顎第三大臼歯の近遠心方向の縦断面（亀井，1991）

　ゾウ類のエナメル質・象牙質・エナメル質・歯冠セメント質が交互に配列するその断面（図 5.53）は，草食への適応の極を見ることができる．

1. 奇蹄類

　手足の指の数が奇数であることからその名がある．顆節類から進化した草食獣で，偶蹄類では小臼歯と大臼歯の形態が区別できるのに対し，奇蹄類では小臼歯が大臼歯化して咬合面に稜がよく発達しているのが特徴だ．

　ウマ類の先祖である始新世のヒラコテリウムは，真獣類の基本歯式である切歯3本，犬歯1本，小臼歯4本，大臼歯3本の歯をもち，臼歯は草食に適応して咬頭が低くなり，咬頭を結ぶ稜が発達する（図 5.54）．ウマの進化は化石により詳しく研究されている．森林での葉食性の生活から草原での草食性へ，からだと頭骨は少しずつ大きくなり，前足の指は4本から3本，そして1本へと変化した（図 5.55）．臼歯も低歯冠鈍頭歯型から複雑な稜の発達した高歯冠稜縁歯型へと進化した．現生のウマでは犬歯はオスだけに見られるようになる．このように一定方向に向かって起こる進化を定向進化と呼ぶ．

　ウマの年齢は，下顎切歯の咬耗の程度により知ることができる（図 5.56）．臼歯は複雑

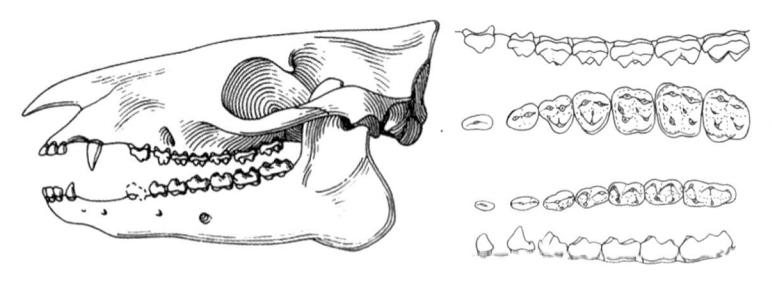

図 5.54 奇蹄類・ウマの先祖, 始新世のヒラコテリウムの頭骨（左）と上顎臼歯（右上）と下顎臼歯（右下）(Thenius, 1989)
臼歯は上下とも側面と咬合面を示す.

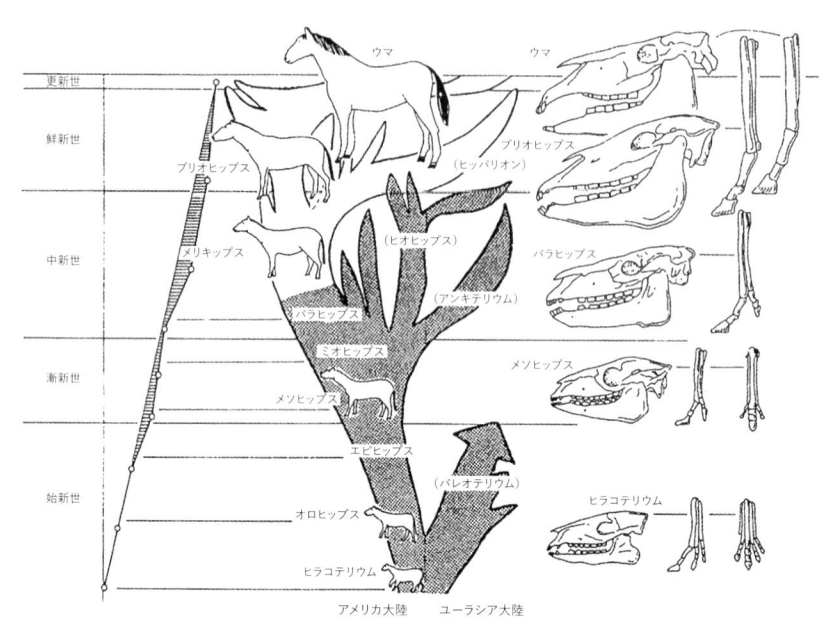

図 5.55 ウマ類の進化をアメリカ大陸とユーラシア大陸に分けて示す（Ziegler, 1983）
森林での葉食性から草原での草食性になるにしたがってからだと頭骨が大きくなり, 前足は 4 本指から 3 本指を経て 1 本指になった.

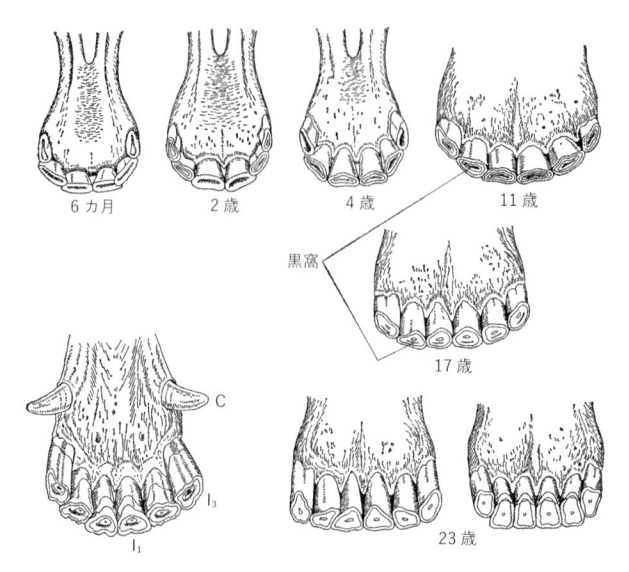

図 5.56 ウマの下顎の切歯（I）・犬歯（C）の咬耗による加齢変化（大泰司紀之原図, 後藤ほか, 2014）

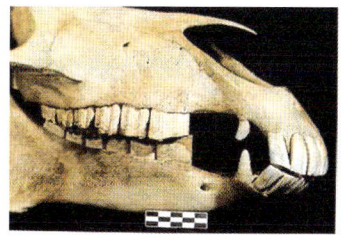

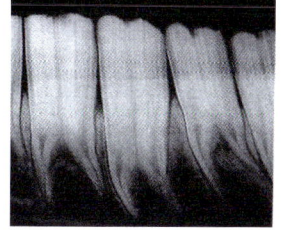

図 5.57　ウマの頭骨（左上）と下顎歯列（右上）と臼歯のX線像（左下）（Berkovitz *et al.*, 1978）
臼歯は高歯冠稜縁歯型.

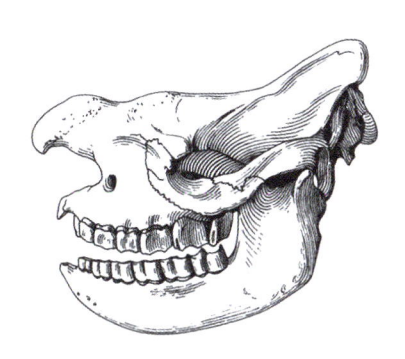
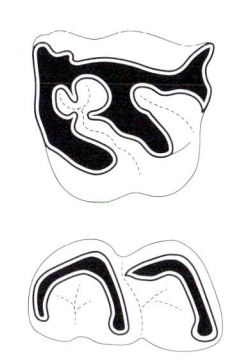

図 5.58　奇蹄類のスマトラサイの頭骨（左）と大臼歯（右）（Thenius, 1989）
右上：上顎大臼歯（π字形の模様），下：下顎大臼歯.

に稜が発達した高歯冠稜縁歯型で，咬耗しながら長期間にわたって成長し続け，老齢になって歯根が形成される（図 5.57）．顎は左右方向に動き，植物の葉をすり潰す．

　サイではウマほど複雑な稜ではないが，上顎臼歯の咬合面にギリシア文字のπの模様の稜が見られる（図 5.58）．バクの臼歯では頬舌方向の稜が発達している．

m.　偶蹄類

　手足の指の数が2本ないし4本の偶数であることからその名がある．現在もっとも繁栄している草食獣で，始新世から中新世に栄えた古歯類，現在まで繁栄している猪豚類，河馬類，核 脚 類，反芻類に分かれて進化した．

　古歯類と猪豚類は，真獣類の基本歯式をもち，雑食性で，臼歯は低歯冠鈍頭歯型である．現生のイノシシの犬歯は断面が三角形で，上下がハサミのように咬み合って外側に突出した常生歯の牙になっている．通常は上顎の犬歯の牙は下方に伸びるが，イノシシやバビルサやイボイノシシのオスでは上方に大きく突出し，性的ディスプレイに用いられるようだ．家畜のブタはイノシシを食用に飼育したものであるが，イノシシとほぼ同じ特徴の歯をもっている（図 5.59）．

　河馬類は草食性であるが，反芻類ほど特殊化していない．現生のカバは半水生で，切歯と犬歯は常生歯で，下顎犬歯はとくに大きく，上後方に湾曲して長く伸びる．大臼歯は下

顎の第三大臼歯が5咬頭である以外は4咬頭で，萌出した時は鈍頭歯型であるが，咬耗により各咬頭がクローバーの三つ葉のような模様になるのが特徴だ（**図5.59左下**）．

　核脚類はラクダやアルパカの仲間で，反芻を行なうので，反芻類に分類されることもある．上顎切歯は近心の2本が退化して1本になり，前方部は角質板が形成され，3本の下顎切歯へのまな板の機能を果たしている．大臼歯は反芻類と同じ4咬頭性の月状歯型である．

　反芻類は反芻することが特徴で，胃が4つあり，第1胃から第3胃までは食道の下端が膨らんだもので，本来の胃は第4胃だけである（**図5.60**）．口で咀嚼した食べ物は食道からまず巨大な第1胃に送られ，ここに棲む多数の微生物によって発酵し，発生したメタンガスはゲップとして口から排出される（メタンガスは温室効果ガスで地球温暖化の原因の一つとされており，世界中の反芻類の家畜が出すゲップのメタンは温室効果ガスの4%を

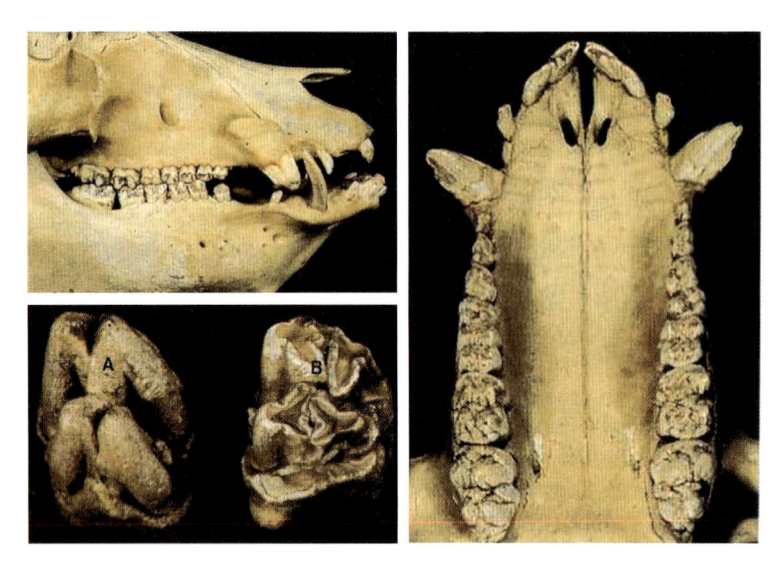

図5.59 偶蹄類のブタの歯列の頬側面（左上）と咬合面（右），カバの大臼歯（左下）
　　　　（Berkovitz *et al.*, 1978）
ブタは左右上下顎に切歯3本，犬歯1本，小臼歯4本，大臼歯3本の真獣類の基本歯式をもつ．上下顎とも犬歯は牙となり突出し，臼歯は低歯冠鈍頭歯型．カバの大臼歯は萌出時は鈍頭歯型（A）であるが，咬耗によって各咬頭がクローバーの三つ葉のようになる（B）．

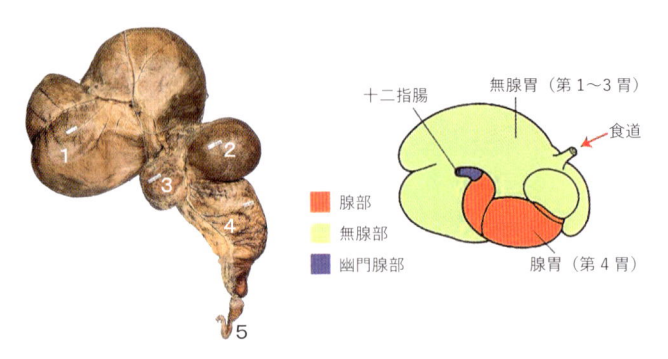

図5.60 反芻類の胃（和田ほか，2019）
キリンの胃（左）とウシの胃（右）．1：第1胃，2：第2胃，3：第3胃，4：第4胃，5：十二指腸．

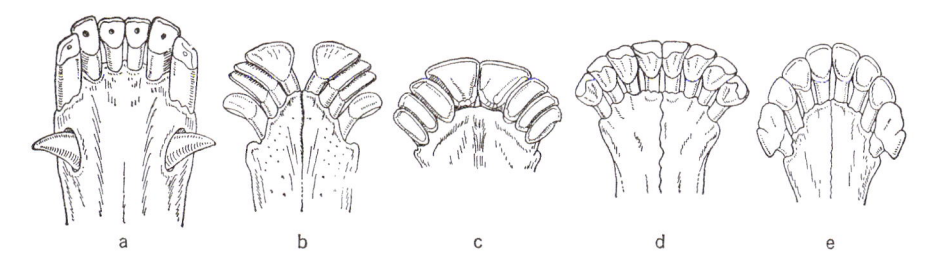

図5.61 反芻類と核脚類の下顎前歯（大泰司紀之原図，後藤ほか，2014）
A：核脚類のアルパカ，b：マメジカ，c：ニホンジカ，d：ウシ，e：キリン．

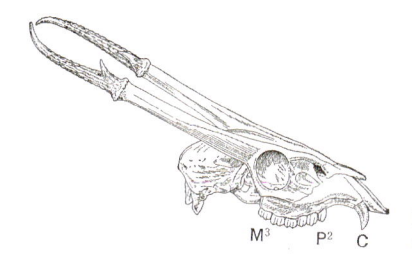

図5.62 反芻類のキョンの頭蓋（大泰司紀之原図，後藤ほか，2014）
C：上顎犬歯の牙，P^2：上顎第二小臼歯，M^3：上顎第三大臼歯．

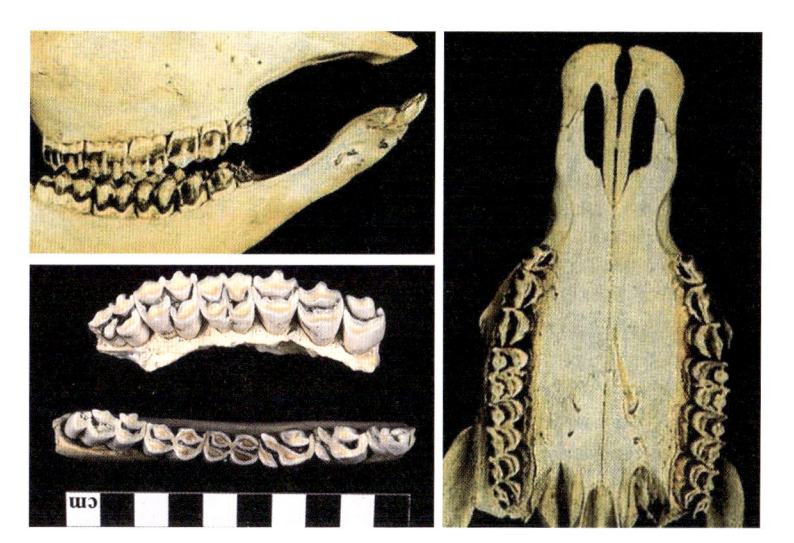

図5.63 反芻類のウシの歯の頬側面（左上）と咬合面（右）（Berkovitz *et al.*, 1978），ト
ナカイの上下顎臼歯列（左下）（筆者原図）
臼歯は月状歯型．

占めるという）．第2胃はポンプのように収縮して半分ほど消化された草を口にもどし，
口でゆっくり咀嚼する．反芻類が草を食べていない時もたえず顎を左右に動かしているの
はそのためだ．第3胃にはどろどろになった草が流れ込み，壁にある襞でさらに消化され，
第4胃に送られ，そこで胃液で消化され，小腸の十二指腸に送られて本格的に消化される
のである．第1胃から第3胃までは胃腺がないので無腺胃といい，第4胃には胃腺がある
ので腺胃という．

　反芻類はマメジカ類，シカ類，キリン類，ウシ類からなり，もっとも多様で多数を占め
る偶蹄類である．このうち，シカ類は森林に棲み葉食性，ウシ類は草原に棲み草食性に適

応している.

　上顎の切歯は退化して角質板となっている. 下顎の犬歯は核脚類のアルパカでは独立しているが, 反芻類では切歯化して3本の切歯と並んで前上方に向き, 上顎の角質板との間に葉をはさんで食べている（図5.61）. シカ類のキョンは上顎に犬歯の牙をもち, 牙と角をあわせもつ珍しい動物である（図5.62）. 反芻類の前歯と臼歯の間には広い隙間がある. 臼歯は, 咬合面に半月状の模様のある月状歯型で, シカ類では低歯冠型であるが, ウシ類では草原での草食性に適応した高歯冠型である（図5.63）. 偶蹄類の月状歯も奇蹄類の稜縁歯とともに, 顎を左右に動かして植物の歯をすり潰す役割を果たしている.

n. 鯨類

　海生生活に適応して魚類のような姿に進化したのが鯨類である. 近年では偶蹄類のカバ類との共通先祖に由来することから偶蹄類と合わせて鯨偶蹄類（げいぐうているい）と呼ばれることが多い. 水中での生活に適応して, 前肢は鰭脚に変化し, 後肢はほとんど退化している. 外鼻孔は頭の頂上にあり, 噴気孔となっており, 弁で閉じることができる. 頸がなく, 頸椎は前後に短縮して癒合している.

　始新世中期から中新世まで生息した古鯨類（こげいるい）は, 真獣類の基本歯式をもっていたが, 切歯・犬歯・第一小臼歯は単錐歯型で歯と歯の間は広く空き, 第二小臼歯より遠心の臼歯は中央が高い鋸歯状の咬頭をそなえていた（図5.64上）. 同様な歯はアザラシ類にもみられ, 魚食への適応と考えられる.

　現生の鯨類は, 歯をもつ歯鯨類（はくじらるい）と, 歯を失って鯨髭でプランクトンを濾過摂食する髭鯨類（くじらるい）に分けられる. 歯鯨類は, 同形歯性ですべて単錐歯をもち, 歯種の区別はできない. マッコウクジラは下顎の左右側に各20～28本の歯をもつ（図5.64下）. エナメル質は歯冠の先端のみにあり, 象牙質の外側は厚いセメント質によって覆われている. 上顎には10～16本の退化した歯が顎の中に埋伏しているという. オウギハクジラは下顎に1対の扇形の歯をもち, メスをめぐるオス同士の争いに使用されるという（図5.65上）. 北極海に棲むイッカクは上顎左側の1本の切歯以外の歯をもたない. この切歯はエナメル質がなく, らせん状に巻き, 2.6 mにも達する. これもオスのメスをめぐる争いに使用されることが観察されている（図5.65下）. マイルカは上下左右顎に各40～50本, 総計200本もの歯をもつ（図5.66上）. 生態的地位（ニッチ）においてすべての海生動物の頂点にたつシャチは上下左右に各10～13本の厚いエナメル質をもつ歯をそなえ, 魚類や海生哺乳類を襲って捕食する（図5.66下）.

　髭鯨類の現生種は歯を失い, 口蓋に並んでいる多数の板状の鯨髭（くじらひげ）でオキアミ類を沪しとって食べる. 鯨髭はケラチンからなる角質で構成されるが, 部分的に石灰化して強度を増している. 歯は形成されないが, 胎児には一時的に歯胚が形成されることが知られている. 髭鯨類でも漸新世前期の先祖は古鯨類と同様に真獣類の基本歯式をもっていた. しかし, 漸新世後期にはすでに歯を失い, 鯨髭をもつ仲間が出現している. シロナガスクジラは体長29.9 m, 体重199 tに達する現生で最大の動物である.

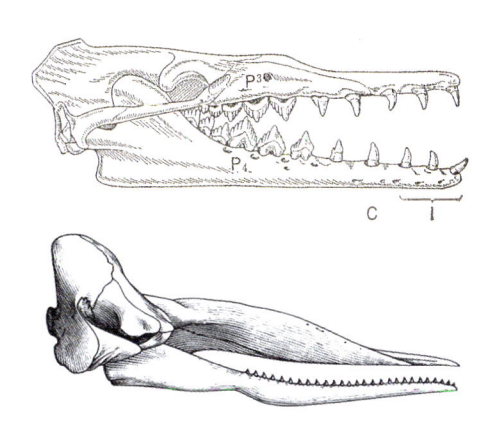

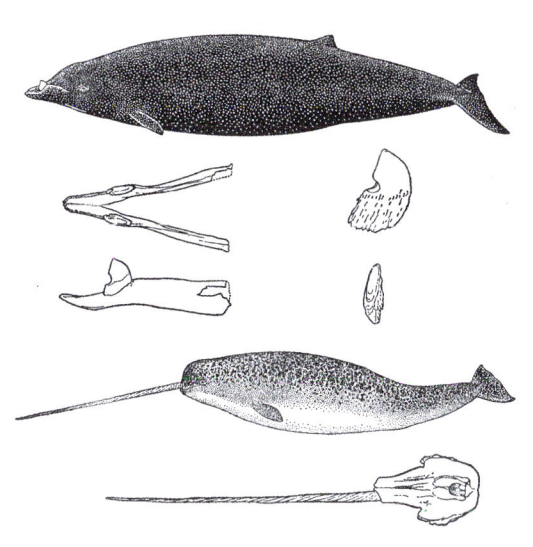

図 5.64 始新世後期の古鯨類バシロサウルスの歯列（上），I：切歯，C：犬歯，P³：上顎第四小臼歯，P₄：下顎第三小臼歯（大泰司紀之原図，後藤ほか，2014）．現生の歯鯨類マッコウクジラの頭骨（下）（Thenius, 1989）

図 5.65 歯鯨類のオウギハクジラと下顎骨と左下顎歯（上）とイッカクのオスの切歯（下）（西脇，1965）

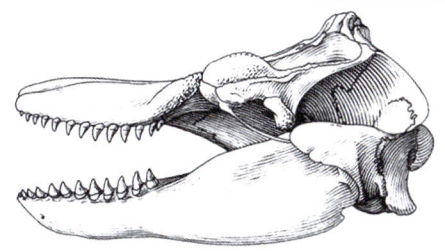

図 5.66 歯鯨類のマイルカの頭骨（上）（Berkovitz *et al.*, 1978）とシャチの頭骨（下）（Thenius, 1989）

恩師・野村松光氏の思い出

コラム 1

　筆者は中学 1 年生で，恩師・野村松光氏の理科の授業を受け，魅了された．彼の話は体験にもとづいた具体的で興味深いものだった．当時のノートはいまだ私の宝物になっている（図5.67）．野村氏によると，魚類化石は世界ではデボン紀のものが多いが，日本では新第三紀のものが多く，三重県の津市などで採集できるという．筆者は化石採集にも出かけたが，中学時代はそれ以上は進まなかった．

　高校では何か一つのクラブに属して活動したいと，地学部の部室の扉を叩いた．そこで，生涯の友に出会うことができたのは幸運だった（図 5.68）．優秀な同級生たちが顧問との対立で退部した後，なぜか私が部長に指名された．

　前部長の平野弘道氏は筆者を息子のように可愛がってくれた．その後，平野氏は横浜国立大学で鹿間時夫氏，九州大学で松本達郎氏の指導をうけ，早稲田大学教授として日本を代表する古生物学者になった．その著『絶滅古生物学』（平野，2006）は名著である．古生物学会評議員会や IGCP（地質科学国際研究計画）国内委員会でともに活動していたが，現職中に病気で亡くなり，残念でならない．筆者とともに会計として部活を担ってくれた松原聰氏は，京都

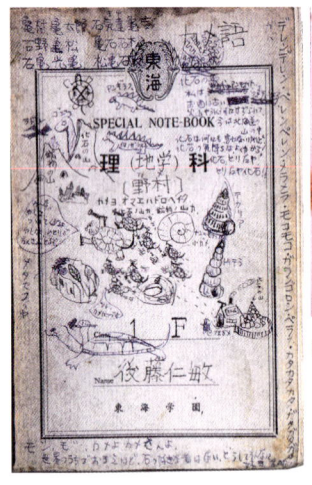

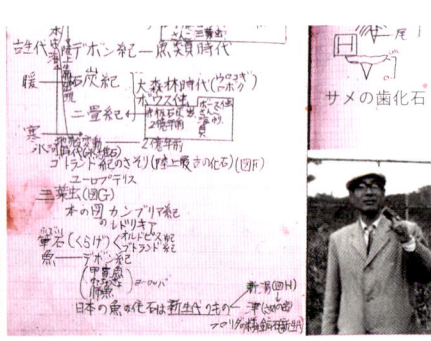

図 5.67　中学 1 年生の理科（地学）の授業のノートと野村松光先生（右下）

図 5.68　高校時代の先輩の平野弘道氏（中）と同級生の松原聰氏と筆者（左）（1963 年 3 月 11 日）

大学から国立科学博物館に就職し地学研究部長として活躍した，日本を代表する鉱物学者である．筆者らの学園から野村氏の影響で地質学に進んだ卒業生は 20 名以上にのぼる．

　野村氏は 1985 年に退職したが，1993 年に日本地質学会が 100 周年を迎えるにあたって功労者の表彰が行なわれると聞き，恩師に功労賞をと卒業生の地質学会会員 18 名の連名で推薦状を提出し，東京大学教養学部で開催された 100 周年記念式典で日本地質学会功労賞が授与された．

　野村氏は 1998 年 8 月に亡くなり，私たちは 1999 年秋に名古屋で開催された日本地質学会年会の折に偲ぶ会を開催した．地質学界で活躍する多くの教え子が全国から集まったことは言うまでもない．

歯の研究に大きな業績を残した井尻正二氏

コラム 2

　高校 1 年生の時に名古屋の本屋で『自然と人間の誕生』（井尻，1956）という本を読み，著者である井尻正二氏（**図 5.69**）に魅了された．まさに青春の悩みに応える本であった．また，藤田至則氏との共著『化石学習図鑑』（井尻・藤田，1956）は私たち化石少年のバイブルであった．さらに，地質学雑誌に掲載された生化学的手法を使った歯化石の有機物の石灰化実験の研究（井尻ほか，1962）にも注目していた．

　大学に入ってまもない頃，学園祭後のコンパで池袋の飲み屋に行くと，そこに藤田氏と井尻氏がいた．「俺の家に来い」との井尻氏の誘いにのってお宅に伺い，生まれて初めて大量のアルコールを飲んだ私は，そこに泊めていただくことになった．その後，恩師・大森昌衛氏の紹介で，井尻氏の本づくりのアルバイトをさせていただき，以後，35 年間にわたって，筆者は研究の面でも，生き方の面でも師の後姿を追い続けてきた．

　井尻氏は戦前からデスモスチルスという新第三紀中新世に生息した謎の哺乳類の歯について現代生物学の手法で研究した（**図 5.70**）．さらにイヌの歯を使った実験的研究も行なった．論文の数は少ないが，その一つ一つが氏の『科学論』（井尻，1977）にある方法論を，記載的方法，分

図 5.69　45 歳の井尻正二氏（徳田ほか，1959）

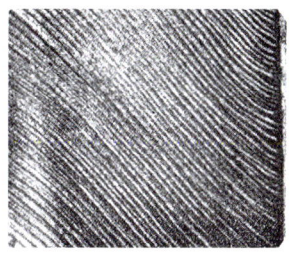

図 5.70　井尻氏が研究したデスモスチルスの大臼歯（左）とその断面（中）とエナメル質の顕微鏡写真（右）(Ijiri, 1939)

類的方法，論理的方法，理論的方法，実験的方法，条件的方法と深めていることが特徴だ．理論的方法とされる歯の形態発生理論では，エナメル器の形態が変化することで，哺乳類の多様な歯の形態が形成されるという「陥入説」を唱えた（図5.71）．エナメル器が2つの山に分かれればヒトの小臼歯のような2咬頭の歯ができ，多数の山に分かれればデスモスチルスのような多数の咬柱をもつ臼歯になり，唇側にのみエナメル器が膨らむと唇側のみにエナメル質をもつ齧歯類の切歯が形成されるというのである．この説は実際にそれぞれの歯の発生に関する研究で証明されている．

　井尻氏は自らイヌの歯の移植実験を行ない，さらに化石に残された有機物が石灰化能をもつかどうかという実験的研究も行ない，実験古生物学の道を拓いた．古生物学を志す若者がその道をさらに深く，高く進めることを期待したい．

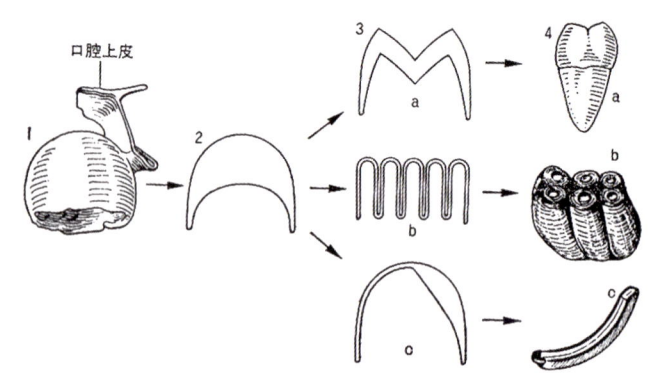

図5.71　井尻氏が提唱した陥入説（井尻，1938；1968：井尻・秋山，1992）抽象的エナメル器をさまざまな形態に分化させることで，ヒトの臼歯，デスモスチルスの大臼歯，ネズミの切歯が形成される．1：ヒトのエナメル器，2：抽象的エナメル器の断面，3：抽象的エナメル器の形態変化，4：a.ヒトの小臼歯，b.デスモスチルスの大臼歯，c.ネズミの切歯．

ゾウ類の臼歯の鑑別法

コラム3

　歯学部の歯の解剖学の授業では，ヒトの歯の形態を学ぶためにその歯が，32本（20本の乳歯も含めると52本）の歯のうちどの歯であるか歯の鑑別の試験をしていたことがあった．歯の形態のわずかな違いから上下左右何番目の歯を言い当てるのだ．

　同じことがゾウ類の臼歯でも可能である．まず，上顎か下顎かを区別するには，上顎の方が下顎より幅（頬舌径）が広く，近遠心径が短いこと，咬合面は上顎では凸面を示すが，下顎は凹面であることを見る．左右の区別は，上顎は頬側の方が口蓋側よりも凸湾が強く，下顎では舌側が凸湾し，頬側が平面ないし凸湾していることに注目する（図5.72）．何番目の歯かは咬板の数と歯の大きさで分かる．ナウマンゾウでは，最初に生える第二乳臼歯は上下とも3枚と推定されている．第三乳臼歯は上顎が7枚，下顎は8枚，第四乳臼歯は上下とも12枚，

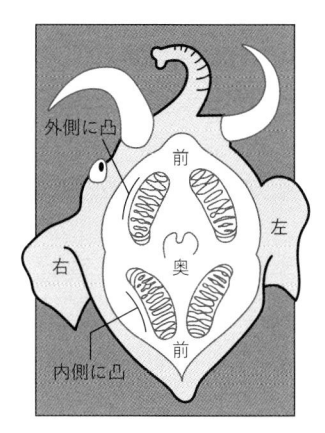

図 5.72 ゾウ類の臼歯の上下左右の見分け方（野尻湖哺乳類グループ，2000）

第一大臼歯も上下とも 12 枚だが歯が大きいので，区別できる．第二大臼歯は上下とも 15 枚，第三大臼歯は上顎は 17 枚，下顎は 17〜19 枚である（図 5.73）．

筆者は何度もナウマンゾウの発掘に参加した．院生時代の 1970 年には，北海道忠類村（現在の幕別町）でナウマンゾウ 1 個体分の発掘に参加した．この標本は京都大学の故亀井節夫氏によって復元され，札幌市郊外の北海道博物館に展示されている．

1976 年には日本橋浜町の都営地下鉄新宿線の工事現場で 2 個体の骨格が発見され，犬塚則久氏らと発掘した．メスの骨格標本は組み立てられ，高尾自然博物館に展示されていたが，現在は閉鎖されている．

その後は長野県の野尻湖での発掘に参加してきた．野尻湖ナウマンゾウ博物館には発掘参加者が発見した多数のナウマンゾウやオオツノジカの化石が展示されている．

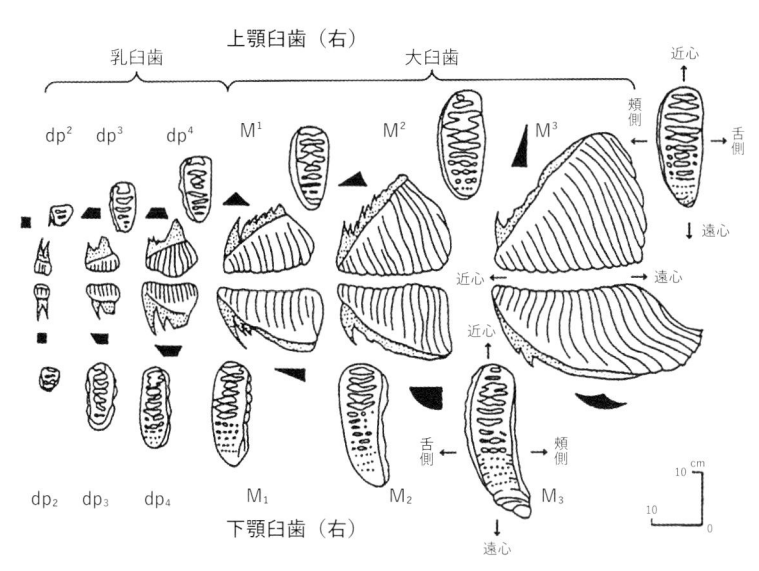

図 5.73 ナウマンゾウの乳臼歯と大臼歯（野尻湖哺乳類グループ，2000）

6 食虫類の歯から霊長類の歯へ

6.1 食虫類から霊長類へ：樹上生活への適応

　前章では爬虫類の歯から哺乳類の歯への進化について述べた．魚類から爬虫類までの歯の進化では，歯が顎骨と結合するようになるとか，歯冠の外層がエナメロイド（水中エナメル質）からエナメル質（陸上エナメル質）に変化するという変化であった．しかし，爬虫類から哺乳類への進化では，歯の形態，組織，支持様式，交換様式など，歯の全体にわたって大きな変化があり，歯の機能もイッキ食い（捕食）からモグモグ食い（咀嚼）へと変わることを明らかにした．それは，変温動物から恒温動物へというからだの仕組み全体の変化にともなうものであった．

　そして，中生代三畳紀後期には爬虫類の獣弓類から哺乳類の原獣類へ，原獣類から汎獣類へ，汎獣類から後獣類（有袋類）と真獣類（有胎盤類）へと進化するなかで，卵生から胎生へと移行し，感覚器や脳も発達させてきた．白亜紀末の巨大隕石の衝突で大型の爬虫類が絶滅したのち，真獣類は虫食から肉食，草食へとさまざまに適応放散したのであった．

　真獣類の進化の幹となったのが食虫類であった．白亜紀に汎獣類から進化した当初の食虫類は，真獣類の基本歯式，すなわち顎の上下左右に切歯3本，犬歯1本，小臼歯4本，大臼歯3本，計44本の歯をもち，歯式では，3・1・4・3 = 44 と表わす．大臼歯はトリボスフェン型で，すり潰しと切り裂きの機能をあわせもち，昆虫のキチン質の殻を切り裂いてすり潰して食べていた（図6.1）．

　しかし，すでに白亜紀後期のギプソニクトプスでは，臼歯の咬頭が低くなってすり潰しの機能が強まり，虫食性ないし雑食性に向かう現在のモグラ類や霊長類の先祖になった．モグラ類は地上に食肉類が出現すると地下に棲むようになり，ミミズなどを食べるようになった．他方，食肉類から逃れるために樹上に棲むようになったのが，ヒトを含むサルの仲間，すなわち霊長類である．

　東南アジアの熱帯林に棲み，昆虫や果実を食べ，樹上生活をするツパイは脳や眼が大き

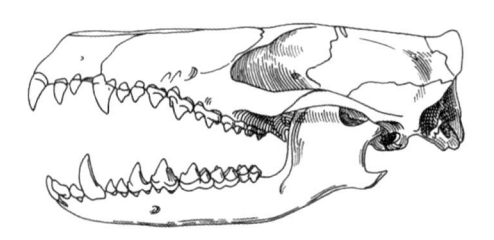

図6.1　食虫類のジムヌラの頭骨（Thenius, 1989）

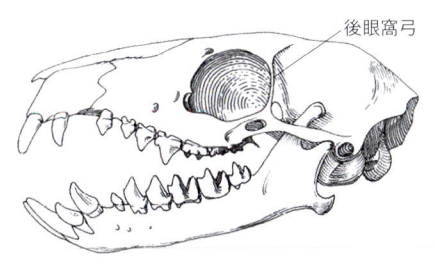

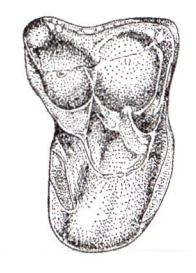

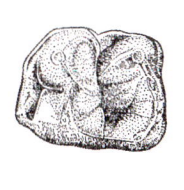

図 6.2 ツバイの頭骨（Thenius, 1989）

図 6.3 最古の霊長類プルガトリウスの上顎第二大臼歯（左）と下顎第二大臼歯（右）（瀬戸口烈司原図，後藤ほか，2014）

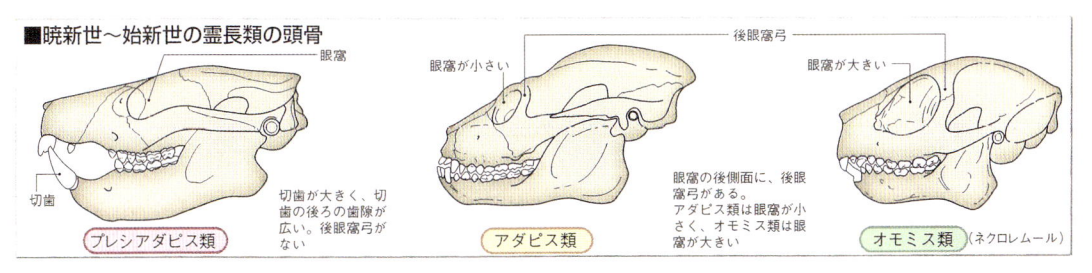

■暁新世〜始新世の霊長類の頭骨

後眼窩弓

眼窩が小さい

後眼窩弓

眼窩が大きい

眼窩

切歯

切歯が大きく，切歯の後ろの歯隙が広い。後眼窩弓がない

プレシアダピス類

眼窩の後側面に，後眼窩弓がある。アダピス類は眼窩が小さく，オモミス類は眼窩が大きい

アダピス類

オモミス類（ネクロレムール）

図 6.4 古第三紀の暁新世から始新世のプレシアダピス類，アダピス類，オモミス類の頭骨の比較（名取，1997）

く，眼窩の後ろに細い骨（後眼窩弓）があって眼窩が閉じていることから，霊長類に分類されたこともある．しかし，歯を見ると双波歯型の大臼歯をもつことから食虫類に似ていることについては前章で述べた〔図5.30（p.122）〕．現在ではツバイ類（登木類）に分類されている．歯の数は，切歯が上顎左右に各2本，下顎左右に各3本，他の歯は上下とも同数で上下左右に各，犬歯1本，小臼歯3本，大臼歯3本，計38本である（**図6.2**）．ツバイは食虫類と霊長類の中間的な特徴をもつ注目すべき動物といえる．

　最古の霊長類ではないかという歯の化石が米国モンタナ州の6500万年前，すなわち暁新世初頭の地層から発見されている．プルガトリウスと命名された大臼歯の化石は，果実食に適応した低歯冠鈍頭歯型ではあるが，上顎歯の頬舌径が下顎歯よりもかなり長く，トリボスフェン型大臼歯のおもかげが強く残っている（**図6.3**）．

　プルガトリウスを含むプレシアダピス類は，北アメリカとヨーロッパの暁新世から始新世の地層から産出しているが，始新世末には滅んでいる．プレシアダピス類は樹上生活には適応していたが，鈎爪のある手足をもち，眼窩の後ろには後眼窩弓はなく，指は細いので木の枝を握ることはできなかったようだ．歯も特殊化しており，前歯と臼歯の間に広い隙間があるものもいた（**図6.4左**）．霊長類にきわめて近い動物ではあるが，東南アジアの熱帯林に棲む皮翼類すなわちヒヨケザルの仲間ではないかとも考えられている．

6.2 霊長類とは：手と眼と脳の発達

　それでは，霊長類はどのような動物なのだろうか．まず，樹上生活に適応して手足が発達し，前足（手）だけでなく後足でも木の枝をつかむことができるよう親指が他の指と対向している（母指対向把握能力）という特徴がある．昔，通常の哺乳類を「四足類」，霊

長類を「四手類」と呼んだことがあるが，霊長類は後肢であった足も手として機能しており，クモザル類では尾でも木の枝をつかむことができるほど，樹上生活に適応しており，「五手類」ともよばれる．爪は鈎爪でなく平爪になっている．眼は顔の正面に左右に並び，両眼視すなわち立体視ができる．さらに，大きな脳と高い知能をもっている．すなわち，手と眼と脳がよく発達したことがこの動物を他の動物と区別する大きな特徴となっている．

　霊長類（目）は，原猿類（亜目[*1)]）と真猿類（亜目）に，原猿類（亜目）はキツネザル類（下目）やメガネザル類（下目）に，真猿類（亜目）は広鼻猿類（下目）と狭鼻猿類（下目）に，狭鼻猿類（下目）はオナガザル類（上科）とヒト類（上科）に分類されている．そしてヒト類（上科）はテナガザル科，オランウータン科，ヒト科に分けられる．オランウータン科には，類人猿（人似猿）と呼ばれるオランウータン属，ゴリラ属，チンパンジー属の3属を含める．一般に人類というのはヒト科のことである（図6.5）．

　最近のゲノム（全染色体のDNAの全塩基配列）の研究では，チンパンジーはヒトにきわめて近いことが明らかにされており，チンパンジーをヒト科とする説も提案されている．しかし，顎と歯をはじめとする個体体制においては，類人猿と人類には大きな違いがあり，ここでは従来の分類を採用することにした．

　霊長類の歯の数は一般に，真獣類の基本歯式から，切歯が1本，小臼歯が0～2本退化して，顎の上下左右にそれぞれ，切歯が2本，犬歯が1本，小臼歯が2～4本，大臼歯が3本あり，歯の総数が36本ないし40本である．原猿類には特殊化した切歯をもったり，犬歯を失ったりするものもある．臼歯は低歯冠鈍頭歯型で，小臼歯は1咬頭ないし2咬頭，

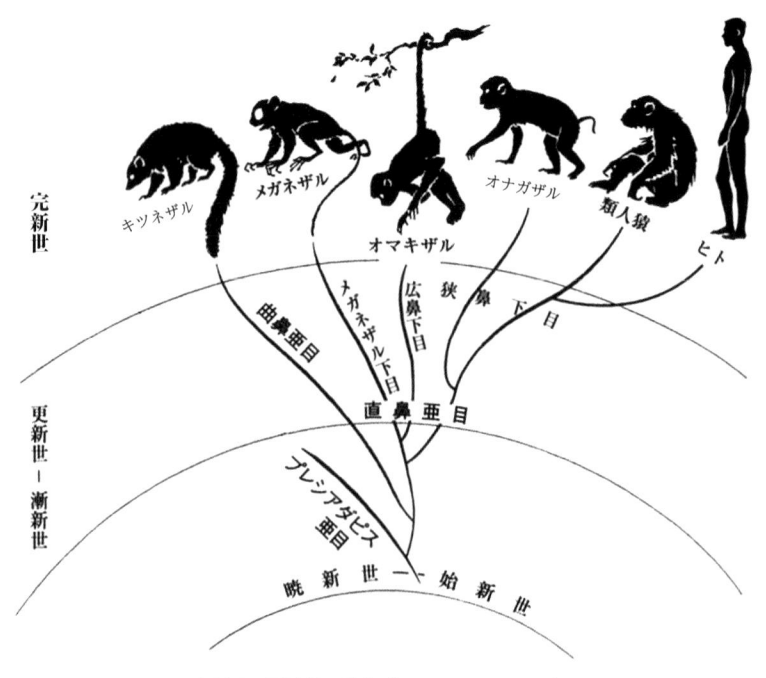

図6.5　霊長類の進化（Colbert *et al.*, 2004）

大臼歯は 3 咬頭ないし 4 咬頭，下顎大臼歯では 5 咬頭もみられる．

6.3 　原猿類の歯：歯数の退化と鈍頭歯型の臼歯

　　原始的な霊長類で，ニセザル（偽猿）ともいわれる原猿類では，基本的に歯の数は顎の上下左右に切歯 2 本，犬歯 1 本，小臼歯 3〜4 本，大臼歯 3 本，歯の総数は 36〜40 本である．臼歯は果実食に適応した低歯冠鈍頭歯型となっている．原猿類には，始新世から中新世に生息したアダピス類とオモミス類，現生のキツネザル類やメガネザル類が含まれる．

　　最古の原猿類として，始新世にはアダピス類とオモミス類という 2 種類の原始的な霊長類が出現している．ともに，北アメリカ，ヨーロッパ，アジアから化石が発見されている．両者とも後眼窩弓が存在する（図 6.4 中，右）．

　　アダピス類は眼窩が小さく，眼が小さいことから昼行性であったとされ，手足の親指が他の指と対向して木の枝をつかむことができ，鈎爪でなく平爪をもち，尾は長く，樹上での生活に適応している．始新世前期にプレシアダピス類から進化して出現し，中新世後期まで生きのびた．マダガスカルに棲む現生のキツネザルやインドリ，アジアやアフリカに棲むロリスの祖先と考えられている．この仲間は，キツネザルという名前のように，横から見ると他の哺乳類のように鼻先が長くキツネのようだが，前から見ると両目が左右に並んだサルのような顔である．

　　始新世のアダピス類のノタルクトゥスでは 4 本の小臼歯をもち，通常の形態の下顎前歯をもっていた（図 6.6）が，現生のマダガスカルに棲むキツネザル類は 3 本の小臼歯をもち，下顎の切歯と犬歯が水平に伸びて櫛状になっているものが多い（図 6.7）．もっとも特殊化しているのはアイアイで，齧歯類のような大きな常生歯化した切歯を上下顎に左右各 1 本もち，小臼歯は上顎に左右各 1 本もつのみである（図 6.8 左）．相田裕美作詞・宇野誠一郎作曲の童謡「アイアイ」で有名なこのサルは，中指が異常に長く，この指で木の幹か

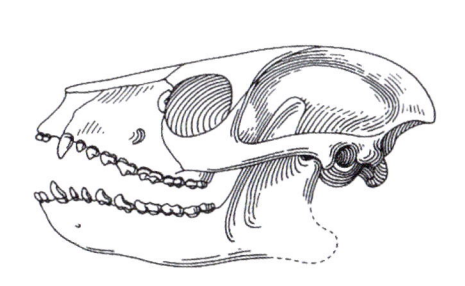

図 6.6　始新世のアダピス類ノタルクトゥスの頭骨（Thenius, 1989）

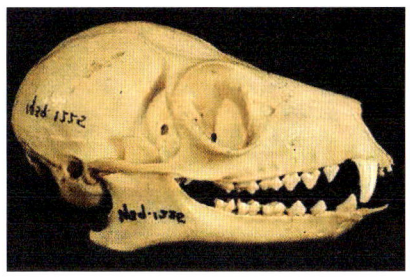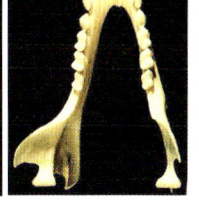

図 6.7　現生の原猿類ワオキツネザルの頭骨の側面（左）と下顎骨の上面（右）（Berkovitz *et al.*, 1978）

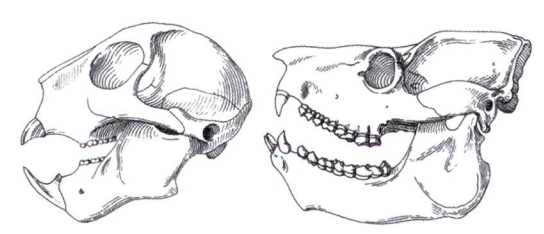

図 6.8　現生の特殊化したキツネザル類アイアイの頭骨（左）と更新世以降の地層から産出した巨大なキツネザル類メガラダピスの頭骨（右）（Thenius, 1989）

ら昆虫をほじくり出すという．日本では愛らしいサルとして歌われているが，現地では「悪魔の使い」として嫌われている．驚くべきことに，更新世以降の地層からは，メガラダピスというチンパンジーくらいの大きさの尾のない大型キツネザル類の化石が産出している（図 6.8 右）．キツネザル類はゴンドワナ大陸が分裂してマダガスカル島が隔離されるなかで，さまざまに適応放散したようだ．

　2009 年にドイツの 4700 万年前の始新世前期のメッセル油母穴頁岩から発見されたダーウィニウスは，体長 24 cm，長い尾を含めると全長 58 cm の原猿類のほぼ完全な全身骨格の化石で，生えかけの臼歯があることから 8 カ月のメスと考えられている（図 6.9）．当初はノタルクトゥスに近いアダピス類とされたが，メガネザルに近いという説もあり，両者を結ぶミッシングリンクではないかともいわれている．進化論を提唱したチャールズ・ダーウィンの生誕 200 年を記念して命名された．

　同じ 2009 年にエジプトのファイユームの 3700 万年前の始新世後期の地層から産出したアフラダピスは，アフリカのアダピス類の意味で名付けられた．歯を含む下顎骨と上顎臼歯の化石で，アダピス類なのか，オモミス類なのか両論があるようだ（図 6.10）．

　オモミス類は眼窩が大きく，眼が大きい夜行性の動物であったらしい．始新世前期にプ

図 6.9　ドイツの始新世前期の原猿類ダーウィニウスの全身の化石（左）とその復元図（右）（Franzen *et al.*, 2009）

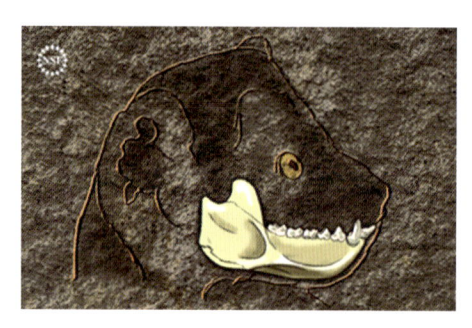

図 6.10　エジプトの始新世後期の原猿類アフラダピスの下顎骨の化石（Seiffert *et al.*, 2009）

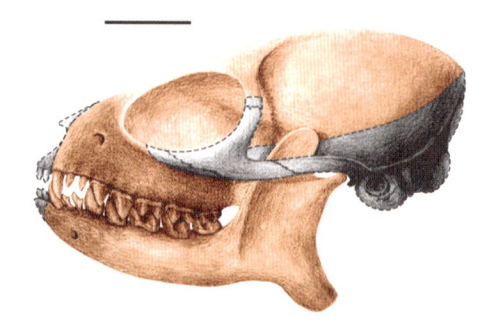

図 6.11　中国の始新世前期のオモミス類テイルハルディナの頭骨（Ni *et al.*, 2004）スケールは 5 mm．

レシアダピス類に近い仲間から進化し，少数のものは中新世まで生きのびた．ヨーロッパのネクロレムールと北アメリカのテトニウスのほか，中国湖南省の始新世前期の5600万～4700万年前の地層からはテイルハルディナが産出している．中国産のテイルハルディナの頭骨の長さは2.5 cmであった（図6.11）．また，中国湖北省の始新世前期の5500万年前の地層から胴長7 cm，全長20 cmのアルキケブスの全身の化石（図6.12）が発見されており，今後の研究が期待される．オモミス類は，現在，東南アジアの島に棲むメガネザル類の先祖と考えられている．メガネザル類の歯は特殊化しておらず，原始霊長類というよりも原始食虫類の歯の特徴をもっともよく残しているといわれる．

　なお，最近は霊長類を曲鼻猿類と直鼻猿類に2分する分類が主流となっている．他の多くの哺乳類と同じように鼻腔が後方から前方に向かう途中で外側に曲がり，左右の外鼻孔が外側に開く仲間を曲鼻猿類という．一方，鼻腔が外側に曲がらないで真っ直ぐ進み，左右の外鼻孔が前向きないし下向きに開く仲間を直鼻猿類とする．曲鼻猿類にはキツネザル類が，直鼻猿類にはメガネザル類と真猿類が含まれる．その点でも，メガネザル類は真猿類と近縁とされている．このことは，キツネザル類はイヌのような湿った鼻をもち，嗅覚がするどく，メガネザル類と真猿類ではヒトのように乾いた鼻をもち，嗅覚が退化していることの原因にもなっている．

　また，キツネザル類には眼の網膜裏に輝板（タペータム）という反射板があるが，メガネザル類と真猿類には輝板が欠如している．輝板はキツネザル類と食肉類にあり，猫の目が光を受けると光るのはこの輝板のためである．輝板は夜行性動物が暗くてもものが見えるようにする装置といわれるが，メガネザル類が輝板を失ったのは，夜行性から昼行性に移行した後に再び夜行性になったためといわれている．輝板をもたないため，現生のメガ

図 6.12　中国の始新世前期のオモミス類アルキケブスの全身骨格の化石（左）と復元図（右）（Ni *et al.,* 2013）

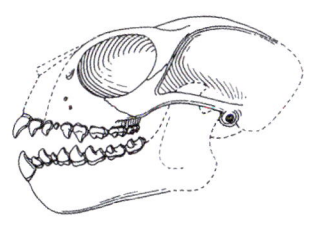
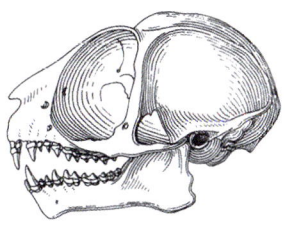

図 6.13　始新世前期のオモミス類テトニウスの頭骨（左）と現生のメガネザルの頭骨（右）（Thenius, 1989）

ネザルは夜行性に適応するために巨大な眼をもつように進化している.

　頭骨を見ると始新世前期のオモミス類と現生のメガネザル類は，眼窩の大きさ以外には違いが少なく，歯の形態もよく似ている（図6.13）.

6.4 真猿類の歯：広鼻猿類と狭鼻猿類

6.4.1 真猿類とは？

　始新世後期には進化した霊長類の仲間，本物のサル類とされる真猿類が出現している.真猿類の特徴は，両目は大きくて前方を向いて両眼視ができ，眼窩は骨によって側頭窩と隔てられており，丸みをおびた大きな頭蓋と脳をもっていることである.原猿類では後眼窩弓があるだけであったが，そこから内側に骨が形成され，眼窩の後壁には神経と血管が出入りする孔を除いて全体に骨が形成されているのだ.歯の数は基本的に原猿類と同じか，小臼歯がさらに1本減っているかである.

　真猿類は，中南米に棲む広鼻猿類と，アフリカとユーラシアに棲む狭鼻猿類に2分される.広鼻猿類は新世界ザルともいわれ，左右の外鼻孔がやや離れて外側に向いているのに対し，狭鼻猿類は旧世界ザルとよばれ，左右の外鼻孔が接近して並んで下向きに開いているのが特徴だ.歯の数は，基本的に広鼻猿類は原猿類と同じく，左右上下にそれぞれ，切歯2本，犬歯1本，小臼歯3本，大臼歯3本で歯の総数は36本ある（図6.14左）.歯式は2・1・3・3＝36である.一方，狭鼻猿類では小臼歯が1本減って，切歯2本，犬歯1本，小臼歯2本，大臼歯3本で歯の総数は32本となっている（図6.14右）.ちなみに，ヒトは狭鼻猿類に分類され，歯式は2・1・2・3＝32となっている.

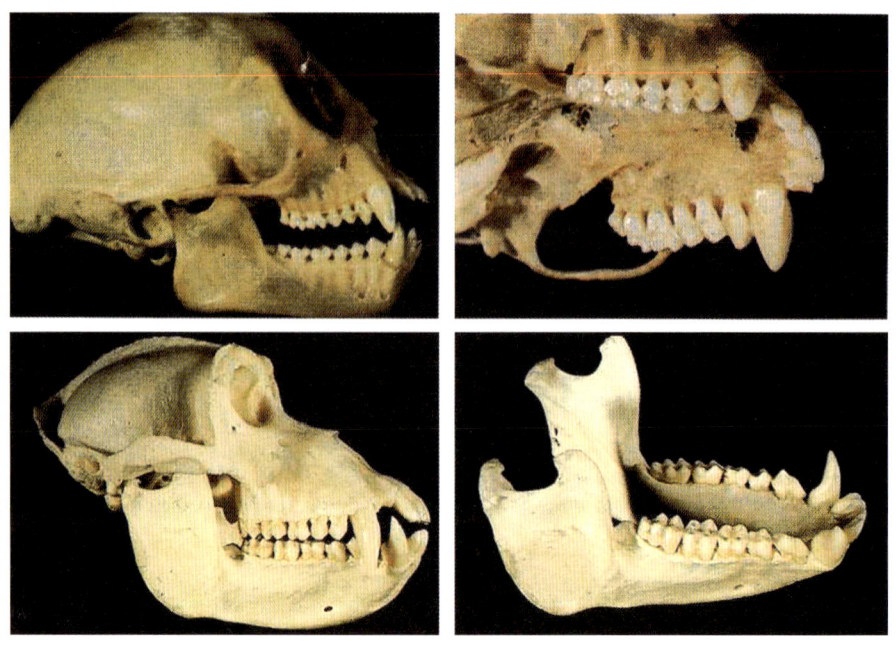

図6.14　広鼻猿類のリスザルの頭骨の側面（上左）と上顎を斜め下から見たところ（上右）と，狭鼻猿類のベニガオザルの頭骨の側面（下左）と下顎骨（下右）（Berkovitz *et al.*, 1978）
広鼻猿類には小臼歯が3本あるが，狭鼻猿類には小臼歯が2本しかない.

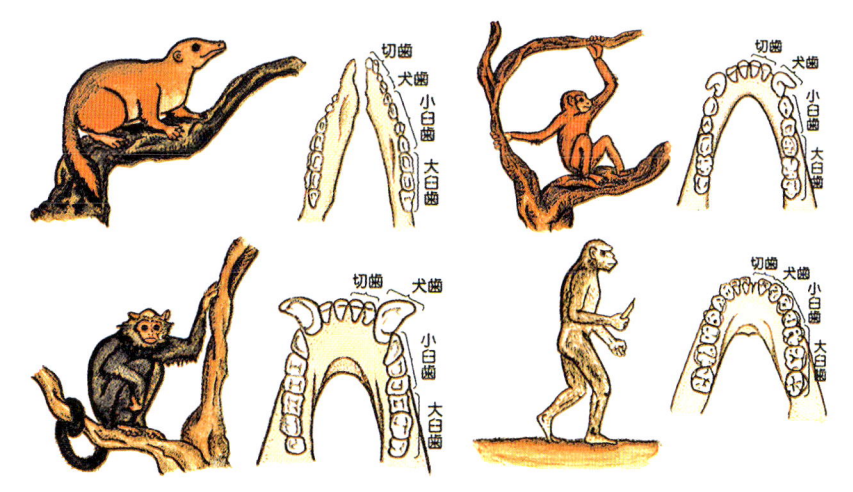

図 6.15 白亜紀の食虫類（左上）から中新世の広鼻猿類（左下），中新世の狭鼻猿類・類人猿（右上）を経て，鮮新世の猿人（右下）までの歯の数の変化（後藤・後藤，2001）
白亜紀の食虫類（左上）では 3・1・4・3 ＝ 44，中新世の広鼻猿類では 2・1・3・3 ＝ 36，中新世の狭鼻猿類（類人猿・人類を含む）では 2・1・2・3 ＝ 32 の歯式で表される歯列をもっている．下顎で示すが，上顎にも同じ数の歯があった．

　白亜紀の食虫類から，中新世の広鼻猿類を経て，狭鼻猿類・類人猿，人類までの歯の数の変化を図 6.15 に示した．歯式では，食虫類では 3・1・4・3 ＝ 44，原猿類では 2・1・3～4・3 ＝ 36～40，広鼻猿類では 2・1・3・3 ＝ 36，狭鼻猿類では 2・1・2・3 ＝ 32 ということになる．歯の数は減ってはいるが，歯の大きさはからだの大型化とともに大きくなっており，これも歯の進化といえよう．

6.4.2 広鼻猿類の歯

　最古の広鼻猿類の化石はチリの 2000 万年前の中新世前期の地層から発見されているチレケブスの頭骨である．手のひらにすっぽり入るほどの小さな頭骨（図 6.16）で，体重は 530 g ほどであったと推定されている．南大西洋が今よりもずっと狭かった時代にアフリカから到着したと考えられている．アルゼンチンの 2100 万～1750 万年前の中新世前期の地層からはドリコケブスが，コロンビアの 1380 万～1180 万年前の中新世中期の地層からは体重 1600 g と推定されるケブピテキアが報告されている．

　現生の広鼻猿類（下目）にはオマキザル類（科），マーモセット類（科），クモザル類（科），サキ類（科）などが含まれる（図 6.17）．クモザル類では，長い尾が樹上で木の枝をつかむことのできる「第 5 の手」の働きをしており，まさに四手類から進化した五手類といえよう．ホエザルでは小臼歯は 1 咬頭から 3 咬頭，大臼歯は上下顎とも 4 咬頭である．上顎では第二大臼歯が最大で第三大臼歯が最少であるが，下顎では第三大臼歯が一番大きい（図 6.18）．臼歯の各咬頭は独立しており，その点でまだトリボスフェン型のおもかげが残されている．なお，ホエザルは声帯か

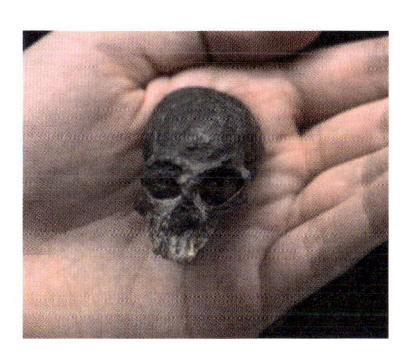

図 6.16 中新世前期の広鼻猿類チレケブスの小さな頭骨（Flynn *et al.*, 1995）

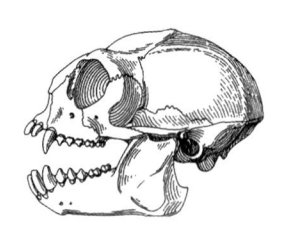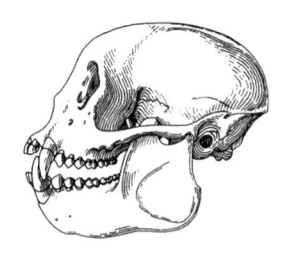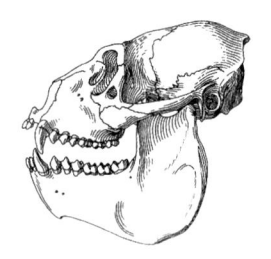

図 6.17　現生の広鼻猿類の頭骨（Thenius, 1989）
左：マーモセット，中：オマキザル，右：ホエザル.

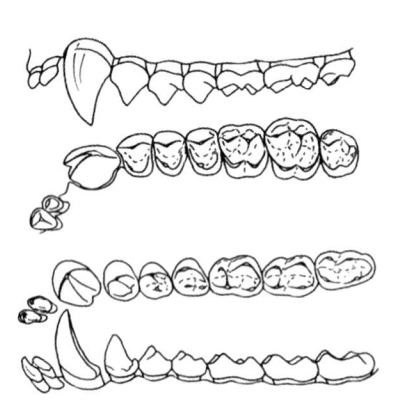

図 6.18　現生の広鼻猿類ホエザルの歯列
（Thenius, 1989）
上顎歯列の頬側面（上）と咬合面（その下），
下顎歯列の舌側面（下）と咬合面（その上）.

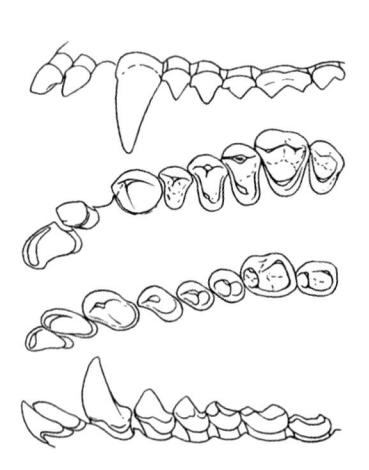

図 6.19　現生の広鼻猿類サンタレンマー
モセットの歯列（Thenius, 1989）
上顎歯列の頬側面（上）と咬合面（その
下），下顎歯列の舌側面（下）と咬合面
（その上）．小臼歯は各 3 本ずつあるのに，
大臼歯は上下顎とも第三大臼歯が退化し
て各 2 本ずつになっている．とくに上
顎大臼歯は 4 咬頭から 3 咬頭に変化し
て三角形型に退化している.

ら口腔の底をつくる舌に向かって前上方に広がる喉頭嚢という袋をもち，その名のとおり
これを共鳴装置として大きな声で吠えることができる．テナガザル類も夫婦で合唱するこ
とが知られており，サル類には人類と同様に声をコミュニケーションの手段として使用す
る例が多い．これらのサル類は，人類が言語をどのようにして獲得したかを解明する上で，
重要な研究対象となっている.

　現生の広鼻猿類のうち，マーモセット類では第三大臼歯が退化して，歯式は 2・1・3・
2 ＝ 32 となっており，上顎大臼歯は 4 咬頭でなく 3 咬頭の三角形になっている（図 6.19）.
ヒトの第三大臼歯も埋伏智歯となったり，矮小歯や先天欠如などの退化傾向を示し，上顎
大臼歯では 4 咬頭から 3 咬頭になって三角形型の退化が見られるが，マーモセット類では
その傾向が先取られているようだ.

6.4.3　狭鼻猿類・オナガザル類の歯

　狭鼻猿類（下目）は現生のオナガザル類（上科）とヒト類（上科）に分けられ，オナガ

ザル上科はオナガザル科だけからなり，ヒト上科はテナガザル科，オランウータン科，ヒト科に分けられる．まず，オナガザル科のサルについて述べよう．広鼻猿類との違いは，離れた外向きの外鼻孔でなく，並んだ下向きの外鼻孔をもつこと，小臼歯が3本ではなく2本であること，木の枝をつかむことのできるような強力な尾をもたないことである．

　最古の狭鼻猿類の化石は中国江蘇省と山西省およびミャンマーの4500万〜4000万年前の始新世中期の地層から産出したエオシミアスである（図6.20）．頭骨の長さが2cmしかないきわめて小型のサルの化石である．ミャンマーの3720万年前の始新世中期の地層からは，ポンダウンギア，アンフィピテクスなどと名付けられた顎骨と歯の化石が報告されている．これらは下顎骨の高さが高く，歯冠の低い歯をそなえていることから，オモミス類から狭鼻猿類が進化した初期の段階を示すと考えられている．

　狭鼻猿類の化石が多数産出しているのがエジプトのファイユームだ．漸新世から現在まで各時代の地層から，霊長類だけでなく長鼻類，海牛類，カバ類などの哺乳類の化石が報告されている．このことからアフリカこそ高等霊長類の進化の舞台であったとされている．確かに，アフリカでは，マダガスカルに原猿類のキツネザル類が適応放散し，多くのオナガザル類やゴリラとチンパンジーという類人猿が生息し，さらには猿人から原人，新人までの人類化石が発見されている．

　一方，先に述べたようにそれより古い時代の狭鼻猿類の化石が中国とミャンマーで発見されており，さらには原猿類のメガネザル類だけでなく，多くのオナガザル類，さらには類人猿のテナガザル類とオランウータンが東南アジアに現生していることからも，最近では東南アジアこそ霊長類の進化の舞台であったと主張する研究者も多くなっている．とはいえ，霊長類の化石はまだまだ発見されているものが少なく，今後の化石の発見に期待されるところが大きい．一つの化石の発見が進化の解明に大きな影響を及ぼすのが霊長類と人類の特徴だ．

　エジプトのファイユームに話をもどそう．もっとも原始的なものとして漸新世前期のパラピテクスがある．長さが5cmの小さな下顎骨から見てもかなり小型のサルであった（図6.21）．原猿類や広鼻猿類と同様に，小臼歯はまだ3本あった．このことから，パラピテクスは広鼻猿類（オマキザル類）と狭鼻猿類（オナガザル類）の共通の先祖とも考えられている．

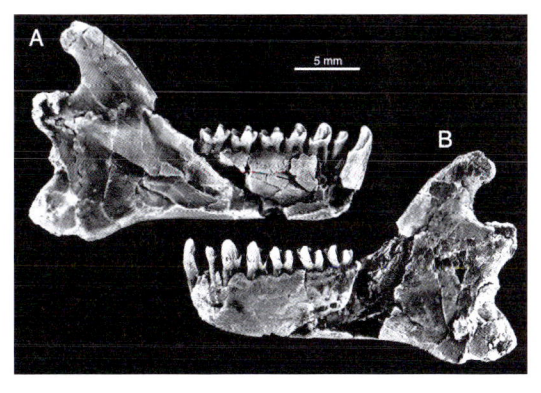

図6.20　中国の始新世中期の狭鼻猿類エオシミアスの下顎骨と復元図（Beard and Wan, 2004）
A：内側面，B：外側面.

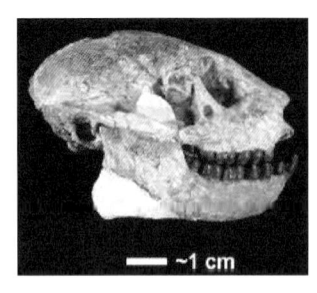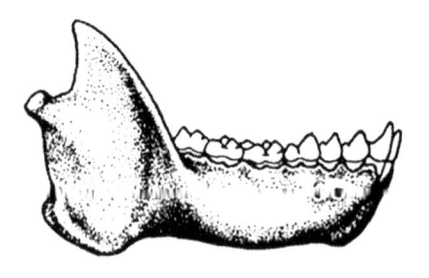

~1 cm

図 6.21　エジプトの漸新世前期の狭鼻猿類パラピテクスの頭骨の化石（左：Simons,
　　　　　2001）と下顎骨（Romer, 1966）

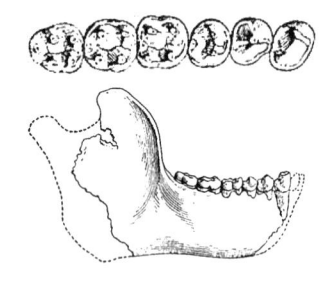

図 6.22　エジプトの漸新世前期の狭鼻猿類プロプリ
　　　　オピテクスの下顎骨の側面（下）と下顎の
　　　　犬歯・小臼歯・大臼歯の咬合面（上）
　　　　（Schlosser, 1911 をもとに Peyer, 1968）

　同じく漸新世前期のプロプリオピテクスは，下顎骨は長さが 5〜7 cm であるが高く，小臼歯は 2 本になっていた（図 6.22）．プロプリオピテクスは，1700 万〜700 万年前の中新世にヨーロッパとアジアに棲んでいたプリオピテクスの先祖と考えられて名付けられた．プリオピテクスは類人猿（ヒト上科）であるテナガザルの先祖とされており，プロプリオピテクスもオナガザル類ではなく類人猿であるという説もある．いずれにしてもパラピテクスやプロプリオピテクスは，テナガザルのように木々の間を，腕を伸ばして移動していたらしい．

　なお，2009 年にサウジアラビアの 2900 万〜2800 万年前の漸新世前期の地層からサアダニウスというサルの顔の骨が報告されているが，前頭骨のなかにある空洞（前頭洞）がないこと以外では，歯や外耳道の特徴から狭鼻猿類と類人猿の共通の先祖と考えられている（図 6.23）．

　オナガザル類の化石は，アフリカ，アジア，ヨーロッパ南部の中新世以降の地層から知られており，アフリカとアジアには現在もさまざまなオナガザル科がオナガザル亜科とコロブス亜科にわかれて生息している（図 6.24）．このうち，オナガザル亜科のアフリカのヒヒ属とアジアのマカク属は，本来の樹上生活から離れて地上生活に移行している．とくにヒヒ属は鼻先がイヌのように長くなり，巨大な犬歯をもち，食肉類と十分にわたり合える攻撃能力をもつようになった．これらのサルは，果実だけなく，昆虫やカエルやトカゲなど何でも食べる雑食性に移行している．

　日本には更新世中期以降，マカク属に属するニホンザルが棲んでいる．オナガザル亜科といってもニホンザルでは寒冷地への適応で，尾が短くなっている．ニホンザルの歯列はオスの犬歯が大きな牙になっている以外はヒトによく似ており，上顎小臼歯は 2 咬頭で，大臼歯は下顎の第三大臼歯が 5 咬頭である以外は，上下顎とも 4 咬頭で，近心側と遠心側の 2 咬頭が稜を形成する二稜歯型となっている．果実食を主とした雑食への適応である（図

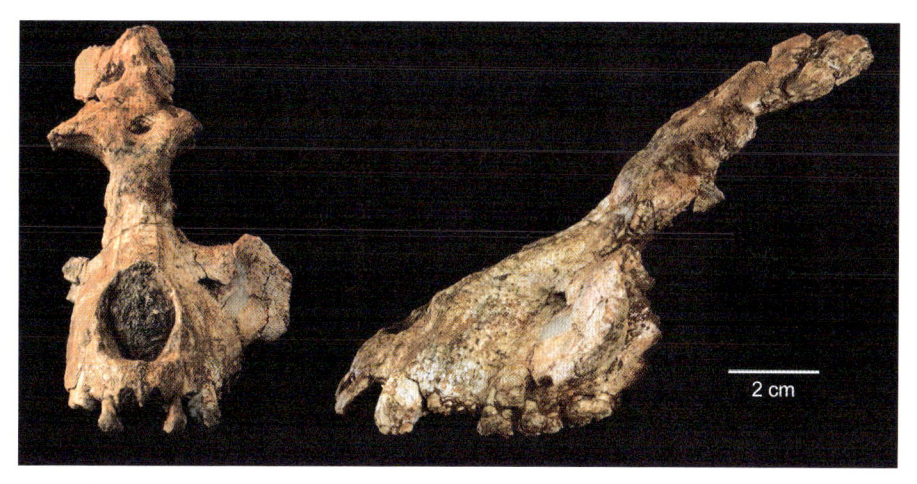

図 6.23 サウジアラビアの漸新世前期の狭鼻猿類サアダニウスの顔面骨の化石（Zalmout *et al.*, 2010）
顔面骨の前面（左）と左側面（右）.

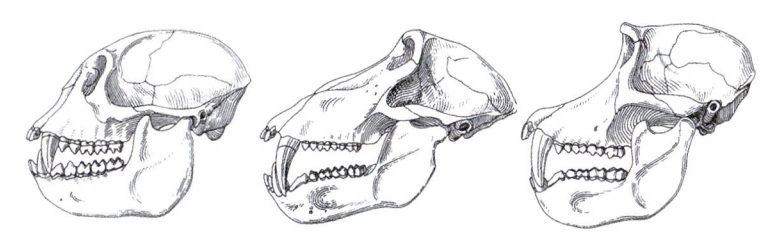

図 6.24 現生のオナガザル類の頭骨（Thnenius, 1989）
左：コロブス，中：ヒヒ，右：ゲラダヒヒ.

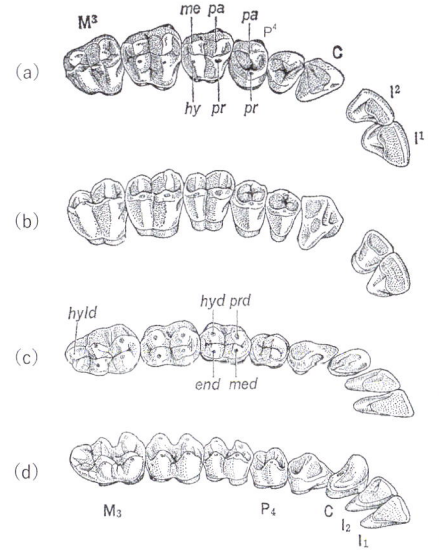

図 6.25 現生のニホンザルのメスの歯列
（瀬戸口烈司原図, 後藤ほか,
2014）

（a）は上顎歯列の咬合面，（b）はやや口
蓋側から見たところ.（c）は下顎歯列の
咬合面，（d）はやや舌側から見たところ.

6.25）. なお, 日本最古の霊長類化石としては, 神奈川県愛川町の更新世前期の 250 万年
前の中津層からコロブス亜科のドリコピテクス（カナガワピテクス）の頭骨が発見されて
いる（小泉, 1996）（図 6.26）.

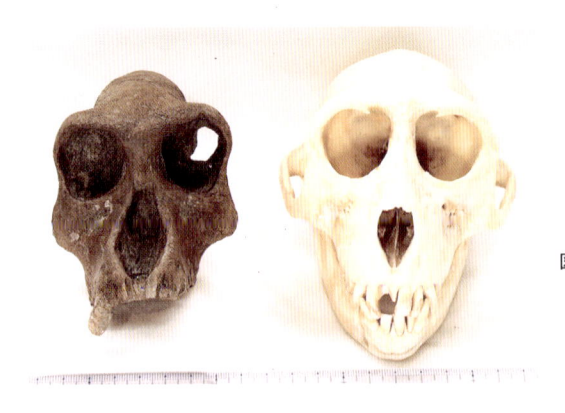

図 6.26　神奈川県愛川町の更新世前期の中津層から発見されたコロブス類のカナガワピテクスの頭骨化石（左）とニホンザルのオスの頭骨（右）（神奈川県立生命の星・地球博物館標本，樽創氏撮影）

6.5　類人猿の歯：下顎大臼歯が二稜歯型から Y5 型へ

　ヒト上科のうち，テナガザル科とオランウータン科をあわせて類人猿とよび，ヒト科を人類とする.

　ファイユームの 3020 万〜2950 万年前の漸新世前期の地層から発見されたエジプトピテクスは，ほぼ完全な頭骨や下顎骨の化石が揃っており，この時代のサルの化石ではもっとも多くの特徴が知られている（図 6.27）. 体長 56〜92 cm とテナガザルほどの大きさで，2・1・2・3 ＝ 32 の歯式をもち，大臼歯は上顎は 4 咬頭，下顎は 5 咬頭で，果実食に適応した低歯冠鈍頭歯型であった. 犬歯と体長の変異が大きいことからも性的二型[*2]があると推定されている. 立体的に見ることができる両眼視の可能な前方に向いた大きな眼と長い顔面，高い下顎骨をもち，脳の容量はメスは 14.6 cm^3，オスは 21.8 cm^3 であった. エジプトピテクスを最古の類人猿すなわちヒト上科とする説がある一方で，プロプリオピテクスと同属のオナガザル類とする研究者もいる.

　類人猿（ヒト上科）の特徴は，オマキザル類やオナガザ

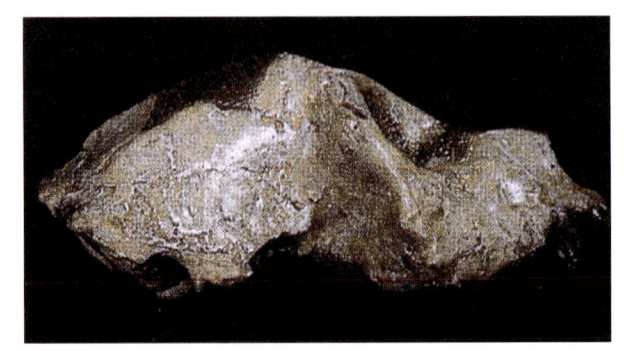

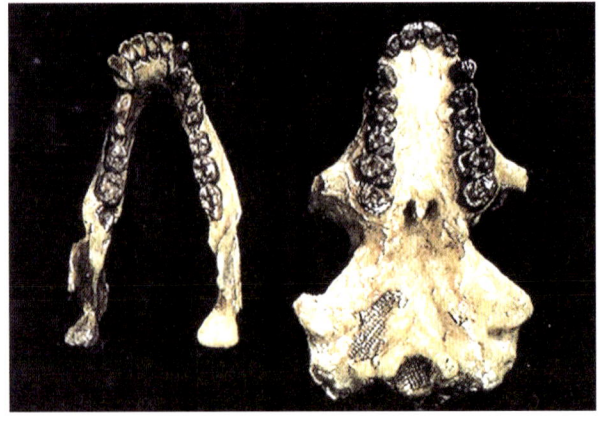

図 6.27　エジプトの漸新世前期の類人猿エジプトピテクスの頭骨の右側面（上）と下顎骨の上面（下の左）と頭蓋の下面（下の右）（Berkovitz et al., 1978）

[*2]　雄雌の間で，生殖器以外の体の大きさや構造に大きな相違が見られる現象を性的二型または性的二形という.

ル類がもっていた尾をもたないことで，「オナシザル類」とでも呼ぶべきサルである．もっともヒトに似たサルであろうことから，「ヒトニザル（人似猿）」ともいえる．ヒトに似て，サル類のなかではとびぬけて脳が大きいことも特徴である．かぎりなくヒトに近いサルなのだ．

　現生の類人猿は，小型で東南アジアに棲むテナガザル類（科）と，大型でアジアとアフリカに棲むオランウータン類（科）に分けられ，後者にはアジアに棲むオランウータンとアフリカに棲むゴリラとチンパンジーが含まれる．2・1・2・3 = 32 の歯式をもち，臼歯は低歯冠鈍頭歯型で，果実を主食とし，昆虫や小動物も食べる雑食性に適応している（図6.28，図 6.29）．

　生息する地域から，テナガザル類とオランウータンをアジア類人猿，ゴリラとチンパンジーをアフリカ類人猿と呼ぶこともある．英語では monkey は類人猿以外のサル類をさし，ape は類人猿を意味する．映画「猿の惑星」は原題が "PLANET OF THE APES" で，登場するサルはオランウータン，ゴリラ，チンパンジーの類人猿のみである．

　テナガザル類は，西はインド東部，北は中国最南部，バングラデシュ・ミャンマー・インドシナ半島を経て，マレー半島からスマトラ島，ジャワ島西部，ボルネオ島に生息し，現生ではもっとも小型で原始的な類人猿である．1000 年ほど前には中国の黄河以北にも生息していたという記録もある．4 属 16 種が知られている．体長は多くの種では 45〜65 cm，フクロテナガザルは 75〜90 cm で，脳の容量は 90〜100 cm^3 ある．その名のとおり，手が長く，前肢は後肢の 1.7 倍もある．この長い手で，木の枝をつかみ，木から木へと腕渡りをして移動する．果実や葉のほか，昆虫や小動物も食べる．一夫一婦制で一組のメスとオスが子どもを含めて 4 頭程度の群れで縄張りをつくって生活している．雌雄がデュエットソングを歌って，家族の絆を深めることも有名だ．

　ニホンザルやヒヒ，オランウータン，ゴリラなどでは性的二型が見られ，オスはからだ

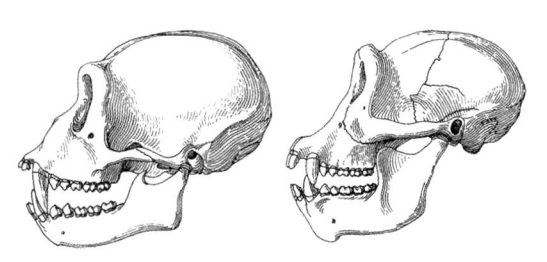

図 6.28　現生の類人猿の頭骨の側面（Thenius, 1989）
左：テナガザル，右：チンパンジー．

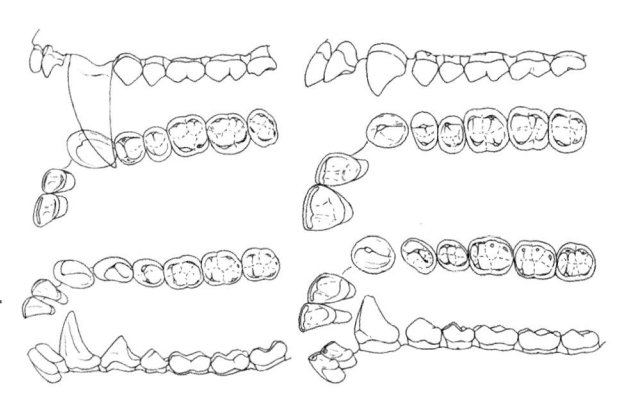

図 6.29　現生の類人猿の歯列（Thenius, 1989）
オスのテナガザル（左）とメスのチンパンジー（右）．左右とも，上顎歯列の頬側面（上）と咬合面（その下），下顎歯列の舌側面（下）と咬合面（その上）．

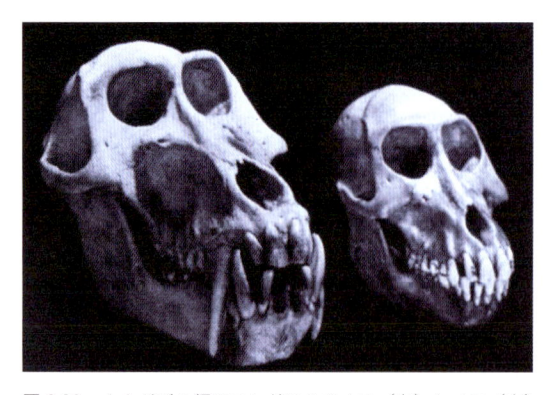

図 6.30　オナガザル類のマンドリルのオス（左）とメス（右）
　　　　の頭骨（Napier and Napier, 1985）
頭骨の大きさ，とくに犬歯の牙の発達に大きな性差が認められる．

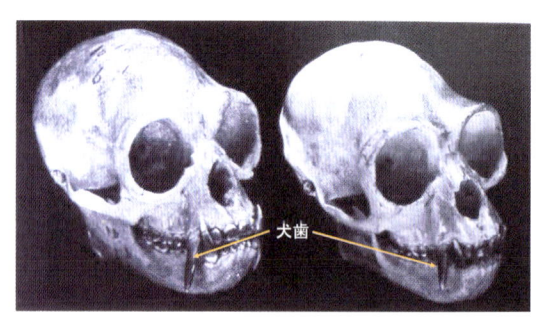

図 6.31　類人猿テナガザルのオス（左）とメス（右）の頭骨
　　　　（Napier and Napier, 1985）
メスもオスと同じ長さの犬歯をもつ．

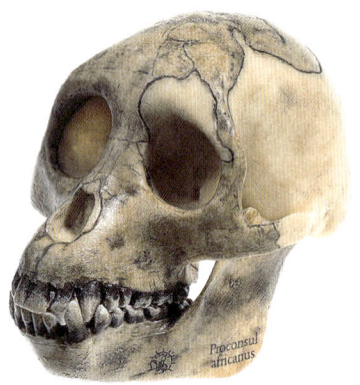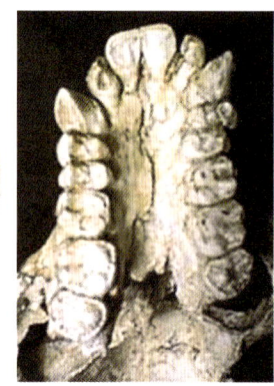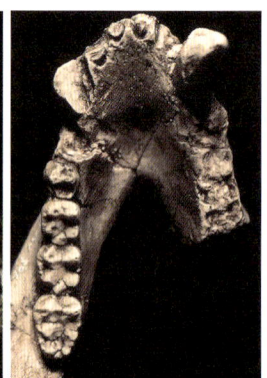

図 6.32　東アフリカの中新世前期の類人猿プロコンスルの頭骨（左）と上顎歯列（中）と下顎歯列（左）
　　　　　（Walker and Shipman, 2005）
下顎大臼歯は 5 咬頭のドリオピテクス型．

も顎も大きく，犬歯の牙が発達しているのに対し，メスはからだも顎も小さく，犬歯の牙
は認められないことが多い（図 6.30）．しかし，テナガザル類とヒトは犬歯に性的二型が
見られない点で共通している．とはいえ，そのあらわれ方は正反対で，テナガザル類では
メスがオス化して大きな牙の犬歯をもつ（図 6.31）のに対し，ヒトではオスがメス化し
て犬歯の牙をもたないのだ．テナガザル類ではメスとオスが協力してテリトリーを守るた
め，敵とたたかう必要からメスにも牙が発達したらしい．

　東アフリカの 2200 万〜1400 万年前の中新世前期の地層から発見されたプロコンスルは，
身長 70 cm 程度のサルで，ロンドン動物園にいた「コンスル」という名前のチンパンジ
ーの先祖という意味で名付けられた．下顎大臼歯が頬側に 3 咬頭，舌側に 2 咬頭で，溝の
形態が Y 字形で 5 咬頭であることから「Y5 型」，すなわちドリオピテクス型と呼ばれる
のがヒトを含む高等なヒト上科，すなわち現生ではオランウータン，ゴリラ，チンパンジ
ー，ヒトの共通の特徴となっている（図 6.32，図 6.33）．なお，ドリオピテクスは 1300
万〜800 万年前の中新世後期にヨーロッパなどから報告された類人猿であるが，プロコン
スルとよく似ており，同種であるともいわれている．1700 万年前のケニアの地層からは，
アフロピテクスの頭骨や歯の化石が知られている．硬い殻をもつ果実を食べていたらしい．

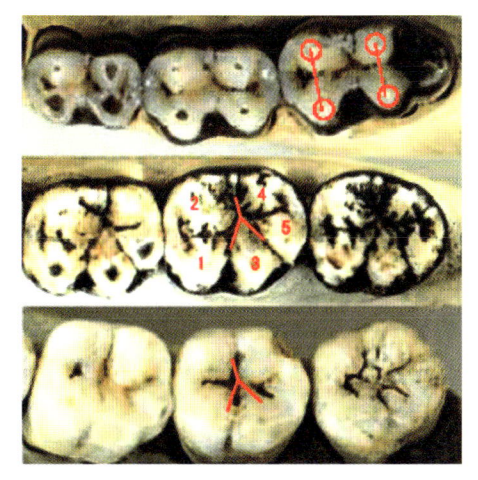

図 6.33 狭鼻猿類のニホンザル（上），ゴリラ（中），ヒト（下）の下顎大臼歯（中務真人原図）
ニホンザルでは二稜歯型，ゴリラとヒトでは 5 咬頭で Y 字形の溝がある「Y5 型」すなわちドリオピテクス型になっている．

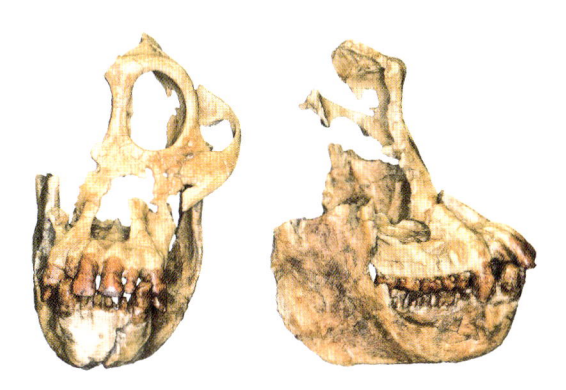

図 6.34 インドの中新世中期の類人猿シヴァピテクスの頭骨化石の前面と右側面（Palmer, 1999）

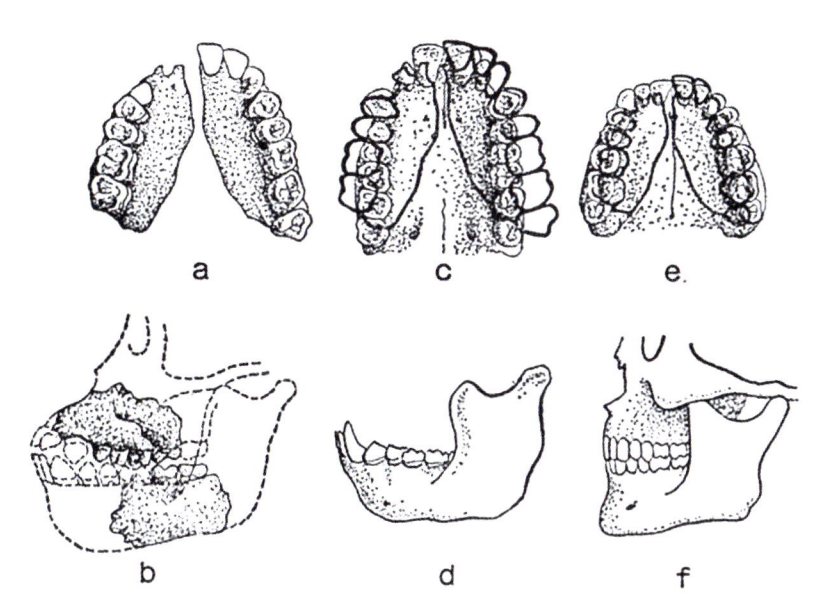

図 6.35 シヴァピテクスとヒトの比較（Halstead, 1984a）
シヴァピテクスの上顎（a）と上下顎の側面（b），シヴァピテクスの上顎をオランウータンの上顎と重ね合わせた図（c），オランウータンの下顎骨の側面（d），ヒトの上顎とシヴァピテクスの上顎を重ね合わせた図（e），ヒトの顔面骨の側面（f）．

　トルコやパキスタンなど西南アジアの 1300 万〜800 万年前の中新世中期から後期の地層からシヴァピテクスというサルの頭骨などの化石が発見されている（図 6.34）．後に発見されラマピテクスと名づけられたサルの化石は，現在はシヴァピテクスのメスではないかとされている．インドのシヴァ神から命名された．歯列弓が他の類人猿のように U 字形でなく，ヒトの半円形に似ていることから人類の先祖に近いサルと考えられた（図 6.35）が，現在ではオランウータンの先祖とされている．

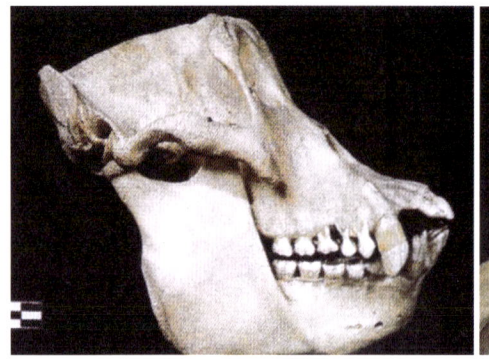
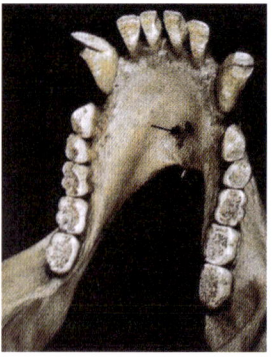

図 6.36　現生のオランウータンの頭骨の側面（左）と下顎歯列の咬合面（右）（Berkovitz
　　　　　et al., 1978）
大臼歯の咬合面のエナメル質には，ヒトでも時折出現する顕著な皺が認められる．

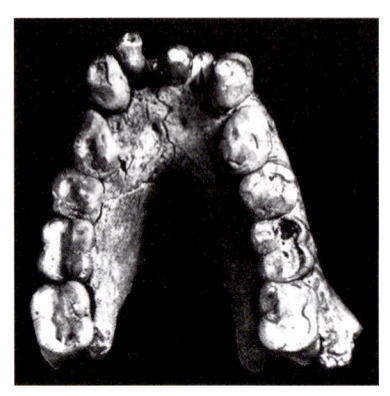

図 6.37　オランウータン科のギガントピ
　　　　テクスの巨大な下顎骨の化石
　　　　（Koenigswald, 1952）

　現生のオランウータンは，東南アジアのスマトラ島とボルネオ島の熱帯雨林に3種が棲む大型の類人猿で，その名はマレー語で「森の人」の意味である．上肢は下肢の2倍の長さがあり，とくに前腕部が長い．この長い腕で木の枝をつかみ樹上生活をする．大きな顎と歯で，イチジク，ドリアンなどの果実のほか，昆虫や卵，小動物も食べる（図 6.36）．チンパンジーで知られているように，枝を木の孔に差し込んでアリやシロアリを釣って食べることも知られている．道具も使うのだ．幼獣が集団で遊ぶこともあるが，子どもを養育するメスを除いて，オスもメスも単独で生活する．オスには顔にフランジ（頬だこ）という張り出しができることがあり，強いオスの象徴となっている．脳容量は 400 cm³ である．

　なお，中国・インド・ベトナムの 100 万〜30 万年前の更新世前期から後期の堆積物から報告されているギガントピテクスという大型の下顎骨の化石がある（図 6.37）．身長3 m，体重 300〜540 kg にも達する史上最大の霊長類であるが，手足の化石が知られておらず，どのようなサルだったか今後の化石の発見が期待される．

　2004 年にスペインの 1300 万〜1250 万年前の中新世中期の地層からピエロラピテクスという類人猿の頭骨はじめ全身の 83 個の骨化石が発見された（図 6.38）．体重 55 kg のメスのチンパンジーほどのサルであった．顔はチンパンジーのように吻部が突出しておらず，ゴリラに近かった．ゴリラやチンパンジーの先祖の化石がアフリカでなくヨーロッパから

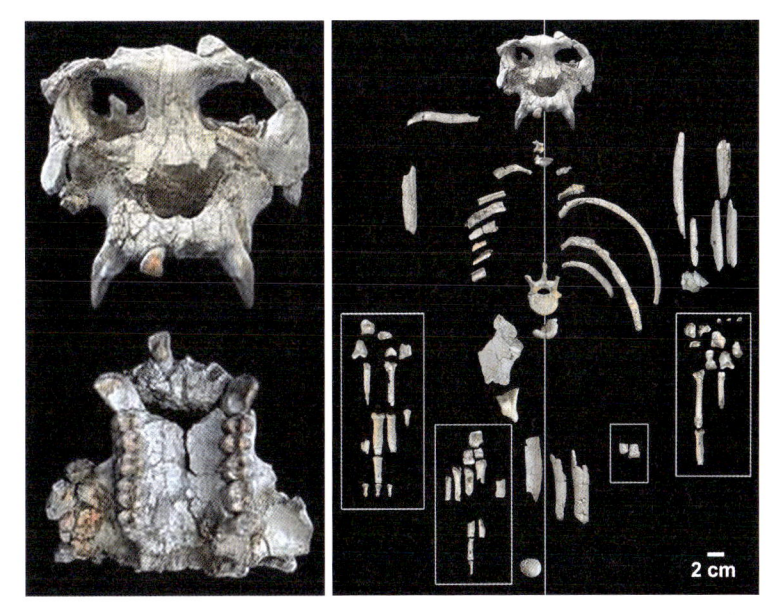

図 6.38 スペインの中新世の類人猿ピエロラピテクスの頭骨（左）と全身の骨格化石（右）（Moya-Sola *et al.*, 2004）

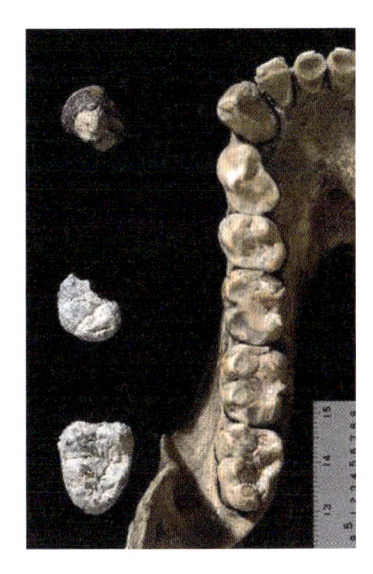

図 6.39 アフリカの中新世後期の類人猿チョローラピテクスの下顎の犬歯（左上），第一大臼歯（左中），第三大臼歯（左下）の咬合面．右はゴリラのメスの下顎歯列（Suwa *et al.*, 2007）

発見されたことは興味深い.

　一時期は，アフリカでの化石の産出が少なく，中新世に類人猿の先祖はアフリカから西南アジアやヨーロッパに移動し，その後ふたたびアフリカにもどってゴリラ・チンパンジーやヒトが進化したのではないかとも考えられた．しかしその後，アフリカからも中新世の類人猿の化石が次々と発見されている.

　古いものでは 1961 年にケニアの 1400 万年前の中新世中期の地層から発見された，ケニアピテクスとされた顎骨と歯の化石などがある．1993 年にはほぼ完全な下顎骨も報告されている．エナメル質の厚い歯をもっていた.

　2005〜2007 年に東京大学の諏訪元氏とエチオピアのグループによりエチオピアの 1000

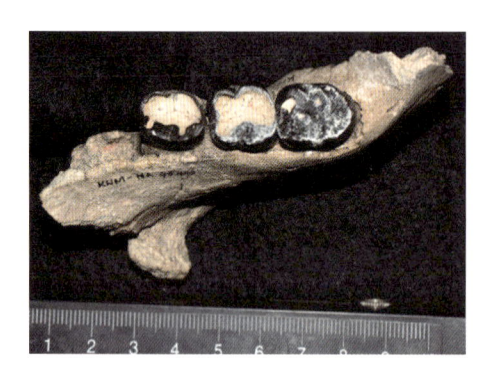

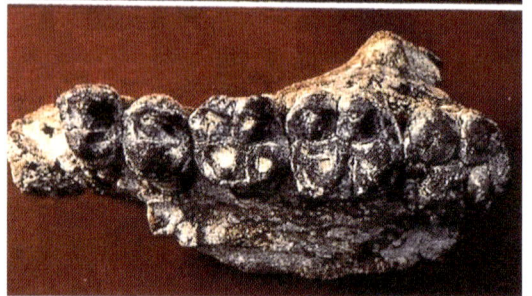

図 6.40 中新世後期のケニアの類人猿ナカリピテクスの左側下顎骨の一部（Kunimatsu *et al.*, 2007）

図 6.41 中新世後期のケニアの類人猿サムブルピテクスの上顎左側臼歯列の化石（名取，1997）頬側面（上）と咬合面（下）.

　万年前の中新世後期の地層から発見されたチョローラピテクスは，ゴリラに似て咬頭の尖った臼歯をもっており，植物の葉や茎などの繊維質の多いものを食べていたと推定されている（図 6.39）. 歯のエナメル質が厚い点でゴリラではなく，ヒトに近いとも考えられている.

　2007 年には京都大学の中務真人氏らがケニアの 990 万〜980 万年前の中新世後期の地層からナカリピテクスという顎と歯の化石を報告した（図 6.40）. この化石にはケニアで調査中に事故で亡くなった中山勝博氏の名前を種名としたナカリピテクス・ナカヤマイと名付けられている. メスのオランウータンやゴリラと同じ程度の大きさのサルで，下顎の大臼歯は咬頭は低く，しかもかなり咬耗しており，歯の大きさは第一大臼歯がもっとも小さく，第二大臼歯，第三大臼歯と遠心にむかうほど大きかった. エナメル質は薄いようだ. ゴリラやチンパンジー，ヒトの共通の先祖に近いと考えられている.

　1982 年に発見され，1997 年に記載されたケニアの 950 万年前の中新世後期の類人猿・サムブルピテクスは上顎の臼歯列の歯化石が報告されている（図 6.41）. ゴリラのメスと同じ大きさで，大臼歯のうち第二大臼歯が最大であることを除けば，ヒトの歯にとてもよく似ている. すなわち，上顎小臼歯は 2 咬頭で，大臼歯は 4 咬頭である. サムブルピテクスもまたゴリラ・チンパンジー・ヒトが分岐する以前の共通の先祖と推定されている.

　ところで，歯のエナメル質の厚さについては，テナガザル，ゴリラ，チンパンジーでは薄く，シヴァピテクス，アウストラロピテクス，パラントロプス，ヒトでは厚いとされている. また，エナメル質の形成速度については，テナガザル，アフロピテクス，シヴァピテクス，アウストラロピテクス，パラントロプス，ヒトでは速く，オランウータン，ゴリラ，チンパンジーでは遅いとされている（図 6.42）. しかし，ヒトでも乳歯のエナメル質

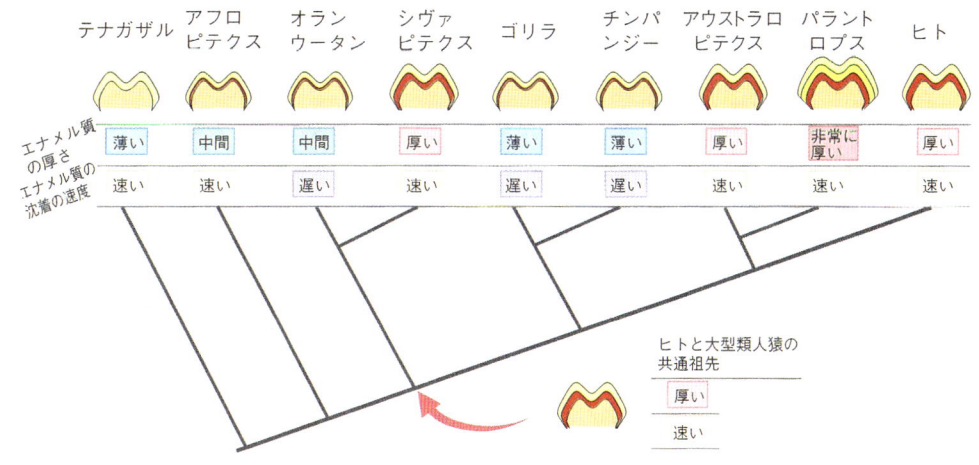

図 6.42　ヒト上科のエナメル質の厚さ・形成速度と進化系統（Martin, 1985; 名取，1997）

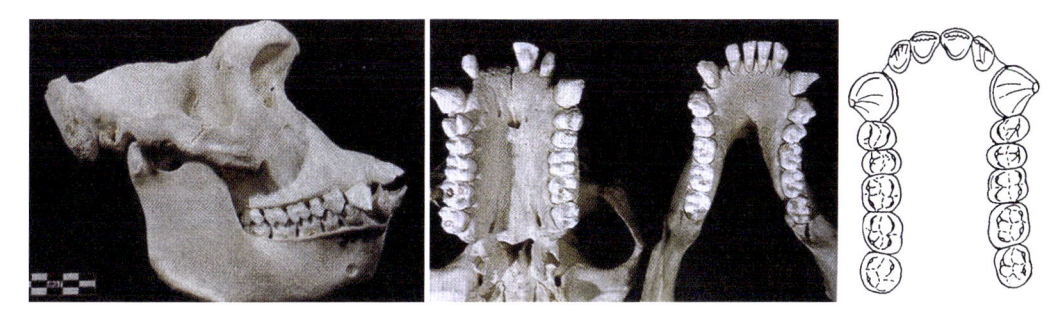

図 6.43　現生の類人猿・ゴリラの頭骨の側面（左）と上顎歯列と下顎歯列の咬合面（中）（Berlovitz *et al.*, 1978），および上顎歯列の咬合面（右）（Thenius, 1989）

は薄く，筆者はエナメル質が厚いのがヒトの特徴とはいえないと思う．歯の特徴を進化と関連させるというアイデアは面白いが，ヒトの歯にもさまざまな特徴があることを認識することが必要ではないだろうか．

　ゴリラはヒトとほぼ同じ大きさになる現生で最大の類人猿で，2種がアフリカの中西部と中東部の熱帯雨林に棲んでいる．果実や植物の葉，アリやシロアリなどの昆虫も食べる．臼歯の咬頭が高いのは，植物の葉や茎など繊維質の多いものを食べるためといわれる（図6.43）．オスと複数のメスからなる群れをつくるが，オスは成長すると群れから離れて単独で生活する．オスは身長が170〜180 cm，体重が150〜180 kg，メスは身長が150〜160 cm，体重が80〜100 kgで，性差が大きく，オスでは犬歯の牙が発達するほか，毛が銀色に変化したり，後頭部が突出したりする．脳の容量は500 cm^{3}に達する．樹上よりも地上で生活することが多く，地上を歩くときはナックル歩行という指の背面を地面に着ける独特の歩行をおこなう．木の枝を杖のように使って，沼の深さを測りながら二足歩行することも報告されている．

　チンパンジー属にはチンパンジー（ナミチンパンジー）とボノボの2種がある．チンパンジーは小型の類人猿で，オスでは身長85 cm，体重40〜60 kg，メスでは身長77.5 cm，体重32〜46 kg，脳容量は400 cm^{3}である．4亜種がアフリカ西部から中部の熱帯雨林に分布し，おもに果実を食べるが，昆虫，リスやイノシシなどの動物も食べる．蟻塚に草木

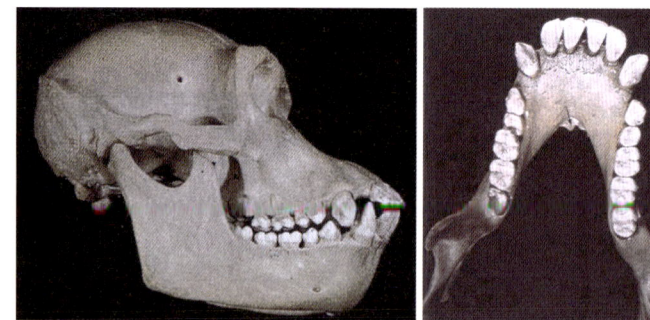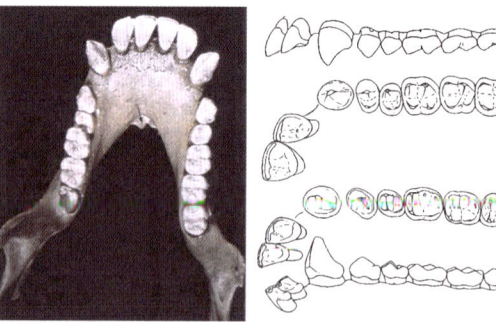

図 6.44 現生の類人猿であるメスのチンパンジーの頭骨の側面（左）と下顎（中）と上下顎歯列（右）（左と中は Berlovitz *et al.*, 1978，右は Thenius, 1989）
右の図：上は上顎歯列の頬側面，その下は上顎歯列の咬合面，下は下顎歯列の舌側面，その上は下顎歯列の咬合面．

の枝を差し込んでシロアリを捕らえる，石や木を使って堅い果実の殻を割る．さらには，木の葉を使って樹洞に溜まった水を飲む，木の葉を咬みちぎる音を使って求愛するなど，さまざまに道具を使用することが知られており，その点でももっともヒトに近い動物と考えられている．複数の雄雌を含む 20〜100 頭の群れで生活し，成長してもオスは群れに留まるが，メスは群れから出て他の群れに移動することが多い．旧京都大学霊長類研究所では長期にわたってチンパンジーを飼育して知性の研究を進めていた．

　同属だが別種のボノボは，オスは身長 73〜83 cm，体重 42〜46 kg，メスは身長 70〜76 cm，体重 25〜48 kg で，チンパンジーよりもやや小型で細い体形をしている．アフリカ中部のコンゴの森で，50〜120 頭の群れをつくり，成長してもオスは群れに留まるが，メスは他の群れに移動する．メスは他の群れに移る際に，その群れのメスと同性愛的な行動をすることが知られている．性行動をコミュニケーションの手段にしているようだ．チンパンジーと違って争いが少なく，平和的に暮らしており，食べものも群れで分かち合っている．道具の使用はあまり知られていないが，二足歩行することが多く，両手で食べ物をかかえて数十 m も直立二足歩行することが報告されている．

　大臼歯の大きさを見ると，ゴリラでは上下顎とも第二大臼歯が最大で，上顎では第一大臼歯と第三大臼歯はほぼ同じ大きさで，下顎では第一大臼歯がもっとも小さくなっている（図 6.43）．ところが，チンパンジーでは上下顎とも第二大臼歯が最大である点ではゴリラと同じだが，第三大臼歯がもっとも小さい点では，ヒトに似ている（図 6.44）．

　本章では真獣類の食虫類から霊長類の原猿類，広鼻猿類，狭鼻猿類のオナガザル類とオランウータン類までについて解説した．次章ではいよいよ私たち自身である人類，ヒト科について述べることにしよう．

ヒトの歯の数は何本か？

コラム 1

　筆者は現職の教師をしていた頃，高校生を対象とした模擬授業を担当していた．そこでは，将来，歯科医師や歯科衛生士を希望する高校生に歯について興味をもってもらうために，クイズを出していた．その一つに「ヒトの歯の数は何本？」というのがあった．

　回答を3つの中から選択する問題で，① 12本，② 22本，③ 32本の中から選ぶのだ．普通なら成人の歯の数は狭鼻猿類であることから，左右上下に各 2・1・2・3 = 32 であり，③の 32本が正解である．ところが，ヒトといっても新生児から高齢者まであり，実は成長の時期，虫歯や歯周病で歯を失うことによってさまざまに変化するのだ．さらに，ヒトの歯では「親知らず」といわれる第三大臼歯などでは先天欠如や埋伏智歯が知られており，過剰歯といって通常はない歯が出現することすらあるのだ．こうなると，もちろん① 12本も，② 22本も正解に入ってしまう．

　つまり，新生児では歯は存在せず0本だが，半年ほどすると下顎の乳中切歯が左右2本生え，やがて1歳児になると上顎の乳中切歯も左右2本生え，2本から4本となる．1歳半では乳側切歯や第一乳臼歯も生えて上下左右に各3本，計12本となり，2歳児では乳犬歯が生えて上下左右に各4本，計16本となり，3歳児では第二乳臼歯が生えて上下左右に各5本，計20本の乳歯列が生えそろうことになる．

　ところが，6歳になると下顎の乳切歯が抜けて永久歯の切歯が生えるとともに，第二乳臼歯

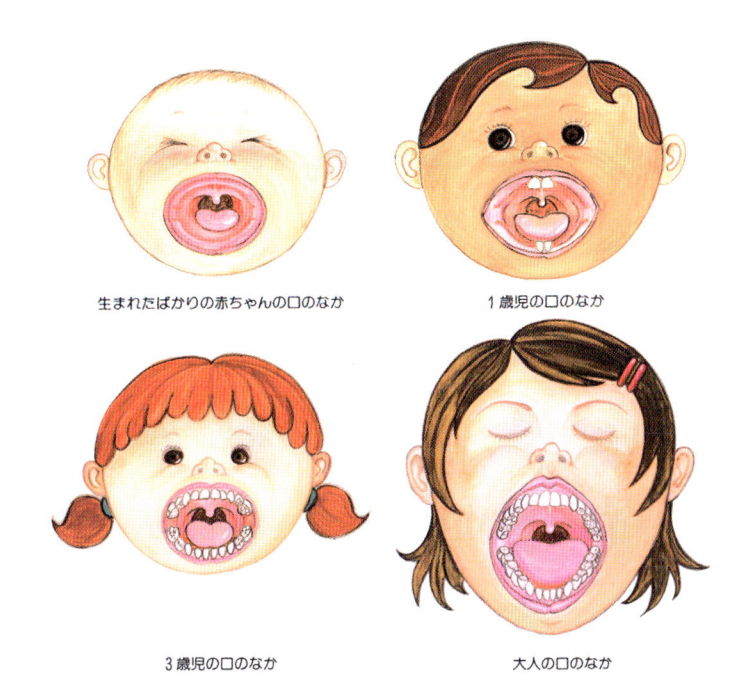

生まれたばかりの赤ちゃんの口のなか　　　　　　1歳児の口のなか

3歳児の口のなか　　　　　　大人の口のなか

図 6.45　ヒトの歯の萌出過程（後藤・後藤，2001）

の後方に「六歳臼歯」と呼ばれる第一大臼歯が生えるのだ．その後，乳歯は次々に抜けて永久歯に置き換わり，12歳には第一大臼歯の後方に第二大臼歯が生え，上下左右に7本ずつ，計28本の永久歯が生えそろう．その後，20歳過ぎてから「親知らず」と呼ばれる第三大臼歯が生えて2・1・2・3 = 32の狭鼻猿類の歯式に至る人も，生えなくて2・1・2・2 = 28に留まる人もいる（図6.45）．

　こう見てくると，ヒト（成人）の歯の数は32本というよりも28～32本といった方がより正確になる．ということで，ヒトの歯の数は何本か？　という問題には深い意味があることになる．そこに歯の不思議があり，歯について学ぶ深い意味を感じてほしいと思う次第である．

　なお，永久歯の総数32本の覚え方であるが，学生に「歯」は音では「し」と読み，訓では「は」と読むので，「しは32」本と覚えるようにと教えていた．乳歯の総数20本については，少し苦しいが「子どもの歯」の意味で「子（こ）　歯（し）20」本と覚えさせていた．

7.1 人類への進化と人類の特徴

　最初の脊椎動物である無顎類は顎も歯もなく，口から入る水のなかの微生物を鰓で濾しとって食べていた．無顎類から原始顎口類であるサメ類が進化するなかで，脊椎動物は顎と歯を獲得することにより，大きな獲物も捕食できる活発な動物に進化した．歯は，サメの皮小歯が顎上で餌を捕らえるために発達したもので，サメ類では顎軟骨を取り巻く線維層に線維で支えられていたが，硬骨魚類では顎骨が形成されて顎骨と骨結合するようになった．さらに，魚類から両生類・爬虫類へと進化し，生息環境が水中から陸上に移行するなかで，歯冠の外層が間葉性のエナメロイドから上皮性のエナメル質へと変化した．さらには，爬虫類から哺乳類への進化のなかで，歯の形態分化，支持様式，エナメル質の厚さと構造，交換様式に大きな変化が起こり，歯の機能も捕食から咀嚼へとより複雑なものになった．このような進化は，ヒトの顎のなかで歯胚が形成され，その周囲に顎骨ができ，歯と顎骨が結合して萌出するという歯の発生過程にも再現されていると見ることができる（図7.1）．

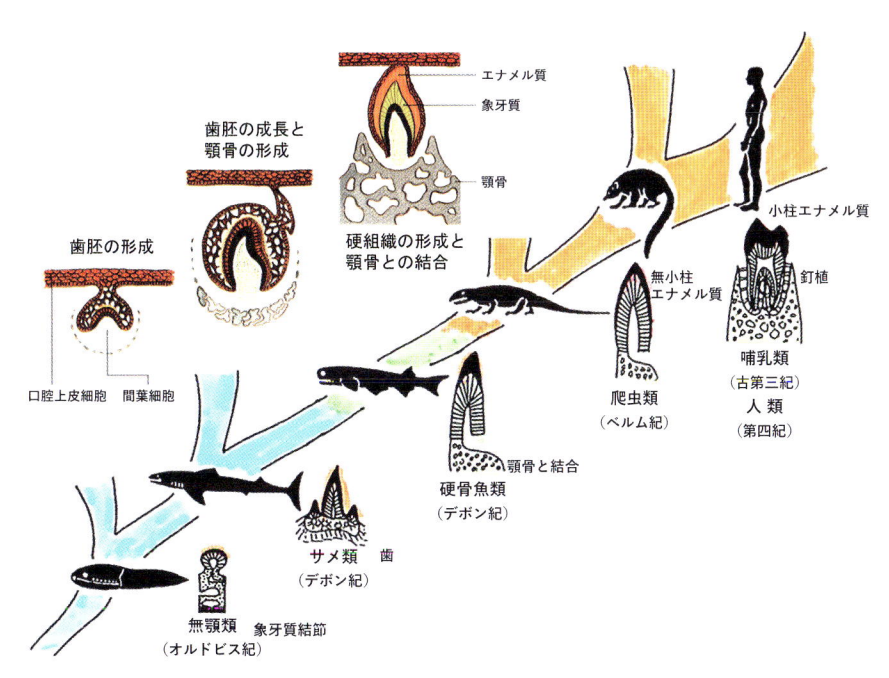

図 7.1　脊椎動物における歯の発生と進化

　そして，食虫類から霊長類へと進化するにともなって，植物食わけても果実食さらには雑食への適応が起こり，臼歯の形態は昆虫のキチン質の殻を切断するとともにすり潰すのに適応したトリボスフェン型から，植物の草や果実を食べるのに適した鈍頭歯型へと変化した．からだの大型化にともなって，歯の数は減っても歯のサイズは大型化した．

　他の哺乳類・霊長類と比べた人類の特徴といえば，なによりも脊柱を垂直にして直立二足歩行することである．ヒトは「直立二足歩行する哺乳類」と定義することもできる（恐竜の獣脚類は二足歩行だが脊柱は水平方向に近く，直立ではない．鳥類ではペンギンが直立二足歩行するが，水中を泳ぐのも得意だ）．そのために，頭骨の下に大後頭孔（脳から脊髄が出る孔）が開いており，脊柱は S 字湾曲を示し，骨盤は左右に幅広く，大殿筋が発達し，上肢は下肢よりも短くなり，手と足が分化して，足底に土踏まずができている．しかし，前期猿人では上肢が下肢よりも長いものが多く，足も手と同じように親指が他の指に対向して木の枝をつかむことができ，まだ樹上生活にも適応していた．後期猿人では樹上生活はわずかになって直立二足歩行が進み，さらには原人になると完全な直立二足歩行になっている．直立二足歩行への進化は，猿人と原人の 2 段階で起こっている．

　直立二足歩行により手は歩行から解放されて自由に使えるようになり，霊長類で獲得された母指対向把握能力（親指を他の指と対向させて木の枝や道具をつかむ能力）が足では失われる一方で，手でこの能力が発達し，ものを運んだり，道具を使ったりするようになった．道具の使用は，類人猿では他の動物とのたたかいやメスをめぐるオス同士のたたかいで使用されてきたオスの犬歯の退化を引き起こし，さらには大脳を発達させた．

　大脳については，前期猿人ではまだ類人猿とほぼ同じ大きさであったが，後期猿人，原人を経て少しずつ発達し，旧人のホモ・ネアンデルターレンシスと新人のホモ・サピエンスでは巨大な大脳をもつに至った．とはいえせいぜい 1400〜1600 cm³ 程度で，ゾウの 4000〜4800 cm³，マッコウクジラの 9000 cm³ とくらべればたいしたことはない．

　大脳の発達と反比例して歯と顎は退化する傾向にあったが，例外として頑丈型猿人のパラントロプス属では逆に顎と臼歯が巨大化する方向に進化したが，120 万年前には子孫を残すことなく絶滅している．一方，ホモ属では顎と歯の退化が進み，ホモ・サピエンスでは顎が短縮してオトガイと鼻骨が突出するようになっている．

　そのほかに，性的活性化にともなう特徴や，幼児的特徴または発育の遅延にともなう特徴，さらには社会生活にともなう特徴は，化石として保存されることが少ないので，確かめることが困難である．ただ，性周期を失ってたえず発情できる能力はきびしい環境を生き抜くうえで必要であったろうし，新しい環境に挑戦したり，道具を改良して生産力を向上させたりするには若さが持続し，歳を重ねても好奇心や探求心を失わないことが重要であっただろう．

　社会生活としては道具の使用があるが，これについては本章コラム 1・石器の歴史で解説しよう．さらに，コミュニケーション手段として言葉を使用することも人類の特徴だが，直立の程度や喉頭や舌骨の形態から類推するよりない．言語の使用が大脳を大きく発達させたことは間違いない．

　これらの特徴は，700 万年といわれる人類の長い進化の過程で，互いに影響しつつ，少しずつ獲得されてきたものと考えられている（図 7.2）．

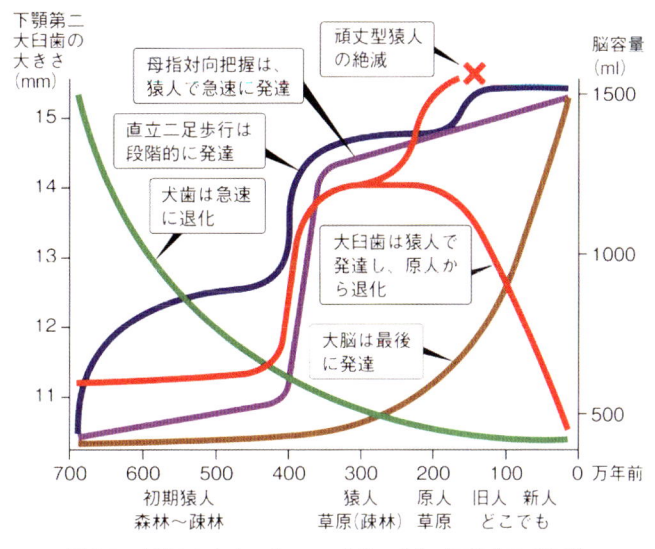

図 7.2　人間らしさを示す 5 つの特徴の変化（馬場悠男氏提供）

7.2 | 人類の進化：猿人・原人・旧人・新人

　人類の先祖を発見する研究者の努力は，より古く，より現代人に近い骨や歯の化石を求める競争であった．また，人類が誕生したのはヨーロッパなのか，アジアなのか，アフリカなのか，その場所についても激しい論争があった．その過程で，後述するような偽物の「化石」が 41 年間も人類の先祖と信じられていたこともあった（コラム 2 参照）．人類の起源は 700 万年前のアフリカであったことが定着したのは 21 世紀になってからである．現在では，人類，すなわちヒト科には 7 属 25 種ほどが知られている（**表 7.1**）．ただ，研究者によっては，いくつかの種を同じ種に統合してもっと少なく見積もることもある．また，一つの種をいくつかの亜種に分類することもある．しかし，これまでに報告された化石は実際に生存していた人類のほんの一部に過ぎず，新しい化石が発見されれば，その数は今後もどんどん増加し，これまでの定説が変わる可能性も大きい．

　また，サヘラントロプス属，オロリン属，アルディピテクス属，アウストラロピテクス属，ケニアントロプス属，パラントロプス属をまとめて猿人，ホモ属のうち，エルガステル，ゲオルギクス，エレクトゥス，アンテセッソル，ハイデルベルゲンシス，ナレディ，フロレシエンシスをまとめて原人，ホモ・ネアンデルターレンシスなどを旧人，ホモ・サピエンスを新人とすることがある．ホモ・ルドルフェンシスとホモ・ハビリスについては，後期猿人とも早期原人ともいわれる．また，ハイデルベルゲンシスなどを古代型ホモ・サピエンスとし，原人でなく旧人に含めることもある．ここでは，猿人や原人を前期と後期などに分け，パラントロプス属を頑丈型猿人，フロレシエンシスを小型原人とした．

　なお，旧ソ連の歴史哲学者セミョーノフ（1991）は，猿人を「前人」といい，人類に進化する以前の動物・類人猿としている．中国ではアウストラロピテクスを「南方古猿」と呼び，猿人は人類ではなく類人猿とみなしている．猿人は人類なのか，人類以前の類人猿なのかの判断は，類人猿と人類の境界をどこにするか，人類をどう定義するかにかかっている．前述のようにここでは人類を「直立二足歩行する哺乳類」と定義しておくことにし

表 7.1　人類（ヒト科）の 7 属 25 種

前期猿人	サヘラントロプス・チャデンシス（*Sahelanthropus tchadensis*） オロリン・トゥゲネンシス（*Orrorin tugenensis*） アルディピテクス・カダバ（*Ardipithecus kadabba*） アルディピテクス・ラミドゥス（*Ardipithecus ramidus*）	
中期猿人	アウストラロピテクス・アナメンシス（*Australopithecus anamensis*） アウストラロピテクス・バーレルガザリ（*Australopithecus bahrelghazali*） アウストラロピテクス・アファレンシス（*Australopithecus afarensis*） アウストラロピテクス・ガルヒ（*Australopithecus garhi*） アウストラロピテクス・アフリカヌス（*Australopithecus africanus*） アウストラロピテクス・セディバ（*Australopithecus sediba*） ケニアントロプス・プラティオプス（*Kenyanthropus platyopus*）	
頑丈型猿人	パラントロプス・エチオピクス（*Paranthropus aethiopicus*） パラントロプス・ロブストゥス（*Paranthropus robustus*） パラントロプス・ボイセイ（*Paranthropus boisei*）	
後期猿人 （早期原人）	ホモ（ケニアントロプス）・ルドルフェンシス（*Homo*（*Kenyanthropus*）*rudolfensis*） ホモ（アウストラロピテクス）・ハビリス（*Homo*（*Australopithecus*）*habilis*）	
前期原人	ホモ・エルガステル（*Homo ergaster*） ホモ・ゲオルギクス（*Homo georgicus*）	
後期原人	ホモ・アンテセッソル（*Homo antecessor*） ホモ・エレクトゥス（*Homo erectus*） ホモ・ハイデルベルゲンシス（*Homo heiderbergensis*） ホモ・ナレディ（*Home naledi*）	*Homo erectus*（?）
小型原人	ホモ・フロレシエンシス（*Homo floresiensis*）	
旧　　人	ホモ・ネアンデルターレンシス（*Homo neanderthalensis*）	
新　　人	ホモ・サピエンス（*Homo sapiens*）	

黒字：東アフリカ　　橙色：中央アフリカ　　緑色：南アフリカ　　青：アフリカ以外にも進出

た．そして，直立二足歩行するといわれている狭鼻猿類をヒト科＝人類とした．

7.3　最古の人類：猿人はサルかヒトか？

7.3.1　最古の猿人：サヘラントロプス

　最古の人類化石は 2001 年に，フランスの古生物学者ミシェル・ブルネらによって，中央アフリカのチャドで 700 万～680 万年前の中新世末期の地層から発見され，2002 年に報告されたサヘラントロプス・チャデンシスである（Brnet *et al.*, 2002）．属名は「サヘルのヒト」という意味である．産地のダザガ語で「生命の希望」を意味する「トゥーマイ」という愛称をもち，日本ではトゥーマイ猿人とも呼ばれる．

　ほぼ完全な頭蓋骨の化石（図 7.3）は，男性で，推定身長は約 120～130 cm，推定体重は 35 kg，脳容量は 378 cm^3 で，チンパンジーと同じ程度である．大後頭孔が頭蓋骨の下方に位置することから，直立二足歩行していた可能性が高いとされ，ヒト科＝人類とされた．犬歯がやや小型である点もヒト科の特徴である．しかし，眼窩上隆起が著しく突出し，ゴリラにも似ている．

　頭蓋骨以外の化石は知られていなかったが，2022 年 8 月に頭骨と同じ場所から，大腿骨と尺骨が発見され，直立二足歩行していたが，木登りも上手であったとされた．サヘラントロプスが本当に人類なのか，あるいは類人猿なのかについては，今後の発見を待つよりない．この時代は，チャド湖が大きな湖で湿潤な気候であったが，その後，急激に縮小

したのであった.

　なお，ヨーロッパの南東部の 720 万年前の中新世後期の地層から産出したグレコピテクスとされた下顎骨と歯の化石について，サヘラントロプスよりも 20 万年古い最古の人類であるという研究者もある．グレコピテクスの歯はヒトに似た形態をしてはいるが，ギリシアとトルコの 960 万～740 万年前の中新世後期の類人猿オウラノピテクスと同属とする説もある．そして，オウラノピテクスはヨーロッパの中新世中期から後期に生息したドリオピテクスに近縁とされている．人類の起源がアフリカでなくヨーロッパであるという説は一般にはまだ受け入れられていないようだ

図 7.3　最古の人類・サヘラントロプスの頭骨写真を掲げた Nature 誌（2002 年 6 月 11 日号）の表紙

■ 7.3.2　前期猿人：オロリンとアルディピテクス

　猿人化石としては，サヘラントロプス・チャデンシスとアウストラロピテクス・バーレルガザリの 2 種だけは中央アフリカのチャドで発見されているが，それ以外の猿人化石は東アフリカと南アフリカから産出している．

　オロリン・トゥゲネンシス（図 7.4）はケニアのトゥゲンヒルズで 610 万～580 万年前の中新世末期の地層から，フランスのブリジット・セヌーとマーティン・ピックフォードにより 2000 年に発見され，2001 年に報告されている．属名は現地語で「最初のヒト」の意味である．チンパンジーほどの大きさの 5 体分とされている顎と歯，上肢と下肢の化石が産出しているが，大腿骨の後面に外閉鎖筋溝をもっていたことから，二足歩行をしていたとされている．ただし，下肢を内転（股を閉じる）ないし外旋（下肢を外側に回転）する筋である外閉鎖筋は，類人猿では垂直移動すなわち木登りで機能するとされており，ヒトにはない外閉鎖筋溝をもつことが二足歩行と関係するのかは疑問である．臼歯が大きく

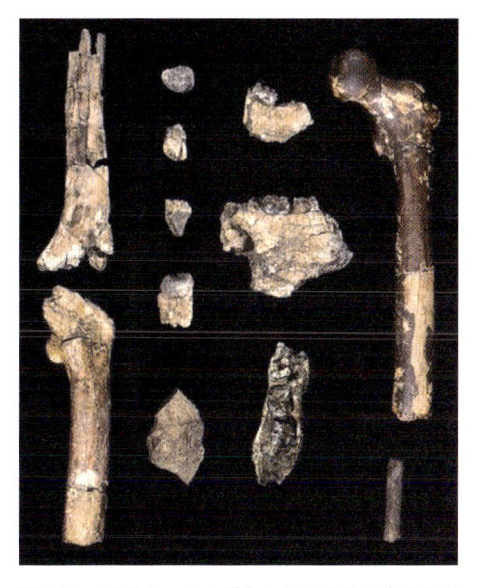

図 7.4　オロリン・トゥゲネンシスの骨と歯の化石
（Senut *et al*., 2001）

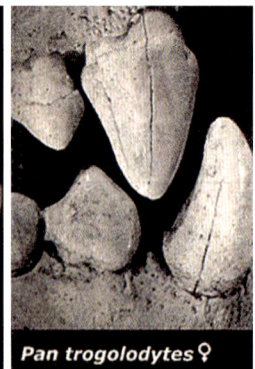

図7.5 アルディピテクス・カダバ（左）とチンパンジー（右）の上下顎の犬歯と第一小臼歯（Haile-Sellassie *et al.*, 2004）

犬歯が小さいことは，果物や野菜を好んで食べ，肉類も時々食べていたことを示しているとされている．

　2001年に報告されたことから「ミレニアム・アンセスター（千年紀の先祖）」とも呼ばれている．しかし，チンパンジーではないかともいわれており，今後の化石の発見が期待されている．

　サヘラントロプスやオロリンよりもその実態がよく分かっているのが，アルディピテクスである．エチオピアの580万〜440万年前の中新世末期から鮮新世初期の地層から2種が報告されている．属名はアファール語で「大地のサル」の意味である

　アルディピテクス・カダバは，580万〜520万年前の中新世末期から鮮新世初期のエチオピアに生息していた．1997年に，エチオピアのアファール盆地のアワッシュ川中流域西部で，当時大学院生だったエチオピア人研究者のヨハネス・ハイレ＝セラシエが発見した．2001年に公表された時はラミドゥス猿人の1亜種，アルディピテクス・ラミドゥス・カダバと名付けられたが，その後，犬歯の形状に明確な差異が認められ，別種のアルディピテクス・カダバと変更された．日本ではカダバ猿人と呼ばれる．カダバとはアファール語で「おおもとの先祖」の意味である．チンパンジーに似た形態の犬歯をもっていたが，やや小型化しているのが特徴だ（図7.5）．

　もう一つの種であるアルディピテクス・ラミドゥスは，450〜430万年前（鮮新世前期）にエチオピアに生息していた．1992年，東京大学の諏訪元がエチオピアのアワッシュ川中流域のアラミスで，上顎大臼歯の化石を発見した．東京大学，カリフォルニア大学，エチオピアのリフトバレー研究所からなる国際チームは，翌年末までに歯，顎骨，上腕骨，後頭骨などの化石17点を発見した．この化石は，それまで知られていた猿人よりも明らかに原始的な特徴を示しており，1994年，アウストラロピテクス・ラミドゥスとして発表された．翌年には新しい属名アルディピテクスが設けられ，アルディピテクス・ラミドゥスと改名された．日本ではラミドゥス猿人と呼ばれる．種名はアファール語で「根」の意味で，根源の先祖をさしている．

　同じ1994年には全身骨格化石（通称「アルディ」，図7.6）が発見され，ラミドゥスに関するさまざまな事実が明らかになった．2009年には諏訪氏らによってその詳しい特徴

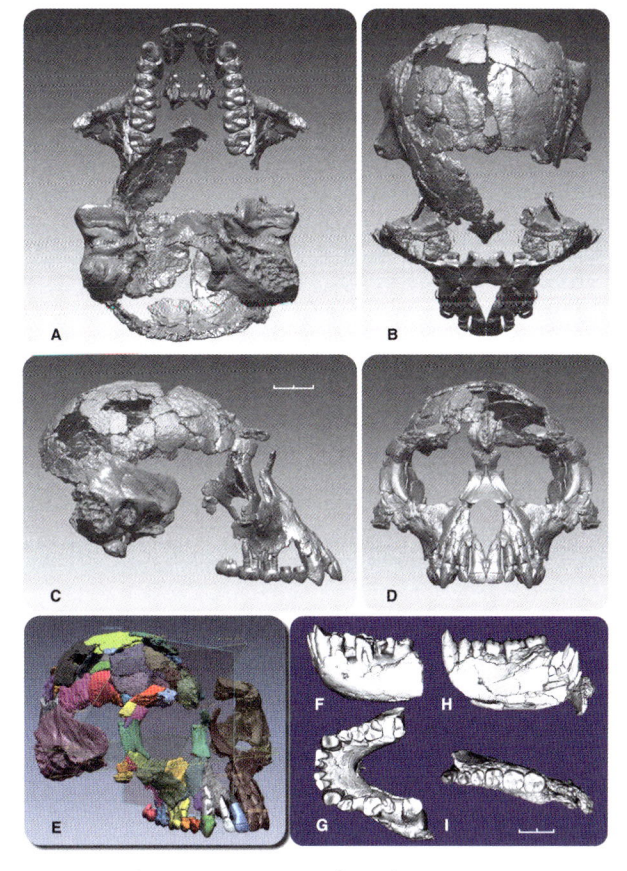

図 7.6 アルディピテクス・ラミドゥス「アルディ」の頭骨と下顎骨（Suwa *et al.*, 2009）

が発表された．それによると，身長 117～124 cm，体重 40～51 kg，脳の容量は 300～350 cm^3．下肢よりも上肢が長く，足の親指が他の指と対向していて木の枝をつかむことができた．犬歯は小さく，骨盤の腸骨は幅広いが，坐骨は後述するアファール猿人よりも細長く，木登りが上手で樹上生活にもかなり適応していた．一方で，手の構造はチンパンジーやゴリラのように歩行時に地面に指の背を付けて使用していた形跡が認められず，地上では直立二足歩行していたらしい．歯の形態から，果実，キノコ，根だけでなく，昆虫，小動物，鳥の卵も食べる雑食性であった．生息環境はジャングルとサバンナのような地形が入り混じっていたと推測されている．

7.3.3 中期猿人：アウストラロピテクスとケニアントロプス

a. アウストラロピテクス属とケニアントロプス属

420 万～200 万年前の鮮新世前期から更新世前期の東アフリカと南アフリカから産出しているアウストラロピテクス属には，6 種が知られている．属名は「南のサル」の意味である．以前は頑丈型猿人とされるパラントロプスも本属に含まれていたが，最近では別属にされることが多い．ホモ属とされているホモ・ハビリスを本属に含め，アウストラロピテクス・ハビリスとすることもある．

また，350 万～320 万年前の鮮新世後期の東アフリカのケニアから発見されたケニアン

トロプス・プラティオプスも同じ時代の猿人である．属名は「ケニアのヒト」の意味である．

b. アウストラロピテクス・アナメンシスとアウストラロピテクス・バーレルガザリ

最古のアウストラロピテクス属は，アウストラロピテクス・アナメンシスである．1995年に古人類学者のミーヴ・リーキーらによって種名は「湖」を意味するトゥルカナ語から命名された．ケニアとエチオピアの420万〜380万年前の鮮新世の地層から100ほどの骨化石が発見され，2019年にはエチオピア産のほぼ完全な頭骨の化石（図7.7）が報告され，脳の容量は365〜370 cm^{3}であった．直立二足歩行はしても樹上生活にも適応していたらしい．歯のエナメル質は厚く，歯の咬合面の微細な咬耗を調べた結果，ゴリラやチンパンジーと同様に果実を主食とした雑食性であったと推定されている．犬歯は類人猿よりは小さいが，他の人類と比べるとまだまだかなりの大きさであった．性的二型が認められるという．

アウストラロピテクス・バーレルガザリは，1996年に古人類学者のミシェル・ブルネらが，中央アフリカのチャドのバーレルガザリ渓谷で，350万〜300万年前の地層から報告した下顎骨と小臼歯の化石である．歯の特徴は次に述べるアウストラロピテクス・アファレンシスに似ており，アファレンシスの亜種であるとする説もある．

c. アウストラロピテクス・アファレンシス：アファール猿人

アウストラロピテクス・アファレンシスは東アフリカのエチオピア，ケニア，タンザニアの390万〜290万年前の鮮新世の地層から産出している．日本ではアファール猿人と呼ばれる．タイプ標本の化石はタンザニアのラエトリで発見されているが，後述する「ルーシー」を含むその他の大部分はエチオピア北東部のアファール盆地のアワッシュ川下流域のハダールで見つかっている．身長100〜150 cm，脳の容量は380〜430 cm^{3}で，犬歯は

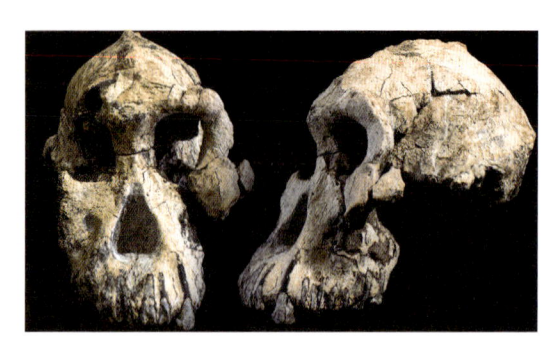

図7.7　アウストラロピテクス・アナメンシスの頭骨の前面（左）と側面（右）（Haile-Sellassie *et al.*, 2019）

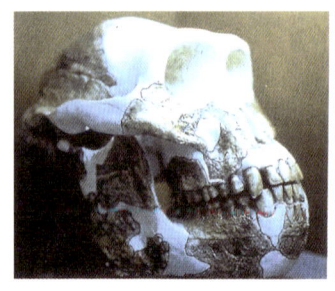 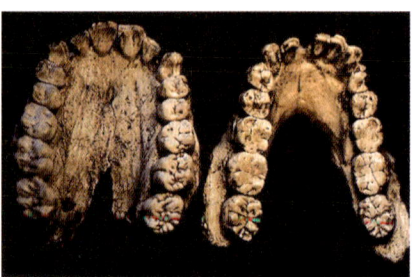 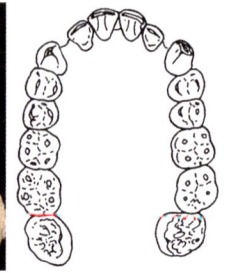

図7.8　アウストラロピテクス・アファレンシスの頭骨（左）と上下顎の歯列（中）（諏訪, 1994）と上顎歯列の咬合面（右）（Thenius, 1989）

小さかったが臼歯わけても大臼歯はかなり大きく，顎は前方に突出していた（図7.8）．脳が小さく，原始的な顔の人類が直立二足歩行をしていたという事実は，当時の学会にとって意外なことだった．なぜなら，脳が巨大化したことで直立二足歩行がはじまったと考えていたからである．当時すでに発見されていたホモ・ルドルフェンシスは$800\,\mathrm{cm^3}$もの脳をもっていたとされていたのだ（実際は$750\,\mathrm{cm^3}$）．

　1974年にアメリカの人類学者ドナルド・ジョハンソンらはハダールの318万年前の地層から，ほぼ1個体分の骨格化石を発見した．キャンプに流れていたビートルズの曲「ルーシー・イン・ザ・スカイ・ウィズ・ダイアモンズ」にちなんで「ルーシー」と名付けられた．ジョハンソンは，骨盤と仙骨から骨盤の角度を推定し，これが女性の人骨であると考えた．ルーシーは身長$110\,\mathrm{cm}$，体重$29\,\mathrm{kg}$でチンパンジーほどの大きさだった．しかし，ルーシーは小さな脳にもかかわらず，骨盤，後肢の骨は，確かに直立歩行していたことを示していたのだ．

　2000年にはハダールに近いディキカで，アファール猿人の女児の人骨が発見された．年齢は第一大臼歯が未萌出であったことから3歳と推測され，全身骨格のかなりの部分が残っていた．この女児の人骨についてはしばしば「ルーシーの赤ちゃん」と呼ばれるが，実際にはルーシーよりも15万年ほど古い332万年前の人骨である．

　本種は骨格から直立二足歩行していたと推定されるだけでなく，二足歩行していた直接の証拠である375万年前の足跡化石がタンザニア北部のラエトリで発見されている（図7.9）．1978年，古人類学者のメアリー・リーキーはラエトリで，375万年前に火山灰が堆積して形成された凝灰岩の表面に，人類の足跡化石を発見した．これらはアファール猿人の足跡と考えられ，大小2個体の足跡が同じ方向に向かって並んでいた．二人は夫婦であるのか，親子であるのか分かっていない．大きな足跡には比較的小さな足跡が重なっており，父親の後を母親が追い，父親か母親の左側を子どもが並んで歩いたとも想像されている．2015年にも14個の足跡が発見されたが，これについては，成人男性1人と，2〜3人の成人女性，2〜3人の未成年のものと推定されている．どちらにしても，アファール猿人の社会構造がどのようなものであったかを知る重要な手がかりになりそうだ．

　なお，猿人が石器で傷をつけたとみられる340万年前の動物の骨化石が，エチオピア北東部のディキカで発見されている．ウシほどの大きさの草食獣の肋骨と，ヤギの大きさの草食獣の大腿骨の表面に，鋭利な石でつけたとみられる複数の傷や，たたき割ったような跡が残っていた．これらは猿人も石器を使った証拠だという．発掘現場のすぐ近くでは，前述した猿人の女児の化石が見つかっていることから，猿人が石器を使って動物の死骸から肉を削ぎとったり，骨を砕いて骨髄を食べていたと推定される．これは猿人が人類であった証拠ともなって

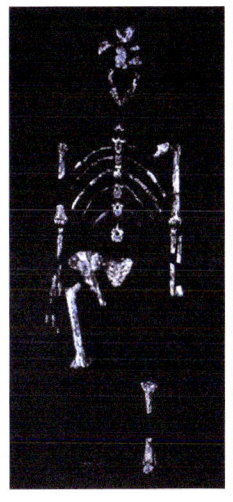

図7.9 アファール猿人の「ルーシー」の骨格化石（左）とラエトリの足跡化石（右）（Johanson *et al.*, 1978; 名取，1997）

いる.

d. アウストラロピテクス・アフリカヌス：アフリカヌス猿人

　最初に発見された猿人は，アウストラロピテクス・アフリカヌスであった．アフリカヌス猿人は，330万〜210万年前の鮮新世後期から更新世前期の南アフリカに生息していた．

　1924年に，タウングの石灰岩採石場で発見された「タウングチャイルド」は，解剖学者レイモンド・ダートによって報告され，当時は最古の人類化石であった．3〜4歳の幼児の頭骨で，大後頭孔が下にあることから直立二足歩行と推定された．上下顎の第一大臼歯が生えているのでヒトならば6歳以上であるが，猿人ではすでに3歳以前で第一大臼歯が萌出したらしい．頭骨だけでなく，石灰分で置換された脳と血管を含む脳硬膜も保存されている（図7.10）．1947年にはほぼ完全な成人の頭骨も発見されている．これは中年の女性で「プレス夫人」と呼ばれ，これまで4つの頭骨（図7.11）が知られている．

　しかし，この時代には，ほとんどの人びとが人類はアフリカ以外で進化したと信じていたため，「南のサル」と命名されたように人類ではなく類人猿であるとみなされてきた．1912年にイギリスで「発見」された「ピルトダウン人」は，1953年にヒトの頭骨とオランウータンの下顎骨を合成した偽物であることが判明するまでの41年間もの間，最古の人類の化石だと信じられていたのであった（コラム2）．

　アフリカヌス猿人には性的二型が見られ，男性は身長140cm，体重40kg，女性は身長

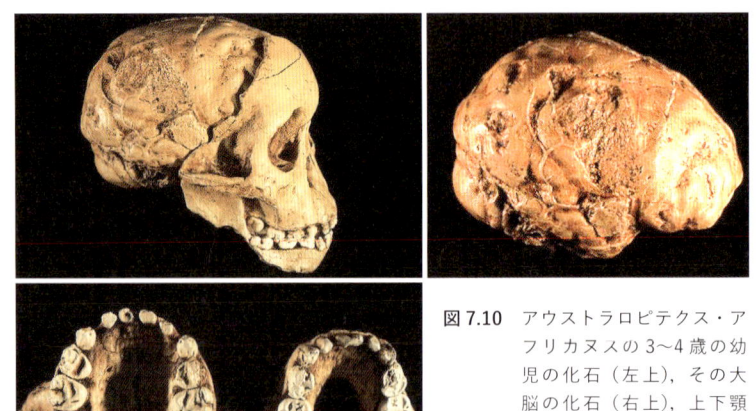

図7.10　アウストラロピテクス・アフリカヌスの3〜4歳の幼児の化石（左上），その大脳の化石（右上），上下顎（左下）
レプリカ標本を撮影．上下顎とも各5本の乳歯列の後方に第一大臼歯が存在している．

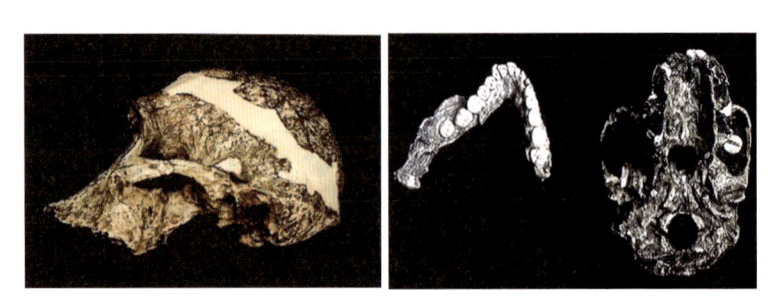

図7.11　アウストラロピテクス・アフリカヌスの成体の頭骨側面（右）と下顎骨の上面（右の左），頭蓋下面（右の右）（Berkovitz *et al.*, 1978）

125 cm，体重 30 kg で，脳容積は 420〜510 cm^3 であった．犬歯はこれまでの前期猿人に比べて一段と小さくなり，臼歯は大きく，エナメル質が厚くなっていた．男性の頭蓋骨は，女性の頭蓋骨よりも頑丈だったらしい．二足歩行はしていたが，上半身はアファール猿人よりも類人猿に似ていた．

　アフリカヌス猿人は，草，種子，根茎，果実，ナッツなどの固いものを食べていたらしい．南アフリカのアウストラロピテクスは，大型の肉食動物に捕食されたようで，タウングチャイルドは頭骨に付けられた傷から猛禽類に襲われたと推定されている．アフリカヌス猿人は，気候変動と乾燥化，新しく出現したホモ属やパラントロプス属との競合により絶滅したと思われる．

e．アウストラロピテクス・ガルヒ："びっくり猿人"

　アウストラロピテクス・ガルヒはエチオピアの古人類学者ベルハナ・アスファウとアメリカの古人類学者ティム・ホワイトらが 1996 年に，エチオピアのアワッシュ川中流域のブーリで 260 万〜250 万年前の鮮新世末期から更新世初期の地層から頭骨の化石（図7.12）を発見した．種名はアファール語で「驚く」を意味する言葉に由来している．まさに "びっくり猿人" である．

　なぜなら，身長は 140 cm と低く，脳の容積も 450 cm^3 で，他のアウストラロピテクス属とそれほど違わないにもかかわらず，大きな顎をもち，小臼歯と大臼歯が他のアウストラロピテクス属のものよりも大きく，パラントロプス・ボイセイに近かったからである．

　また，アウストラロピテクス・ガルヒの化石の発見された場所の近くで，オルドヴァイ型石器（コラム 1 参照）によく似た原始的な石器が見つかり，1999 年に現代の人類につながるホモ・ハビリスよりも前に道具が使われていた可能性が高いと発表された（図7.12）．同じ地層から産出したウシ類の脛骨には石器で付けた傷跡があり，下顎骨には舌を切り取った時に付けられた削ぎ跡が認められたという．ヒト（ホモ）属ではない中期猿人が道具を使用し，肉を食べていたという点でも，まさに "びっくり猿人" であった．

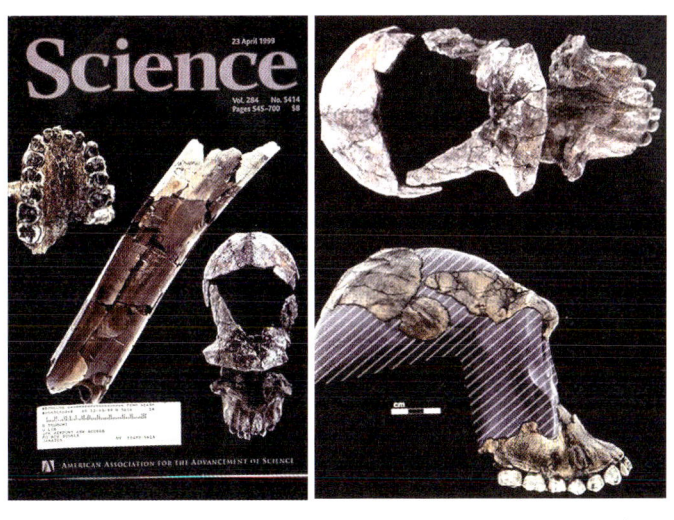

図 7.12　アウストラロピテクス・ガルヒの論文を掲載したサイエンス誌（1999年 4 月 23 日号）の表紙（左）．中央には石器によって傷跡のついたウシ科の動物の脛骨，頭蓋の上面（右上）と側面（右下）（Asfaw *et al.*, 1999）

f.　アウストラロピテクス・セディバ：セディバ猿人

　アウストラロピテクス・セディバ（セディバ猿人）は，2008年に9歳の少年によって，南アフリカ共和国のマラパ洞窟で発見された．2010年に南アフリカの古人類学者リー・ロジャーズ・バーガーによって報告され，198万年前の更新世前期に生存していた，10代前半の少年と30歳前後の女性の2体の骨格とされた（図7.13）．種名は現地のセソト語で「泉」の意味である．骨格から，樹上生活していたが直立二足歩行と道具の使用が可能であったという．この時代には，パラントロプス・ロブストゥスやホモ・エルガステルも共存してた．南アフリカに210万年前まで住んでいたアフリカヌス猿人の子孫と考えられている．

　少年の脳容積は420〜440 cm^{3}で，他のアウストラロピテクス属と同様である．その顔は，他のアウストラロピテクスよりもホモ属に似ており，眼窩上隆起や頬骨弓，顎の前方への突出が目立たない．ただしそのような特性は若年であることによるもので，成長とともに失われる可能性も指摘されている．身長は130 cmで，成人の身長は150〜156 cmと推定されている．少年と成人女性の体重はほぼ同じで，30〜36 kgであったらしい．他のアウストラロピテクス属と同様に，直立二足歩行はしても樹上生活にも適応していた．

　歯は他のアウストラロピテクス属に比べて非常に小さく，ホモ・サピエンスに似ている（図7.13）．ただし，大臼歯は遠心の歯ほど大きい．現代のサバンナに棲むチンパンジーと同様に，草や葉，果実，樹皮などの植物のみを食べていたらしい．樹皮を食べた形跡のある人類は他にいない．当時のマラパ地域は現在より涼しく，湿度が高かった可能性があり，狭い森林が広く草原に囲まれていたと推定されている．

g.　ケニアントロプス：“平顔の猿人”

　ケニアントロプスは，350万〜320万年の鮮新世後期にケニアで生きていたアウストラロピテクスとは別属の人類である．ケニアのトゥルカナ湖西側のロメクィで，ミーヴ・リーキーらによって1999年に発見された．頭骨（図7.14左）は大きくて扁平な顔をもち，足の特徴から直立二足歩行していたと推測された．顔は45度の角度で傾斜する．歯は典型的な人類と類人猿の中間の形であった．学名のケニアントロプス・プラティオプスは「ケニアの扁平な顔の人」の意味である．化石化の過程で頭骨が変形しており，脳の容量

図7.13　アウストラロピテクス・セディバの頭骨（Berger *et al.*, 2010）

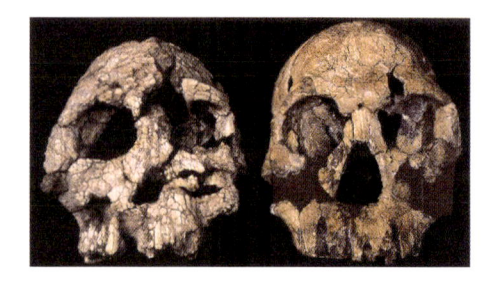

図7.14　ケニアントロプス・プラティオプス（左）とホモ・ルドルフェンシス（右）の頭骨（Leakey *et al.*, 2001）

は測定できない．扁平な顔や産出した場所などから，後の時代の 200 万年前のホモ・ルドルフェンシスの先祖と考えられており，研究者によってはこれを同属としてケニアントロプス・ルドルフェンシスとされることもある．

7.3.4 頑丈型猿人：パラントロプス属

　パラントロプスは 270 万～120 万年前の鮮新世後期から更新世前期に東アフリカと南アフリカに住んでいた人類で，属名は「傍らの人」という意味で，3 種が知られている．ゴリラのオスと同様に，左右の頭頂骨の縫合部がニワトリのトサカのように突き出た矢状稜が発達し，ここには強力な側頭筋が付いていた．また，頬骨弓も大きく，咬筋も発達していた．歯のエナメル質はすべての人類のなかでもっとも厚く，切歯と犬歯は小さいが，小臼歯と大臼歯はきわめて大きく，強力な咀嚼筋と大きな臼歯は，硬い食べ物を食べることへの適応であった（図 7.15）．強力な咀嚼筋をもつ点ではゴリラのオスと同じであるが，犬歯や切歯が小さい点では異なっていた．これはパラントロプスが犬歯に代わる石器などの道具を使用していたからだと考えられる．以前はアウストラロピテクスと同属にされていたが，頑丈型猿人であるパラントロプス属という別属にされるようになった．身長は 130～140 cm で，華奢型のアウストラロピテクスよりも一回りからだが大きく，脳も大きかった．

　パラントロプス・エチオピクスは，東アフリカのエチオピア，ケニア，タンザニアの 270 万～230 万年前の鮮新世後期～更新世前期の地層から産出している．脳は 410 cm^3 で，アファール猿人の子孫と考えられている．1985 年に古人類学者のアラン・ウォーカーが，ケニアのトゥルカナ湖の西で発見した頭骨をもとに報告したが，同種と見られる下顎骨がすでに 1967 年にエチオピアで産出していることから種名が付けられた．パラントロプス属ではもっとも新しく報告された種であるが，3 種のなかではもっとも古く原始的な種である．

　パラントロプス・ロブストゥスは，1938 年に南アフリカ各地の洞窟で，227 万～100 万年前の更新世前期の地層から発見され，古人類学者のロバート・ブルームによって新属新種として報告された．種名はラテン語で「頑丈な」の意味である．男性は身長 132 cm，体重 40 kg で，女性は身長 110 cm 以下，体重 30 kg しかなかった．明らかに性的二型が

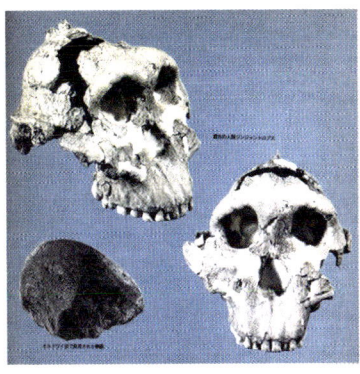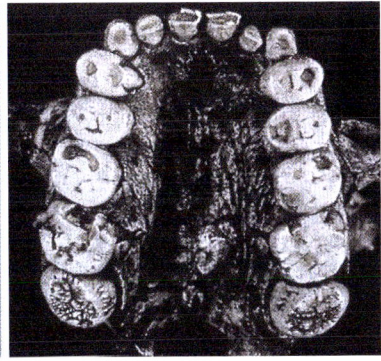

図 7.15　パラントロプス・ボイセイの頭蓋と石器（左）と上顎歯列（右）（国立科学博物館人類研究室，1973; Berkovitz *et al*., 1978）

顕著であった．脳の容量は450〜476 cm³であった．剣歯虎（スミロドン）などの大型の肉食獣によって洞窟に運ばれたと推定されている．スワートクランズ洞窟では130個体分とされる骨が発見されたが，歯の研究によれば17歳まで生きた者は滅多にいなかったことが明らかとなっている．歯の微細咬耗ではくぼみやひっかき傷があり，何でも食べる雑食性で，硬い植物だけでなく蜂蜜やシロアリも食べていたらしい．

　パラントロプス・ボイセイ（図7.15）は，250万〜115万年前の更新世前期にエチオピア，ケニア，タンザニアに住んでいた頑丈型猿人である．最初の化石は，1959年にイギリスの古人類学者メアリー・リーキーとルイス・リーキー夫妻によって，タンザニアのオルドヴァイ峡谷で発見され，ルイスによってジンジャントロプス・ボイセイと名付けられたが，その後，パラントロプス属とされている．種名はダイヤモンド鉱山技師でリーキー夫妻に資金提供したチャールズ・ワトソン・ボイシに由来している．

　本種は，強い咬合力を生み出す咀嚼筋をそなえた頑丈な頭蓋骨と，知られているヒト上科のなかでもっとも厚いエナメル質をもつ最大の大臼歯が特徴となっている．脳の容量は450〜550 cm³で，他のパラントロプス属よりやや大きかった．身長は，女性で124 cm，男性で156 cm，体重は約61.7 kgと推定されている．当初，その重厚な頭蓋骨からクルミなどの固い果実を食べていたと考えられていたが，歯の微細咬耗では草やスゲを食べていたと推定されている．おもに湿った樹木が茂った環境に生息し，ホモ・ハビリス，ホモ・ルドルフェンシス，ホモ・エルガステルと共存した．当時の人類は，大型のネコ類，ワニ，ハイエナなどの大型肉食動物によって捕食されていたらしい．

　頑丈型猿人であるパラントロプス属は，人類のなかで唯一，顎と歯を大きくする方向に進化した仲間であったが，オルドヴァイ型石器を作成し，肉食を始めたホモ属の先祖との生存競争のなかで，120万年前の更新世前期には子孫を残すことなく絶滅している．

■ 7.3.5　後期猿人：ホモ属かアウストラロピテクス属か

　ホモ・ハビリスは，231万〜165万年前の更新世前期に東アフリカと南アフリカに住んでいた人類である（図7.16右）．1964年にルイス・リーキーが本種を記載した時，本種がヒト（ホモ）属なのかアウストラロピテクス属なのかについて論争があり，現在でもアウストラロピテクス属にすべきだという研究者もいる．

　「ホモ」という属名は1758年にスウェーデンの博物学者カール・フォン・リンネが「ヒト」の意味のラテン語により命名した．種名は「器用な人」の意味である．

　本種の脳容量は500〜900 cm³であった．頑丈型猿人のパラントロプス・ボイセイは450〜550 cm³，前期原人のホモ・エルガステルは600〜910 cm³で，まさにその中間を示している．ここでは脳容量が600〜800 cm³以上をホモ属と定義して，ハビリスをホモ属とすることにした．とはいえ後述するように，その後の発見で新しい時代のかなり小型で脳

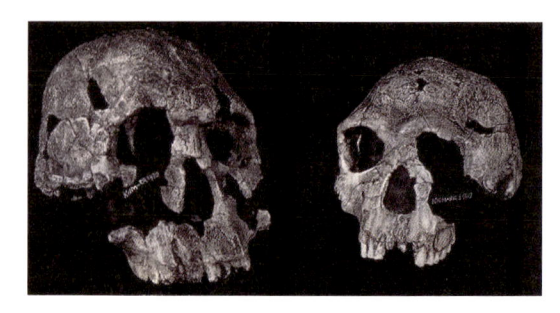

図7.16　ホモ・ルドルフェンシス（左）とホモ・ハビリス（右）の頭蓋前面（内田，1997）

容量の小さいホモ・ナレディやホモ・フロレシエンシスもホモ属とされており，この定義もみなおす必要に迫られている．

　女性の身長は100〜120 cm，体重20〜37 kgと推定されているが，性的二型を示し，男性はそれよりかなり大きかったと考えられている．地上を二足歩行していたが，まだ樹上生活にも適応していたらしい．オルドヴァイ型石器を作成し，歯は小さかったがおもに肉を食べていた．初期のホモ属は，アウストラロピテクス属やパラントロプス属と違って，カロリーが豊富な大量の肉を食べていたと推定される．そして，この肉食が脳の発達を促したと考えられている．

　ハビリスの社会は，現代のサバンナに棲むチンパンジーやヒヒの群れ同様に，70〜85人のメンバーからなり，大型のネコ類，ハイエナ，ワニなどの捕食者から身を守るために複数の男性と女性と子どもたちで構成されていたらしい．

　ホモ・ルドルフェンシスは，200万年前の更新世前期に東アフリカに住んでいた．ケニアのトゥルカナ湖は当時ルドルフ湖と呼ばれていたことから種名が付けられた．ほぼ完全な頭骨（KNM-ER1470，図 7.16 左）が1972年に発見され，1973年にケニアの古人類学者リチャード・リーキー[*1]によって報告された．男性は平均身長160 cmで体重60 kg，女性は平均身長150 cm，体重51 kgで，ホモ・ハビリスよりもかなり大型である点で別種とされた．しかし，ホモ・ハビリスは性的二型を示すことから，ルドルフェンシスは男性，ハビリスは女性であると主張する研究者もいる．KNM-ER1470の脳容積は750 cm^{3}であった．他の初期ホモと同様に，厚いエナメル質からなる大きな臼歯をそなえていた．ルドルフェンシスは扁平な顔をもつことから，ケニアントロプス属に含めてケニアントロプス・ルドルフェンシスとされることもある．

　ハビリスとルドルフェンシスは，ホモ・エルガステル，パラントロプス・ボイセイと共

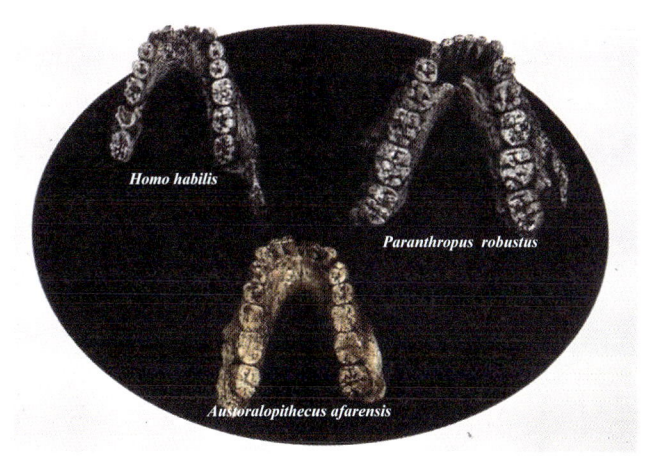

図 7.17　下顎歯列の進化（諏訪，1994）
犬歯は小さいが大きな臼歯をもつアファール猿人から，植物食に適応して顎と臼歯を大きくする方向に進化したパラントロプス・ロブストゥスと，肉食に適応して顎と歯が小さくなったホモ・ハビリスに分かれて人類は進化した．

＊1）リチャード・リーキー：ケニアの古人類学者．父はルイス・リーキー，母はメアリー・リーキー，妻はミーヴ・リーキーで，3人とも古人類学者である．ホモ・ルドルフェンシスやホモ・エルガステルなどの研究で有名である．『入門人類の起源』（Leakey, 1987），『ヒトはいつから人間になったか』（Leakey, 1996）などの著書がある．

存し，同じオルドヴァイ型石器を使用していた．このうち，植物食に適応して大きな臼歯をもつパラントロプス属は120万年前に滅び，石器の使用によって肉食に向かったホモ属は，ハビリスからエルガステル，エレクトゥスへと，顎と歯を小さく退化させる方向に進化していった（図7.17）．

7.4　原人：人間性の起源 − 直立，恋から愛へ，道具の発達

7.4.1　原人とは？：多様なホモ属

　これまで紹介してきたサヘラントロプス，オロリン，アルディピテクス，アウストラロピテクス，ケニアントロプス，パラントロプスはすべて猿人にまとめられる．最後に解説した2種，ホモ・ハビリスとホモ・ルドルフェンシスはホモ（ヒト）属ではあるが，研究者によってはアウストラロピテクス・ハビリス，ケニアントロプス・ルドルフェンシスともされ，猿人と原人の中間で，ここでは後期猿人としたが，早期原人といってもよいかもしれない．これらの猿人は700万年前の中新世末期から，鮮新世をへて，120万年前の更新世前期まで生息した．

　では原人とは何かといえば，170万〜12万年前（フロレシエンシスを含めると5万年前まで生存）の更新世の前期から後期に，アフリカ，アジア，ヨーロッパに生息していたホモ・エレクトゥスに代表される人類である．猿人はオルドヴァイ型石器を使っていたが，原人になるとより進歩したアシュール型石器（コラム1参照）を作成するようになった．すべてホモ属で，ここではエルガステルとゲオルギクスを前期原人，エレクトゥス，アンテセッソル，ハイデルベルゲンシス，ナレディを後期原人，フロレシエンシスを小型原人とする．これらのいくつかの種をまとめてエレクトゥスとすることもある．また，ハビリスとルドルフェンシスはまだオルドヴァイ型石器を使用していた．

　258万年目にはじまる更新世と1万年前以降の完新世を合わせて第四紀とする．第四紀こそ人類が人間らしさを獲得し，繁栄への道を歩んだ「人類紀」である．更新世は氷河時代といわれるように，氷期と間氷期がくり返された試練の時代でもあった．

図7.18　ホモ・エルガステルの「トゥルカナボーイ」の上半身の骨格（ウォン，2019）

7.4.2　前期原人：ホモ・エルガステルとホモ・ゲオルギクス

　ホモ・エルガステルは170万〜140万年前の更新世前期に東アフリカと南アフリカのサバンナに住んでいた．多くの化石はケニアのトゥルカナ湖の岸辺で発見されている．1984年，ケニアの考古学者カモヤ・キメウによって，トゥルカナ湖の西岸で若い男性と思われる完全な骨格の化石が発見され，1985年にKNM-WT 15000（通称「トゥルカナボーイ」）として報告された（図7.18）．7〜12歳と推定されるトゥルカナボーイは身長162 cmで，成長すれば182 cmに達していたらしい．成人のエルガステルの身長は，145〜185 cmであったと考えられている．トゥルカナボーイの脳容量は880 cm^{3}で，ホモ・ハビリスの平均値より130 cm^{3}大きく，現代人の平均より500 cm^{3}小さかった．エルガステルの脳容量は600〜910 cm^{3}であった．体重は59〜63 kgで，アウストラロピテクス属の29〜

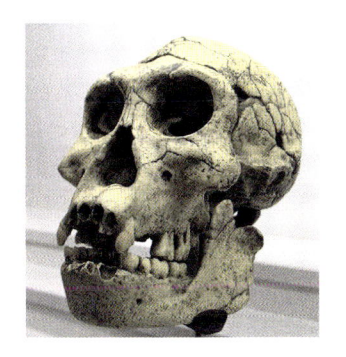

図 7.19　ジョージアで発見された小モ・ゲオルギクスの頭骨（Vekua *et al.*, 2002）

48 kg に比べてかなり重くなっていた．ハビリスやアウストラロピテクス属との大きな違いは，鼻骨が前に突出している点で，外鼻孔が現代人と同様に下向きに開口していたことだ．

　上肢より下肢が長くなっており，樹上生活は得意ではなく，ほとんど地上を直立二足歩行していた．直立の姿勢により，言葉を話す能力も発達したと思われる．乾燥したサバンナに住み，皮膚は無毛になっていたと推定されている．原始的なオルドヴァイ型石器ではなく，より精巧なアシュール型石器を作製し，動物を解体して食べていた．ケニアのクービ・フォラなどの 150 万年前の遺跡では，焼かれた堆積物と熱によって変質した石器が知られており，火を使用していたのではないかと推定されている．

　ホモ・ゲオルギクス（図 7.19）は，1999〜2001 年に南コーカサスに位置するジョージアのドマニシで，ジョージアの人類学者ダビッド・ロルドキパニゼらにより，180 万年前の更新世前期の地層から頭蓋骨と下顎骨が発見され，2002 年に公表された．ジャワ原人，北京原人などの東南アジアへ拡散したホモ・エレクトスの前段階に当たる種であると考えられている．当初はホモ・エルガステルと考えたが，かなり小さかったためホモ・ゲオルギクスという新しい学名が付けられた．後にホモ・フロレシエンシスが発見されるまでは，最も小型で原始的なホモ属であった．種名はジョージア（以前はグルジアと呼んだ）という国名に由来する．男性は女性よりもかなり大きいという性的二型が見られ，他のヨーロッパの化石人類と比べても原始的な特徴を残している．ホモ・ゲオルギクスは最初にアフリカを出た人類である．

　最初の発見の後，4 つの骨格化石が発見され，頭蓋骨や上半身は原始的だが，脊椎や下肢はより進化していたことが明らかとなった．脳容量は 546〜775 cm^3（平均 600 cm^3）であった．化石とともにオルドヴァイ型の原始的な石器も産出している．人類の先祖は原始的な石器を持ってアフリカを出たようだ．

　注目されているのは歯が 1 本しか残っていない高齢男性の頭骨で，顎骨の歯槽が骨で埋まっていることから，歯を失ってからもかなりの長い年月を生きたと推定されている．ということは，人類は 180 万年前にすでに介護システムを確立していた可能性があることを意味している．これは性欲にもとづく下心のある "恋" ではなく，社会的・普遍的な真心の "愛" を人類が獲得した証拠だといわれている．確かに，「恋」の字には下に「心」があり，「愛」の字には真ん中に「心」があるではないか．

7.4.3　後期原人：ホモ・アンテセッソル

　ホモ・アンテセッソルは，1994 年にスペインのアタプエルカにあるグラン・ドリナ遺跡で発見された下顎骨（図 7.20）や上顎骨に対し，1997 年にヒト属の新種として命名された．種名はラテン語で「開拓者」の意味で，120 万〜80 万年前の更新世前期に最初にヨーロッパに移住したまさに開拓者であった．完全な頭蓋骨は見つかっていないが，脳容量は 1000 cm^3 もあったと推定されている．同遺跡では，ホモ・ハイデルベルゲンシスの化

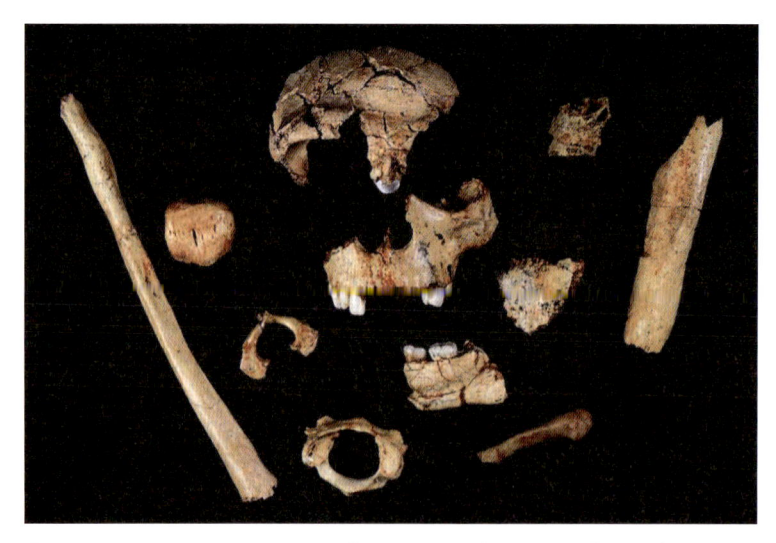

図7.20　ホモ・アンテセッソルの頭蓋，下顎骨，頸椎などの骨格化石（Pievari and Zeitoun, 2021）

石も発見されており，アンテセッソルからハイデルベルゲンシスが進化したと考えられている．

■ 7.4.4　後期原人：ホモ・エレクトゥス

　ホモ・エレクトゥスは，140万〜20万年前の更新世前期から中期に，シリア，イラク，インド，インドネシア，中国に生息していた原人で，身長130〜170 cm，脳容量750〜1200 cm³であった．これまでの人類と違い，性的二型がなく，女性も男性もほぼ同じ大きさであった．

　オランダの解剖学者ウジェーヌ・デュボアが1891年に，当時オランダ領であったインドネシアのジャワ島のソロ川流域のトリニールで，100万〜90万年前の地層から発見した．当時，ドイツの生物学者エルンスト・ヘッケルが人類の祖先は，テナガザルやオランウータンの棲む東南アジアで進化したと考え，「ピテカントロプス」（「ピテクス」はサル，「アントロプス」はヒトの意味）という学名まで用意していた．デュボアはヘッケルの考えにしたがって，アムステルダム大学医学部講師を辞めて軍医となり，最初はスマトラ島で，次にジャワ島で発掘を行ない，ついに頭蓋冠と上顎臼歯と大腿骨を発見し，1894年にヘッケルにしたがってこれを「ピテカントロプス・エレクトゥス」と命名した（図7.21）．身長は170 cm，脳の容量は900 cm³であった．種名は「直立」の意味で，「直立原人」，ジャワ島で発見されたことから「ジャワ原人」とも呼ばれる（その後も化石の発見が相次ぎ，1969年にはトリニールの東70 kmのサンギランから，顔面部も残された頭蓋（図7.22）も見つかっている）．

　ところが，当時の学会ではデュボアの発見を認める学者は少なく，運が悪いことに1908〜1913年にイギリスのサセックス州ピルトダウンで，現代人と同じほどの大きな脳をもつ「ピルトダウン人」が発見され，これこそが人類の先祖であり，脳の小さなジャワ原人はヒトではないと見る向きがさらに強くなった．デュボア自身もジャワ原人はヒトではなく，巨大なテナガザルだと考えるようになり，1940年に心臓発作で亡くなった．

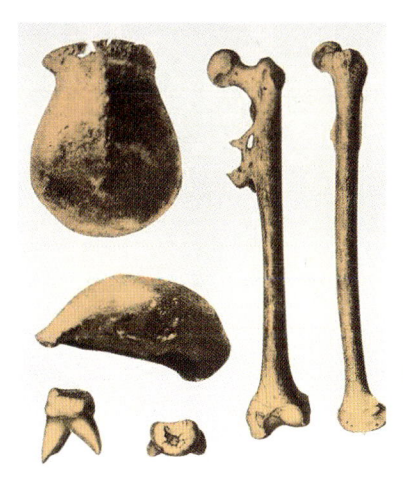

図 7.21 デュボアが発見し報告したジャワ原人の頭蓋冠（左上・左中），上顎大臼歯（左下），大腿骨（右）（Dubois, 1894）

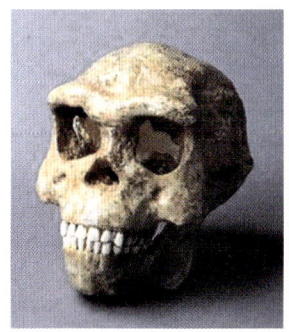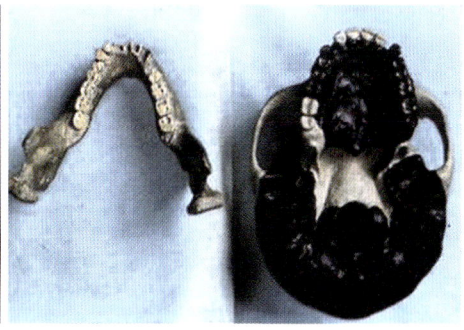

図 7.22 ホモ・エレクトゥスの頭骨と歯列
左：サンギランから発見されたジャワ原人の頭骨の復元（楢崎, 1997），右：ジャワ原人の上顎歯列とアルジェリア産の下顎骨（Berkovitz *et al.*, 1978）.

　その後，1926 年には北京郊外の周口店洞窟で，オーストリアの古生物学者オットー・ツダンスキーが発見した上顎右側第三大臼歯と下顎左側第一小臼歯に対し，北京協和医学院の解剖学教授になったカナダ人のダヴィッドソン・ブラックは「シナントロプス・ペキネンシス（北京原人）」（中国では「北京猿人」）と報告した．1929 年には中国の考古学者裴文中がほぼ完全な頭骨を発見した．さらに，ブラックの後任となったドイツの解剖学者フランツ・ワイデンライヒは 1936〜1943 年に下顎骨・歯・体肢骨・頭骨を報告した．ワイデンライヒによると，北京原人は，身長は小ぶりで 160 cm だが，脳容量は大きく 900〜1200 cm^3，平均 1000 cm^3 であった（図 7.23）．上顎切歯の舌側面がくぼんでいて「シャベル型切歯」（図 7.24）をもっており，その特徴は現代のアジア人によくみられる特徴であることから，北京原人はアジア人の祖先であると考えられてきた．しかし，現在ではアジア人は北京原人の子孫ではなく，その後 10 万〜9 万年前にアフリカを出たホモ・サピエンスの末裔であるとされている．

　なお，北京原人の頭骨などの化石は，日中戦争の激化にともない，アメリカに輸送されようとしたが，途中日本軍の攻撃をうけて混乱のなか行方不明になった．中国政府はこの事件後も発掘を繰り返し，現在では多くの化石が発見され研究されている．北京原人は 60 万〜30 万年前に生息し，頑丈な頭骨をもち，顔は前に突き出しており，眼窩は広く，上下の顎骨は頑丈で歯は大きかった．手足は，解剖学的に現生人類のものとほぼ同じで，

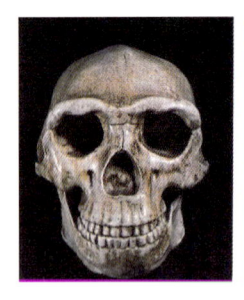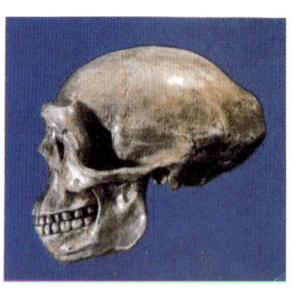

図 7.23 北京原人の頭骨の復元，前面と側面（国立科学博物館人類研究部，1973）

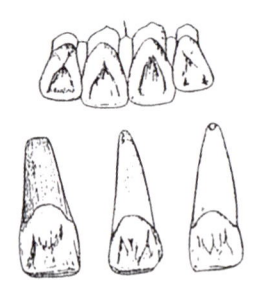

図 7.24 上顎切歯に見られるシャベル型切歯，北東アジア人（上）と北京原人（下）（Weidenreich, 1937）

身長の平均は 150 cm であった．石器はスクレイパーやチョッパーなど，オルドヴァイ型の原始的なものが多く，石ではなく竹などで道具を作製していたとも考えられている．火も使用していた可能性があるといわれる．

　頭骨の底部がすべて割られていることから，食人（カニバリズム）が行なわれていたと推定されている．食人はつい最近まで世界各地で見られた風習であるが，たんに食料として人肉を食べるという意味だけでなく，死者をいつまでも忘れないために儀礼的に食べることもあるようだ．また，優秀な能力を受け継ぐために食べることもあったらしい．そうだとすると，人類の先祖のうち，有能な人は食べられて，無能な人ばかりが生き残ったということになる．私は現代人の愚かな様を見るたびに，そんな思いがしてならない．

　デュボアに続いてジャワ原人の化石を発見したドイツの古生物学者グスタフ・H・R・フォン・ケーニヒスワルトは，北京のワイデンライヒを訪ね，ジャワ原人と北京原人を比較して同じ種であることを確認し，ワイデンライヒは 1940 年に両者をホモ・エレクトゥスにまとめるべきだと提唱した．時代や産地も異なる多くの化石があるために，それぞれについて亜種として区別されることがある一方で，エルガステルやゲオルギクス，後述するハイデルベルゲンシスやナレディなどもエレクトゥスに含めることもある．

　ホモ・エレクトゥスは，シリア，イラク，インド，インドネシア，中国北部など，いずれも当時の沿岸部から 20 km 以内の地域で，アフリカを出発してからおもに海岸を通って分布域を拡大したと思われる．アフリカを出た理由は当時の地球寒冷化による乾燥化がおもな原因で，氷河期の海退でスンダランドとなったジャワ島まで到達している．20 万年前には中東地域でホモ・ネアンデルターレンシスとの生存競争に敗れて絶滅し，7 万年前にはホモ・サピエンスとの生存競争に敗れて他の地域でも絶滅したと考えられている．

7.4.5　後期原人：ホモ・ハイデルベルゲンシスなど

　50 万〜10 万年前の更新世中〜後期に，ヨーロッパ，南アフリカ，東アフリカ，アジアに住んでいた後期原人に，ホモ・ハイデルベルゲンシス（ハイデルベルグ人）がいる．1907 年にドイツのハイデルベルク近郊のマウエル村から発見された下顎骨に対し，翌年にドイツの人類学者オットー・シェッテンザックによりホモ・ハイデルベルゲンシスと命名された．その後，南アフリカや東アフリカなどでも同様の 30 万〜12.5 万年前の化石が発見された．これはホモ・ローデシエンシスという別の名称で呼ばれたこともあるが，通

常，同種とされている．アシュール型石器と火を使用していた．

　身長は女性が 157.7 cm，男性が 169.5 cm，脳容量は 1100〜1390 cm^3 で平均 1200 cm^3，眼窩上隆起が非常に大きく，前頭部は小さく原始的な特徴をもつ（図 7.25）．下顎骨は非常に大きく頑丈であるが，歯は小型で現生人類よりやや大きい程度で，同時代と思われる北京原人より小さい．ホモ・エルガステルないしホモ・エレクトゥスから進化し，ホモ・ネアンデルターレンシスとホモ・サピエンスにつながる位置にある種と考えられている．ハイデルベルグ人は，後期原人とされる一方で，古代型ホモ・サピエンスともいわれ，ネアンデルタール人などと合わせて旧人に含まれることもある．

　なお，ホモ・ナレディは，2015 年に南アフリカのライジングスター洞窟から報告された 15 体分になる 1550 個以上の骨化石で，長くその年代に諸説あったが，最近，33.5 万〜23.6 万年前の更新世中期とされた．男性の身長は 150 cm，体重は 45 kg，男女の脳容量は 450〜550 cm^3 とされている．ホモ属としてはハビリスよりも 200 万年も新しいのに，小型で原始的な種とされている．

　また，2008 年にロシアの西シベリアのアルタイ山脈にあるデニソワ洞窟で，5〜7 歳の少女の小指の骨が発見され，7.6 万〜5.2 万年前のものと推定された．また，同じ場所で，8.4 万〜5.5 万年前の大人の上顎第二または第三大臼歯（図 7.26）も発見され，洞窟の名前から「デニソワ人」と呼ばれている．2010 年には，ドイツのマックス・プランク進化人類学研究所の研究チームが，小指の骨のミトコンドリア DNA の解析結果から，デニソワ人は 100 万年ほど前に現生人類から分岐した，未知の新系統の人類だったと発表した．DNA のみにもとづいて新種の人類が発見されたのは，科学史上初めてのことであった．その後，デニソワ洞窟だけでなく，中国やラオスの洞窟からも 28 万〜5 万年前の更新世後期のデニソワ人とされる骨や歯の化石が発見されている．上顎第二または第三大臼歯は，現生人類やネアンデルタール人よりも大きく，ホモ・エレクトゥスやホモ・ハビリスに似ている．ホモ・ハイデルベルゲンシスがアフリカを出て，各地に向かうなかで多様化したことを示している．

　さらに，驚くべき発見はホモ・フロレシエンシス（図 7.27）である．10 万〜6 万年前の更新世後期にインドネシアのフローレス島に住んでいた小型の原人で，2003 年にオーストラリアとインドネシアの合同考古学者チームが，フローレス島のリアンブア洞窟でほ

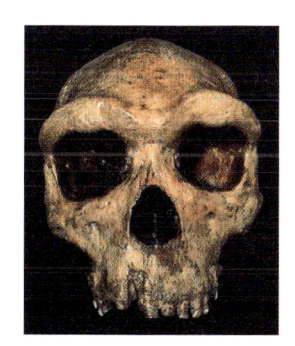

図 7.25　北ローデシア産のホモ・ハイデルベルゲンシスの頭骨前面（Pievari and Zeitoun, 2021）

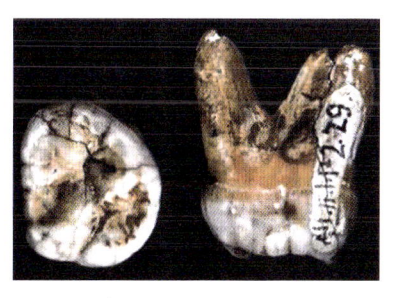

図 7.26　デニソワ人の上顎大臼歯の咬合面（左）と隣接面（右）（Pievari and Zeitoun, 2021）

図 7.27　ホモ・フロレシエンシスの頭骨と下顎骨の写真を掲載したサイエンス誌 2004 年 10 月 28 日号の表紙

ぼ完全な小柄な骨格を発見した．2004 年に，ホモ・フロレシエンシスという種がオーストラリアの古人類学者ピーター・ブラウンらによって報告された．ほぼ完全な頭蓋骨を含むほぼ完全な骨格は，30 歳の女性であり，身長 106 cm で，脳容量は 380 cm^3 であった．もう一つの個体も身長 109 cm であった．

　ということは，フロレシエンシスはホモ・エレクトゥスよりも，ホモ・エルガステルよりも，さらにはホモ・ハビリスよりも原始的で，アウストラロピテクス・アファレンシスほどの身長と脳容量をもっていたのである．しかし，石器を使用しており，石器の時代は 19 万〜5 万年前とされている．さまざまな先天性障害により小型化した可能性も探られたが，ホモ・エレクトゥスが島嶼性矮小化$^{*2)}$によって小型化したのではないかと考えられている．

▍7.4.6　人類はなぜ直立二足歩行するようになったのか？

　ホモ・エレクトゥスの登場に合わせて，あらためて人類はなぜ直立二足歩行するようになったのかについて考えてみよう．

　さまざまな説があるが，奇抜なのが「アクア説」（水生類人猿説）である．人類がチンパンジーなどの類人猿と共通の祖先から進化する過程で，一時期半水性の生活に適応したことによって直立二足歩行，薄い体毛，厚い皮下脂肪などの特徴を獲得したというのだ．この説は解剖学者と海洋生物学者がそれぞれ提唱し，英国の放送作家のエレイン・モーガンの 1972 年の著書『女の由来』（Morgan, 1972）で有名になった．サルが水に入ると直立歩行をすることはよく観察されている．第 1 章のコラム 1 で紹介した三木成夫はこの説がお気に入りで，「それが証拠に毎年夏になると多くのヒトが海水浴に出かける」と語っていた．三木は水泳が得意で，中学・高校時代に水泳部で活躍したからであろう．筆者のようなカナヅチはとても信じられるわけがない．

　一方，フランスの人類学者イヴ・コパンは 1982 年に「イーストサイドストーリー」説をとなえた．ミュージカル「ウエストサイドストーリー」に倣って付けられた。800 万年前にアフリカ大陸の大地溝帯では隆起が始まって，南北につらなる山脈が形成された．大西洋からの水蒸気の多い偏西風がこれに当たって山脈の西側には多くの雨を降らせたが，東側では雨が降らないので乾燥化が進み，森林から草原に変化した．それにともなって，人類の先祖は森林での樹上生活から草原を 2 本の足で歩くようになったというのだ（Coppens, 2002）．

　この説もその後，山脈が形成されたのは 400 万年前からであることが分かり，東アフリカだけでなく中央アフリカでもサヘラントロプスなどの人類化石が発見されたことで否定されてしまった．さらに，人類とはいっても猿人段階では手が足より長く，樹上生活にも適応しており，生息環境も森林であったことが明らかになってきた．人類は草原への適応ではなく，森のなかで樹上生活から地上を直立二足歩行するように進化したらしい．

　一方，ラヴジョイは 1981 年に人類は男性が子育てをする女性のために，手で食べ物を運ぶようになったので，直立二足歩行をするようになった食物運搬説を唱えた（Lavejoy,

---

*2）島嶼性矮小化：地理的に孤立した島嶼部では利用可能な生息域や資源量が著しく制限されるため，生物が他の地域で見られるよりも矮小化するという説．同じ理由で逆に巨大化することも知られている．

1981)．京都大学の松沢哲郎らも 2012 年に，チンパンジーが限りある食べ物をできるだけ多く持ち運ぼうとする際，二足歩行することを観察している．食べ物を自分一人で独占するのではなく，家族や仲間と分かち合うために後足で立ち，両手で果実を抱えて家族のもとに歩き出したのではないかと考えたい．現代における子どもや保護者に食事を提供する子ども食堂，学生への食料支援，高齢者への配食サービスは，まさに人間的な行動を受けつぎ，発展させたものといえよう．

　本来，四足動物は頭を含む上半身を支える前足が，後足よりもよく発達している．人類ではその前足を手として食料運搬や道具の使用に用いるようになり，華奢な後足で全身を支えることになってしまった．したがって，腰や膝に無理な力がかかり，腰痛や膝痛が起こるのは直立歩行する人類の持病となってしまったのだ．

7.5 旧人：脳の進化，傍系でも新人と混血

　ホモ・ネアンデルターレンシス（ネアンデルタール人）は，4 万年前までユーラシアに住んでいた旧人である．大規模な気候変動，病気，またはこれらの要因の組み合わせによって絶滅したと考えられ，その後，ヨーロッパの初期の現生人類に取って代わられた．

　ネアンデルタール人がその祖先であるホモ・ハイデルベルゲンシスから分岐した時期は，80 万〜31.5 万年前の間とされており，定まっていない．43 万年前の骨で，最古のネアンデルタール人の可能性があるものも見つかっているが，13 万年前以降のものが多く知られている．種名は，現在のドイツのデュッセルドルフ郊外にあるネアンデル谷で発見されたことによる．

　1856 年にネアンデル谷の洞窟で，石灰岩の採掘作業中に作業員によって取り出された骨格化石は，地元のギムナジウムの教員であったヨハン・カール・フールロットに届けられた．フールロットはボン大学の解剖学者ヘルマン・シャーフハウゼンと共同でこの骨を研究し，1857 年に二人はケルト人以前のヨーロッパの住人のものとする研究結果を公表した．ところが，彼らの研究は多くの批判にさらされ，ある病理学の権威はこの化石について，くる病（ビタミン D 不足などで骨の石灰化が障害される病気）にかかって変形した老人の骨格であると言った．しかし，1859 年にダーウィンの『種の起源』が出版されて進化論が提唱されると見直され，イギリスの地質学者ウイリアム・キングによってホモ・ネアンデルターレンシスと命名された．

　ネアンデルタール人男性の身長は 165 cm，体重は 80 kg 以上と推定されている．骨格は非常に頑丈で筋肉も発達していた．体肢骨は遠位部，すなわち前腕と下腿（脛）の部分が短く，しかも上下肢全体が胴体に比べて相対的に短く，いわゆる胴長短足の体型で，厳しい寒冷気候への適応であったと考えられている．脳容量は現生人類より大きく，1300〜1600 cm^3 で，平均 1450 cm^3 であった（現生人類は平均 1350 cm^3）．しかし，頭蓋骨は前後に長く，額は後方に向かって傾斜している．また，後頭部が膨らんでラグビーボールのような形をしていた（図 7.28）．サピエンスでは前頭葉が発達しているが，ネアンデルタール人は視覚野のある後頭葉が大きく，視覚が発達していたともいわれる．顔が大きく，顎が前方に突出し，鼻は鼻根部・先端部共に高くかつ幅広い．眉の部分が張り出し，眼窩上隆起を形成している．また，オトガイのない，大きく頑丈な下顎をもっていた（図

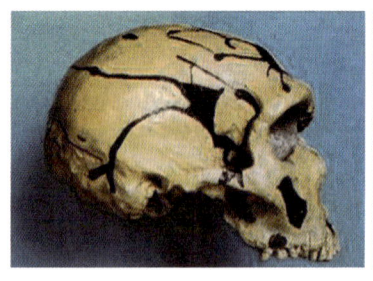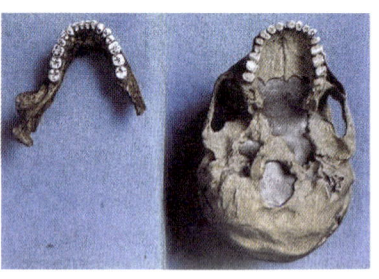

図 7.28 ホモ・ネアンデルターレンシスの頭骨と上下歯列（Berkovitz *et al.*, 1978）
左：10 万年前のヨーロッパ産の頭骨の側面．右：下顎と上顎の歯列．

7.29）．現生人類と比べ，咽頭腔が短く，分節言語を発声する能力が低かったのではないかといわれる．歯と顎は現生人類よりもやや大きかった．

以上のような相違点はあるものの，遠目に見れば現生人類とあまり変わらない外見をしていたと考えられており，Straus and Cave（1957）は「風呂に入れ，ひげをそり現代的な服装をさせれば，地下鉄に乗っていても誰も奇異に感じない」と述べている．事実，2004 年に放送された「NHK スペシャル 地球大進化 46 億年・人類への旅，第六集：ヒト 果てしなき冒険者」では，ネアンデルタール人にメイキャップした俳優の山崎努氏が東京の街を歩くシーンがあるが，だれも気付かないようだった．

ネアンデルタール人は原始的で愚かであるとみなされてきたが，後年の研究により，ネアンデルタール人の DNA が現代の欧米人やアジア人，アメリカやオーストラリアの先住民に受け継がれていることが判明している．また，ネアンデルタール人は死者を埋葬する高い知能と優しい心を有する存在であったともいわれ，その認識は大きく変化した．ネアンデルタール人は，原人が使用していたアシュール型石器をさらに改良したムスティエ型石器（コラム 1 参照）を使用し，火を起こし，洞窟の炉床をつくり，樺樹皮のタールの接着剤を作り，毛布やポンチョに似た簡単な衣服をつくり，地中海を航海し，薬草を利用し，重傷の治療をし，食べ物を保存し，ロースト，煮沸，燻製などのさまざまな調理技術を利用する能力があったという．ネアンデルタール人は，有蹄哺乳類などの大型動物，小型動物，鳥類，植物，海洋資源など，多種多様なものを食べていた．しかし，ホラアナグマやホラアナライオン，ホラアナハイエナなどの大型捕食者に襲われることもあった．鳥の骨や貝殻からつくられた装飾品，彫刻，6.5 万年以前のスペインの洞窟画などもネアンデルタール人によるものと推定されている．

イラク北部のシャニダール洞窟では，6.5 万〜3.5 万年前の，ネアンデルタール人の 10 体の骨格が発見されている．うち 1 体は，生涯を通じて複数の傷を負いながらも仲間たちの治療によって生き延びたと考えられている．もう 1 体の周囲の土壌から花粉が発見され，死者に花を手向けるような葬儀を行なっていた可能性が指摘されている．ただ，言葉を話したかどうかは不明であるが，咽頭腔がホモ・サピエンスほど広くないために，分節言語を話す能力は低かったと推定されている．

ネアンデルタール人は洞窟を頻繁に訪れ，季節ごとに洞窟の間を移動していたらしい．ネアンデルタール人は外傷を負いやすいストレスの多い生活をしており，短命で約 80% が 40 歳前に死亡している．2010 年のネアンデルタール人ゲノムプロジェクトの報告書では，ネアンデルタール人と現生人類との交配の証拠が示された．シベリアのデニソワ人とも交

配していたようである．ヨーロッパ人，アジア人，アメリカとオーストラリアの原住民のゲノムの約1〜4%はネアンデルタール人の遺伝子であるといわれている．なお，2022年のノーベル生理学・医学賞は，ネアンデルタール人と現代人のDNAの研究やデニソワ人の発見の功績により，スウェーデン出身でドイツのマックス・プランク研究所のスバンテ・ペーボ博士が受賞している．

　ネアンデルタール人はホモ・サピエンスと交配可能であり，大きな脳をもち，豊かな文化をもっていたことから，ホモ・サピエンスの亜種としてホモ・サピエンス・ネアンデルターレンシスとされることがある．その場合は，私たちはホモ・サピエンス・サピエンスという亜種になる．

7.6 新人：自己家畜化による顎と歯の退化

　現生人類ホモ・サピエンスは，ヒト科ヒト属で現存する唯一の種である．創意工夫に長けて適応性の高いホモ・サピエンスは，現在の地球上でもっとも支配的な種として繁栄している．1758年にカール・フォン・リンネがラテン語の「sapio」＝「理解する，知っている」の現在分詞で「知恵のある」といった含みで「サピエンス」と命名した．

　ホモ・サピエンスの亜種は，ホモ・サピエンス・イダルトゥと唯一現存するホモ・サピエンス・サピエンスである．ネアンデルタール人も一亜種としてホモ・サピエンス・ネアンデルターレンシスに分類されることもあり，また一般にホモ・ハイデルベルゲンシスに分類されるホモ・ローデシエンシスも，亜種としてホモ・サピエンス・ローデシエンシスとする説もある．

　ホモ・サピエンスの起源については，アフリカ単一起源説と多地域進化説の2つの仮説が長年激しく対立してきたが，現在はアフリカ単一起源説が主流である．更新世が始まる258万年前から現在まで，世界中の各地域で人類がそれぞれ独自に進化してきたとする多地域進化説は，アメリカの人類学者ミルフォード・H・ウォルポフが1988年に提唱した．例えば，ジャワ原人からオーストラリア先住民が，北京原人からアジア人が，ネアンデルタール人からヨーロッパ人が並行して進化したという説である．

　一方，人類が共通の祖先に由来するという説は，1871年にイギリスの地質学者チャールズ・ダーウィンが著した『人間の由来』の中で発表された（Darwin, 2016）．この説は標本にもとづいた自然人類学のデータと近年のミトコンドリアDNAの研究の進展により，1980年代以降に立証された．ホモ・サピエンスは更新世中期から後期の30万〜10万年前にかけておもにアフリカで現生人類へ進化したのち，6万年前にアフリカを離れて長い歳月を経て世界各地へ広がり，先住のネアンデルタール人やホモ・エレクトゥス，ホモ・ハイデルベルゲンシスなどの初期人類集団と交代したのである．

　ホモ・サピエンスは約30万年前にアフリカでホモ・ハイデルベルゲンシスから進化した．最古のホモ・サピエンス・イダルトゥは，アメリカの古人類学者ティム・ホワイトと東京大学の人類学者・諏訪元らがエチオピアのアファール盆地のアワッシュ川中流域で，1997年に発見して2003年に発表した．16万年前の地層から保存のよい頭骨が3個体見つかっている．種名はアファール語で「年長者」を意味する．外形的特徴は古い形質を残しているが，種レベルでの違いではないとされ，ホモ・サピエンスの亜種となった．やや原始的

な形質は残しているものの旧人段階ではなく，初期の新人段階にあると考えられる．現生人類の遺伝的多様性がきわめて小さいことは，人類のアフリカ単一起源説にもとづけば，その後のホモ・サピエンスはすべてイダルトゥの子孫であることによると説明される．

　ホモ・サピエンスの成人女性の平均身長は 159 cm，成人男性の平均身長は 171 cm とされており，近年の日本人の状況を見てもより良い栄養，医療，生活条件の結果，背が高くなってきたようだ．成人の平均体重は，女性で 59 kg，男性で 77 kg である．脳容量は 1200～1400 cm³，平均 1350 cm³ とされている．ネアンデルタール人では後頭葉が発達していたが，サピエンスは前頭葉が大きく，オデコが発達していた（図 7.29，図 7.30）．三木成夫はハチマキをして運動会ができるのがサピエンスで，ネアンデルタール人などそれ以外の人類はハチマキができないと語っていた．じつにみごとで的確な表現ではないだろうか．顎と歯は退化し，鼻骨と下顎骨の前端のオトガイが突出している．

　ネアンデルタール人よりも咽頭腔が広く，集団で狩りをするなかでコミュニケーション手段として言語が発達した（図 7.31）．言語の発達によって概念的思考がはじまり，大脳の視覚・聴覚などの感覚野と運動野を結ぶ連合野，わけても判断や思考にかかわる前頭連

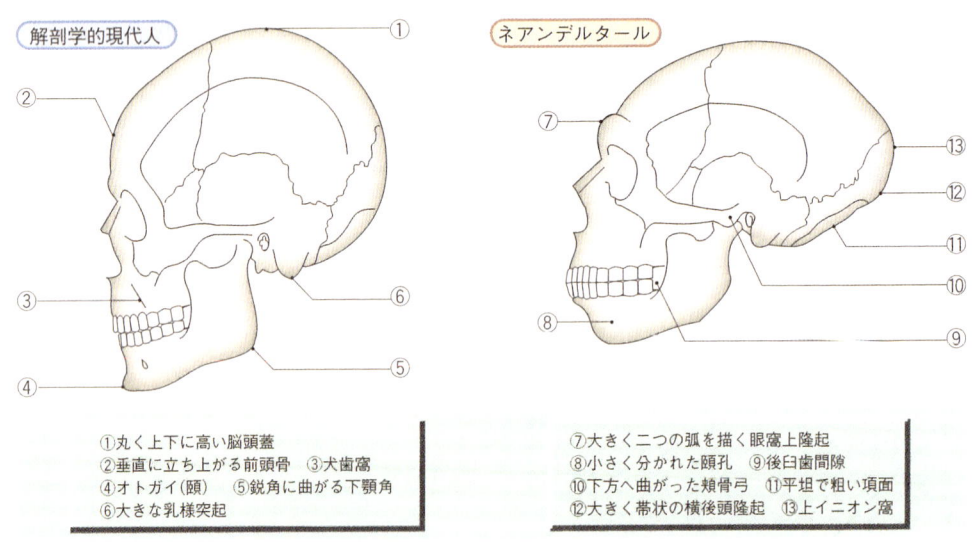

解剖学的現代人

①丸く上下に高い脳頭蓋
②垂直に立ち上がる前頭骨　③犬歯窩
④オトガイ（頤）　⑤鋭角に曲がる下顎角
⑥大きな乳様突起

ネアンデルタール

⑦大きく二つの弧を描く眼窩上隆起
⑧小さく分かれた頤孔　⑨後臼歯間隙
⑩下方へ曲がった頬骨弓　⑪平坦で粗い項面
⑫大きく稜状の横後頭隆起　⑬上イニオン窩

図 7.29　ホモ・サピエンス（左）とホモ・ネアンデルターレンシス（右）の頭骨の比較（髙山，1997）

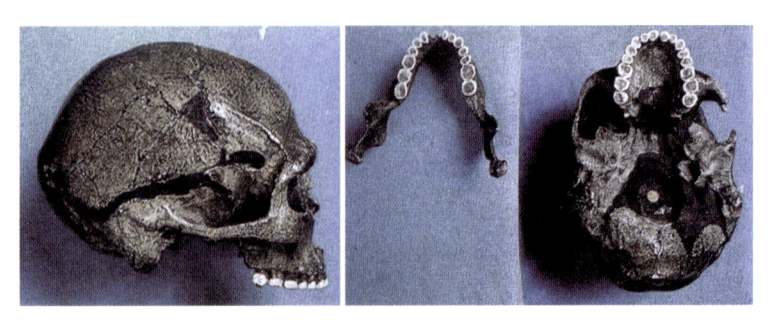

図 7.30　3.5 万年前のヨーロッパのホモ・サピエンス，クロマニョン人の頭骨と上下顎歯列（Berkovitz *et al.*, 1978）
　　　左：頭骨の側面，右：下顎と上顎の歯列．

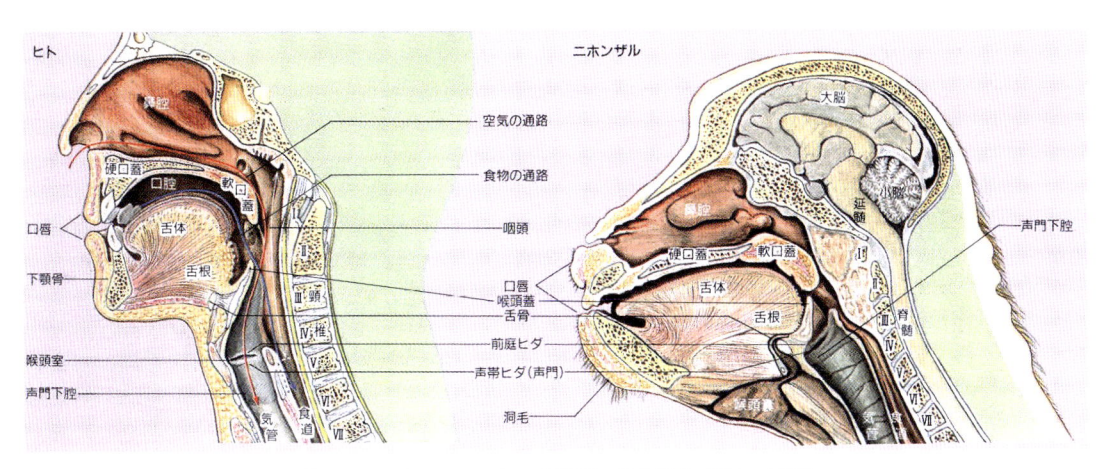

図 7.31　ヒトとニホンザルの頭頸部の正中断面（葉山，1994）

ニホンザル（左）では鼻の奥がすぐに咽頭から喉頭につながっているが，ヒト（右）では直立の姿勢により喉頭が下降し，咽頭が鼻の奥，口の奥，喉頭の奥という広い空間を占め，言葉の発声を可能にしている．一方，サルでは食べものを飲みこむ際に舌根部が挙上して口蓋と喉頭蓋が密着して気道と食道を分離し，喉頭蓋の左右を食物が通過する．ヒトでは喉頭が下降したために気道と食道が分離できず，誤嚥を生じやすくなった．三木成夫は気道と食道が交差する咽頭を「魔の十字路」と呼んだ．

合野が発達した．体毛は薄くなり，大人になっても一部を除き全身が産毛で覆われるようになり，衣服を身にまとうようになった．

　ホモ・サピエンスはアフリカを出て，世界各地でより古い人類の集団に取って代わり，一部は交配した．5 万～1 万年前の更新世末期から完新世初期には，オーリニャック型石器（コラム 1 参照）を使用していた．初期ヨーロッパ現生人類としては，1868 年に南フランスのクロマニョン洞窟で発見され，フランスの古生物学者ルイ・ラルテが発見した 4 万～1 万年前のクロマニョン人が有名である．本来は，狩猟採集民であったが，1.3 万年前に南西アジアで始まった農業と牧畜は恒久的な定住を実現し，新石器時代がはじまった．さらに，最終氷期が終わり，1 万年前からはじまる完新世になると，人口が増えて密度が高くなるにつれて，多くの文明が興亡した．現在も人類は拡大を続けており，2024 年の世界人口は 81 億人を超えている．

　脊椎動物の進化をたどれば，無顎類では鰓腸で濾過摂食し，小腸で消化・吸収して肝臓に栄養を貯めていた．魚類以上の動物では，顎と歯で大きな獲物も捕食できるようになり，それを一時的に貯留する胃という食いだめ袋兼予備消化室ができた．両生類や爬虫類では陸上生活に適応して口腔底から舌筋が伸びだして舌で捕食するようになり，長い頸を伸ばして捕食する仲間も出現した．哺乳類では上下顎骨の間に頬筋が形成されて，食べ物を口腔に頬張るようになる．古代人では体外に食べ物の貯蔵の場をつくるようになり，壺や倉庫に蓄えるようになり，現代人では肉は冷蔵庫に，米は米櫃に貯蔵するようになった（図7.32）．

　さらに，道具と火の使用は，本来，口に入れた後に行なっていた消化・吸収の営みを口に入れる前に，口腔前消化すなわち体外消化を行なうことになった（図 7.33）．犬歯の代わりにナイフや槍，弓矢で獲物を捕らえ，切歯の代わりにナイフで切断し，臼歯の代わりに臼で粉砕し，胃腸の蠕動運動や消化液の代わりに火で焼き，お湯で煮て，油で炒め，さらにはマイクロ波（電子レンジ）まで使用して消化するようになった．ヒトはヒト自身により家畜化されてきたのであり，これを自己家畜化（self domestication）という．

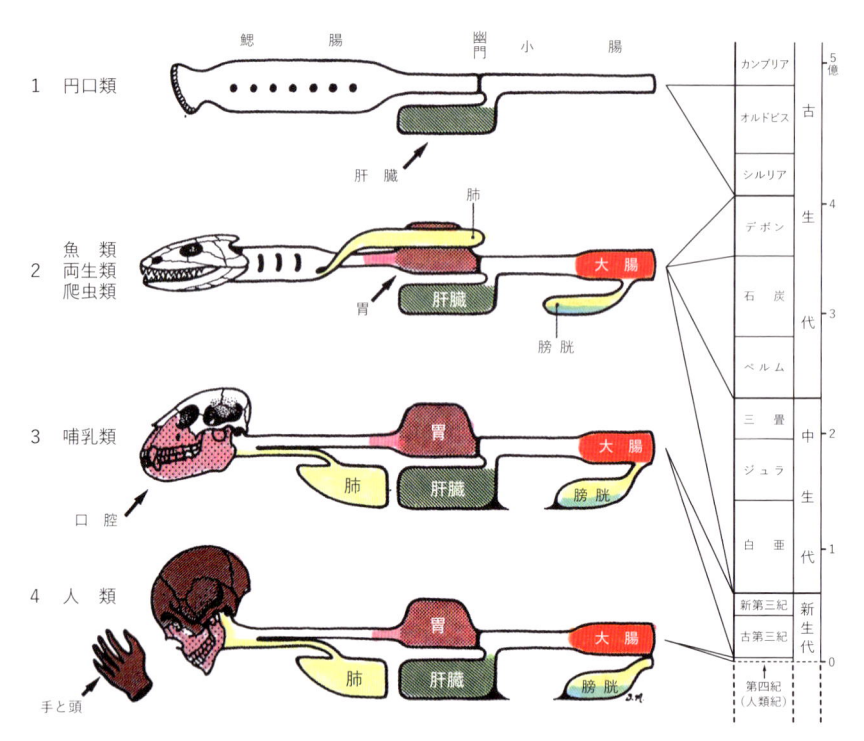

図 7.32　捕食系・消化系・吸収系・貯蔵系の進化（三木，1989 より改変）

図 7.33　食べ物を石器のナイフで切断し，火で焼いて食べるようになった北京原人の生活（後藤・後藤，2001）

　こうして，ヒトは食べ物を体外に貯蔵するようになり，さらに口腔前消化により消化済み，吸収済みの状態にしてから口に入れるようになり，顎と歯，消化器全体がその役割を奪われてきた．類人猿から猿人，原人，新人へと進化するなかで，顎と歯が退化する一方で，大脳が拡大してきたのである（図 7.34）．

　とくに砂糖（ショ糖）はオリゴ糖であり，本来，食べ物が小腸まで運ばれて，膵臓から分泌される膵液や小腸の壁から分泌される腸液で多糖類である炭水化物がブドウ糖などの単糖に分解される過程で生成するもので自然界には稀なものだ．それをヒトは手でつくり，いきなり口に入れるようになったことは，歯にすれば毒を塗り付けられるようなことだといえよう（三木，1989）．砂糖はミュータンス菌により分解されて酸になり，歯を溶かし

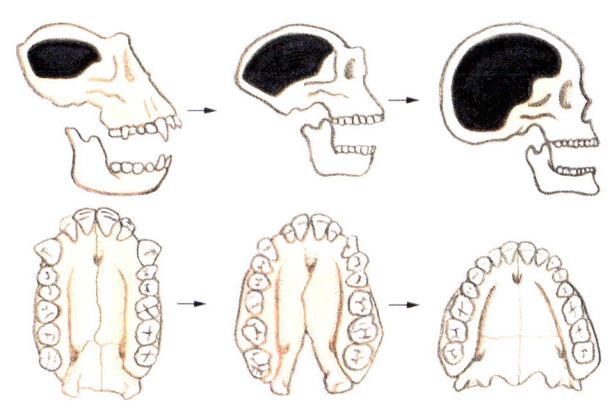

図 7.34 類人猿の頭骨と上顎（左），原人の頭骨と猿人の上顎（中），新
人の頭骨と上顎．黒で示すのは大脳（後藤・後藤，2001）

て虫歯をひき起こすのだ．こうして，ヒトの歯と顎は，その役割を失い退化の一途をたど
っているのである．

7.7 **日本人の起源：旧石器時代人，縄文人，弥生人，現代人**

7.7.1　日本の旧石器時代人：浜北人と港川人

　30 万年前にアフリカに出現したホモ・サピエンスの先祖は，6 万年前にアフリカを出て
世界各地に移動しはじめた．そのうち，東に向かったグループがどのルートから日本に来
たのかについてはさまざまな説がある．東南アジアから黒潮にのって来たのか，朝鮮半島
経由で来たのか，あるいはシベリアからサハリン経由で来たのかなどである．最近では化
石の研究だけでなく，遺伝子の研究が盛んで，その類似性から系統関係を解明しようとし
ているが，いまだ定説はない．

　1946 年に在野の考古学者・相沢忠洋が 3 万年前の関東ローム層から打製石器を発見し，
日本にも旧石器時代から人類が住んでいたことが明らかにされた．最近では，岩手県遠野
市の金取遺跡で 9 万～8 万年前の中期旧石器とされるものや，島根県出雲市の砂原遺跡で
12 万年前の前期旧石器とされる遺物が発見されているが，確証はされていない．1962 年
から始められた長野県の野尻湖発掘では，5 万～1 万年前の石器や骨角器がナウマンゾウ
やオオツノジカの化石と一緒に発見され，旧石器時代人がこれら大型動物の狩りをしてい
たのではないかと研究が続けられている．

　人類化石では，1960～1962 年に静岡県浜北市の岩水寺採石場・根堅洞窟で発見された
浜北人が本州で発見された唯一の旧石器時代人の人骨化石である．脳頭蓋，下顎第三大臼
歯，脛骨片，鎖骨，上腕骨，尺骨，腸骨からなる 20 代女性と推測される同一個体の骨が
東京大学の鈴木尚らにより発見され，1.8 万～1.4 万年前の更新世末期のものとされている．

　日本で発見されている旧石器時代人の唯一のほぼ完全な頭骨を含む男性 1 個体，女性 3
個体の骨格化石は港川人である．約 2.0 万～2.2 万年前の更新世末期のものとされている．
1967～1970 年頃，アマチュア考古学研究家の大山盛保により沖縄県島尻郡具志頭村（現
在の八重瀬町）港川の石灰岩の石切場で発見され，鈴木尚により確認された．身長は男性
で 155 cm，女性は 144 cm と小柄で，筋肉質のしっかりとした体形ではあったようだが，

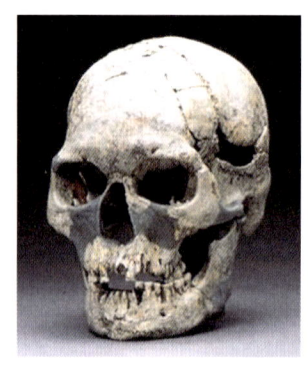
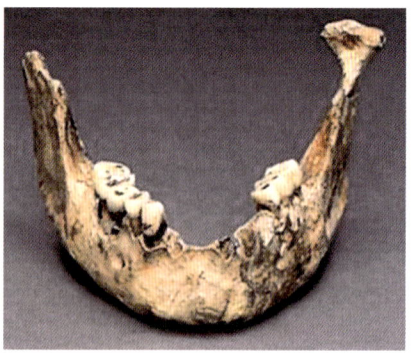
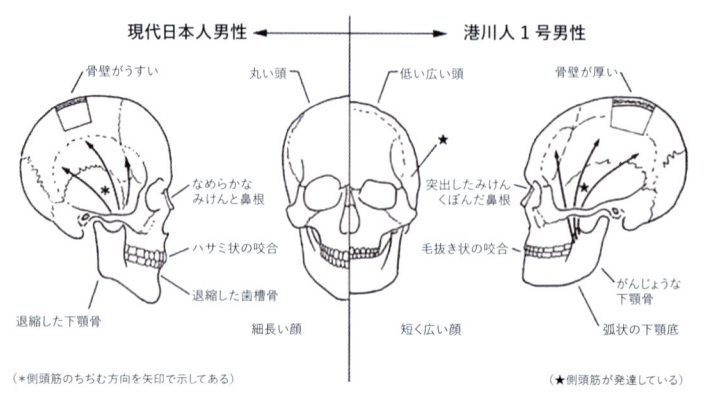

図 7.35 港川人の頭骨（左上）と下顎骨（右上）（馬場, 2001）
下顎の切歯と犬歯が抜けている. 現代日本人男性と港川人男性の頭骨の比較.

肩や腕の力は弱く, 握力と咀嚼力は強かったらしい. 咀嚼筋である側頭筋が入る側頭窩が深く, ホモ・ハイデルベルゲンシス同様に側頭筋がよく発達していた. 頭骨は低く, 眉間が突出するが鼻根はくぼみ, 下顎骨は頑丈で, 下顎角は角張らず, 上下顎は毛抜咬合であった. 臼歯は根元まで咬耗し, とくに下顎左側の臼歯は斜めに咬耗して上顎臼歯とは咬み合わないのが不思議である（図 7.35）.

現代人は上顎より下顎が後退して, 上顎切歯の舌側に下顎切歯の切縁が接する鋏状咬合となっている. ほとんどの動物では上下顎の切歯は切縁で接し, これを毛抜咬合とか切端咬合という. 動物では毛抜咬合が正常であるのに, ヒトでは下顎後退, 上顎前突の鋏状咬合が正常となっているのは思えばおかしなことである.

馬場（2001）では, 港川人の頭骨を同時代のアジア人の頭骨と比較すると, 後頭部が飛び出さず, まるい頭をしている点で中国の山頂洞人や柳江人よりもインドネシアのワジャク人に似ているとされている. かつては, 港川人は縄文人の先祖と考えられてきたが, むしろオーストラリア先住民やニューギニアのパプア人に近いとされている.

その後, 2008～2017 年に沖縄県の石垣島白保竿根田原洞穴遺跡で 2.7 万年前の 19 体以上の人骨が発見された. 男性の身長は 165 cm で, 港川人よりも 10 cm も高い. 今後の研究が期待される.

7.7.2　日本の新石器時代人：縄文人

縄文時代は, 日本列島における時代区分の一つで, 旧石器時代の後に当たり, 世界史で

は中石器時代ないしは新石器時代に相当する時代で，1.6万〜3000年前の更新世末期から完新世である．食料となる動物や植物を求めて狩猟採集生活をしていた旧石器時代と縄文時代の違いは，土器と弓矢の使用，磨製石器の発達，定住化の始まりと竪穴住居の普及，環状集落などの定住集落や貝塚の形成，植物栽培の始まりなどである．土器に特徴的な縄目模様から名付けられた．

　縄文時代に日本列島に居住していた人びとを縄文人という．1.6万年前から約1.3万年もの間，現在の北海道から沖縄本島にかけて住み，縄文土器に象徴される縄文文化をもっていた．平均身長は男性が159 cm，女性は150 cmで，がっしりとしており，彫りの深い顔立ちが特徴で，世界最古級の土器をつくり，5000年前の縄文中期には華麗な装飾をもつ火焔土器を創り出すなど独自の文化を築いた．東南アジアに起源をもつ人びとではないかと考えられてきたが，最近の遺伝子の研究では東ユーラシアの人びとのなかでは遺伝的に大きく異なる集団であることが判明している．

　縄文人の形質的な特徴は，顔が低く，幅広く，全体に四角形で，彫りが深く，眉間が突き出しているが，鼻根はくぼんでいる．眉毛は濃く，眼窩は四角で目は大きめ，まぶたは二重，耳たぶは大きく「福耳」で，唇はやや厚めで，髭は濃く，顎骨が発達している（図7.36，図7.37右）．顎はがっしりしているのに，歯は小さくいわゆるスンダ型歯形質（スンダドント）である（図7.38）．「スンダ」とは氷河期に現在のインドシナ半島，マレー

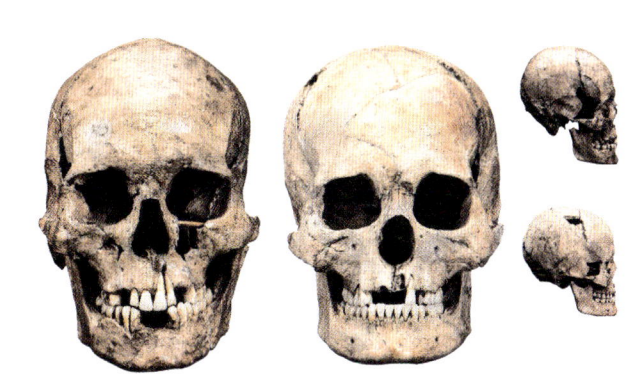

図7.36 縄文時代の男性（左）と女性の頭骨（中）の前面（溝口，2005）
左は頭骨の側面，上が男性，下が女性．

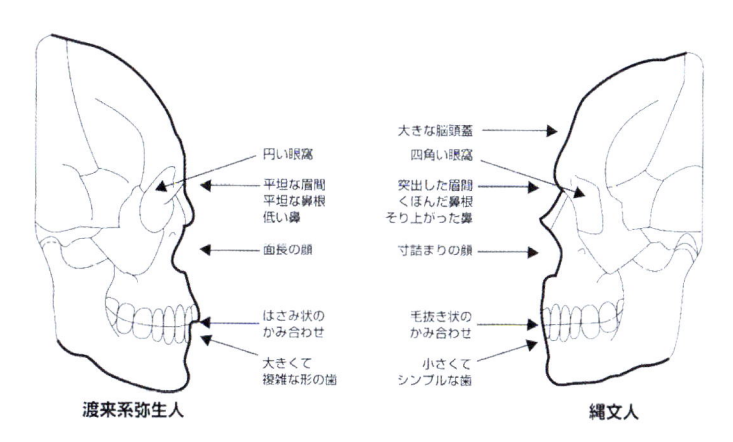

図7.37 渡来系弥生人（左）と縄文人（右）の頭骨の側面の比較（松村，2001）

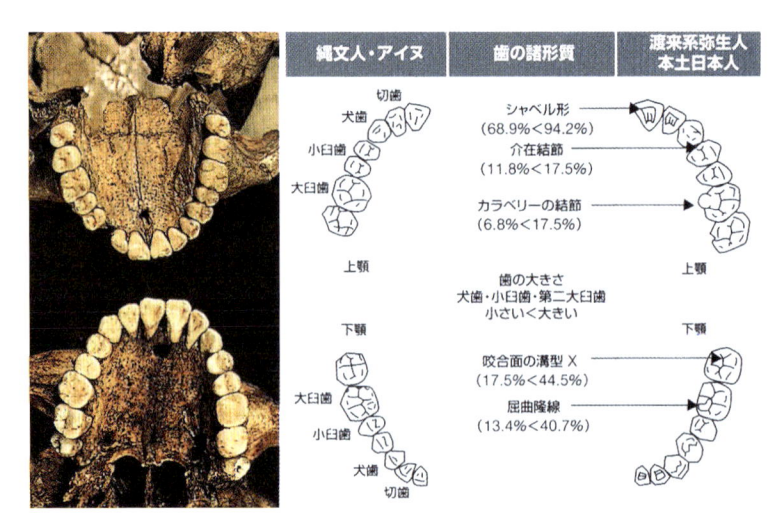

図 7.38　縄文人のスンダ型歯形質と渡来系弥生人の中国人歯形質（松村, 2001）
左：上が縄文人, 下が渡来系弥生人の上顎.　右：縄文人・アイヌ（左）と渡来系弥生人・
本土日本人（右）の比較.

半島, ボルネオ島, スマトラ島, ジャワ島とその周囲の大陸棚が一つのスンダランドを形
成していたことによる.

　ここに住んでいたモンゴロイドの一部は, 北上して北部モンゴロイドとなり, 現在の中
国人やアメリカの先住民になったと考えられている. 北部モンゴロイドは, 北東アジアの
寒冷気候に適応して, 皮下脂肪が厚く, 凍った肉を咬んだり, 動物の皮をなめしたりする
ために顎と歯が大きくなった. その一部は, 弥生時代の初めに渡来系弥生人として日本に
移住してくることになる.

　縄文時代後期から弥生時代前期に, 抜歯や叉状研歯の習慣があったことが知られている.
健康な歯を抜いたり, 1 本ないし 2 本の溝を刻むのはたいへんな痛みであったにちがいない.
成人式や服喪などの通過儀礼, 自族と他族の区別のためといわれる.

　抜歯の習慣は世界の狩猟採集民族で一般に見られ, 現在でもアフリカ, 東南アジア, オー
ストラリアの一部の民族に残っているという.

7.7.3　日本の新石器時代人：弥生人

　3000 年前の完新世後期, すなわち紀元前 1000 年頃から 3 世紀までを弥生時代といい,
この時代の人びとを弥生人と総称する. 本来は無紋で薄手の弥生式土器を使用していた時
代としていたが, 現在では水稲耕作が広く行なわれるようになった時代とされている. そ
の名は, 東京都文京区弥生町から土器が発見されたことによる.

　縄文人の顔立ちや体形は一定しており, あまり大きな時期差や地域差は認められないの
に対し, 弥生人は多様で地域差や時期差が大きい. それはこの時代に大陸から朝鮮半島を
経て水稲耕作の技術をもつ人びとが渡来したことによる. 縄文人に似た弥生人を縄文系弥
生人, 大陸側（朝鮮半島と中国吉林省近く）にいた人びとと似ている弥生人を渡来系弥生
人, 縄文系と渡来系が混合したような弥生人を混血系弥生人と呼んでいる.

　渡来系弥生人は男性の身長平均が 163 cm と縄文人よりも高く, 顔も高く長円で平坦で
あった. 鼻は低く, 目は小さく, 一重まぶたで, 眉や髭は薄く, 耳たぶは小さく, 唇は薄

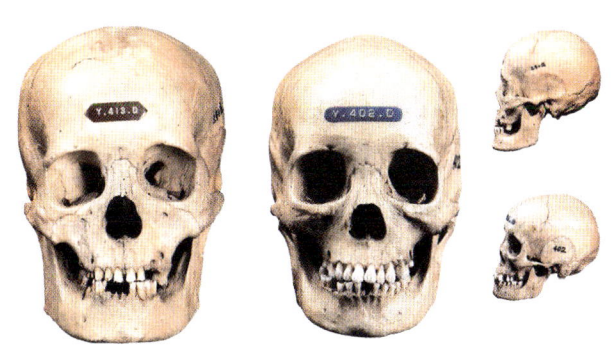

図 7.39 渡来系弥生人の頭骨の前面（溝口，2005）
左：男性，中：女性，右は頭骨の側面，上が男性，下が女性．

かった（図 7.39，図 7.37 左）．歯は大きな中国人歯形質（シノドント）で，上顎切歯の舌側面がくぼんだシャベル型切歯，上顎第一小臼歯の介在結節，上顎第一大臼歯の舌側面近心部のカラベリー結節，下顎第一大臼歯の屈曲隆線などをもつのが特徴である（図7.38）．

　渡来系弥生人は弥生時代の初期に大陸から朝鮮半島を経て北九州から山口県に入り，在来の縄文人と混血しながら，日本列島に広がっていったらしい．かつては，本州には渡来系が多く，北海道のアイヌは在来の縄文系の影響が強く，沖縄には縄文系と渡来系の影響が半々の琉球人という 3 つの集団が日本列島に住んでいたが，現在では混血も進んでいる．

7.7.4　日本の歴史時代人：古墳時代以降の日本人

　続く 3 世紀から 7 世紀末までの古墳時代になると，渡来系と縄文系の混血がさらに進み，縄文系よりも渡来系に近い人びとが増え，権力の集中が進み，ヤマト王権が確立していった．その後も，食生活の変化により，日本人の顎や歯はさまざまに変化してきている．

　古代人の食べていた古代食を復元し，その咀嚼における咬む回数とかかる時間を測定した研究がある（齋藤・柳沢，2002）．弥生時代末期から古墳時代初期の卑弥呼の時代では，ほとんど生の食べ物を食べていたことから，1 回の食事で 4000 回近くも咬み，50 分以上もかけていた（図 7.40）．それが現在では煮たり焼いたり蒸かしたり，軟らかくされた咀嚼済み，消化済みの食べ物を食べることによって 600 回ほどしか咬まず，わずか 10 分で

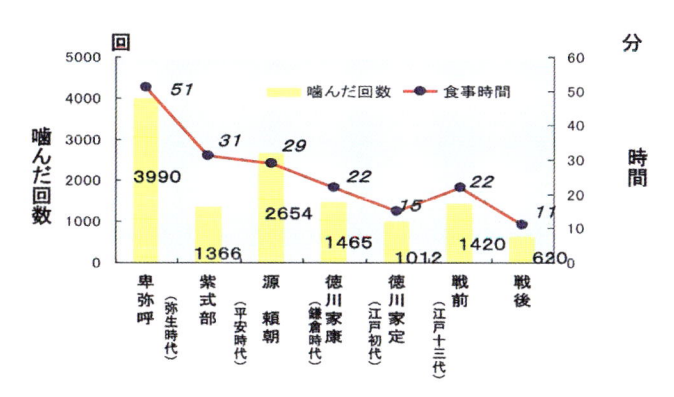

図 7.40　復元食による咀嚼回数と食事時間（齋藤・柳沢，2002）

食事を終えている．うどんなどを丸のみにして食べており，顎と歯が退化する一方になるわけだ．

　古代人に思いを寄せ，子どもの時代からできるだけ生に近い硬い食べ物をよく咬んで食べることが現代人に求められているのではないだろうか．次章では，未来に向かって顎と歯がどう変化するかについて展望してみよう．

石器の歴史

コラム
1

　人類は，猿人から原人，旧人，新人へと進化するなかで，製作し使用する石器を発達させてきた．その過程は以下の 3 つの段階に分けられている（図 7.41）．

　人類最古の石器は猿人が製作したオルドヴァイ型石器である．260 万年前の鮮新世末期にアフリカに住んでいた初期人類であった猿人のアウストラロピテクス・ガルヒが作りはじめ，ホモ・ハビリス，ホモ・ルドルフェンシス，ホモ・エルガステル，パラントロプス・ボイセイが受け継ぎ，アジアではホモ・ゲオルギクスやホモ・エレクトゥスなどが 2 万年前まで使用していた．単純で，通常 1 つまたはいくつかの剥片（はくへん）を別の石で削って作っていた．チョッパー（礫器），スクレーパー（掻器，削器）などが含まれる．初期のホモ・エレクトゥスはオル

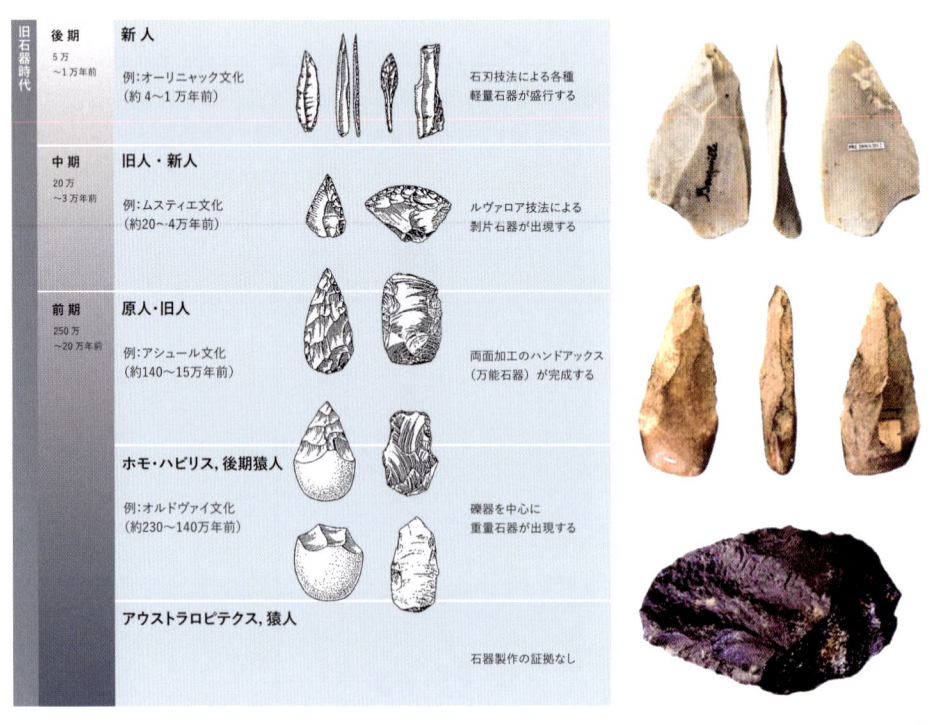

図 7.41　左：人類が製作した石器の進歩（小田，2001）．右：オルドヴァイ型石器（下），アシュール型石器（中），ムスティエ型石器（上）（Pievani and Zeitoun, 2021）

ドヴァイ型石器の技術を継承し，175万年前に始まったアシュール型石器へと発展させたらしい．オルドヴァイ型石器に代表される文化をオルドヴァイ文化という．オルドヴァイという用語は，1930年代に古生物学者ルイス・リーキーによって最初のオルドヴァイ型石器が発見されたタンザニアのオルドヴァイ峡谷に由来する．

　次のアシュール型石器は，175万年〜6万年前の更新世の前期から後期にアフリカの原人のホモ・エルガステル，ホモ・エレクトゥス，ホモ・ハイデルベルゲンシスなどが使用した石器である．デザインにもとづいて製作されており，自然石との区別が困難であったオルドヴァイ型石器とは異なっている．大型の剥片を加工することで，ハンドアックス（握斧，握槌），クリーバー（鉈状石器），ピック（鶴嘴状石器）などを製作した．時代とともに技術が進歩し，50万年以降になると，ルヴァロア技法という石核調整技法により，一つの原石から大量の石器を製作することを可能にした．その名は，北フランスのアミアン郊外のソンム川段丘上にあるサン・アシュール遺跡に由来する．アシュール型石器に代表される文化をアシュール文化という．

　旧人が製作したムスティエ型石器は，16.0万〜3.5万年前（更新世の中期から後期）のヨーロッパ，アジア，北アフリカの中期旧石器時代のルヴァロア型石核を用いた剥片を加工した削器，尖頭器で代表される．アフリカを出たホモ・ハイデルベルゲンシスはアジアやヨーロッパでホモ・ネアンデルターレンシスなどに進化し，当初はアシュール型石器を使用していたが，16万年ほど前により技法の進んだムスティエ型石器を製作するようになった．その名はフランス西南部のル・ムスティエ洞窟で発見されたことによる．ムスティエ型石器で代表される文化をムスティエ文化という．

　ホモ・サピエンスも初期にはアシュール型石器やムスティエ型石器を使用していたが，5万年前になるとこれまでとは格段に精密なオーリニャック型石器を製作するようになった．オーリニャック型石器とは，5万〜1万年前の更新世末期から完新世初期に，世界各地でホモ・サ

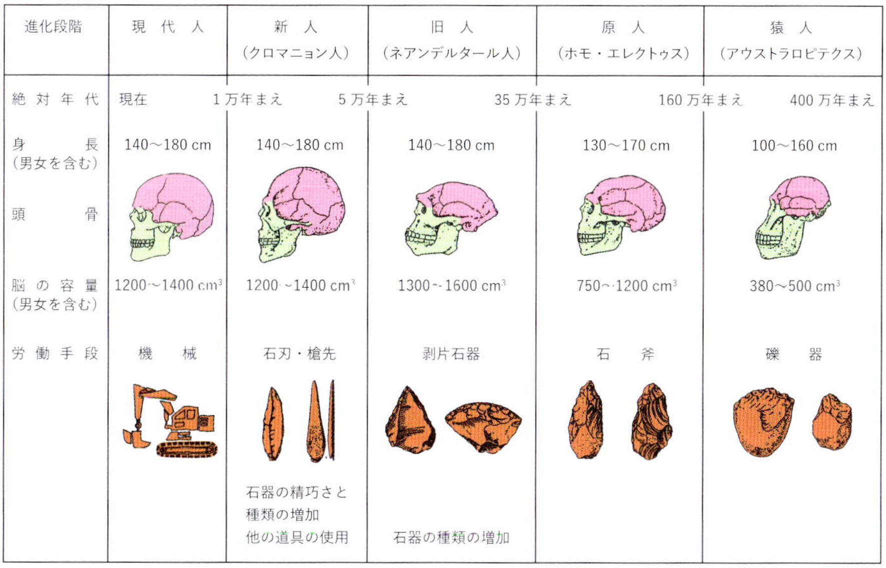

進化段階	現代人	新人 （クロマニョン人）	旧人 （ネアンデルタール人）	原人 （ホモ・エレクトゥス）	猿人 （アウストラロピテクス）
絶対年代	現在	1万年まえ　　5万年まえ		35万年まえ　　160万年まえ	400万年まえ
身長 （男女を含む）	140〜180 cm	140〜180 cm	140〜180 cm	130〜170 cm	100〜160 cm
頭骨					
脳の容量 （男女を含む）	1200〜1400 cm³	1200〜1400 cm³	1300〜1600 cm³	750〜1200 cm³	380〜500 cm³
労働手段	機械	石刃・槍先	剥片石器	石斧	礫器
		石器の精巧さと種類の増加 他の道具の使用	石器の種類の増加		

図7.42　巨視的な人類の進化段階と代表的な道具（井尻・後藤，1996より改変）

ピエンスが使用していた片刃の石刃，縦型の石匙，石鑿などである．石刃技法というあらかじめ形の整えられた石核から連続的に打ち剥されたもので，石核は円柱状か円錐状の形をとっている．石器の他に使用された道具としては骨角製の針，錐，銛などがある．ラスコーなどの洞窟壁画やビーナス像も制作された．中部フランスのオーリニャック洞窟により命名された．オーリニャック型石器に代表される文化をオーリニャック文化という．

　1万年前以降（完新世）の新石器時代になると，石器に代わって土器や金属器（青銅器，鉄器）が製作されるようになり，たえず移住する狩猟採取生活から農耕と牧畜がはじまり，定住するようになっている．農耕と牧畜は富を蓄積し，権力による支配を生み出し，争いや戦争を引き起こし，弓矢から核ミサイルまでありとあらゆる武器を生産するようになった．わけても，18世紀後半には，化石燃料を使用した蒸気機関による産業革命がおこり，機械の発明により人類の生産力は飛躍的に増大した（図7.42）．現在の太陽エネルギーだけでなく，過去の地質時代に蓄えられた太陽エネルギーの産物である化石燃料まで使った結果，二酸化炭素など温暖化ガスを増やし，気候危機を招いている．私たちは今一度，人類の歴史を振り返り，古代人に学んで循環型の社会の実現をめざす必要があるのではないだろうか．

「ピルトダウン人」のなぞ

コラム 2

　1908〜1911年にイギリスのサセックス州ピルトダウンで，イギリス人のアマチュア考古学者チャールズ・ドーソンは自分が「発見」したという頭骨片を1912年2月に大英自然史博物館（現在のロンドン自然史博物館）の地学研究部長であったアーサー・スミス・ウッドワードの研究室にもちこんだ．同年6月にはさらに頭骨片や下顎骨を「発見」し，同年12月にロンドン地質学会で新しい人骨化石として，「エオアントロプス・ダウソニ」（ドーソンが発見した暁の人の意味）という学名を付けて発表した（図7.43）．脳頭蓋はヒトそっくりだが，下顎骨はチンパンジーに似ているとし，人類の祖先としてピルトダウンで発見されたので，一般には「ピルトダウン人」と呼ばれた．

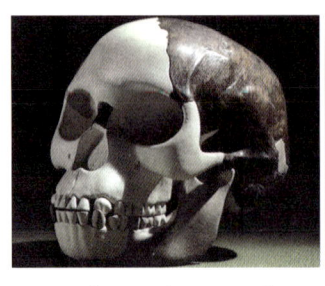

図7.43　「ピルトダウン人」の復元された頭骨（左）．白い部分は石膏で補われている．ジョン・クックによる「ピルトダウン人の討論」（右）．中央の白衣が人類学者のアーサー・キース，後列の右端がアーサー・スミス・ウッドワード，その左がチャールズ・ドーソン（Halstead, 1985）

　ウッドワードは，本来は魚類化石の研究者で，このような事件に巻き込まれたのは不幸というよりない．ところが，イギリス人はいち早くこれを受け入れた．それはこの頭骨が当時の人びとが考えていた大きな脳と原始的な顎という人類の祖先のイメージにぴったり合っていたからだ．当時の人びとの多くは，人類は大脳が発達したことで進化したという「大脳化説」という考えにとらわれていたのだ．もちろん，当初よりこれを疑問に思う研究者もいたが，その声は無視された．

　1938年には，ピルトダウンで「ピルトダウン人」がドーソンによって発見された場所を示す記念碑の除幕式が行なわれている．記念石碑には「ここの古い川の砂利で，1912年から1913年にかけてピルトダウン人の頭蓋骨の化石が発見された．この発見は，チャールズ・ドーソン氏とアーサー・スミス ウッドワード卿によって報告された」と書かれていた．

　その後，1949年，大英博物館人類部門のケネス・オークリーらがフッ素の含有量でピルトダウン人骨の年代を測定し，頭蓋がホモ・サピエンスのものであることを明らかにした（最近では2〜3人分の中世人のものであることが分かっている）．さらに，1953年にはオークリーらによる精密な年代測定と調査・分析が行なわれ，下顎骨は若い現生のオランウータンのものであり，臼歯の咬合面は人類に似せて整形されており，古く見えるよう薬品で着色されていたこと，共産した獣骨は他の地域から産出したものであることなどが明らかにされた．人類の頭蓋は類人猿の下顎骨とは関節できるはずはないのであるが，接合部分である下顎頭の部分を除去して矛盾を隠し，着色を施して偽装したのであった．こうして40年にわたって古人類学界を混乱させた「ピルトダウン人」は捏造された化石であると断定され，事件は決着をみた．

　しかし，捏造を行なった犯人についてはいまだ定説はない．なんと犯人として20人ほどの候補があげられており，発見者のドーソン，古生物学者のテイヤール・ド・シャルダン，『名探偵シャーロック・ホームズ』の著者コナン・ドイル，動物学者のマーティン・ヒントンらが疑われている．最近では，捏造がすべて同じ手法で行われていることから，ドーソンが犯人である可能性が高いとされている．

　ではなぜ捏造されたものが，40年間も人類の先祖だと信じられたのであろうか．人類化石の発見史をたどれば，1856年にドイツでネアンデルタール人が，1868年にフランスでクロマニョン人が，1891年にインドネシアでジャワ原人が，1907年にドイツでハイデルベルグ人が，1924年に南アフリカでアウストラロピテクスが，1926年に中国で北京原人が発見されるなかで，イギリスでも「ピルトダウン人」が存在してほしいという人びとの強い願望があったのではないかと思われる．

　日本でも，中国の北京原人と同じくらい古い人類遺物が存在してほしいと思う願望から，東北地方での石器埋め込みによる旧石器時代遺跡の捏造がながく発覚することなく歴史教科書にも掲載されていた時代があったわけで，決して他人ごとではない．

　いずれにしても，人びとの願望と間違った思い込みにより，40年近くにもわたってこの偽物が人類の先祖だと信じられ，それだけではなく，その後発見された本物の人類化石であったジャワ原人やアウストラロピテクスが，大脳が大きくないという理由で人類の祖先ではないとされてきたのである．大脳はチンパンジー並みでも，直立二足歩行したアウストラロピテクスや，ジャワ原人を含むホモ・エレクトゥスこそ人類の先祖であったのだ．当時は少数派であった若き日のデュボアやダートらこそ，人類の歴史を解明した偉大な科学者であったといえよう．

8 人類の歯の未来

現代人から未来人へ

8.1.1 脊椎動物における歯の進化と退化

これまでは過去の生物の遺物である化石や「生きている化石」と呼ばれる現生動物を材料として，脊椎動物5億年の進化における歯の歴史について述べてきた．すなわち，最初の脊椎動物である無顎類は顎も歯もなく，口から入る水のなかの微生物を鰓で沪しとって食べていた．無顎類から原始顎口類であるサメ類が進化するなかで，脊椎動物は顎と歯を獲得することにより，大きな獲物も捕食できる活発な動物に変身した．歯は，サメの鱗が顎上で餌を捕らえるために発達したもので，サメ類では顎軟骨を取り巻く線維層に線維で支えられていたが，硬骨魚類では顎骨が形成されて顎骨と骨結合するようになった．さらに，魚類から両生類・爬虫類へと進化し，生息環境が水中から陸上に移行するなかで，歯冠の外層が間葉性のエナメロイドから上皮性のエナメル質へと変化した．

爬虫類から哺乳類への進化のなかでは，顎上で同じ形態をした単錐歯から，切歯・犬歯・小臼歯・大臼歯が分化し，昆虫食から肉食，草食，果実食などに食性が分化するにともなって歯の形態もさまざまに変化した．また，支持様式が骨結合から，顎骨の歯槽という穴のなかに歯根部のセメント質が歯根膜主線維によって顎骨の歯槽骨と結ばれるという釘植となり，エナメル質が薄い無小柱エナメル質から厚いエナメル小柱の発達した小柱エナメル質に変化し，交換様式が多生歯性から二生歯性へと変化し，歯の機能も捕食から咀嚼へとより複雑なものになった．

また，食虫類から霊長類，原猿類から真猿類，広鼻猿類から狭鼻猿類へと進化するなかで，樹上生活による果実食さらには雑食へと変化するにともなって，歯の数は44本から36本，32本へと減ってきたが，臼歯の形態は昆虫食に適したトリボスフェン型から果実食に適した低歯冠の鈍頭歯型へと変化し，からだが大型化するとともに歯も大型化してきた．さらに，ヒト科のなかで類人猿から猿人，原人，旧人，新人へと進化する過程で，猿人の一部で植物食に適応して歯が大型化する仲間もあったが，原人から新人への進化では道具と火の使用による自己家畜化により，歯と顎の退化が進んできた過程をみてきた．

8.1.2 脊椎動物の頭骨の進化と退化

古生代（Paleozoic）の魚類（1. Pisces）から両生類（2. Amphibia），中生代（Mesozoic）の爬虫類（3. Reptilia），新生代（Cenozoic）の基幹哺乳類（4. Stem Mammalia，食虫類）を経て原始霊長類（5. Classic Primates）が出現する過程を頭骨の前面で示すと図8.1の

下半分のようになる.

　図 8.1 の上半部には，原始霊長類から左右に分岐する進化が描かれ，左はゴリラ（Gorilla）へ，右は原人（6. Peking，北京原人）を経て新人（7. Homo，ヒト）へ向かっている．ゴリラでは左右の頭頂骨が接する頭頂部に矢状稜（Crista sagittalis）が突出している．新人では原人に存在した眼窩上隆起（Torus supraorbitalis）が退化し，原始霊長類に存在した矢状稜は側頭線（linea temporalis）まで下降している．

　図 8.1 の最上部にはゴリラとヒトの頭骨における咀嚼筋である側頭筋（m. temp.）と咬筋（m. masseter）と大脳が橙色で示されている．左のゴリラでは，突出した矢状稜の左右によく発達した側頭筋が，左右に張り出した頬骨弓に強力な咬筋が付着している一方で，大脳は小さい．右のヒトでは，下降した側頭線につく側頭筋も，頬骨弓につく咬筋も発達は弱いが，大脳は巨大なまでに発達している．ゴリラの顎と歯はよく発達し頭骨全体が咀嚼器として機能しているのに対し，ヒトでは咀嚼器が退化し，頭骨は極限まで発達した大

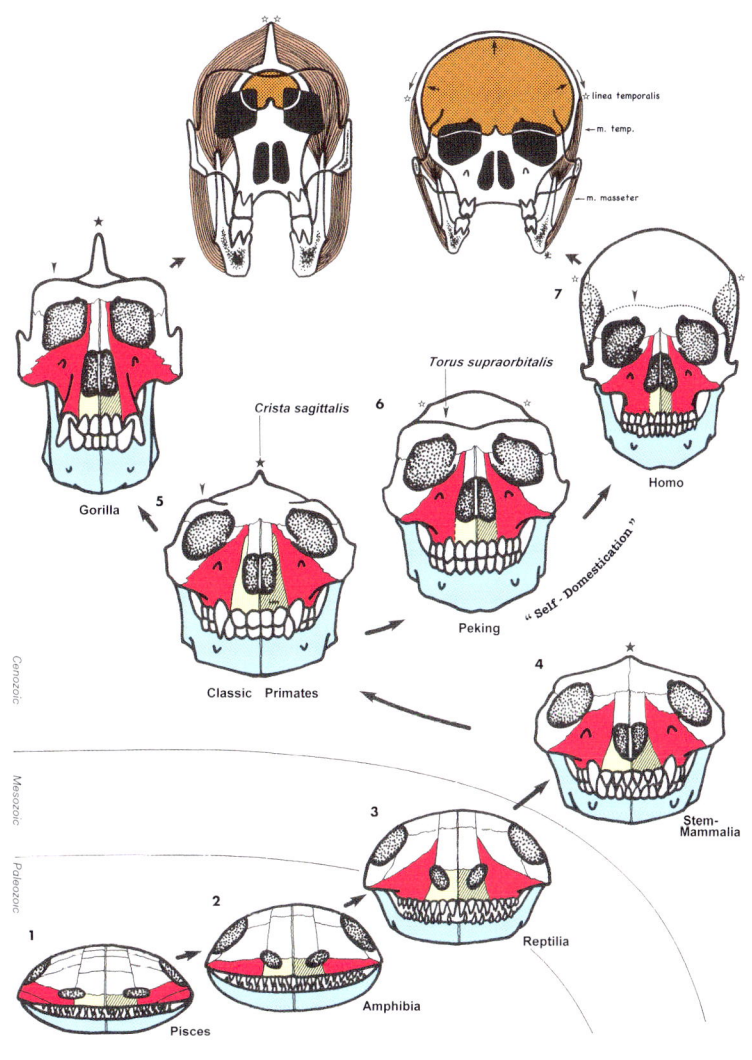

図 8.1　脊椎動物の頭骨の進化を前面観で示す（三木，1992b より改変）
図中の文字や記号の説明は本文参照.

脳を入れる容器になっている．これが，道具と火の使用によって食べ物を口に入れる前に消化済みにしてしまう口腔前消化，自己家畜化（self domestication）の結果である．

　両者を比べると，ゴリラは咀嚼器の発達した「ものを食べるための頭骨」をもつのに対し，ヒトは大脳の発達した「ものを考えるための頭骨」をもつといえば聞こえはよいが，咀嚼器としてゴリラは健康な顎と歯をもつのに対し，ヒトは病的な顎と歯をもつといわざるを得ない．ヒトは自らがたどった自己家畜化の結果を認識し，すこしでも健康な顎と歯を維持するよう努める必要があるのだ．

　本章では，脊椎動物の進化をふまえ，現代人に見られる歯の個体変異の研究から，未来人の歯を展望し，ヒトの歯と顎の健康をまもることの大切さについて述べたい．

8.2　絶滅哺乳類にみられた歯の個体変異

　井尻正二は『化石』（井尻，1968）において，化石を個体変異・比較解剖・個体発生という3つの座標軸（図8.2）の上にとらえた後に，研究を進めることが重要であると述べた．しかし，三木（1992b）〔図1.13（p.7）〕に見たように比較解剖と個体発生については分かりやすいが，個体変異が重要とはどういうことであろうか．

　井尻（2001）『古生物学的進化論の体系（要旨）』では進化論の体系のなかで，変異こそが進化の内因であると規定している．そして，変異を遺伝的変異，分子段階の変異，連続変異（彷徨変異を含む）に分けて述べている．変異が淘汰によって選択され，新しい種が生まれるのだ（コラム2参照）．

　変異といえば，井尻（1940）の「*Desmostylus* の歯の個体変異に関する1研究」は，化石の個体変異について論じたまれな論文である．デスモスチルスとは第5章で述べたように，新第三紀中新世に北太平洋岸に生息した絶滅哺乳類である．彼はこの論文で，まずヒトの上下顎第三大臼歯にみられる歯根の癒合，咬頭数の変異，復古型および奇形を観察し，形態的規則性が失われ，標準形の決定が困難であることを指摘し，このような個体変異をnegative variation（否定的な変異）とした（図8.3）．

　次いで，彼はデスモスチルスの歯においても，過剰な副咬柱の出現や咬柱の分離や融合

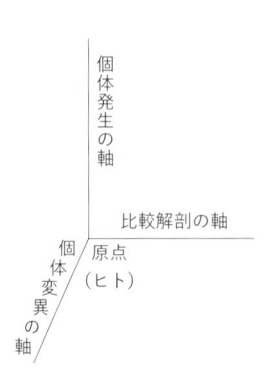

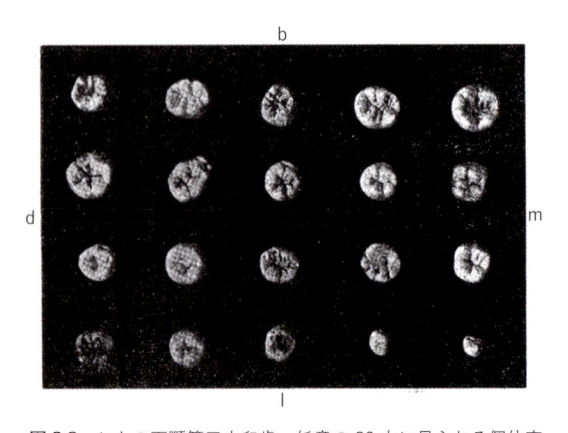

図8.2　化石の座標軸と座標（井尻，1968）

図8.3　ヒトの下顎第三大臼歯，任意の20本に見られる個体変異（井尻，1940）
m：近心側，d：遠心側，b：頬側，l：舌側．

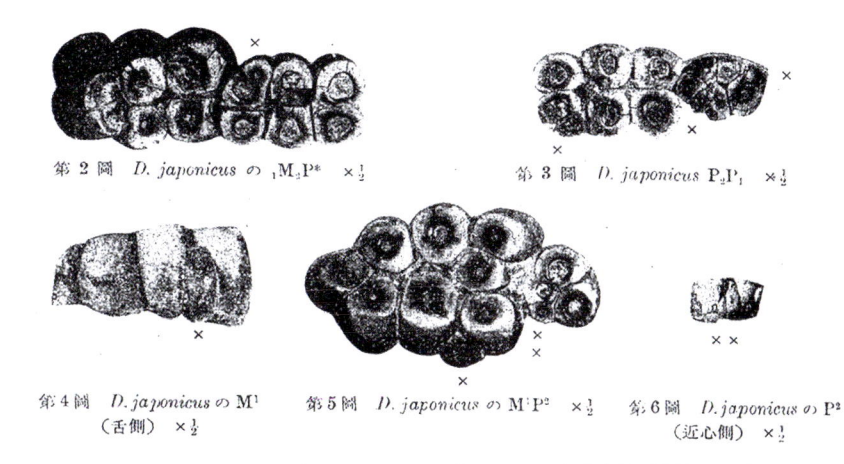

第2圖　*D. japonicus* の ₁M₃P* ×½　　　第3圖　*D. japonicus* P₂P₁ ×½

第4圖　*D. japonicus* の M¹　　　第5圖　*D. japonicus* の M¹P² ×½　　　第6圖　*D. japonicus* の P²
（舌側）×½　　　　　　　　　　　　　　　　　　　　　　　　　　　　　　（近心側）×½

図 8.4 絶滅哺乳類デスモスチルスの臼歯に見られる個体変異（井尻, 1940）

など，人類の第三大臼歯と同様な negative variation が存在するとし，デスモスチルスは退化傾向にある動物であると結論した（図 8.4）．そして，そのことはデスモスチルスの化石が中新世中期の地層に限られて産出するという層位学的事実によっても裏付けられるとしている．つまり，短期間に出現し，短期間に繁栄して，短期間で絶滅した仲間であったということだ．そのような古生物学的知見は，私たち人類の将来にきびしい予測を投げかけている．

8.3　現代人の歯の個体変異と退化傾向

　実際に井尻の予測を裏付けるようなヒトの歯に関する研究がある．筆者らが 2006 年から学生の卒業研究としてはじめた研究で，若い先生の協力を得て，退職後の現在まで研究は続いている（後藤ほか，2006-2010；田中・後藤，2011-2017；田中ほか，2019-2023）．学生の上下顎の石膏歯型を研究対象として，歯の数と配列，歯の形態の変異，乳歯の残存，歯の配列を観察し，最後に歯の進化段階を調査した．当初は 40 名ほどの学生を対象としたが，途中から 1 学年全体の約 150 名の学生に対象を広げた．

　歯の退化に関しては，ほとんどの学生で第三大臼歯が欠如しており，存在しても矮小歯や半埋伏などが目立った（図 8.5，図 8.6）．第三大臼歯に続いて退化傾向が見られるのは上顎側切歯で，やや小型化の矮小歯から樽状歯や円錐歯，さらには先天欠如が見られ，退化傾向が犬歯，時に小臼歯や大臼歯にまで及ぶこともあった（図 8.7，図 8.8）．前章で述べた「スンダ型歯形質」，すべての歯が小型化する場合も見られた．犬歯は多くの霊長類のオスでは牙として発達していた歯で，ヒトでももっとも長い歯根をもち，後述する未来のヒトの歯の退化予測〔表 8.2（p.211）〕では最後の未来人 IV まで残存する歯とされている歯であるが，上顎側切歯の退化にともなって同じように小型化している状態は（図 8.8），人類の歯の未来に危機感を覚えさせる．

　上顎大臼歯では，3 咬頭化して咬合面が四角形から三角形になる傾向が第二大臼歯だけでなく第一大臼歯でも見られた（図 8.5）．下顎大臼歯では，基本形であるドリオピテクス型の Y5 型〔図 6.33（p.159）〕から，＋4 型などへの移行が第二大臼歯だけでなく第一大

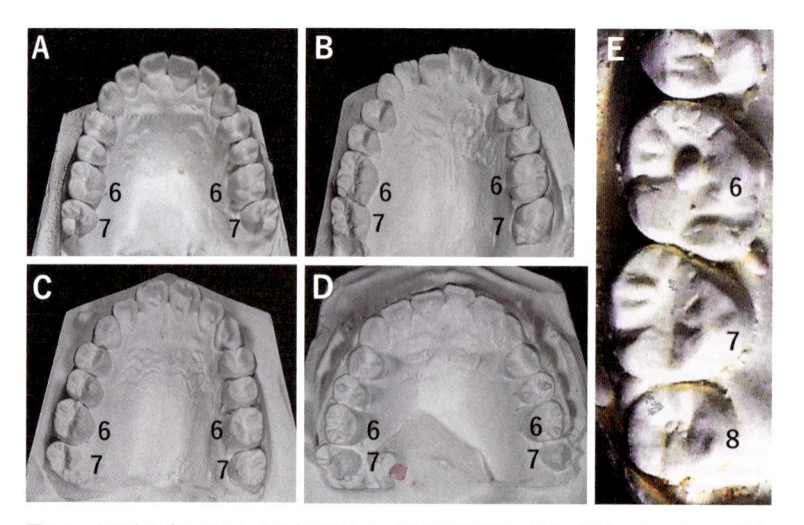

図8.5 上顎大臼歯に見られる三角形型および平行四辺形型の退化（田中ほか，2023；後藤
ほか，2007）
A：左右側で第三大臼歯が未萌出で，第二大臼歯（7）は三角形型に退化しているが，第一
大臼歯（6）は4咬頭である．B：左右側第三大臼歯が先天欠如し，左右側の第一大臼歯（6）
は4咬頭だが，左側の第二大臼歯（7）が平行四辺形型に退化している．C：左右側におい
て，第二大臼歯（7）だけでなく第一大臼歯（6）まで遠心舌側咬頭が退化して3咬頭の三
角形型になっている．D：左右側の第二大臼歯（7）が矮小歯で，第一大臼歯（6）も三角
形型に退化している．E：大臼歯部の拡大．第一大臼歯（6）は4咬頭だが，第二大臼歯（7）
は3咬頭，第三大臼歯（8）は2咬頭に退化している．

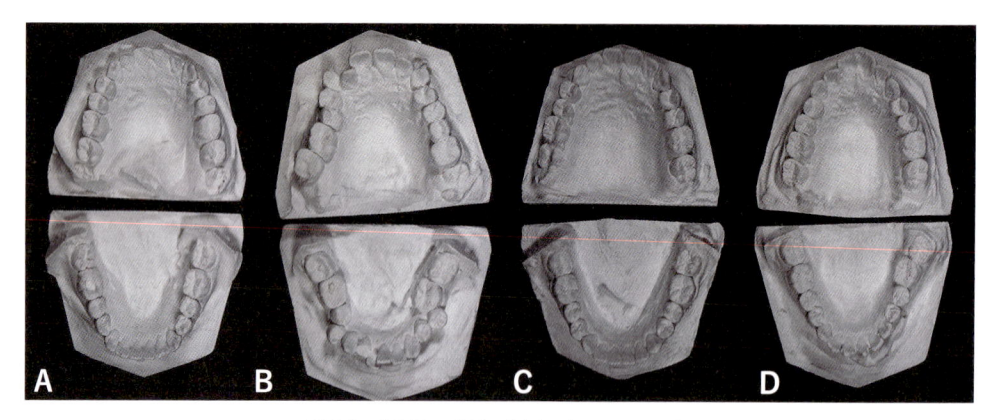

図8.6 歯列弓の全景4例（田中ほか，2023）
A：上下顎ともU字形．第三大臼歯は上顎では左右側で萌出しているが，下顎は左右ともに萌出していないので，歯
の総数は30本である．B：上下顎ともに鞍形．上顎左側には，第二乳臼歯が残存し，半埋伏の第二大臼歯と合わせ
て8本存在し，上下顎左右側で第三大臼歯は萌出せず，上顎左右側の歯の総数は15本で，下顎左右側の14本と合
わせて歯の総数は29本である．C：上下顎とも放物線形．上・下顎左右側の第三大臼歯が未萌出で，歯の総数は28
本である．D：上下顎ともV字形．上下顎とも第三大臼歯は未萌出で，歯の総数は28本である．

臼歯でも見られた．過剰咬頭（結節）として上顎大臼歯ではカラベリー結節，下顎大臼歯
ではプロトスタイリッドの出現が見られた（図8.9）．
　上下顎とも第一大臼歯は，歯のなかで最大で，食べ物を咬むうえでもっとも大切な役割
を果している「歯の王様」だ．未来における歯の退化予測〔表8.2（p.211）〕でも未来人Ⅱ
まで残存するとされている歯である．そのような歯にまで，退化傾向が及んでいることに
も危機感を禁じ得ない．

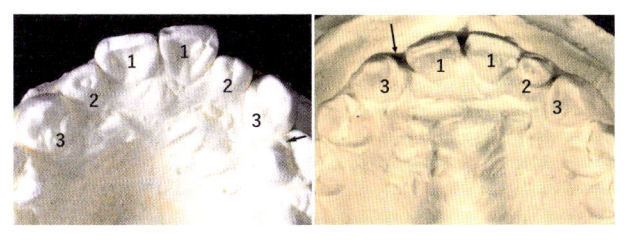

図8.7 上顎側切歯の矮小化と先天欠如
1：中切歯，2：側切歯，3：犬歯．左：左右の上顎側切歯（2）が樽状歯になっている（後藤ほか，2007）．右：右側上顎側切歯（2）が樽状歯で，矢印の位置にあるはずの左側上顎側切歯は先天欠如している（田中・後藤，2013）．

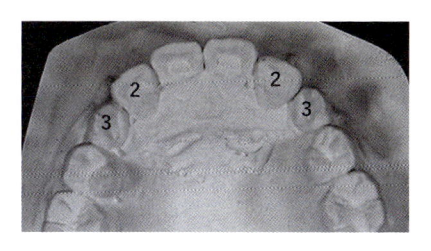

図8.8 上顎の側切歯（2）よりも犬歯（3）が小型化している（田中ほか，2023）

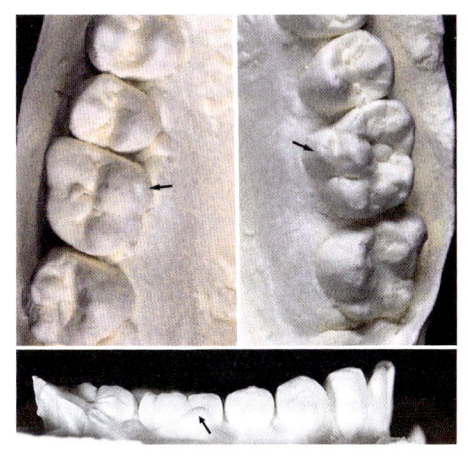

図8.9 大臼歯の過剰咬頭
上の左右：上顎第一大臼歯の近心舌側に出現するカラベリー結節（矢印，後藤ほか，2007）．下：下顎第一大臼歯の近心頬側に出現するプロトスタイリッド（矢印，田中ほか，2023）．

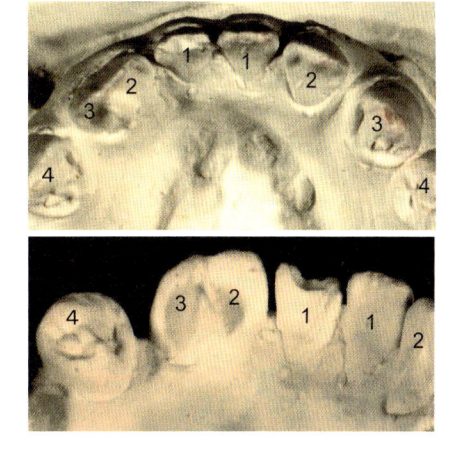

図8.10 下顎前歯の癒合（田中・後藤，2013）
上は切縁側から，舌は舌側から見る．1：中切歯，2：側切歯，3：犬歯，4：第一小臼歯．左側の側切歯（2）と犬歯（3）が癒合している．

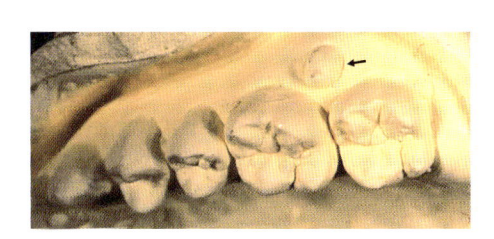

図8.11 過剰歯の臼傍歯（筆者原図）
上顎の第一大臼歯と第二大臼歯の間の頬側に出現した臼傍歯（矢印）．

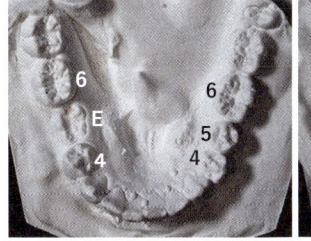
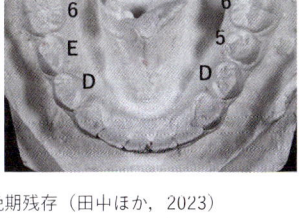

図8.12 下顎乳臼歯の晩期残存（田中ほか，2023）
左：下顎の左側には第一小臼歯（4）と第二小臼歯（5）が存在しているが，右側では第二小臼歯の位置に第二乳臼歯（E）が残存している．
右：下顎の左右側で第一乳臼歯（D）が残存し，左側では第二小臼歯（5）が存在するが，右側では第二乳臼歯（E）も残存している．

　　その他，下顎の中切歯と側切歯，あるいは側切歯と犬歯の癒合歯（**図8.10**），過剰歯の臼傍歯（**図8.11**），第二乳臼歯および第一乳臼歯の晩期残存（**図8.12**）なども観察された．
　　歯列弓の形態では，類人猿に似たU字形から，標準的な放物線形や半惰円形のほか，退化型のV字形，鞍形，狭窄形などが見られた（**図8.6**）．鞍形は第二小臼歯が舌側に転

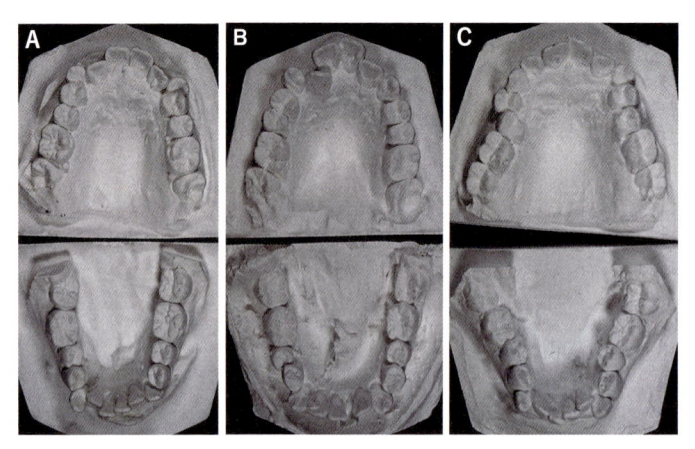

図 8.13 歯の萌出異常（田中ほか，2023）
A：上下顎前歯部の叢生．上下顎の左右側で，中切歯は唇側に，側切歯は口蓋側
ないし舌側に転位し，犬歯は頬側に転位している．歯列は左右幅の狭い狭窄型．
B：上下顎前歯部の叢生．上顎では左側中切歯が唇側に，右側側切歯が口蓋側に，
下顎では左側中切歯が唇側に，左右側犬歯が唇側に転移して萌出している．C：
左右側の上下顎第二小臼歯が口蓋側ないし舌側に転位し，上下とも鞍型の歯列で
ある．前歯部にも歯の回転と重なりが見られる．

位ないし傾斜して，馬具の鞍のような形になる歯列弓の異常である．

　歯の配列についても，位置異常（転位），傾斜，回転から叢生まで，さまざまな萌出異常，歯列不整（歯列不正ではない）が観察された（**図 8.13**）．このような歯の変異は異常といった方がよいほど，まさに negative variation である．

　少し長い目でみると，日本人の 30 代の平均身長は男性で 1950 年の 160 cm から 2005 年には 172 cm に伸び，女性でも 1950 年の 149 cm から 2005 年には 158 cm まで伸びた．経済成長により栄養がよくなったのだ．身長が伸びた時代には，顎も大きくなり，第三大臼歯の萌出が回復したことが知られている（中原，2003）．しかし，2005 年以降は貧困と格差の拡大，わけても子どもの貧困が進み，ほとんど横ばい状態が続いており，歯の退化は先に述べたように進んでいる．

8.4 人類の歯の未来：現代人から未来人へ

　ヒトの歯に見られる退化傾向の観察から，桐野忠大は東京医科歯科大学における歯の比較解剖学の講義において，食虫類から狭鼻猿類までの歯数の減少過程（**表 8.1**）をさらに延長して，未来人の歯の退化を予測した（**表 8.2**）．すなわち，狭鼻猿類・人類の基本である切歯 2 本，犬歯 1 本，小臼歯 2 本，大臼歯 3 本，上下左右に各 8 本で歯の総数 32 本の段階（歯式では，2・1・2・3 ＝ 32）を新人・現代人，もっとも退化傾向の顕著な第三大臼歯が欠如して大臼歯が 2 本になった歯の総数が 28 本の段階（歯式では，2・1・2・2 ＝ 28）を未来型現代人とする．学生の歯型の観察によれば，現在では，新人・現代人が急減し，未来型現代人が圧倒的多数を占めるようになったようだ．

　次に，上顎側切歯が欠如したり下顎の 2 本の切歯が癒合したりして上下の切歯が各 1 本しかない歯の総数が 24 本の段階（歯式では，1・1・2・2 ＝ 24）を未来人 I，第二大臼歯

表 8.1 原始真獣類（食虫類）からツパイ類，キツネザル類（原猿類），オマキザル類（広鼻猿類），オナガザル類（狭鼻猿類），類人猿，人類までの歯数の減少過程（後藤ほか，2014）切歯の相同性については未確定であるが，ここでは上下顎とも第一切歯が退化したと仮定した．

原始真獣類	I I I C P P P P i i i c m m m M M M i i i c m m m M M M I I I C P P P P	$\dfrac{3143}{3143} = 44$
ツパイ	× I I C × P P P × i i c × m m m M M M i i i c × m m m M M M I I I C × P P P	$\dfrac{2133}{3133} = 38$
キツネザル類 オマキザル類	× I I C × P P P × i i c × m m m M M M × i i c × m m m M M M × I I C × P P P	$\dfrac{2133}{2133} = 36$
オナガザル類 類人猿 人類	× I I C × × P P × i i c × × m m M M M × i i c × × m m M M M × I I C × × P P	$\dfrac{2123}{2123} = 32$

i：乳切歯　I：切歯　c：乳犬歯　C：犬歯　m：乳臼歯
P：小臼歯　M：大臼歯　×は歯の欠如をしめす

表 8.2 未来のヒトの歯の退化についての予測（後藤ほか，2014）

新人・現代人	I I C P P i i c m m M M M i i c m m M M M I I C P P	$\dfrac{2123}{2123} = 32$
未来型現代人	I I C P P i i c m m M M × i i c m m M M × I I C P P	$\dfrac{2122}{2122} = 28$
未来人 I	I × C P P i × c m m M M × × i c m m M M × × I C P P	$\dfrac{1122}{1122} = 24$
未来人 II	I × C P × i × c m M M × × × i c m M M × × × I C P ×	$\dfrac{1112}{1112} = 20$
未来人 III	I × C P × i × c m M × × × × i c m M × × × × I C P ×	$\dfrac{1111}{1111} = 16$
未来人 IV	× × C × × × × c × × × × × × c × × × × × × C × ×	$\dfrac{0100}{0100} = 4$
未来人 V	× ×	$\dfrac{0000}{0000} = 0$

i：乳切歯　I：切歯　c：乳犬歯　C：犬歯　m：乳臼歯
P：小臼歯　M：大臼歯　×は歯の欠如をしめす

が欠如するとともに第二小臼歯が退化して第二乳臼歯が永久歯化して20本になった段階（歯式では，$1 \cdot 1 \cdot 1 \cdot 2 = 20$）を未来人 II，第二大臼歯（もともとは第一大臼歯）が退化して各歯種が1本ずつになった段階（歯式では，$1 \cdot 1 \cdot 1 \cdot 1 = 16$）を未来人 III，そしてもっとも長い歯である犬歯だけが残存する段階（歯式では，$0 \cdot 1 \cdot 0 \cdot 0 = 4$）を未来人 IV，さらにすべての歯が喪失する段階（歯式では，$0 \cdot 0 \cdot 0 \cdot 0 = 0$）を未来人 V とした．

　筆者らは，多くが青年期である学生の歯型について，歯の進化段階を調査し，2009（平成21）年度入学生から2018（平成30）年度入学生までの結果を表 8.3 と図 8.15 に，その代表的な例を図 8.14 に示した．これを見ると，32本の歯がそろった新人・現代人段階の学生は全体の1.1~6.5%できわめてわずかであることが注目される．しかし，第三大臼歯が萌出するのは通常20歳前後であるのに対し，学生の年齢が18~19歳がほとんどであることから，今後萌出する可能性があるといえる．第三大臼歯は古代人ではもっと早い時期に萌出していたと考えられ，萌出の遅延も退化現象でもある．なお，歯の総数が29

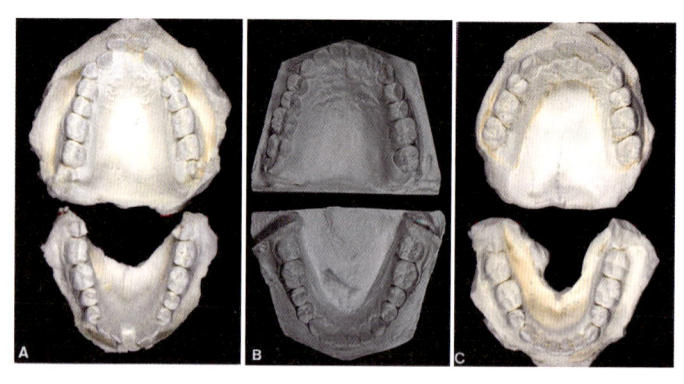

図 8.14　歯列弓の全景 3 例，上に上顎歯列，下に下顎歯列を示す（後藤ほか，2007）
A：上・下顎とも半楕円形で，上下左右の第三大臼歯まで萌出しており，歯の総数は 32 本で新人・現代人段階を示す．B：上・下顎とも放物線形で，第三大臼歯は上下左右とも未萌出で，歯の総数は 28 本で未来型現代人段階である．C：歯列は上下顎とも放物線形で，歯の矯正治療により上下左右の第一小臼歯が抜歯され，上下左右の第三大臼歯も未萌出のため，歯の総数は 24 本で未来人段階である．

表 8.3　歯の退化傾向（抜去歯を含めない場合）の推移（%）（田中ほか，2021）

	新人・現代人段階	中間型段階	未来型現代人段階	未来人段階
平成 21 年度入学生（田中・後藤，2011）	4.8	24.2	59.7	11.3
平成 22 年度入学生（田中・後藤，2013）	4.2	13.4	66.4	16.1
平成 23 年度入学生（田中・後藤，2014）	4.0	17.9	66.2	11.9
平成 25 年度入学生（田中・後藤，2015）	2.4	13.4	67.1	17.1
平成 26 年度入学生（田中・後藤，2016）	2.0	12.4	68.6	17.0
平成 27 年度入学生（田中・後藤，2017）	1.1	12.4	65.0	21.5
平成 28 年度入学生（田中ほか，2019）	3.5	14.8	69.0	12.7
平成 29 年度入学生（田中ほか，2019）	6.5	18.8	59.4	15.2
平成 30 年度入学生（田中ほか，2020）	2.4	16.1	61.3	20.2

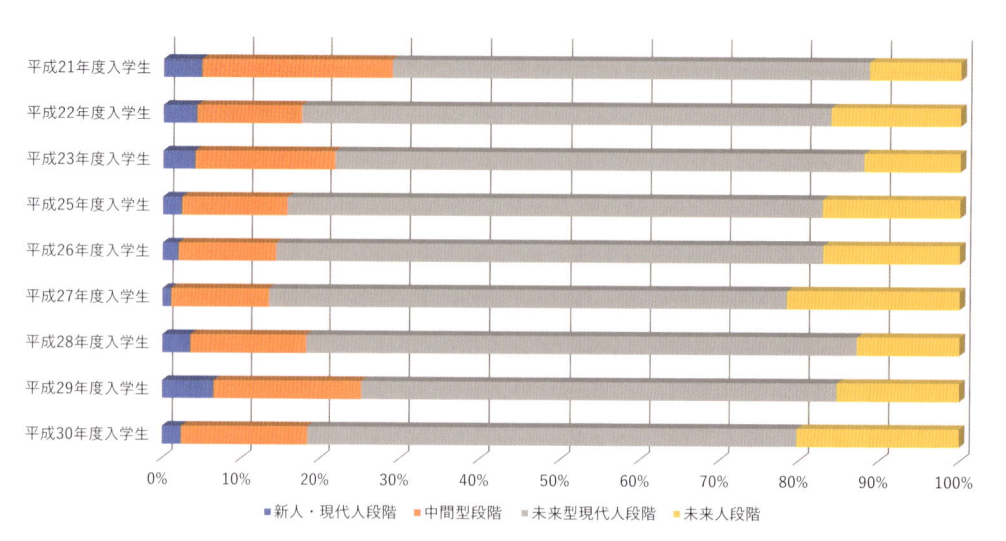

図 8.15　歯の退化傾向（田中ほか，2021）

〜31 本を中間型段階としたが，これは第三大臼歯が 1〜3 本萌出しているもので，全体の 12〜24% を占め，今後さらに萌出する可能性が高いと推定される．

　もっとも多いのが歯の総数 28 本の未来型現代人の段階で，59〜69% を占めている．このことは，学生の歯型を見る限り，ヒトの歯の総数は 32 本ではなく 28 本が基本になりつつあるということを示しているようだ．そして，27 本より少ない歯をもつ未来人段階が 11〜20% 出現していることに注目すべきである．

　第三大臼歯だけでなく第二大臼歯から第一大臼歯まで退化が進んでいる例や，上顎側切歯だけでなく最後まで残存すると予測した上顎犬歯にまで退化が進んでいる例を見ると，歯の退化予測がますます現実化しているように感じている．

8.5　歯の健康を大切に：人類の課題

　現代人から未来人への歯の退化予測（表 8.2）を見ると，人類における歯の退化が必然的に起こる現象であるように思う人も多いだろう．しかし，ここに示されたのはあくまで予測であり，そこに必然性はない．むしろ，筆者はこのような歯の退化を食い止めることが私たち人類の課題であると感じている．

　脊椎動物 5 億年の進化をたどれば，無顎類から顎口類への進化で，顎と歯を獲得することにより，脊椎動物は軟体動物や節足動物に襲われて捕食されていた弱々しい動物から，大型の捕食者としてたくましい生命力をもつことができるようになり，その後の進化の土台が築かれた．

　この過程は，無歯顎で生まれた赤ちゃんが，歯が 1 本生えるごとにたんに食べる能力を獲得するだけでなく，たくましい生命力をもつように成長することで再現される．第 1 章で歯は感覚器としても重要な機能をもつと述べたが，歯で食べ物を咬むことによって食べ物の性質を脳に伝え，脳の発達を促すことも知られている．象牙質と歯髄だけでなく，歯根をとりまく歯根膜にも多くの三叉神経の枝である上顎神経と下顎神経という知覚神経が密に分布しており，歯で食べ物を咬むごとに脳に刺激を伝え，脳の発達を促しているのだ．とくに哺乳類では，咀嚼機能の発達によって上下の歯が咬み合うことで，歯根膜と象牙質・歯髄複合体に分布する知覚神経からの刺激で，脳が活性化することが知られている．乳児から幼児へ，幼児から小学生へと，歯の萌出と乳歯から永久歯への歯列の交換とともに，咀嚼機能が発達するだけでなく，脳も発達し，全身が成長するのである．

　一方，高齢になって虫歯や歯周病で歯を失うと，歯からの刺激が脳に伝わらなくなって認知症が進むことも明らかにされている．したがって，歯の獲得は，虫歯や歯周病で歯の一部または全部を失った人に，適切な補綴物を補充したり，義歯を装着することで，咀嚼力が回復するだけでなく，認知症を予防し，積極的に生きようとする生命力までよみがえることでも再現される．

　今，人類が顎と歯を失うことはたんに咀嚼機能を失うだけでなく，生命力さえも失うことになりかねない．歯と顎の健康をまもることは，人類の豊かな食生活と生命力を維持していくためになくてはならないことといえよう．

　1989 年に厚生省（当時）と日本歯科医師会は歯の健康をまもるために「8020（ハチマルニイマル）運動」を提唱し，80 歳でも 20 本以上の歯を残すことを目標に掲げている．

これは歯の総数から見ると**表8.2**における未来人Ⅱの段階で歯の退化を食い止めようというものだ．その成果は大きく，運動開始時はわずか7%であったのが，2005年は21%，2007年には25%，2016年には51%以上を達成している．歯科医師・歯科衛生士と国民が協力することで，歯の健康を促進した素晴らしい実例となっている．

　第1章でも述べたように，ヒトの歯は発生第6週（体長10～13 mm）になると，将来歯ができる上下の顎の口腔粘膜上皮が肥厚して歯堤が形成される．歯をつくる細胞は，脳をつくる神経溝が神経管になる際にその両側にできる神経堤に由来する外胚葉性間葉細胞が上下の顎の位置まで降りてきて，顎の口腔上皮の下に集まり，上皮を誘導して肥厚させ，歯堤をつくるのだ．第8週には歯堤に乳歯の数のふくらみ，すなわち歯胚が形成される．歯胚は，蕾状から帽子状，さらには釣鐘状になり，神経堤間葉細胞由来の象牙芽細胞によって象牙質が，口腔上皮細胞由来のエナメル芽細胞によって象牙質の上にエナメル質が形成される．

　新生児では歯はまだ生えていないが，顎の中には乳歯の歯胚が形成されている．乳歯の歯胚ではエナメル質と象牙質の形成が進み，やがて歯根の象牙質とセメント質，顎骨が形成されると，生後半年ほどで歯は乳中切歯から順に顎から萌出して，口の中に生えてくる．乳歯は乳中切歯に続いて乳側切歯，乳犬歯，第一乳臼歯，第二乳臼歯が生え，3歳ごろには上下左右に各5本ずつ計20本の乳歯が生えそろう（**図8.16**，**図2.51**（p.43）．

　それぞれの乳歯の舌側深部には代生歯[*1)]の歯胚が形成される．乳中切歯の舌側深部には

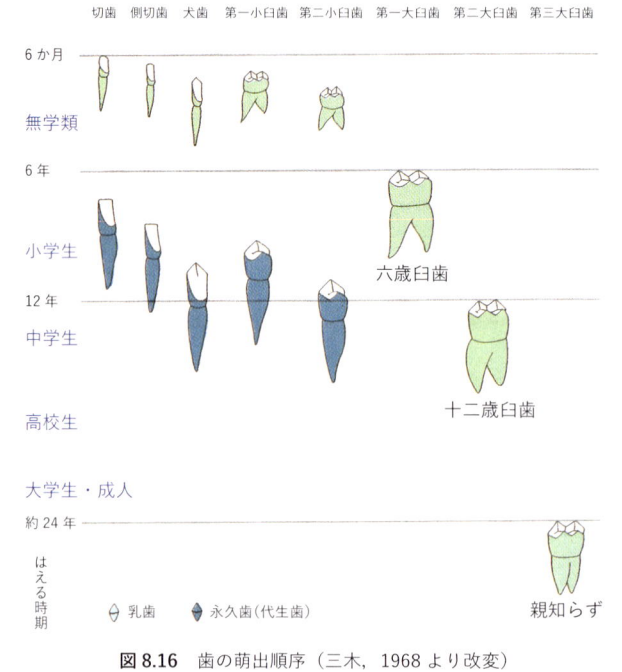

図8.16　歯の萌出順序（三木，1968より改変）
緑：乳歯と加生歯＝第一生歯，青：代生歯＝第二生歯．無就学児である
無学類は乳歯しかもたないが，小学生では永久歯である代生歯と六歳臼
歯が生える．中学生では六歳臼歯の後方に十二歳臼歯が生える．さらに，
大学生・成人になって生える第三大臼歯は「親知らず」と呼ばれる．

---

*1) 乳歯を置き換えて生える歯を代生歯という．永久歯の切歯，犬歯，小臼歯が代生歯である．一方，乳歯の後方（遠心）に形成される第一大臼歯，第二大臼歯，第三大臼歯を加生歯という．永久歯とは代生歯と加生歯を合わせたものである．

中切歯が，乳側切歯の舌側深部には側切歯が，乳犬歯の舌側深部には犬歯が，第一乳臼歯の舌側深部には第一小臼歯が，第二乳臼歯の舌側深部には第二小臼歯の歯胚がつくられる．したがって，乳歯の生えている子どもの時代に，乳歯で食べ物をしっかり咬むと，その刺激で顎のなかで形成されつつある代生歯歯胚の周囲の血流や神経伝達がよくなり，しっかりした代生歯が形成されるのである．

　代生歯が成長すると破歯細胞が出現して乳歯の歯根を吸収し，乳歯は顎骨との結合を失ってぐらぐらになり，順に顎から脱落する．また，第二乳臼歯の後方（遠心）には第一大臼歯が形成され，さらに後方に向かって第二大臼歯，第三大臼歯が形成されてゆく（先にみたように第三大臼歯は矮小歯になったり，形成されても萌出できずに埋伏歯になったり，まったく形成されないこともある）．第一乳臼歯の歯胚から遠心方向に歯堤が伸びてその先に第一大臼歯の歯胚が形成される．同様に，第一大臼歯の歯胚の遠心方向に歯堤が伸びて第二大臼歯の歯胚が，第二大臼歯の歯胚の遠心方向に歯堤が伸びて第三大臼歯の歯胚が形成されるのである．まれに第三大臼歯の遠心に臼後歯という過剰歯が出現することがあるが，これは爬虫類時代の第四大臼歯の名残りとも考えられている．

　6歳前後になるとまず下顎乳中切歯が脱落して下顎中切歯が萌出するとともに，第二乳臼歯の後方に第一大臼歯が萌出する〔図2.51（p.43）〕[*2)]．第一大臼歯が「六歳臼歯」と呼ばれるのはそのためだ．その後，小学生のうちに乳歯から代生歯への置き換わりが進み，およそ12歳になると乳歯はすべて脱落するとともに，第一大臼歯の後方に「十二歳臼歯」とも呼ばれる第二大臼歯が萌出する．さらに，第三大臼歯は20歳を過ぎてから萌出するが，欠如する場合も多い（図8.16）．

　歯からみると，第二大臼歯が生えた時点で子どもから大人にからだが成長したと見ることができ，この時期に女性では排卵と月経（初潮）が始まり，男子では勃起や射精（精通）が起こる．

　しかし，本来は第三大臼歯の萌出が子どもから大人になった目印であったはずである．第三大臼歯の萌出時期の遅れは，発育の遅延という退化現象の現れと見ることができる．第三大臼歯は「親知らず」とも呼ばれ，昔，親は子どもの成長を歯の萌出を確認しながら見守っていたが，第三大臼歯の萌出が遅くなり，ついにこの歯の萌出を見届けることができないまま，多くの親が死んでしまうようになったという悲劇を伝えている．

　第2章のコラム1でも述べたが，このように歯は他の器官が比較的発生の早い時期に形成されるのに対し，きわめて長い時間をかけて形成され続け，乳歯列から永久歯列に置き換わって成長することが特徴である．しかも，乳歯を使用しながら顎のなかでは永久歯が形成され続けるのである．かつて乳歯はどうせ抜け落ちるのだから虫歯になっても構わないといわれたのは大きな間違いであった．乳歯をしっかり機能させることが，顎の血液循環や神経伝達を発達させ，永久歯の形成に影響を与えるのである．乳歯が生えている子どものころから，顎と歯をしっかり使って食事をすること，食後はしっかり歯をみがき，うがいをすることが大切なのである．

　人類の未来については，核戦争による大量絶滅や，近年は地球温暖化（地球沸騰化）に

[*2)] 歯の萌出順序は，かつては第一大臼歯が先であったが，最近では中切歯の方が先に生えるようになったことが明らかにされている．

　よる気候危機，マイクロプラスチックによる海洋汚染などが危険視されているが，歯と顎の退化も人類絶滅の要因として注目されるべきではないだろうか．人類の危機は，身近な口のなかにも存在していたのだ．

　この危機を克服し，自己家畜化による歯と顎の退化を防ぐためには，古代人の生活に学んで，自然のなかで生活することも必要だろう．そのためにも，脊椎動物の進化において歯がどのように獲得され，進化してきたかについて学ぶことが大切ではないだろうか．

ヒトの歯はなぜ虫歯や歯周病になるのか？

コラム 1

　虫歯（う蝕，齲歯）の原因は，宿主である歯，食べ物の残りかす，虫歯を起こす微生物（ミュータンス菌），時間の4つであるとされている（図 8.17）．つまり，歯の上に砂糖を含む食べ物の残りかすが存在し，時間が経つとミュータンス菌が砂糖を取り込んで歯垢（プラーク）をつくり，そのなかでミュータンス菌が増殖して砂糖から酸をつくり，酸が歯のエナメル質や象牙質を溶かすことで虫歯が起こる．

　したがって虫歯を防ぐには，歯ブラシで歯をみがいて食べ物の残りかすを歯の表面や隙間から取り除くこと，虫歯は口を動かさない寝ている間に進むことが多いので，とくに寝る前に歯をみがくことが大切である．また，砂糖を多く含む食べ物を避け，甘いものを食べた後は歯をみがく必要がある．日本では稲作のはじまる弥生時代以降に虫歯が多く見られるようになった事実も，糖類の摂取が虫歯の原因であることを裏付けている（竹原ほか，2001）．

　自分の歯にどれほどの歯垢が付いているか知るためには，次のような染め出しが有効である．つまり，歯垢は歯と同じ白い色をしているので普通では見ることができないので，染め出し剤の錠剤を口に入れて咬み砕き，舌で歯の内側と外側，奥歯から前歯から奥歯へと塗り付ける．十分に歯全体に染め出し剤が行き渡ったら，水でぶくぶくとうがいをする．このことで，歯垢の付いている場所を明らかにし，赤く染まった部分を歯ブラシで丁寧に取り除くと虫歯の原因になる歯垢を取り除くことができる．

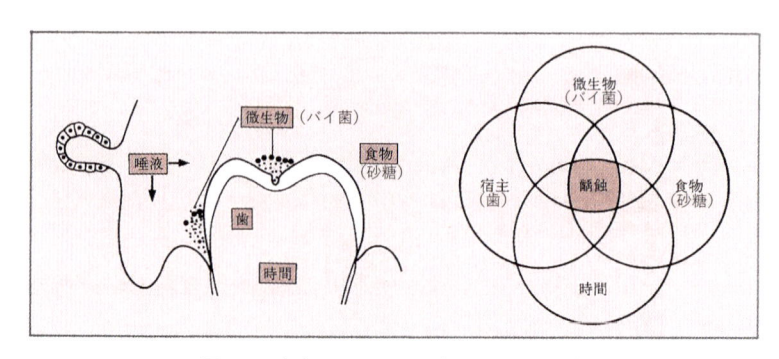

図 8.17　虫歯の4つの原因（二階ほか，1999）

歯ブラシだけでなく，デンタルフロスというヒモや，糸ようじ，歯間ブラシなども有効である．

　一方，歯周病では虫歯がなくても歯がぐらぐらして抜けてしまうことがある．これは，歯垢や，歯垢が石灰化して石になった歯石が歯頸部に沈着して，そこにバイ菌が繁殖して，歯肉から歯根膜・歯槽骨まで炎症が進み，歯茎が赤くはれるだけでなく，歯茎から血液や膿が出るようになる（歯槽膿漏）．さらに進むと，歯と顎骨との結合が失われて歯がぐらぐらになり，ついには脱落してしまう恐ろしい病気だ（図8.18）．

　これも歯垢や歯石ができないよう，とくに歯頸部をよくみがくことで防ぐことができる．そして，定期的に歯科医院に行って，歯の健康を点検することで，虫歯も歯周病を予防し，早く発見して軽度の段階で治療することができる．

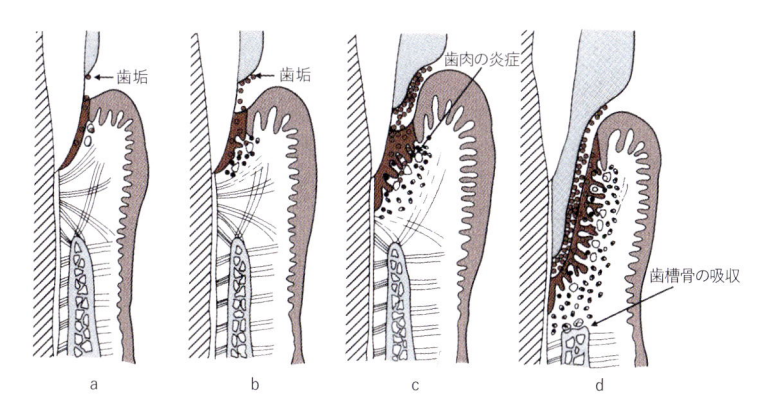

図 8.18　歯周病の進行過程（二階ほか，1999）
ヒトの歯の歯周病では，歯垢や歯石の沈着（a, b）により，歯肉に炎症（c）がおこり，歯肉・歯根膜・歯槽骨の吸収（d）が進行し，歯根が露出し，やがては歯が脱落する．

コラム
2

未完の進化論の体系

　筆者の恩師・井尻正二氏は，デスモスチルスの歯の研究やイヌの歯の移植実験，さらには化石の歯に残された有機物の石灰化実験の研究で，古組織学・古生化学・実験古生物学という新しい分野を切り拓いた．晩年はダーウィンの『種の起源』をもとに，グールドの断続平衡説と『個体発生と系統発生』（Gould, 1987），ドーキンスの利己的遺伝子，木村資生の中立説，マイア『進化論と生物哲学』（Mayr, 1994），フツイマ『進化生物学』（Futuyma, 1997）などあらゆる学説と文献を参考にして，進化論の体系化をめざした．しかし，病におかされ『古生物学的進化論の体系（要旨）』（井尻，2001，図8.19）を残しただけで，全容は未完のままで終わった．

　その構成は，I章 種（個体），II章 変異，III章 淘汰（選択），IV章 獲得性遺伝，V章 系統発生（進化）の5章と，付として実験古生物学からなる．I章では，生物進

化の基本単位は個体であるとし，個体は「種」を形づくって生存すると述べている．II 章では，変異は進化の内因であり，個体から器官，細胞，染色体，遺伝子などあらゆる次元（階層）で起こるとした．III 章では，淘汰は進化の外因であるとし，適応している生物および形質を選びだすことで，適応は特殊化であるとしている．

　IV 章では，獲得性遺伝は，進化の外因の内因への転化で，環境と生物の相互作用としてとらえるべきであるとしている．そして，反復説の理解には，ヘーゲル哲学の「論理的なものと歴史的なもの」というカテゴリーが必要で，歴史的なものの論理的なものへの実現としている．すなわち，「個体発生の合法則性（論理性）は，系統発生の必然性（歴史性）によってあたえられ（獲得され，刷り込まれ），

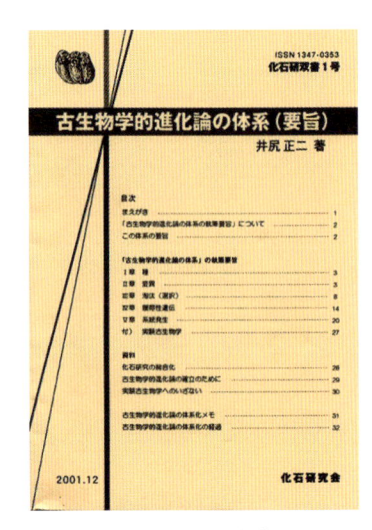

図 8.19　井尻正二（2001）「古生物学的進化論の体系（要旨）」の表紙

系統発生の合法則性（論理性＝必然性）は，個体発生の偶然性（変異性）を通じて展開（生成発展）する」ということだと述べている．また，獲得性遺伝は 20 世紀の科学と社会の水準では未解決のまま残されるが，21 世紀になって科学的に解決されると予測している．実際にエピジェネティクスの発見など，21 世紀になって少しずつ解明されてきている．V 章では，系統発生を出現・変異（分岐）・繁栄（分岐）・衰滅・新出現の段階に分けて分析している．付）実験古生物学は，実験の諸段階，生物と人間の共存，自然の生態系の保護，生物と生態系の改造，生物界の変革から構成されるとのみ記している．

　筆者は 2013〜2016 年度までの 4 年間，友人からの依頼で，早稲田大学人間科学部で「進化論」という講義を担当し，進化の研究方法，進化の過程，進化論の誕生と展開，進化論の体系について論じる機会を得た．筆者なりに進化の研究方法とそれによって明らかにされた進化の過程，ラマルク，ダーウィンから総合説を経てグールド，ドーキンスまでの進化論の歴史を総括し，井尻の進化論の体系を紹介してきた．進化論を

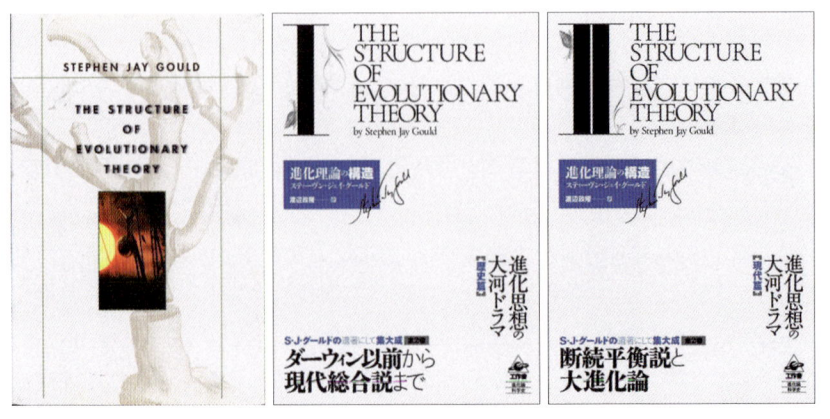

図 8.20　Gould（2002; 2021）『進化理論の構造』の原著（左）と日本語版の表紙（中・右）

提唱してキュビエの迫害にあったラマルク，遺伝法則を実験で発見したが生前は認められなかったメンデル，ルイセンコに迫害されたヴァヴィロフ，獲得性遺伝の実験が捏造であると批判されて自殺したカンメラーの人生など，涙なくしては語れない場面もあった．

　井尻の死後，『シリーズ進化学・全7巻』（石川ほか，2004-2006）やグールド（Gould，2021）『進化理論の構造I・II』（原著はGould，2002，図8.20）など多くの進化に関する本が出版されている．とくに，『進化理論の構造』は，2002年5月に60歳の若さで亡くなった古生物学者グールドの最後の著書である．グールドの著書は日本でも多数翻訳出版されており，とくに『ダーウィン以来』から『ぼくは上陸している』までの随筆集は有名である．また，『個体発生と系統発生』はかなりの大著である．しかし，『進化理論の構造』は原著で1443頁，邦訳本ではI・II巻合わせて2777頁もあり，それを遥かにしのぐ大著である．本書では，まず，ダーウィン以前からダーウィンまでの進化論，総合説から自らの断続平衡説，そして現代の大進化論までの学説の起源と歴史について述べている．

　これらを踏まえて，いつの日にか，若い研究者によって新しい進化論の体系が構築されることを筆者は夢見ている．

あとがき

　かつて私が在籍した東京医科歯科大学歯学部口腔解剖学教室では，藤田恒太郎氏，桐野忠大氏，一條尚氏らの指導により，無顎類のヤツメウナギから，サメ，さまざまな種類の硬骨魚類，両生類のイモリ，爬虫類のワニやマムシ，哺乳類のネズミやイヌ，クジラやゾウまで，さまざまな動物の歯の研究をおこない，成果をあげていた．

　それに対し，新聞の投書で「歯学部は本来ヒトの歯の研究をすべきところで，動物の歯の研究にうつつを抜かすとはなんだ」といった批判を受けたことがあった．しかし，私たちはヒトの歯だけを研究していたのではヒトの歯について理解できない，さまざまな動物と比較してこそ，理解が深まると信じて研究を進めてきた．

　本書は，歯の起源から人類の歯の未来まで，さまざまな動物の歯を紹介したが，お読みになった方は，ヒトの歯についてより理解が深まったと思われるに違いない．また，歯の進化をとおして，生物の進化を研究する楽しさを味わっていただきたいとも願っている．

　私は，人体と歯の解剖学，組織学，発生学，進化学について50年近くにわたって研究と教育にたずさわってきたが，多くの先生，先輩，学友にめぐまれたことを人生の宝物と感じている．

　中学・高校時代に私を化石の世界にみちびいた野村松光氏，歯の古生物学の恩師・井尻正二氏，人体解剖学から生命形態学への道をしめした三木成夫氏の3人の恩師には，生涯にわたってご指導いただいた．

　古生物学分野では，秋山雅彦，大森昌衛，菅野三郎，亀井節夫，田隅本生，長谷川善和，平野弘道，張弥曼，S. E. Bendix-Almgreen, G. R. Case, L. B. Halstead, J. G. Maisey, W.-E. Reif, B. Stahl, S. Turner, H.-P. Schultze の各氏，構造地質学分野では藤田至則氏，岩石学分野では牛来正夫氏，鉱物学分野では須藤俊男と松原聰の両氏，解剖学分野では桐野忠大，一條尚，石川堯雄，橋本巖，平井五郎，久米川正好，R. W. Fearnhead，坂井建雄の各氏，病理学者では須賀昭一氏，生化学分野では佐々木哲，久保木芳徳，須田立雄の各氏，魚類学分野では阿部宗明，石山礼蔵，水江一弘，上野輝彌，内田詮三，谷内透，仲谷一宏，田中彰，J. S. Nelson の各氏にお世話になった．

　また，サメの歯の研究仲間には，久家直之，田中猛，高桒祐司，木曽太郎，島田賢舟，矢部英生，中野雄介，横山謙二，山岸悠，成田夏麻，野村正純，鈴木秀史，北村直司，金子正彦，冨田武照，牛村英里の各氏とサメの歯化石研究会の会員諸氏がいて，いつも楽しく研究を進めることができた．以上の方々に厚くお礼を申しあげる．

　本書の執筆にあたり，朝倉書店編集部の方々は章ごとにお送りした原稿をお読みいただき，いつも適切な意見と感想をいただき，各章のすみずみに至るまでの丁寧なご校閲と校正を賜り，私をしんぼうつよく励ましてくださった．石山巳喜夫，神谷英利，小寺春人，樽創，冨田武照，中務真人，馬場悠男，三島弘幸，仲谷一宏の各氏には写真と図を提供していただいた．記して深い感謝の意を表したい．

　最後に，57年以上にわたって常にともにいて，私を励まし続けた人生の相棒である後藤喜久子氏と3人の娘たちと5人の孫たちにも感謝したい．

　本書によって，歯と生物進化の魅力に関心をもち，歯と生物進化の研究に志す若者が出現することをこころより期待するものである．

2024年9月

後 藤 仁 敏

参 考 文 献

Agassiz, L.（1837-1843）*Recherches sur les poissons fossiles.* Tome 3. Viii＋390p., atlas, 34p., 83pls., Neuchâtel.

Alten, S.（1897）*Meg: A Novel of Deep Terror.* Doubleday.

アリストテレス（島崎三郎訳）（1968）アリストテレス全集7 動物誌上. 岩波書店.

Arratia, G. and Viohl, G.（1996）*Mesozoic Fishes – Systematics and Paleoecology.* Verlag Dr. F. Pfeil.

Asfaw, B. *et al.*（1999）*Australopithecus garhi*: a new species of early hominid from Ethiopia. *Science*, 284, 629-635.

馬場悠男（2001）私たちの遠い祖先：港川人. 日本人はるかな旅展 図録（国立科学博物館編）, 49-51, NHK.

馬場悠男（2021）「顔」の進化. 講談社ブルーバックス.

Barnes, C. R. *et al.*（1973）Ultrastructure of some Ordovician conodonts. *GSA Special Papers*, 141, Conodont Paleozoology. 1-30.

Beard, K. C. and Wan, J.（2004）The eosimiid primates（Anthropoidea）of the Heti Formation, Yuanqu Basin, Shanxi and Henan Provinces, People's Republic of China. *J. Hum. Evol.*, 46（4）, 401-432.

Bendix-Almgreen, S. E.（1960）New investigation on *Helicoprion* from the Phosphoria Formation of south-east Idapho, U.S.A. Dan Vidensk. *Biol. Skr. Dan. Vid. Selsk.*, 15（5）, 1-85.

Bengtson, S.（1976）The structure of some Middle Cambrian conodonts, and the early evolution of conodont structure and function. *Lethaia*, 9, 185-206.

Berger, L. R. *et al.*（2010）*Australopithecus sediba*: a new species of Homo-like australopith from South Africa. *Science*, 328, 195-204.

Berkovitz, B. K. B. *et al.*（eds.）（平井五郎訳）（1978）カラーアトラス口腔解剖. 医歯薬出版.

Bigelow, H. B. and Schroeder, W. C.（1948）*Fishes of the Western North Atlantic.* Part 1. Sears Found. Mar. Res.

Bigelow, H. B. and Schroeder, W. C.（1953）*Fishes of the Western North Atlantic.* Part 2. Sears Found. Mar. Res.

Brunet, M. *et al.*（2002）A new hominid from the Upper Miocene of Chad, Central Africa. *Nature*, 418, 145-151.

Bystrow, A. P.（1938）Zahnstruktur der Labyrinthodonten. *Acta. Zool.*, 19, 367-425.

Carroll, R. L.（1988）*Vertebrate Paleontology and Evolution.* Freeman and Company.

Carroll, R. L. and Baird, D.（1972）Carboniferous stem-reptiles of the family Romeriidae. *Bull. Mus. Comp. Zool.*, 143, 321-363.

中生代サメ化石研究グループ（1977）日本産白亜紀板鰓類化石（第一報）. 瑞浪市化石博物館研究報告, 4, 119-138, pl. 30-34.

Claypole, E. W.（1985）On the structure of the teeth of Devonian cladodont sharks. *Proc. Am. Micros. Soc.* 16, 191-195.

Clemens, W. A. and Mills, J. R. E.（1971）Review of *Peramus tenuirostris* Owen（Eupantotheria, Mammalia）. *Bull. Brit. Mus. Natur. Hist.*（Geol.）, 20, 87-113.

Clemens, W. A. and Kielan-Jaworowska, Z.（1979）Multituberculate. in *Mesozoic Mammals*（Lillegraven *et al.* eds.）, 99-149, University of California Press.

Colbert, E. H. *et al.*（田隈本生訳）（2004）脊椎動物の進化 原著第5版. 築地書館.

Cooper, J. S. *et al.*（1970）The dentition of agamid lizard with special reference to tooth replacement. *J. Zool.*, 162, 85-98.

Cooper, J. S. and Poole, D. F. G.（1973）The dentition and dental tissues of agamid lizard, *Uromastyx. J. Zool.*, 169, 85-100.

Coppens, Y.（馬場悠男・奈良貴史訳）（2002）ルーシーの膝—人類進化のシナリオ. 紀伊国屋書店.

Darwin, C.（長谷川眞理子訳）（2016）人間の由来 上下合本版. 講談社学術文庫.

Dean, B.（1909）Studies on fossil fishes（sharks, chimaeroids and arthrodires）. in *Memoirs of American Museum of Natural History*, Vol. 9, 211-287.

Denison, R.（1978）*Handbook of Paleoichthyology. Vol. 2 Placodermi.*, Gustav Fisher.

Dubois, E.（1894）*Pithecanthropus erectus, eine menschenaehnliche Uebergangsform aus Java.* Batavia.

Eastman, C. R.（1903）Carboniferous fishes from the central western states. *Bull. Mus. Comp. Zool. Harvard Coll.*, 39, 163-226, pl.1-58.

遠藤秀紀（2002）哺乳類の進化. 東京大学出版会.

Fearnhead, R. W.（1979）Matrix-mineral relationships in enamel tissues. *J. Dent. Res.*, Special Issue B, 909-916.

Flynn, J. J. *et al.*（1995）An Early Miocene anthropoid skull from the Chilean Andes. *Nature*, 373（6515）, 603-607.

Franzen, J. L. *et al.* (2009) Complete primate skeleton from the middle Eocene of Messel in Germany: morphology and paleobiology. *PLoS One*, 4 (e5723), 1-27.

藤田恒太郎 (1957) 歯の組織学. 医歯薬出版.

藤田恒太郎 (1965) 歯の話. 岩波書店.

藤田恒太郎ほか (1995) 歯の解剖学. 金原出版.

Futuyma, D. J. (岸由二訳) (1997) 進化生物学. 蒼樹書房.

Glikman, L. C. (1964) Podclass Elasmobranchii. Alaulobe. in *Osnobi Palaeontologi* (Obruchev ed.) Ⅱ tom., 197-237, Iz-datelistobo Nauka (in Russian).

後藤仁敏 (1975) 本邦のペルム系および三畳系からの魚類化石群の発見—栃木県葛生町唐沢より産出したサメ類の皮歯および魚類の歯について. 地球科学, 29, 72-74.

後藤仁敏 (1978) ドチザメの歯の組織発生学的研究. 口腔病会誌, 45, 527-584.

後藤仁敏 (1980) 水から陸への生物進化 上・中・下. 祖国と学問のために, 1980年6月25日号, 7月2日号, 7月9日号, 5.

後藤仁敏 (1981)「トウモロコシの化石」—正体は化石全骨魚 *Pycnodus* の口蓋歯. 地球科学, 35 (6), ii-266, 図版1.

後藤仁敏 (1984a) 魚類の繁栄. 魚類の時代—デボン紀 (藤田・新堀編), 55-98, 共立出版.

後藤仁敏 (1984b) 1枚の写真から："天狗の爪"—じつは化石巨大鮫の歯化石. *The Dental*, 2 (7), 703.

後藤仁敏 (1985) 板鰓類における歯の進化と適応. 海生脊椎動物の進化と適応 (後藤ほか編), 19-35, 地学団体研究会.

後藤仁敏 (1987) エナメル質の起源と進化. エナメル質, その形成, 組成と進化 (須賀編), 222-233, クインテッセンス出版.

後藤仁敏 (1988) サメ類の皮歯および歯の発生と脊椎動物における硬組織の系統発生. 海生生物の石灰化と系統進化 (大森ほか編), 219-246, 東海大学出版会.

後藤仁敏 (1989a) 化石巨大鮫 *Carcharocles megalodon* の顎の復元. 化石研究会会誌, 22 (1), 7-13.

後藤仁敏 (1989b) ネコザメ—特集原始ザメ. 採集と飼育, 51 (2), 64-67.

後藤仁敏 (1993a) 魚類の鱗と歯の硬組織の進化. 月刊海洋, 25, 628-637.

後藤仁敏 (1993b) 歯でわかるサメの進化. 週刊朝日百科・動物たちの地球, 85, 4: 8-9.

後藤仁敏 (1993c) 魚の身を包む装置—粘液と鱗. 週刊朝日百科・動物たちの地球, 86, 4: 62-63.

後藤仁敏 (1994a) 骨の起源と進化—外骨格から内骨格へ. NHKサイエンススペシャル・生命40億年はるかな旅・2, 58-59, 日本放送出版協会.

後藤仁敏 (1994b) もう一つのジュラシックパーク—ドイツのゾルンホーフェンに埋もれた1億4000万年前の世界. *Newton*, 14 (9), 110-117.

後藤仁敏 (1994c) 三木成夫の生涯と業績. モルフォロギア：ゲーテと自然科学, 16, 30-51.

後藤仁敏 (1995) NHKスペシャル「生命40億年はるかな旅」③④の問題点. 日本の科学者, 30 (9), 461-467.

後藤仁敏 (1998) 呼吸器. 岩波講座・現代医学の基礎3 人体のなりたち (坂井・佐藤編), 35-46, 岩波書店.

後藤仁敏 (1999) メガマウスザメ No.7 ♀の歯・皮小歯・粘膜小歯・鰓耙の組織学的構造について. エナメル質比較発生学懇話会記録, 6, 9-18.

後藤仁敏 (2002) トライアシック・パーク—恐竜以前の生物たち. *Newton*, 2002 (12), 100-107.

後藤仁敏 (2003) 歯の起源と進化. *Clinical Calcium*, 13 (4), 500-505.

後藤仁敏 (2004) 短大栄養士コースにおける解剖生理学実験の試み. 鶴見大学紀要, 41 (3), 51-61.

後藤仁敏 (2005) カナダ北極圏で採集された現生哺乳類歯牙・骨格標本と古生代無顎類皮甲化石. 鶴見大学紀要, 42 (3), 25-38.

後藤仁敏 (2008) 唯臓論. 中公文庫.

後藤仁敏 (2012) 板鰓類の進化における歯の適応. 鶴見大学紀要, 49 (3), 65-86.

後藤仁敏・後藤 (小林) 美樹子 (2001) 歯のはなし：なんの歯この歯. 医歯薬出版.

後藤仁敏・橋本巌 (1976) 生きている古代魚ラブカ *Chlamydoselachus anguineus* の歯に関する研究. Ⅰ. 歯の形態・構造・組成について. 歯基礎医会誌, 18 (3), 362-377.

後藤仁敏・橋本巌 (1977) 生きている古代魚ラブカ *Chlamydoselachus anguineus* の歯に関する研究. Ⅱ. 歯と皮歯の発生について. 歯基礎医会誌, 19 (1), 159-175.

後藤仁敏・井上孝二 (1979) 化石全骨魚類 *Pycnodus* の歯に関する比較組織学的研究. 歯基礎医会誌, 21, 667-688.

後藤仁敏・大倉正敏 (2000) 日本産の石炭紀魚類化石, とくに山口県美祢市の秋吉石灰岩層群産の軟骨魚類化石について. 日本地質学会第107年学術大会講演要旨, 135.

後藤仁敏・大倉正敏 (2004) 岐阜県上宝村福地の石炭系およびペルム系から産出した軟骨魚類の歯化石. 地球科学, 58 (4), 215-228.

後藤仁敏・大泰司紀之編 (1986) 歯の比較解剖学. 医歯薬出版.

後藤仁敏・上野輝彌 (2002) 三浦層群三崎層 (中期中新世) から産出したハリセンボン属 (梂鰭魚綱・フグ目) の歯板化石. 化石研究会会誌, 35 (1), 1-14.

後藤仁敏ほか (1984) 上総・下総両層群 (鮮新世～更新世) から産したホホジロザメの歯化石. 地球科学, 38 (6), 420-426.

後藤仁敏ほか (1991) 日本産中生代のヒボドゥス科板鰓類3属の歯化石について. 地質学雑誌, 97 (9), 743-750.

後藤仁敏ほか (2006) 現代日本人女性の歯の形態学的研究 (1). 保健つるみ, 29, 12-23.

後藤仁敏ほか (2007) 現代日本人女性の歯の形態学的研究 (2). 保健つるみ, 30, 29-44.

後藤仁敏ほか (2008) 現代日本人女性の歯の形態学的研究 (3). 保健つるみ, 31, 17-34.

後藤仁敏ほか (2010) 現代日本人女性の歯の形態学的研究 (4).

保健つるみ，33，14-33.

後藤仁敏ほか編（2014）歯の比較解剖学 第2版. 医歯薬出版.

後藤仁敏ほか・サメの歯化石研究会（2024）サメの歯化石のしらべ方 第2版. 地学団体研究会.

Goto, M. and Japanese Club for Fossil Shark Teeth Research（2004）Tooth remains of chlamydoselachian sharks from Japan and their phylogeny and paleoecology. *Earth Sci.*（*Chikyu Kagaku*）, 58, 361-374.

Gould, S. J.（仁木帝都・渡辺政隆訳）（1987）個体発生と系統発生. 工作舎.

Gould, S. J.（2002）*The Structure of Evolutionary Theory.* Harvard University Press.

Gould, S. J.（渡辺政隆訳）（2021）進化理論の構造 I．II．工作舎.

Grande, L.（2010）An empirical synthetic pattern study of gars（Lepisosteiformes）and closely related species, based mostly on skeletal anatomy. The resurrection of Holostei. *Supplementary issue of Copeia*, Vol. 10, No. 2A.

Gregory, W. K.（1951）*Evolution Emerging.* Macmillan.

Gross, W.（1938）Das Kopfskelet von *Cladodus wildungenensis*. II Teil. *Der Kieferbogen. Senckenbergiane*, 20, 123-145.

Haile-Sellassie, Y. *et al.*（2004）Late Miocene teeth from Middle Awash, Ethiopia, and early hominid dental evolution. *Science*, 303（5663）, 1503-1505.

Haile-Sellassie, Y. *et al.*（2019）A 3.8-million-year-old hominin cranium from Woranso-Mille, Ethiopia. *Nature*, 573, 214-219.

Halstead, L. B.（1978）*The Evolution of the Mammals.* Peter Lowe.

Halstead, L. B.（田隅本生監訳）（1984a）脊椎動物の進化様式. 法政大学出版局.

Halstead, L. B.（後藤仁敏・小寺春人訳）（1984b）硬組織の起源と進化─分子レベルから骨格系までの形態と機能. 共立出版.

Halstead, L. B.（亀井節夫訳）（1985）太古の世界を探る. 東京書籍.

葉山杉夫（1994）話し「ことば」をつくり出す器官. 週刊朝日百科・動物たちの地球，134，14:62-64.

Heintz, A.（1931）A new reconstruction of *Dinichthys*. *Am. Mus. Novit.*, 457, 1-5.

Hertwig, O.（1874）Ueber Bau und Entwickelung der Placoidschuppen und der Zähne der Selachier. *Jena. Z. Nature.*, 8, 331-404.

疋田努（2002）爬虫類の進化. 東京大学出版会.

久田迪夫（1974）上野動物園水族館ガイド. 東京動物園協会.

平井五郎（1979）歯の比較解剖学. 日大口腔科学，5，61-72.

平野弘道（2006）絶滅古生物学. 岩波書店.

堀田進ほか（1984）魚類の時代・デボン紀. 共立出版.

一條尚ほか（1974）魚類の歯の構造と発生. 歯界展望，43，1123-1126.

井尻正二（1938）*Desmostylus japonicus* を中心とせる哺乳動物歯牙形態発生理論に関する一考察─Invaginationshypothese. 地質学雑誌，45，566-572.

Ijiri, S.（1939）Microscopic structure of tooth of *Desmostylus*. *Proc. Imp. Acad.* 15, 135-138.

井尻正二（1940）*Desmostylus* の歯の個体変異に関する1研究. 地質学雑誌，47，318-327.

井尻正二（1956）自然と人間の誕生. 学生社新書.

井尻正二（1968）化石. 岩波新書.

井尻正二（1977）科学論上・下. 大月書店.

井尻正二（2001）古生物学的進化論の体系（要旨）. 化石研双書1. 化石研究会.

井尻正二・秋山雅彦（1992）化石の世界. 大月書店.

井尻正二・藤田至則（1956）化石学習図鑑. 東洋図書.

井尻正二・後藤仁敏（1996）新ヒトの解剖. 築地書館.

井尻正二・湊正雄（1957）地球の歴史. 岩波新書.

井尻正二ほか（1962）化石およびヒトの歯の有機物による *in vitro* の石灰化実験とその意義. 地質学雑誌，68，83-95.

石川統ほか（2004-2006）シリーズ進化学 全7巻. 岩波書店.

石山巳喜夫・小川辰之（1983）肺魚歯板のエナメル質. 解剖誌，58，157-161.

Ishiyama, M. and Teraki, Y.（1990）The fine structure and formation of hypermienralized petrodontine in the tooth plate of extant lungfish（*Lepidosiren paradoxa* and *Protopterus* sp.）. *Arch. Histol. Cytol.*, 53, 307-321.

Ishiyama, M. *et al.*（1999）An immunocytochemical study of amelogenin proteins in the developing tooth enamel of the gar-pike, *Lepisosteus oculatus*（Holostei, Actinopterygii）. *Arch. Histol. Cytol.* 62, 191-197.

Jarvik, E.（1955）The oldest tetrapods and their forerunners. *Scient. Monthly*, 80（3）, 141-154.

Jarvik, E.（1980）*Basic Structure and Evolution of Vertebrates.* Vol. 1., Academic Press.

Jaekel, O.（1899）Ueber die organisation der Petalodonten., *Z. Dtsch. Geol. Ges.*, 51, 258-298.

Johanson, D. C. *et al.*（1978）A new species of the genus *Australopithecus*（Primates: Hominidae）from the Pliocene of eastern Africa. *Kirtlandia*, 28, 1-14.

亀井節夫編（1991）日本の長鼻類化石. 築地書館.

川﨑堅三（1971）イモリの歯の組織発生学的研究. 歯基礎医会誌，13，95-137.

川村一廣（1992）美味な生殖巣 ホンウニ類. 週刊朝日百科・動物たちの地球，66，2:164-166.

桐野忠大（1961-1962）歯ができるまで（その1〜5）. 歯界展望，18，281-295, 533-545, 1330-1344, 1447-1458; 19, 155-165.

桐野忠大（1969）歯の頸組織の比較発生─魚類，両生類，爬虫類について. 硬組織研究（荒谷ほか編），361-281, 医歯薬出版.

桐野忠大（1981）歯の比較解剖学. 古生物学各論第4巻・脊椎動物化石（亀井ほか編），築地書館.

桐野忠大ほか（1972）走査型電子顕微鏡によるエナメル質の比較解剖学的研究．口腔病会誌，39，535．

小林道信ほか（1983）謎の古代魚混迷のポリプテルス．月刊アクアライフ，5（2），4-11．

小寺春人（1982）コイ咽頭歯の形態分化に関する研究．鶴見歯学，8，179-212．

小寺春人ほか（2006）ハクレンの咽頭歯にみられた特殊な構造．鶴見歯学，32，161-168．

Koenigswald, G. H. R. v.（1952）*Gigantopithecus blacki* von Koenigswald, a giant fossil hominoid from the Pleistocene of southern China. *Anthropo-logical Papers, Amer. Mus. Nat. Hist.*, 43, 292-325.

小泉明裕（1996）中津層から日本最古のサル化石を発見して．自然科学のとびら，2（1），2-3．

国立科学博物館人類研究室（1973）日本人類史展 骨からみた移りかわり．朝日新聞社．

Kraus, B. S. *et al.*（久米川正好監訳）（1973）咬合と歯の解剖．医歯薬出版．

Kunimatsu, Y. *et al.*（2007）A new Late Miocene great ape from Kenya and its implications for the origins of African great apes and humans. *Proc. Natl. Acad. Sci. USA*, 104, 19220-19225.

Landolt, H. H.（1947）Ueber den Zahnwechsel bei Selachiern. *Rev. Suisse Zool.*, 54, 305-367.

Leakey, R.（岩本光雄訳）（1987）入門人類の起源．新潮文庫．

Leakey, R.（馬場悠男訳）（1996）ヒトはいつから人間になったか．草思社．

Leakey, M. G. *et al.*（2001）New hominin genus from eastern Africa shows diverse middle Pliocene lineages. *Nature*, 410（6827），433-440.

Lovejoy, C. O.（1981）The origin of man. *Science*, 211, 341-350.

Long, J. A.（1995）*The Rise of Fishes 500 Million Years of Evolution*. Johns Hopkins University Press.

Lund, R.（1986）The diversity and relationships of the Holocephali. in *Indo-Pacific Fish Biology*（Uyeno *et al.* eds.）, 97-106, The Ichthyological Society of Japan.

Lund, R.（1989）New petalodonts（Chondrichthyes）from the upper Missippian Bear Gulch Limestone（Namurian E2b）of Montana. *J. Vertebr. Paleontol.*, 9, 350-368.

松井正文（1996）両生類の進化．東京大学出版会．

Mayr, E.（八杉貞雄・新妻昭夫訳）（1994）進化論と生物哲学：一進化学者の思索．東京化学同人．

Maisey, J. G.（1982）The anatomy and interrelation-ships of Mesozoic hybodont sharks. *Am. Mus. Novit.*, 2724, 1-48.

Maisey, J. G.（1983）Cranial anatomy of *Hybodus basanus* Egerton from the Lower Cretaceous of England. *Am. Mus. Novit.*, 2758, 1-64.

Maisey, J. G.（1996）*Discovering Fossil Fishes*. West-view Press.

Martin, L.（1985）Significance of enamel thickness in hominid evolution. *Nature*, 314, 260-263.

松村博文（2001）新たな民族の進入：渡来系弥生人．日本人はるかな旅展 図録（国立科学博物館編），82-86，NHK．

三木成夫（1968）ヒトのからだ．原色現代科学大事典6 人間（小川編），105-184，学研．

三木成夫（1973）右心のなりたち—鰓門脈心から肺門脈心へ．呼吸と循環，21，910-911．

三木成夫（1983）胎児の世界—人類の生命記憶．中公新書．

三木成夫（1989）生命形態の自然誌 第一巻 解剖学論集．うぶすな書院．

三木成夫（1992a）母性の進化—生物学からみた一つの序章．海・呼吸・古代形象，3-12，うぶすな書院．

三木成夫（1992b）生命形態学序説—根源形象とメタモルフォーゼ．うぶすな書院．

三木成夫（2013a）内臓とこころ．河出文庫．

三木成夫（2013b）生命とリズム．河出文庫．

三木成夫（2019）三木成夫—いのちの波．平凡社．

三木成夫（2021）三木成夫とクラーゲス—植物・動物・波動．うぶすな書院．

宮正樹（2016）新たな魚類大系統—遺伝子で解き明かす魚類3万種の由来と現在．慶應義塾大学出版会．

三好作一郎ほか（1996）簡明歯の解剖学．医歯薬出版．

溝口優司（2005）骨を読む．特別展「縄文VS弥生」図録（国立科学博物館ほか編），読売新聞東京本社．

Morgan, E.（中山善之訳）（1972）女の由来．二見書房．

Moss, M. L.（1968）Bone, dentin, and enamel and the evolution of vertebrates, in *Biology of Mouth*（Person ed.）, *Amer. Assoc. Advanc. Sci.*, 37-65.

Moya-Sola, S. *et al.*（2004）*Pierolapithecus catalau-nicus*, a New Middle Miocene Great Ape from Spain. *Science*, 306（5700），1339-1344.

Murdock, D. J. E. *et al.*（2013）The origin of conodonts and of vertebrate mineralized skeletons. *Nature*, 502, 546-549.

中原泉（2003）歯の人類学．医歯薬出版．

中務真人（2022）化石が語るサルの進化・ヒトの誕生—知識ゼロからの京大講義．丸善出版．

Napier, J. R. and Napier, P. H.（1985）*The Natural History of the Primates*. British Museum（National History）.

楢崎修一郎（1997）アフリカを出たホモ・サピエンス．馬場悠男監修，人類の起源，33-44，集英社．

名取真人（1997）サルからヒトへ．人類の起源（馬場監修），11-22，集英社．

NHK取材班（1994）生命40億年はるかな旅2 進化の不思議な大爆発．魚たちの上陸作戦．日本放送出版協会．

Ni, X. *et al.*（2004）A euprimate skull from the early Eocene of China. *Nature*, 427（6969），65-68.

Ni, X. *et al.*（2013）The oldest primate skeleton and early haplorhine evolution. *Nature*, 498（7452），60-64.

二階宏昌ほか編（1999）歯学生のための病理学 口腔病理編. 医歯薬出版.

Nishimura, T. D. *et al.*（2012）Reassessment of *Dolichopithecus*（*Kanagawapithecus*）*leptopost-orbitalis*, a colobine monkey from the Late Pliocene of Japan. *J. Hum. Evol.*, 62（4）, 548-561.

西脇昌治（1965）鯨類・鰭脚類. 東京大学出版会.

野尻湖哺乳類グループ（2000）骨ほねクラブ 増補版—発掘のための骨講座. 野尻湖哺乳類グループ.

野村正純（2000）岩屋化石動物群シリーズ, その4：中期中新統七尾石灰質砂岩層から産出したギンザメ属の下顎歯板化石について. 七尾市少年科学館研究報告, 4, 25-42.

小畠郁生編（1979）世界の博物館9 ヨーロッパ自然史博物館. 講談社.

小田静夫（2001）道具文化の発展. 日本人はるかな旅展 図録（国立科学博物館編）, 21, NHK.

大江規玄ほか（1984）歯の発生学 改訂新版. 医歯薬出版.

丘浅次郎（1916）生物学講話. 開成館.

Ørvig, T.（1967）Phylogeny of tooth tissues: Evolution of some calcified tissues in early vertebrates. in *Structure and Chemical Organization of Teeth*（Miles ed.）, Vol. 1, 45-110, Academic Press.

大森昌衛ほか（1994）学研の図鑑・大むかしの動物. 新訂版, 学習研究社.

Osborn, J. W. and Hillman, J.（1979）Enamel structure in some therapsids and Mesozoic mammals. *Calcif. Tissue Int.*, 29, 47-61.

Palmer, D.（1999）*The Marshall Illustrated Encyclo-pedia of Dinosaurs and Prehistoric Animals*. Marshall Editions.

Peyer, B.（1937）Zähne und Gebiß., in *Handbuch der vergleichenden Anatomie der Wirbeltiere*, Bd. 3（Bolk *et al.* ed.）, Urban und Schwarzenberg.

Peyer, B.（1968）*Comparative Odontology*. University of Chicago Press.

Pievari, T. and Zeitoun, V.（エラリー・ジャンクリストフほか訳）（2021）人類史マップ—サピエンス誕生・危機・拡散の全記録. 日経ナショナルジオグラフィック社.

Romer, A. S.（1959）*The Vertebrate Story*. University of Chicago Press.

Romer, A. S.（1966）*Vertebrate Paleontology*. 3rd. ed., University of Chicago Press.

Romer, A. S. and Parsons, T. S.（平光厲司訳）（1983）脊椎動物のからだ—その比較解剖学. 法政大学出版局.

Sadler, T. W.（安田峯生・山田重人訳）（2016）ラングマン人体発生学 第11版. メディカル・サイエンス・インターナショナル.

齋藤滋・柳沢幸江（2002）料理別咀嚼回数ガイド. 風人社.

笹川一郎（1996）硬骨魚類条鰭類の歯のエナメロイドと上皮性エナメル質. 海洋生物の石灰化と硬組織（和田・小林編）, 219-240, 東海大学出版会.

笹川一郎ほか（1985）シーラカンス（*Latimeria chalumnae*）の鰓弓の歯の微細構造. 地球科学, 39, 105-115.

Savage, R.（瀬戸口烈司訳）（1991）図説哺乳類の進化. テラハウス.

Schaeffer, B.（1967）Comments on elasmobranch evolution. in *Sharks, Skates, and Rays*（Gilbert *et al.* eds.）, 3-35, Johns Hopkins.

Schlosser, M.（1911）Beiträge zur Kenntnis der oligozänen Landsäugetiere aus dem Fayum: Ägypten. *Beitr. Paläont. Geol. Österreich-Ungarns*, 24, 51-167.

Schultze, H.-P.（1969）Die Faltenzähne der Rhipidistiden Crossopterygier, der Tetrapoden und der Actinopterygier-Gattung *Lepisosteus. Palaeontogr. Ita.*, 65, 63-136.

Seiffert, E. R.（2009）Convergent evolution of anthropoid-like adaptations in Eocene adapiform primates. *Nature*, 461, 1118-1121.

Senut, B. *et al.*（2001）First hominid from the Miocene（Lukeino Formation, Kenya）. *Comptes Rendus de l'Academie des Sciences, Paris, Sciences de la Terre et des Planetes*, 332, 137-144.

セミョーノフ, ユ・イ（新堀友行・金光不二夫訳）（1991）人間社会の起源. 築地書館.

Shellis, P.（1981）Comparative histology of dental tissues. in *Dental Anatomy and Embryology*（Osborn ed.）, 155-165, Blackwell.

Simons, E. L.（1961）The phyletic position of *Ramapithecus. Postilla*, 57, 1-9.

Simons, E. L.（2001）The cranium of *Parapithecus grangeri*, an Egyptian Oligocene neanthropoidean primate. *Proc. Natl. Acad. Sci. USA*, 98, 7892-7897.

Simpson, G. G.（1929）The dentition of *Ornithorhynchus* as evidence of its affinities. *Amer. Mus. Novit.*, 390, 1-15.

スティーブ・オルテン（篠原慎訳）（2018）MEG ザ・モンスター. 角川文庫.

Sperber, G. H.（江藤一洋・後藤仁敏訳）（1992）頭蓋顔面の発生. 医歯薬出版.

Spinar, Z. V. and Burian, Z.（1981）*Life Before Man*. Thames and Hudson.

St. John, O. W. and Worten, A. H.（1875）Description of fossil fishes. *Geol. Surv. Illinois*, 6, 245-488.

Straus, W. L. Jr. and Cave, A. J. E.（1957）Pathology and the posture of Neanderthal man. *Q. Rev. Biol.*, 32, 348-363.

須賀昭一（1988）歯に含まれる微量元素と動物の進化. 海洋生物の石灰化と系統進化（大森ほか編）, 271-301, 東海大学出版会.

諏訪元（1994）化石に見る人類の進化. 週刊朝日百科・動物たちの地球, 135, 14, 68-74.

Suwa, G. *et al.*（2007）A new species of great ape from the

late Miocene epoch in Ethiopia. *Nature*, 448, 921-924.

Suwa, G. *et al.* (2009) The *Ardipithecus ramidus* skull and its implications for hominid origins. *Science*, 326, 68-68e7.

Tadokoro, O. *et al.* (1998) Innervation of the periodontal ligament in the alligatorid Caiman crocodilius. *Eur. J. Oral Sci.*, 106 (sup 1), 519-523.

髙山博 (1997) ネアンデルタール人の行方. 人類の起源 (馬場監修), 45-56, 集英社.

竹原直道ほか (2001) むし歯の歴史. 砂書房.

田中宣子・後藤仁敏 (2011) 現代日本人女性の歯の形態学的研究 (5). 保健つるみ, 34, 37-54.

田中宣子・後藤仁敏 (2013) 現代日本人女性の歯の形態学的研究 (6). 鶴見大学紀要, 50 (3), 27-41.

田中宣子・後藤仁敏 (2014) 現代日本人女性の歯の形態学的研究 (7). 鶴見大学紀要, 51 (3), 87-102.

田中宣子・後藤仁敏 (2015) 青年期女性の歯の形態学 (1). 鶴見大学紀要, 52 (3), 13-26, 2015.

田中宣子・後藤仁敏 (2016) 青年期女性の歯の形態学的研究 (2). 鶴見大学紀要, 53 (3), 63-76.

田中宣子・後藤仁敏 (2017) 青年期女性の歯の形態学的研究 (3). 鶴見大学紀要, 54 (3), 13-26, 2017.

田中宣子ほか (2019) 青年期女性の歯の形態学的研究 (4). 鶴見大学紀要, 56 (3), 17-34.

田中宣子ほか (2020) 青年期女性の歯の形態学的研究 (5). 鶴見大学紀要, 57 (3), 95-109.

田中宣子ほか (2021) 青年期女性の歯の形態学的研究—研究目的と概要. 保健つるみ, (44), 15-17.

田中宣子ほか (2023) 青年期女性の歯の形態学的研究 (6). 鶴見大学紀要, 60 (3), 11-25.

唐汉 (2002) 汉字密码. 学林出版社.

田隅本生 (1968) 哺乳類の系統と生活. 原色現代科学大事典 5 動物 II (宮地編), 392-400, 学研.

Thenius, E. (1989) *Zähne und Gebiss der Säugetiere*. Walter de Gruyter.

Thenius, E. and Hofer, H. (1960) *Stammesgeschichte der Säugetiere*. Springer.

徳田御稔ほか (1959) 座談会「動物・植物・鉱物」. 自然, 14 (5), 42-47.

Turner, S. *et al.* (2010) False teeth: conodont-vertebrate phylogenetic relationships revisited. *Geodiversitas*, 32 (4), 545-594.

上野輝彌 (1993) "化石魚" の生態研究. 週刊朝日百科・動物たちの地球, 86, 4-36-37.

ウォン, K. (2017) 人類最初のハンター. 別冊日経サイエンス, 219, 26-31.

内田亮子 (1997) 猿人からヒト属への進化. 人類の起源 (馬場監修), 23-32, 集英社.

Vekua, A. *et al.* (2002) A new skull of early *Homo* from Dmanisi, Georgia. *Science*, 297 (5578), 85-89.

和田直己ほか (2019) 大哺乳類展 2—みんなの生き残り作戦. 朝日新聞社.

和氣健二郎ほか (2020) 発生と進化—三木成夫記念シンポジウム記録集成. 哲学堂出版.

Wakita, M. *et al.* (1977) Tooth replacement in the teleost fish *Prionurus microlepidotus* Lacépède. *J. Morphol.*, 153, 129-142.

Walker, A. and Shipman, P. (2005) *The Ape in the Tree: An Intellectual and Natural History of Proconsul*. Harvard University Press.

Watson, D. M. S. (1937) The acanthodian fishes. *Philos. Trans. R. Soc. B.*, 288, 49-146.

Weber, M. (1928) *Die Säugetiere*. Bd.2, Gustav Fisher.

Weidenreich, F. (1937) The dentition of *Sinanthropus pekinensis*: a comparative odontography of the hominids. *Palaeontologia Sinica, N.S.D*, (1) (Whole Series 101), 1-180, atlas in separate volume, 1-121.

White, T. E. (1939) Osteology of *Seymouria baylorensis. Bull. Mus. Comp. Zool.*, 85, 325-402.

Woodward, A. S. (1889) *Catalogue of the fossil fishes in the British Museum. Part 1. The Elasmobranchii.* British Museum.

矢部英生ほか (2004) *Carcharocles megalodon* (ネズミザメ目：オトドゥス科) の産出時代：地層からの層序学的記録の再検討. 化石, 75, 7-15.

Yamagishi, H. (2004) Elasmobranch remains from the Taho Limestone (Lower-Middle Triassic) of Ehime Prefecture, southwest Japan. in *Mesozoic Fishes 3* (Arrattia and Tintori eds.), 565-574, Verlag Dr. Friedrich Pfeil.

Yano, K. *et al.* (1997) Dermal and mucous denticles of a female megamouth, *Megachasma pelagios*, collected from Hakata Bay, Japan. in *Biology of the Megamouth Shark* (Yano *et al.* eds.), 77-91, Tokai University Press.

Zalmout, I. *et al.* (2010) New Oligocene primate from Saudi Arabia and the divergence of apes and Old World monkeys. *Nature*, 466, 360-364.

Zangerl, R. (1981) *Handbook of Palaeoichthyology. Vol. 3A Chodrichthyes* I. Gustav Fosher.

Ziegler, B. (1983) *Introduction to Palaeobiology*. Ellis Horwood.

Zittel, K. A. v. (1925) *Text-Book of Paleontology*. Vol. III. Mammalia (Schlosser, M. rev., Eastman, C. R. transl.). MacMillan and Co.

Zittel, K. A. v. (1932) *Text-Book of Palaeontology*. Vol. II. (Eastiman, C. R. transl.) Macmillan and Co.

索　引

あ 行

アイアイ　147
アイヌ　199
アウストラロピテクス　173, 176-178
アオザメ　37
アカエイ　29
アカカンガルー　120
アガシゾドゥス　39
アカハライモリ　83
アカントステガ　73
アクア説（水生類人猿説）　188
アクロドゥス　34
アジアゾウ　131
アシュール型石器　182, 201
アシュール文化　201
アショロア　129, 130
アステラカントゥス　34
アスピディン　14
アダピス類　145, 147
アナウサギ　125
アファール猿人　174, 175, 181
アブミ骨　74, 106
アフラダピス　148
アフリカゾウ　131
アフリカ単一起源説　191
アフリカヌス猿人　176, 177
アフリカマナティー　131
アミア　54, 59, 60
アユ　52
アリクイ類　123
アリストテレスの提灯　2
アルキケブス　149
アルディピテクス　172, 173
アルパカ　136, 137
アルマジロ類　123
アンコウ　50

育児嚢　103, 118
イクチオステガ　63, 73
異形歯性　27, 52, 109
井尻正二　141, 206, 217
イーストサイドストーリー説　188
異節類　123
イソペディン　58
イタチザメ　28

イッカク　138, 139
イヌ　126
イノシシ　135
咽頭　12, 108, 193
咽頭歯　5, 13, 51, 54

ウォンバット　120
鯨　57, 71, 72
兎類　125
ウシ　137
ウシガエル　83
ウツボ　56
ウバザメ　35
ウマ（──類）　133-135

永久歯　42, 113, 215
エイ類　38
エウゲネオドゥス類　38
エウステノプテロン　63
エオアントロプス　202
エオシミアス　153
エジプトピテクス　156
エディアカラ生物群　23
エナメル器　9, 10, 142
エナメル質　4, 15, 21, 66-68, 163
エナメル小柱　85, 110, 112
エナメロイド　3, 4, 15, 22, 29, 54, 55, 60, 66-68
鰓　20, 108
襟エナメル質　55, 56, 59, 61
襟エナメロイド　55
エルギネルペトン　73
円口類　11
猿人　151, 169-182, 195, 200

横隔膜　104, 108
オウギハクジラ　139
オオクチバス　53
オオトカゲ　88, 89
オオハザメ（メガロドン）　35, 44, 45
丘浅次郎　78
オステオレピス　62
オズボーン　109
オナガザル類　146, 152-155, 158
オマキザル　152

オモミス類　145, 147-149
親知らず　166, 214, 215
オランウータン（──科）　146, 156, 157, 160
オーリニャック型石器　193, 201
オーリニャック文化　202
オルドヴァイ型石器　182, 200
オルドヴァイ文化　201
オロドゥス類　38
オロリン　171

か 行

海牛類　130, 131
外骨格　69
外鰓　77, 78
介在層板　69
外側翼突筋　108
喉頭類　88
外尿道口　104
下顎骨　106, 107
顎関節　106
核脚類　136, 137
角質歯　11, 83, 84
角質突起　86, 117
過剰歯　209
加生歯　113, 214
化石燃料　75
顆節類　128, 129
滑距類　128
顎口類　11, 16, 43
顎骨弓　74, 106
カナガワピテクス（ドリコピテクス）　155, 156
カニクイアザラシ　127
カニバリズム（食人）　186
ガノイン質　58
ガノイン鱗（硬鱗）　59
カバ　135, 136
ガーパイク　55, 56, 59, 60
河馬類　135
カピバラ　124, 125
カマラサウルス　91
カメ類　88
カモノハシ　103, 116, 117
カラベリー結節　198, 199, 208, 209

頑丈型猿人　179
管歯類　128, 129
関節骨　106
汗腺　104
間椎心　76
管椎類　63
陥入説　142
岩様象牙質　65, 66

ギガントピテクス　160
鰭脚類　127, 128
義歯　213
キタオポッサム　111, 118
キツネザル類　146-149
奇蹄類　128, 133-135
キヌタ骨　106
輝板（タペータム）　149
ギプソニクトプス　121, 122, 144
キモレステス　121, 122
丘状歯型　127
旧人　169, 189, 201
旧石器時代　195, 200
頬筋　103
狭鼻猿類　146, 150-155
棘魚類　24, 25
曲鼻猿類　149
魚竜類　92, 93
魚類　11, 48, 78
　　──の時代　48
キョン　137, 138
偽竜類　92
キリン　136, 137
ギンザメ（──類）　40, 41

空椎類　74, 75, 77
偶蹄類　128, 135-138
鯨髭　138
クセナカントゥス　32, 33
クチバシ　88, 91, 92, 96, 97, 117
クマ（──類）　126, 127
クラドセラケ（──類）　27, 31
クラドドゥス（──段階）　27, 31, 32
クリマティウス　24, 25
グレコピテクス　171
グロス　48, 49
クロマニョン人　192, 193

毛　104
鯨偶蹄類　138
系統発生　7, 8
鯨類　138
ケイロレピス　58, 62
血管象牙質（脈管象牙質）　54

月状歯型　120, 136-138
齧歯類　124, 125
ゲーテ　7
ケナガマンモス　132
ケニアントロプス　173, 178
ゲラダヒヒ　155
原猿類　146-148
言語　192, 193
原索動物　20, 23, 24
犬歯　94, 109
　　──の退化　168
剣歯虎（スミロドン）　126, 127
原獣類　103, 115, 117
犬歯類　95, 96
原人　169, 182-187, 201
現代型段階　27, 35

コアラ　119, 120
口蓋歯　5, 51, 59, 60
後眼窩弓　122, 145
広弓類　87, 92
咬筋　107, 205
口腔前消化　194, 206
硬骨魚類　13, 49, 51, 54, 62
硬骨症　130
鉸歯　1, 2
高歯冠多稜歯型　132, 133
高歯冠柱状歯型　129
高歯冠稜縁歯型　133, 135
後獣類（有袋類）　103, 118-120
口唇　103
喉頭　193
喉頭嚢　152
広鼻猿類　146, 150-152
甲皮類　4, 14, 23
鉱物化　1
肛門　104
硬鱗（ガノイン鱗）　59
口輪筋　103
硬鱗質　58
呼吸系　108
コクリオドゥス類　40, 41
古鯨類　138
古歯類　135
コスミン質　58, 62
古生物学　6-8, 14
個体変異　206, 207
古鳥類　96, 97
骨性象牙質　54
骨様象牙質　30, 31, 35, 54, 66
骨鱗　61
コノドント（錐歯類）　2, 3, 14
コリトサウルス　92

ゴリラ　157, 159, 163, 164
コロブス　155
混血系弥生人　198
ゴンドワナ大陸　65, 81

さ　行

サアダニウス　154, 155
サイ　135
鰓蓋　49, 77
鰓歯　51
鰓腸　51, 77, 108
鰓耙　13, 35
鰓耙骨　51
鰓耙歯　51
砂糖　194, 216
サヘラントロプス　170, 171
サムブルピテクス　162
サメの歯化石研究会　46
サメ類　12, 26, 27, 35
三結節説　109, 110
三錐歯型　115, 127
三錐歯類　109, 115
サンタレンマーモセット　152
三稜歯型　132

シヴァピテクス　159
歯顎類　96, 97
子宮　79, 104, 120
自己家畜化　193, 206
歯骨　81, 84, 106
歯周病　217
四手類　146
耳小骨　74, 106
歯小嚢　9, 10
歯舌　2
歯槽骨　10, 110, 111
歯槽膿漏　217
歯足骨　82, 83, 85
歯足骨性結合　85
四足動物　11, 62, 73
四足類　145
シソチョウ　91, 96, 97
櫛状歯　52
歯堤　9, 29, 55, 56, 214
シナントロプス　185
歯乳頭　9, 10
シノドント（中国人歯形質）　199
歯胚　9, 10, 24, 82-85, 214
シャチ　138, 139
シャベル型切歯　185, 186, 199
ジャワ原人　184, 185
獣脚類　91, 96
獣弓類　94, 95

十二歳臼歯　214, 215
皺襞歯型　124, 132
皺襞象牙質　30, 34, 36, 73, 74, 81, 82, 89, 93, 128, 129
獣類　103
ジュゴン　130, 131
主竜類　90
楯鱗（皮小歯）　12, 13, 26, 51
上顎側切歯　207
上顎大臼歯　208
小臼歯　95, 96, 109
条鰭類　56-58, 62
常生歯　120, 124, 126
小柱エナメル質　85, 110, 112
縄文時代　196
縄文人　197
食人（カニバリズム）　186
食虫類　121, 122, 144, 151
食道歯　5, 52
食肉類　126, 127
食物運搬説　188
シーラカンス　63, 68
シロワニ　28
真猿類　146, 150
新顎類　96, 97
進化論の体系　217
神経堤　9
深咬筋　108
真骨類　56, 61, 71
真獣類（有胎盤類）　79, 103, 109, 120, 121
　——の基本歯式　144
新人　169, 191, 195
真正象牙質　30, 36, 37
新石器時代　197, 202
腎臓　42
心臓　71, 72, 104, 105
真汎獣類　110, 117, 118
人類　146, 168, 169, 200, 213

錐歯類（コノドント）　2, 3, 14
水生類人猿説（アクア説）　188
垂直交換　129
水平交換　129, 131, 132
スーパープルーム　81
スマトラサイ　135
スミロドン（剣歯虎）　126, 127
スンダ型歯形質（スンダドント）　197, 198, 207

セイウチ　127, 128
性的活性化　168
性的二型　156, 158

正軟骨頭類　26, 38
生物分類階級　146
セイモウリア　76, 78
赤芽球　104
脊索動物　20
石炭紀　74, 75
脊椎動物　11, 16, 17, 70, 167, 204
石灰化　1
舌顎骨　74, 106
石器　200-202
　アシュール型——　182, 201
　オーリニャック型——　193, 201
　オルドヴァイ型——　182, 200
　ムスティエ型——　190, 201
節頸類　23, 24
赤血球　104
舌歯　5, 51
切歯　109
切歯状歯　52
セディバ猿人　178
線維結合　49, 109
扇鰭類　62, 73
浅咬筋　107
全骨類　56, 59, 60, 71
前人　169
全頭類　26, 40

双弓類　87, 88
総鰭類　61-63
象牙質　4-6, 29-31, 54, 60
　——・歯髄複合体　5, 31
象牙質結節　4, 14
象牙質単位　36, 38, 128, 129
相称歯類　110, 117
槽歯類　90
槽生　49, 50, 85, 110
総排出口　56, 61, 103
双波歯型　122, 145
ゾウ類　133, 142
側生　84, 85, 88, 89
束柱類　129
側椎心　76
側頭筋　107, 205
側頭窓　87
咀嚼　113
咀嚼筋　107, 108, 205
ゾルンホーフェン　100
ソレノドン　121, 122

た　行

大臼歯　109, 164
　トリボスフェン型——　110, 111, 145
第三大臼歯　207, 215

胎生　79
代生歯　43, 113, 214, 215
大脳　168, 169, 194, 195, 205
胎盤　79, 120
ダーウィニウス　148
タウングチャイルド　176
多丘歯類　115, 116
タスマニアデビル　119
多生歯性　82, 95, 96, 109, 112
多地域進化説　191
ダート　176
タニストロフェウス　102
タペータム（輝板）　149
樽状歯　207, 209
単弓類　87, 94
単孔類　103, 115-117
単錐歯　52, 81, 85, 109
単錐歯型　127, 138
端生　84, 85, 88, 89
単波歯型　121, 122
炭竜類　74-76, 78

地質年代　14
腔口　104
着色エナメル質　124
着色エナメロイド　55
中間歯　27, 35, 44
中国人歯形質（シノドント）　199
中石器時代　197
中象牙質　25, 26
鳥脚類　91, 92
長頸竜類　92, 93
チョウザメ　59
長鼻類　131-133
鳥類　91, 96, 97
直鼻猿類　149
直立二足歩行　168, 169, 188
猪豚類　135
チョローラピテクス　161, 162
チレケブス　151
チンパンジー　146, 157, 163, 164

椎骨　76
ツチ骨　106
ツチブタ　128, 129
ツノザメ類　37
ツパイ　122, 144, 145

ティキノスクス　102
定向進化　133
低歯冠柱状歯型　129
低歯冠鈍頭歯型　129, 132, 133, 135, 136, 145, 147

232　索　引

低歯冠二稜歯型　131
釘植　110
デイノテリウム類　131, 132
ティラコスミルス　119
ティラノサウルス　91
テイルハルディナ　148, 149
デスモスチルス　129, 130, 141, 206, 207
テトニウス　149
テナガザル（──科，──類）　146,
　　156-158
デニソワ人　187
デボン紀　48
デュボア　184
テンジクネズミ　125

頭棘　13
同形歯性　27, 85, 109, 138
頭骨　6-8, 205
島嶼性矮小化　188
登木類　145
トゥーマイ猿人　170
洞毛　130
トカゲ類　88
毒牙　89, 90
トゲオアガマ　85
ドチザメ　29
トナカイ　137
トビエイ　28, 36, 38
ドブネズミ　124, 125
渡来系弥生人　197-199
ドリオピテクス型　158, 159, 207
ドリコピテクス（カナガワピテクス）
　　155, 156
トリナクソドン　95, 96, 109, 110
トリボスフェン型　109, 119, 121, 168
　──大臼歯　110, 111, 145
鈍頭歯型　127, 136, 168

な　行

内側翼突筋　107, 108
ナイルワニ　84
ナウマンゾウ　133, 142, 143
ナカリピテクス　162
ナックル歩行　163
ナマケモノ類　123
ナマズ　53
ノメクジウオ　20, 23, 24
軟骨　68
軟骨魚類　26, 49, 51
軟質類　56-58, 60, 71
軟体動物　1, 2
南蹄類　128

肉鰭類　61
二次口蓋　103, 108
二生歯性　95, 96, 112, 113
ニホンザル　154-156, 159, 198
ニホンジカ　137
ニホンリス　125
乳歯　42, 43, 112, 209, 214, 215
乳腺　103
二稜歯型　120, 132

ネアンデルタール人　189, 192
ネオテニー　20, 83
ネコ（──類）　126
ネコザメ（──類）　27, 34
ネズミザメ類　27, 30, 35
ネズミ類　124
粘膜小歯　12, 51

ノタルクトゥス　147
野村松光　140

は　行

歯　1, 5
　──の数　165
　──の進化　16, 204
　──の退化　211, 212
　──の発生　9, 167
　──の萌出　165, 214
肺　57, 71, 72, 105, 108
パイエル　101
背鰭棘　13
肺魚類　64, 65
ハイデルベルク人　186, 187
杯竜類　80
歯鯨類　138
バージェス動物群　23
バシロサウルス　139
8020（ハチマルニイマル）運動　213
爬虫類　71, 81, 84, 85, 87, 103, 109
ハツカネズミ　125
ハバース管　69
ハバース層板　69
浜北人　195
パラピテクス　153, 154
パラントロプス　179, 180, 181
ハリセンボン　53
ハリモグラ　103, 117
パレオニスクス鱗　58
パレオパラドキシア　129, 130
パンゲア大陸　65, 81
板鰓類　12, 26, 27, 37
汎獣類　103, 117
板歯類　92, 93

反芻類　135-138
半象牙質　24, 25
板皮類　23, 24
反復説　8
半埋伏　207
盤竜類　94, 95

ピエロラピテクス　160, 161
ピカイア　23, 24
比較解剖学　6, 7
比較発生学　6, 7
尾棘　13
ピクノドゥス類　59, 60
髭鯨類　138
皮甲　4, 14
被甲類　123
尾索動物　20
皮小歯（楯鱗）　12, 13, 26, 51
ピテカントロプス　184
ヒト（──科，──類）　146, 152, 156,
　　159, 170
ヒヒ（──属）　154, 155
ヒボドゥス（──類，──段階）　26,
　　27, 33, 34
皮翼類　145
ヒラコテリウム　133, 134
平爪　146
平野弘道　140
ピルトダウン人　202
ヒロノムス　80
貧歯類　123

フグ　53
フクロオオカミ　119
ブタ　135, 136
プティロドゥス　116
プティコドゥス　34
プテラノドン　91, 92
プルガトリウス　145
ブルーギル　53
プルームテクトニクス説　81
プレシアダピス類　145
プレートテクトニクス説　65, 81
プレロミン　41
プロガノケリス　88
プロコンスル　158
プロツングラツム　128
プロトスタイリッド　208, 209
プロプリオピテクス　154
分椎類　74-77

平滑両生類　77
北京原人　185, 186

ペタロドゥス類　38, 39
ヘッケル　7, 8
ペデルペス　74
ベニガオザル　150
ヘビ類　89
ベヘモトプス　129, 130
ヘリコプリオン　39, 40
ヘルトビッヒ　13

帽エナメロイド　55, 59, 61
方形骨　106
萌出異常　210
ホエザル　151, 152
母性の進化　80
哺乳類　71, 103, 109
哺乳類型爬虫類　94
骨　68, 69
ボノボ　164
ホホジロザメ　5, 27, 35
ホモ・アンテセッソル　183, 184
ホモ・エルガステル　182
ホモ・エレクトゥス　184-186
ホモ・ゲオルギクス　183
ホモ・サピエンス　191, 192, 195
　——・イダルトゥ　191
　——・ローデシエンシス　191
ホモ・ネアンデルターレンシス　189,
　　192
ホモ・ハイデルベルゲンシス　186
ホモ・ハビリス　180, 181
ホモ・フロレシエンシス　187
ホモ・ルドルフェンシス　180
ホモ・ローデシエンシス　191
ホヤ類　20
ポリプテルス　50, 58, 67

ま 行

マイルカ　138, 139
マウス　125
マカク属　154
膜性骨　51, 70
マッコウクジラ　138, 168
マナティー　130, 131
マメジカ　137
マーモセット（——類）　151, 152
マンドリル　158

三木成夫　7, 18-20
港川人　195, 196
脈管象牙質（血管象牙質）　54

無顎類　4, 14-16, 23, 43
ムカシトカゲ　88
無弓類　87, 88
虫歯　195, 216
無小柱エナメル質　81, 84
ムスティエ型石器　190, 201
ムスティエ文化　201

迷歯類　74, 81, 82
迷路歯　74, 81, 82
メガネザル類　146, 147, 149
メガマウスザメ　12, 31, 35
メガラダピス　147
メガロドン（オオハザメ）　35, 44, 45
メジロザメ（——類）　36, 37
メソサウルス　80
メリテリウム（——類）　131, 132

モグラ類　121, 122
モササウルス類　88
モルモット　124

や 行

ヤツメウナギ　11
ヤマアラシ（——類）　124, 125
ヤマネ（——類）　124, 125
弥生時代　198
弥生人　198

有管エナメル質　84, 88, 111
有胎盤類（真獣類）　79, 103, 109, 120,
　　121
有袋類（後獣類）　103, 118-120
有蹄類　128
有毛類　123
有羊膜卵　79
有鱗類（鱗甲類）　123
癒合歯　209

幼形成熟　83
　——説　20
葉板象牙質　54
翼子類　122, 123

翼竜類　91, 92
ヨシキリザメ　35, 37
四稜歯型　132

ら 行

雷獣類　128
ライヘルト・ガウプ説　106
ラクダ　136
ラット　125
ラティメリア　64
ラブカ　30, 32, 37
ラマピテクス　159
卵化石　80
卵歯　86, 117
ランフォリンクス　91, 92

リーキー　181
リスザル　150
リス類　124
竜脚類　91
琉球人　199
稜縁歯型　124, 133, 135
両眼視　146, 150
梁歯類　115, 116
両生類　62, 71, 73, 75, 78, 81, 85
梁柱象牙質　54
鱗甲類（有鱗類）　123
鱗竜類　88

類人猿　146, 151, 156-164, 195

霊長類　145, 146
裂脚類　126
裂肉歯　126

六歳臼歯　214, 215
ローマー　20, 80
ローラシア大陸　65, 81

わ 行

矮小歯　126, 152, 207, 208
ワオキツネザル　147
ワジャク人　196
ワニ類　90
ワモンアザラシ　127
Y5 型　158, 159, 207

著者略歴

後藤 仁敏（ごとう まさとし）

1946 年　愛知県に生まれる
1971 年　東京教育大学大学院理学研究科（修士課程）地質学鉱物学専攻修了
1972 年　東京医科歯科大学歯学部口腔解剖学教室助手
1975 年　鶴見大学歯学部解剖学教室講師
1980 年　鶴見大学歯学部解剖学教室助教授
2003 年　鶴見大学短期大学部歯科衛生科教授
現　在　鶴見大学名誉教授
　　　　歯学博士

図説 歯からみた生物の進化　　　　　定価はカバーに表示

2024 年 10 月 1 日　初版第 1 刷

著　者　後　藤　仁　敏

発行者　朝　倉　誠　造

発行所　株式会社　朝　倉　書　店
　　　　東京都新宿区新小川町 6-29
　　　　郵 便 番 号　　162-8707
　　　　電　話　03（3260）0141
　　　　ＦＡＸ　03（3260）0180
　　　　https://www.asakura.co.jp

〈検印省略〉

© 2024 〈無断複写・転載を禁ず〉　　　　シナノ印刷・渡辺製本

ISBN 978-4-254-17190-7　　C 3045　　　　Printed in Japan

手の百科事典

バイオメカニズム学会 (編)

B5 判／ 608 ページ　ISBN：978-4-254-10267-3 C3540　定価 19,800 円（本体 18,000 円＋税）

人間の動きや機能の中で最も複雑である「手」を対象として，構造編，機能編，動物編，人工の手編，生活編に分け，関連する項目を読み切り形式で網羅的に解説した。工学，医学，福祉，看護，スポーツなど，バイオメカニズム関連の専門家だけでなく，さまざまな分野の研究者，企業，技術者の方々が「手」について調べることができる内容となっている。さらに，解剖や骨格も含め「手の動きと機能」について横断的に理解でき，高度な知識も効果的に得られるよう構成されている。

生命起源の事典

生命の起原および進化学会(監修)

A5 判／ 312 ページ　ISBN：978-4-254-16078-9 C3544　定価 8,250 円（本体 7,500 円＋税）

地球はもちろん，広く宇宙に普遍的な可能性も含め，生命の源にせまる．古典論から最新の研究まで，仮説，実証実験，探査などを，約 140 のキーワードでとりあげ，1-2 頁の読み切り形式で完結にわかりやすく解説〔内容〕基礎知識・用語説明／生き物の仕組みと変遷／宇宙での化学進化／地球での化学進化／物から情報・システムへ

古生物学事典 （第 2 版）

日本古生物学会 (編)

B5 判／ 584 ページ　ISBN：978-4-254-16265-3 C3544　定価 16,500 円（本体 15,000 円＋税）

古生物学は現生の生物学や他の地球科学とともに大きな変貌を遂げ，取り扱う分野は幅広い。専門家以外の読者にも理解できるように，単なる用語辞典ではなく，それぞれの項目についてまとまりをもった記述をもつ「中項目主義」の事典とし，さらに関連項目への参照を示した「読む事典」として構成。恐竜などの大型化石から目に見えない微化石までの生物，さまざまな化石群，地質学や生物学の研究手法や基礎知識，古生物学史や人物など，日本古生物学会の総力を結集した決定版。

日本列島地質総覧 ─地史・地質環境・資源・災害─

加藤 碩一・脇田 浩二・斎藤 眞・高木 哲一・水野 清秀・宮崎 一博 (編)

B5 判／ 460 ページ　ISBN：978-4-254-16277-6 C3044　定価 19,800 円（本体 18,000 円＋税）

日本列島の地史・地質環境・災害・資源を総覧。日本の地質を深く知るための最新の知見を解説。パートカラー。〔内容〕日本列島とは？／地帯構造区分／人・社会と関わる地質環境・災害・資源（陸域・沿岸域・地下水流動・埋立・地盤災害・地震・火山災害・地質汚染・地球温暖化・放射性廃棄物処分・金属資源・非金属資源・地熱・温泉・地質情報・ジオパーク）／新生代テクトニクスと地史（新第三紀・第四紀）／基盤テクトニクスと地史（古生代・中生代・古第三紀）／他

フィールドマニュアル 図説 堆積構造の世界

日本堆積学会 (監修) ／伊藤 慎 (総編集)

B5 判／ 224 ページ　ISBN：978-4-254-16279-0 C3044　定価 4,730 円（本体 4,300 円＋税）

露頭でよく見られる堆積構造について，フィールドの写真や図をふんだんに用い解説。手元に置いても，野外に持ち出しても活用できる一冊。〔内容〕堆積構造の基礎／砕屑性堆積物／生物（化学）源堆積物／火山砕屑物／生痕化石／堆積相解析

冥王代生命学

丸山 茂徳・戎崎 俊一・金井 昭夫・黒川 顕 (著)

A5 判／ 504 ページ　ISBN：978-4-254-17175-4 C3045　定価 9,900 円（本体 9,000 円＋税）

最も古い地質年代「冥王代」の地球環境の研究に基づき，生命起源の新説を提示。〔内容〕研究史／生命とはなにか／太陽系惑星形成論／地球の誕生／冥王代地球表層環境／生命誕生場の条件／生命誕生場の復元：自然原子炉間欠泉モデル／他